Technologie de l'ivoire au Paléolithique supérieur

Caractérisation physico-chimique du matériau et analyse fonctionnelle des outils de transformation

Marianne Christensen

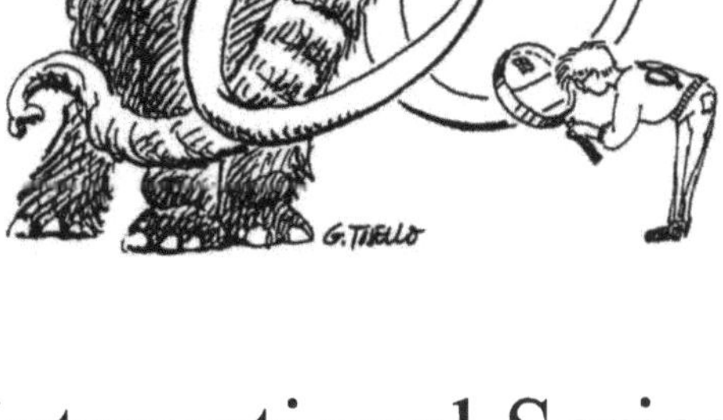

BAR International Series 751
1999

Published in 2019 by
BAR Publishing, Oxford

BAR International Series 751

Technologie de l'ivoire au Paléolithique supérieur

ISBN 9780860549840 paperback
ISBN 9781407350745 e-book

DOI https://doi.org/10.30861/9780860549840

A catalogue record for this book is available from the British Library

This book is available at www.barpublishing.com

BAR Publishing is the trading name of British Archaeological Reports (Oxford) Ltd. British Archaeological Reports was first incorporated in 1974 to publish the BAR Series, International and British. In 1992 Hadrian Books Ltd became part of the BAR group. This volume was originally published by John and Erica Hedges in conjunction with British Archaeological Reports (Oxford) Ltd / Hadrian Books Ltd, the Series principal publisher, in 1999. This present volume is published by BAR Publishing, 2019.

BAR
PUBLISHING

BAR titles are available from:

BAR Publishing
122 Banbury Rd, Oxford, OX2 7BP, UK
EMAIL info@barpublishing.com
PHONE +44 (0)1865 310431
FAX +44 (0)1865 316916
www.barpublishing.com

TABLE DES MATIÈRES

DEUXIÈME PARTIE : TECHNOLOGIE DE L'IVOIRE

CHAPITRE I - RAPPEL DES TECHNIQUES DU TRAVAIL DE L'IVOIRE

CHAPITRE II - NOUVEAUX ACQUIS DE L'EXPÉRIMENTATION

TABLE DES FIGURES

TABLE DES TABLEAUX

TABLE DES ANNEXES

REMERCIEMENTS

Ce travail a été effectué dans le cadre d'un nouveau doctorat en Préhistoire obtenu à l'Université de Paris Panthéon-Sorbonne en juin 1996 sous la direction du professeur Y. Taborin. Les membres du jury étaient J. Hahn, M. Menu, H. Plisson et R. White.

Les analyses et expérimentations ont pu être réalisées grâce à l'accueil du Laboratoire de Recherche des Musées de France et au soutien des directeurs M. Bernard et J. P. Mohen.

J'ai grand plaisir à remercier Z. Abramova, J. J Cleyet-Merle et J. Hahn de m'avoir confié les collections de Yudinovo, de Laugerie-Haute-Est et Geissenklösterle, ainsi que D. Buisson, H. Delporte, N. Praslov et A. Roussot qui m'ont permis de tester leurs collections de Brassempouy, de Kostenki et de Pair-non-Pair.

Je remercie particulièrement H. Plisson à qui je dois ma formation en tracéologie et Ph. Walter et M. Menu qui m'ont beaucoup aidé à mettre au point la méthode d'analyse par caractérisation chimique.

La matière première lithique et organique nécessaire à l'expérimentation a été obtenue par l'intermédiaire de la Direction des Musées de France et du Museum National d'Histoire Naturelle, et grâce à l'aide de plusieurs chercheurs : P. Bodu, F. Bon, et J. Pelegrin. Une partie des expérimentations a été effectuée en collaboration avec J. Hahn, A. Pawlik, J. Pelegrin, J. Rodière, G. Tosello et R. White

Les photos ont été réalisées par D. Vigears.

Ce texte a pris forme grâce aux corrections et aux conseils de R. Derens, D. Legoupil, M. Olive et N. Pigeot. Je leur en suis particulièrement reconnaissante.

ABSTRACT

Since the beginning of the sixties, the classical way to get information about tool function is usewear analysis. That relies on a physical and chemical modification of the original flint surface due to of contact with worked materials. Generally, it is morphological and textural changes in the aspect of the flint surface which provide information on the worked material by analogy with experimental tools. Among usewear traces, "polish" is the most interesting one because it allows the identification of the worked material. But the understanding of polish formation mechanisms is still subject of controversies and there is yet no explanation of the process accepted by every one. Several hypotheses have been suggested: abrasion, chemical interactions between the flint and the worked matter and deposition. But these factors could happen separately or correlatively to create the polish according to the expressed thesis.

The research presented in this texte shows the elaboration of an identification method of the worked material by its physico-chemical characters. The chemical characterisation of a material is the determination of its mineral and/or organic components. To precise the material worked by tools, it was necessary to evidence that micro-fragments of the worked material would stay at the edge of the tools. This research was carried out thanks to the accelerator-based analytical system AGLAE (Accélérateur Grand Louvre d'Analyse Elémentaire) and to Scanning Electron Microscope (SEM) coupled with energy dispersive X-ray spectrometry (EDS). Results demonstrate that polish is a deposit of worked material.

Then chemical characterisation is an useful method to identify the worked matter and its presents the major advantage, in some cases, to precise an identification level of the used material that optical methods do not allow. It offers a new way to approach hunter-gatherer economy of prehistoric societies. In this way, tools used to work dentine (ivory) were isolated from those used for bone and antler. Under optical microscope, identification of usewear polish from bone, antler and dentine is difficult and sometimes even impossible because of similarities of the polish appearances. Chemically, dentine is distinguished from other osseous materials by the presence of magnesium due to magnesium phosphate present at levels up to 15%. Chemical characterisation made possible a research on ivory work during upper Palaeolithic period and so to integrate tool function into the global analysis of the "chaîne opératoire". The research combines experimental and archaeological data based simultaneously upon the technological study of ivory object and on the usewear analysis of tools used to work this particular material. Two sites rich with ivory artefacts were selected; Geissenklösterle in Germany with two Aurignacian levels and the Russian site of Yudinovo with an Epigravettian level. They offer a diachronic vision from the early upper Palaeolithic at the burst of bony material working at about 33 to 37 000 years ago until to the end of this period at 12 000 years ago.

INTRODUCTION

L'ivoire a de tous temps, et jusqu'à l'époque moderne, servi à façonner des objets précieux : parures, statuettes, reliquaires, trônes, sceptres... Cet usage particulier peut s'expliquer par la rareté de la matière première, mais surtout par ses qualités esthétiques et techniques.
Au Paléolithique, l'ivoire semble déjà représenter une industrie à part dans l'ensemble des industries sur matières dures animales : c'est le matériau sur lequel sont fabriqués de nombreux objets à fonctions décoratives ou votives (statuettes et objets de parure), objets souvent associés à un contexte particulier (sépultures). Son usage est moins bien connu sur les objets utilitaires.
Notre propos a consisté à étudier les techniques de travail de l'ivoire par les hommes préhistoriques, tout en cherchant en quoi elles se différenciaient de l'industrie sur d'autres matériaux exploités. Dans ce but, il a d'abord été nécessaire de dégager les caractéristiques spécifiques à cette matière, à l'aide de divers moyens d'analyse allant de l'observation à l'œil nu de sa structure jusqu'à l'analyse de sa composition élémentaire. Puis nous avons cherché à identifier les outils en pierre qui avaient servi à le travailler ; mais l'observation optique n'était pas suffisante pour reconnaître avec certitude les traces laissées sur la pierre par l'ivoire et nous avons dû mettre au point une méthode plus efficace : la caractérisation chimique. Enfin, après avoir identifié les outils et analysé leurs traces de fonctionnement, nous les avons confronté aux objets façonnés afin de reconstituer les gestes, les techniques, et finalement les procédés et les chaînes opératoires caractéristiques de cet "artisanat" de l'ivoire au Paléolithique.

Avantages et inconvénients de l'ivoire

L'ivoire, ou plutôt la dentine, est une substance commune à toutes les dents de mammifères. Chez certains animaux, elle en est la composante principale (défenses d'éléphants, de mammouths, de morses et de narvals, dents de cachalots) mais le terme d'ivoire vrai est normalement réservé aux défenses de Proboscidiens et n'est appliqué aux autres animaux que par une extension du langage commun. Dans les sociétés de chasseurs-cueilleurs du Paléolithique supérieur, on utilisait essentiellement l'ivoire vrai provenant de défenses de mammouth mais aussi occasionnellement la dentine (craches de cerfs, canines de renards et même dents de cachalots...). Dans nos sociétés modernes, les artisans ont toujours eu une préférence pour l'ivoire vrai ce qui a entraîné très tôt un véritable commerce entre les pays producteurs (essentiellement l'Afrique mais aussi l'Inde) et les pays consommateurs. C'est seulement lorsque celui-ci faisait défaut qu'étaient utilisées les dents de morses, de cachalots, de sangliers et maintenant de véritables substituts (matière végétale d'aspect similaire, matériaux de synthèse...).

L'ivoire est un matériau très dur et très solide. Mais surtout, comparé à l'os et au bois de cervidé, il a l'avantage de pouvoir présenter une grande longueur (jusqu'à 3 m pour une défense de mâle adulte), un diamètre large (jusqu'à 30 cm) et d'être en grande partie constitué jusqu'au coeur d'une matière compacte. Sa longueur permet la réalisation d'objets très grands, tandis que la grande homogénéité de ses parties compactes permet de donner aux objets sculptés en ronde-bosse un volume qu'il est difficile d'obtenir dans l'os en raison de la présence du canal médullaire, ou dans le bois de cervidé à cause de la présence de la spongiosa. Les grandes dimensions des défenses ont ainsi permis la réalisation d'objets de grande taille, notamment des lances, comme celle qui a été retrouvée dans la sépulture des enfants de Soungir en Russie qui mesurait 2m40 de longueur et qui était façonnée dans un seul bloc d'ivoire (White, 1995), des sculptures comme l'Homme-Lion de Hohlenstein qui atteint 281 mm de long, ou des statuettes comme celles du complexe Kostenki qui mesurent de 150 mm à 200 mm (Hahn, 1971). Chaque fois que l'objet à fabriquer nécessitait un certain volume, par exemple pour le mammouth de Vogelherd sculpté dans la partie centrale d'un fragment de défense (Hahn, 1986), l'ivoire représentait la solution idéale. L'homogénéité de l'ivoire, sa dureté et la finesse de sa structure rendent en outre ce matériau très apte au polissage. Le résultat est beaucoup plus régulier que celui obtenu sur l'os ou le bois de cervidé. Cette qualité est parfaitement exploitée lors de la fabrication de perles imitant la forme de coquillages ; la brillance obtenue est proche de celle de la nacre, comme par exemple dans le cas des perles trouvées sur le site de La Souquette (White, 1989).
L'ivoire est aussi hydrofuge : il peut ainsi facilement absorber des colorations. Un grand nombre de statuettes ont ainsi conservé des traces de pigments colorés (rouge ou noir) sur les parties sexuelles (Walter, 1995) ; celles de Malit (Russie) semblent avoir été colorées notamment pour souligner les yeux et d'autres traits du visage (Filippov, 1983). L'ivoire a aussi les défauts de ses qualités. Dur et résistant, il n'est pas toujours facile à travailler, particulièrement à l'état frais. Faute de techniques adaptées, son travail ne peut être réalisé qu'au prix d'une grande perte de matière première particulièrement lors du débitage des défenses.
Les hommes préhistoriques semblent avoir été conscients des avantages de la défense vieillie et en avoir tiré profit. Ainsi, les principales techniques aurignaciennes de travail de la matière dure animale ("splitting and wedging") semblent peu adaptées à un travail sur ivoire frais ou même légèrement désagrégé (White, 1995) ; il est probable qu'elles ont été

appliquées sur un ivoire sub-fossile. Dans le site gravettien de Hohler Fels (Allemagne), certaines pendeloques présentent des craquelures antérieures au façonnage, indice qu'elles ont été également fabriquées sur du vieil ivoire (Scheer, 1995). Enfin, un stockage intentionnel a été évoqué à propos de plusieurs sites allemands par J. Hahn (1995) pour accélérer le processus de vieillissement de l'ivoire et ainsi faciliter le travail de façonnage. De la même manière un certain nombre de gisements du Paléolithique supérieur dans les plaines russes présentent des fosses creusées dans le sol à côté des habitations en ossements de mammouth : à Kostenki I et à Avdeevo, des ossements et/ou des défenses entières ont été retrouvés à l'intérieur de ces fosses (Grigoriev, 1993). Certains auteurs suggèrent qu'il s'agissait de garde-mangers (Gladkih, Kornietz et Soffer, 1985), d'autres parlent de lieux de stockage. Mais on peut également envisager qu'il se soit agi d'un stockage intentionnel destiné au vieillissement de l'ivoire.

Distribution et rôle de l'ivoire au Paléolithique

Il est clair que les qualités de l'ivoire l'emportent largement sur ses défauts et qu'il a de tous temps éveillé l'intérêt des hommes de l'époque paléolithique jusqu'à l'époque moderne et dans tous les types de sociétés (traditionnelles ou industrielles).

L'intérêt attaché à ce matériau peut s'expliquer par sa rareté, mais aussi par ses qualités esthétiques et techniques : homogénéité, densité, blancheur, texture à granulométrie fine particulièrement bien adaptée à un polissage très fin. Elle est attestée non seulement par le type d'objets façonnés (objets décoratifs, voire symboliques) mais aussi par leur contexte (contexte funéraire) et par la gestion préalable que nécessitait l'acquisition de cette matière.

Dans les gisements du Paléolithique, la majorité des vestiges en ivoire provenait du mammouth. Les défenses pouvaient avoir été obtenues soit par de véritables chasses, soit par des ramassages sur des animaux morts naturellement. Au maximum de son extension, entre 50 000 et 40 000 BP, le domaine du mammouth s'étendait de la moitié nord de la France, à l'ouest, jusqu'à la péninsule du Kamtchatka et à la Chine, à l'est ; on en trouve les traces dans des gisements comme Kulna (Moravie), Khotylievo I et II (Plaine russe), Ehringsdorf/Wiemar (Allemagne) et Subalyuk (Hongrie). Il remontait très au nord jusque dans des zones proches du cercle polaire arctique comme en témoigne un petit mammouth daté de plus de 40 000 ans, retrouvé en 1977 au nord-est de la Sibérie (zone riche en mammouths congelés) ; vers le sud il descendait jusqu'à la latitude 45° nord (Soffer, 1993).

Au Paléolithique supérieur, entre 35 000 et 21 000 BP les restes de mammouths étaient encore très fréquents dans les sites archéologiques d'Europe centrale (Dolni Vestonice, Pavlov, Predmost). On en retrouvait également à l'extrémité nord du Continent nord-américain dans les sites de Old Crow et Bluefish datés d'environ 20 000 BP à 25 000 BP (dates actuellement remises en cause), et en Amérique centrale dans le site de El Cedral au Mexique qui serait daté d'environ 30 000 ans (Lavallée, 1995).

En Europe occidentale, il est très présent dans les gisements de cultures aurignaciennes (36 000 - 26 000 BP) et gravettiennes (28 000 - 22 000 BP), excepté dans les régions méditerranéennes.

Les vestiges de mammouth semblent s'être raréfiés au Magdalénien (17 000 - 10 000 BP) dans les sites du Paléolithique supérieur d'Europe occidentale, où ils sont beaucoup moins abondants que les témoins d'autres matières dures animales (os ou bois de cervidé). Toutefois, ils sont encore très riches dans les grandes plaines russes : dans les sites du Paléolithique supérieur du Dniepr (Mezine, Mezirich, Eliseevich, Yudinovo) et du Don (Kostenki, Gagarino) datés d'environ 29 000 à 13 000 BP, et en Sibérie (Berelëkh) jusqu'à 12 000 BP voire même 9 000 BP sur le site de Jokhov (Soffer, 1993 ; Surmely, 1994 ; Pitulco, 1993). On le rencontrerait également à la même époque (12 000 BP) dans des gisements archéologiques "Clovis" du sud-ouest de l'Amérique du nord, au Nouveau Mexique (Lavallée, 1995 ; Bradley, 1995). Cette raréfaction du mammouth vers la fin du Paléolithique supérieur pourrait s'expliquer par le contexte environnemental et climatique. Le climat très froid du début du Paléolithique supérieur avait favorisé le développement d'une steppe herbeuse propice au développement de la faune glaciaire et notamment du mammouth. Puis au Magdalénien intervint une période de réchauffement climatique qui entraîna la migration des grands mammifères des steppes vers le Nord et l'Est, vers la Sibérie.

L'extinction du mammouth sur l'ensemble des continents daterait d'il y a environ 11 à 12 000 ans. Toutefois, des données récentes (Vartanyan *et al*, 1993) permettent de supposer qu'il a pu perdurer exceptionnellement en Sibérie du nord-est, mais sous une forme naine, jusqu'à une époque beaucoup plus récente, entre 7 000 et 4 000 ans BC.

La distribution des squelettes de mammouths retrouvés indique une voie possible de migration qui irait de la côte est de l'Angleterre, en passant par la Belgique et les Pays Bas, vers l'Allemagne pour ensuite traverser la République Tchèque et la Hongrie. Une fois en Ukraine, cette voie semble se dédoubler : l'une se dirige vers le nord, le long de l'Océan Arctique et l'autre passe plus au sud, de la Russie vers la Chine (Lister et Bahn, 1995). Sur tout ce parcours, les hommes du Paléolithique ont pu se procurer de l'ivoire comme en témoigne la richesse de l'ensemble des sites paléolithiques qui se trouvent sur cette trajectoire. Dans les endroits éloignés de ces régions, seuls les échanges ou les déplacements ont pu permettre l'acquisition de cette matière première.

La disponibilité du matériau semble avoir influé sur la considération qui lui fut accordée. Ainsi, en Europe orientale et en Sibérie où les mammouths restèrent plus abondants qu'en Europe occidentale jusqu'au début de l'Holocène, l'ivoire eut une assez large utilisation, notamment dans la fabrication d'objets utilitaires : sagaies, pointes, aiguilles, fibules, etc., parallèlement à la réalisation d'objets décoratifs ou votifs. Des défenses brutes, entières, furent même employées comme matériau de construction dans les armatures d'habitations ; elles semblent dans ce cas avoir remplacé le bois végétal, rare. Par contre, en Europe occidentale, la rareté de l'ivoire de mammouth semble lui avoir conféré une valeur plus importante : il était généralement réservé au façonnage d'objets de parure ou de décoration (pendeloques et perles de formes variées, bracelets, diadèmes, épingles...), tous objets à fonction non utilitaire.

Le port de parures suspendues ou cousues sur des vêtements témoigne d'une recherche esthétique, mais c'est aussi une marque sociale : on ne porte pas les bijoux pour soi mais pour son entourage. Les parures deviennent significatives d'une certaine position sociale, reconnaissance tribale, situation personnelle au sein d'un groupe ; leur degré d'élaboration ou leur quantité peuvent témoigner d'une place importante dans la hiérarchie (Taborin, 1995). Il semble que le choix de la matière première ne soit donc pas innocent, à la fois parce que son volume permet une grande diversité de forme, d'où la possibilité de personnaliser les parures, mais aussi par sa rareté, surtout en Europe occidentale. Mais même en Europe orientale où l'ivoire était plus abondant, cette notion de valeur existait comme en témoigne l'exemple des sépultures de Soungir où un adulte et deux enfants ont été enterrés accompagnés d'un somptueux mobilier contenant plusieurs milliers de perles et d'objets façonnés en ivoire (White, 1995). D'après des expérimentations effectuées par S. A. Semenov, la fabrication d'une perle de ce type nécessite 45 minutes de travail ; il y a donc des milliers d'heures de travail derrière ce mobilier. Plus près de nous, en Italie, dans la sépulture de la grotte de Arene Candide, un jeune homme était enterré avec quelques pendeloques d'ivoire, matériau pratiquement absent dans l'Italie paléolithique ce qui nous amène à supposer une acquisition de l'ivoire par échange de matière première ou d'objets (Giacobini et Malerba, 1995).

Ces sépultures, remarquables par leur richesse en mobilier, témoignent de l'existence d'une véritable hiérarchie sociale des sociétés du Paléolithique supérieur. La parure en ivoire semble réservée à certaines catégories sociales, même lorsque ce matériau est relativement abondant comme en Europe orientale.

Des statuettes féminines (Vénus) et des figures animalières ont été retrouvées sur des sites à occupation intense et répétée de l'Europe de l'ouest à la Russie. Leur matière première commune est l'ivoire avec seulement quelques variantes locales : l'argile à Dolni Vestonice et à Pavlov, le grès à Isturitz, la stéatite à Grimaldi et le calcaire à Kostenki (Hahn, 1990). Quelle était la fonction de ces objets ? La plupart proviennent de fouilles anciennes et leur contexte est mal connu. Sur plusieurs site russes, elles ont été découvertes dans de petites fosses aménagées (Praslov, 1985). Une statuette, issue des fouilles de Kostenki I en 1983, se trouvait debout, appuyée contre la paroi d'une fosse remplie de sédiments colorés en rouge ; elle était posée sur trois gros fragments de charbons de bois, la tête tournée vers le centre de l'habitation (*op. cit*). Sur le site de Kostenki I, on a découvert une dizaine de statuettes d'ivoire entières et plus d'une cinquantaine de fragments en calcaire (un seul était en ivoire). Ceci montre la supériorité de l'ivoire mais, en même temps, on constate que les hommes préhistoriques tentaient d'utiliser d'autres matériaux disponibles (Delporte, 1995).

Ainsi l'ivoire n'est pas un matériau exclusivement utilisé dans la parure ou la décoration au Paléolithique. On connaît quelques statuettes sur bois de cervidés (notamment à Isturitz), et sur os (à Brassempouy), quelques perles sur os (abri Plantad à Bruniquel), et quelques pendeloques, sans compter de nombreux os simplement décorés. Toutefois, les véritables objets de parure en os ou en bois de cervidés restent beaucoup plus rares que ceux d'ivoire quoiqu'il soit infiniment plus facile de se procurer ces matériaux.

L'ivoire semble donc bien avoir été un matériau particulièrement prisé, notamment pour les oeuvres en ronde-bosse et la parure dès le Paléolithique. Il nous appartient de rechercher son rôle réel dans la société Paléolithique et, en particulier, de voir si les techniques et l'économie de la matière première permet de mettre en évidence un traitement spécifique de ce matériau.

L'ivoire : une valeur universelle

L'attrait pour l'ivoire attesté en Europe et en Russie dès le Paléolithique semble relever d'un phénomène très général que l'on retrouve dans la plupart des sociétés, des hautes civilisations chinoises ou égyptiennes aux cultures européennes, ou des sociétés traditionnelles de Mélanésie jusqu'à celles du Groënland. Partout l'ivoire fut utilisé pour réaliser des objets à haute valeur culturelle : votive, décorative, symbolique.

Il fut particulièrement employé, durant des millénaires, par les chasseurs esquimaux. L'ivoire de Proboscidiens et de mammouths semblait peu disponible dans les territoires arctiques et ce sont des dents d'animaux marins comme le morse, et secondairement le narval et le cachalot, qui étaient généralement utilisées. Les Esquimaux réalisaient fréquemment ainsi des objets utilitaires (patins de traîneaux, pointes de harpons, cuillères...) mais aussi des sculptures animales ou humaines (Pearce, 1985). Dans la culture dorsetienne qui s'étend de *ca* 2500 à 500 BP (Bronshtein et Plumet, 1994), on a retrouvé de nombreuses statuettes humaines en ivoire, mais aussi, en moins grand nombre, des représentations d'ours, de phoques, de morses et d'oiseaux. D'autres objets de parure évoquant les mêmes sujets étaient destinés à être suspendus ou cousus sur des vêtements. Selon Pearce (1985), ils avaient une signification magique et mythique et étaient supposés porter chance lors de la chasse ou protéger les hommes des esprits. Les harpons de la culture okvikienne (2400 - 1750 BP) — arme caractéristique des groupes chasseurs de mammifères marins — étaient, eux aussi, richement décorés ; en même temps se développait un véritable culte de la "Mère des animaux", symbole de la fécondité des hommes et de la survie des animaux, représentée par de nombreuses statuettes en ivoire. Dans la dernière culture esquimaude, celle de Thulé (à partir de 1000 BP), le travail de l'ivoire prend deux orientations : la parure et la sculpture de figurines représentant un nouveau mythe : "l'oiseau-femme", et les objets utilitaires (*op. cit.*). D'après les observations de R. McGhee (1977), la matière première était alors associée à la fonction de l'objet : l'ivoire sert à la fabrication d'armes de chasse aux mammifères marins et aux oiseaux, et d'outils exclusivement féminins (accessoires de couture) ; ces armes et ces outils sont principalement utilisés en hiver. Par contre le bois de cervidé est associé aux outils destinés à la chasse terrestre, en particulier au caribou, pendant l'été. L'ivoire semble ainsi prendre sa place symbolique dans l'opposition bois de cervidé / ivoire = été / hiver = mammifères terrestres / mammifères marins, théorie à l'appui de laquelle R. McGhee utilise des arguments d'origine ethnographique : on ne cuit pas la viande de caribou et celle des mammifères marins dans la même casserole ; on ne mange pas les deux types de viande le même jour ; on ne travaille pas les peaux de caribou pendant la chasse au mammifères marins ; on ne porte pas des vêtements en peaux de mammifères marins lors des chasses ou des séjours à l'intérieur des terres... Il semble donc que dans ce cas la valeur symbolique du matériau est si forte qu'elle l'emporte sur l'aspect fonctionnel des objets.

La haute valeur culturelle (votive, décorative, symbolique) attribuée à l'ivoire n'est pas limitée aux sociétés de chasseurs-cueilleurs mais semble faire partie d'un patrimoine culturel très universel. On en trouve des témoignages de la Chine, où des petites gravures anciennes en ivoire montrent un caractère décoratif très élaboré (Webster, 1983), à l'Egypte antique (en particulier dans le matériel funéraire retrouvé dans la tombe de Toutankhamon — 1334 - 1325 BC), et bien sûr à l'Europe moderne. Son attrait était tel que de véritables "routes de l'ivoire" relièrent les continents africain, asiatique et européen tout au long de notre ère et même avant.

Ainsi, dès le début du IIè millénaire BC, on connaît une "route" de l'ivoire organisée par les Égyptiens à la suite de la prise de possession de la Nubie et de la création du royaume de Koush. Les richesses de l'Afrique, parmi lesquelles des défenses d'éléphant, étaient alors transportées par voie terrestre jusqu'en Egypte (Nantet, 1990). Plus tard, à l'époque moderne, la colonisation ayant installé de nombreux comptoirs sur les côtes africaines, de nouvelles routes de l'ivoire associées à d'autres produits exotiques de luxe, s'ouvrent entre le continent africain (particulièrement la côte est) et l'Europe. Les défenses sont alors transportés brutes. Ce commerce était alors étroitement lié à l'esclavage, deux hommes au moins étant nécessaires pour transporter une défense de l'intérieur du pays africain jusqu'à la côte. A deux reprises, au VIIè et XIIè siècles, les routes de l'ivoire furent coupées, notamment à la suite des conquêtes islamiques ; la Scandinavie devint alors pour un temps le principal fournisseur d'ivoire (de morse) de l'Europe ; il était exporté jusqu'au Proche-Orient et en Chine (Saint Aubyn, 1987).

A l'époque actuelle, des lois internationales ayant interdit le commerce de l'ivoire d'éléphant en raison des menaces qui pèsent sur cette espèce, une nouvelle voie semble se créer parallèlement au braconnage africain et à l'utilisation de matériaux de synthèse : l'exploitation des défenses de mammouths fossiles de Sibérie. Malgré l'importance du stock initial, il est limité et non renouvelable (contrairement à l'ivoire collecté sur animaux vivants) ; ce commerce ne pourra donc que s'éteindre assez rapidement.

Pendant longtemps, pratiquement jusqu'à l'époque des grandes découvertes et de la colonisation, l'ivoire fut réservé aux objets très précieux : retables, reliquaires, statuettes, coffrets... Ainsi on trouvait en Italie, au Vè siècle, de nombreux diptyques à sujet religieux ; au VIIIè siècle en France, apparaissaient des coffrets décorés de scènes historiques symboliques ; dans la même tradition païenne on trouvait dans le nord de l'Europe des coffrets racontant les premières sagas. Au Moyen-Age, selon les tendances de l'époque, l'art —et notamment l'artisanat de l'ivoire— se fit plus exclusivement religieux. Le travail était alors généralement réalisé au sein des monastères.

Puis à partir du XVè / XVIèsiècle, en conséquence du développement du commerce avec les continents africain et asiatique, le travail de l'ivoire —jusqu'alors rare— se développe et se diversifie. De religieuse, son utilisation s'étend plus largement au domaine païen tout en lui conservant son caractère de matière précieuse. Il conserve en outre sa valeur symbolique comme en atteste quelques objets exceptionnels tels que le trône de couronnement en ivoire de morse du roi

Christian V du Danemark (XVIIè siècle). Un véritable artisanat de la tabletterie qui culminera au XVIII/XIXè siècle avec l'école de sculpture de Dieppe, se développe. La fonction des objets s'étend progressivement vers l'utilitaire : incrustation de meubles, boutons, anneaux de serviettes, bijoux, tête de canne, manches de parapluie, de couteaux, de brosses... Parallèlement les objets religieux en ivoire se font plus communs : couvertures de missels, crucifix... L'ivoire semble alors changer un peu de statut et ne plus traduire de manière aussi forte l'expression directe du pouvoir (Webster, 1983, Nantet, 1990) mais il reste la marque de la classe sociale dominante devenue alors la haute bourgeoisie

La charge symbolique de l'ivoire paraît donc universelle et semble relever d'un phénomène psychologique large qui touche aussi bien les "hautes civilisations" que les sociétés traditionnelles de chasseurs-cueilleurs. Aux objets en ivoire est attachée une forte notion de valeur, exprimant généralement la puissance, qu'il s'agisse du pouvoir religieux, politique ou social... Mais on lui a parfois attribué aussi une valeur médicinale curative — consommation de pâte d'ivoire conseillée aux invalides ou symbolique de fertilité — en Inde les vaches étaient parfois nourries de poudre d'ivoire afin d'augmenter leur production de lait (Saint Aubyn, 1987).

La valorisation de cette matière pourrait être liée à sa beauté (phénomène très subjectif) ou à sa rareté (rare = précieux). Mais au-delà, elle pourrait être liée à la signification de l'animal lui-même : l'éléphant, par sa seule taille, est symbole de puissance comme le savait Hannibal qui utilisait cet atout psychologique dans les batailles. Il en va de même pour le mammouth, le morse, le cachalot ou le narval. En outre, la chasse de ces animaux passait souvent pour une preuve de grand courage dans les sociétés traditionnelles. Actuellement encore, forte de cette tradition, elle garde un peu de cette valeur symbolique (totalement usurpée à l'époque des fusils) auprès des vaillants chasseurs, quoiqu'il ne soit pas plus difficile, dans les conditions modernes de safaris, d'abattre un éléphant qu'une vache au milieu d'un couloir.

Problématique

Force nous est de constater que l'ivoire possédait une valeur exceptionnelle pour la plupart des sociétés, et donc probablement pour les sociétés du Paléolithique, comme en témoigne le type d'objets retrouvés dans les gisements, et leur contexte. Cependant, nous n'avons pratiquement pas accès à la signification symbolique de ces vestiges pour les hommes préhistoriques, si ce n'est par l'observation des objets finis et les hypothèses que l'on peut élaborer à partir du comparatisme ethnologique.

Par contre, nous avons beaucoup plus de prises sur le domaine technique lui-même. Toutefois, celui-ci est encore imparfaitement connu. En effet, nos connaissances sur l'ivoire au Paléolithique reposent souvent sur un ensemble d'objets choisis, triés, provenant de fouilles anciennes (Abri Castanet, Abri Blanchard, La Souquette dans le vallon de Castel-Merle...). A cette époque, seuls les beaux objets étaient souvent collectés tandis que les éventuels déchets de travail — précieux en technologie — et les outils lithiques étaient traités plus grossièrement, voire non récoltés. De ce fait nos informations se limitent souvent à une simple description des objets et parfois à quelques notions sur les gestes effectués lors du façonnage. Rares sont les études plus approfondies sur les chaînes opératoires comme celle de R. White sur les perles aurignaciennes (1992, 1993, 1995) ou celle de J. Hahn sur les objets mobiliers (1986) et sur le travail technique de l'ivoire (1988, 1995).

Notre recherche tend à mieux comprendre le travail de l'ivoire chez les hommes préhistoriques du Paléolithique supérieur en Europe occidentale et orientale. Pour cela nous avons entrepris d'étudier les outils ayant travaillé ce matériau et de les confronter à la fois aux objets finis en ivoire, et aux différentes techniques de travail connues propres à ce matériau.

Notre objectif était donc de dégager les caractères spécifiques de cette industrie et les mécanismes cognitifs qui lui étaient propres et qui la distinguaient notamment, à l'intérieur du système technique concernant le travail des matières dures animales, de l'industrie sur os et bois de cervidés mieux connue. Ces caractères se traduisent-ils dans une manière spécifique de travailler ce matériau, par exemple par des traitements particuliers ? La forme et la matière première des outils lithiques utilisés varient-elles en fonction de la notion de valeur accordée à la matière travaillée ? Les procédés de transformation font-ils partie d'un savoir-faire technique général ou, au contraire, d'un savoir-faire spécifique, à valeur symbolique, réservé à quelques individus comme les chamanes ? Les traditions culturelles sont-elles respectées malgré les innovations de forme des objets ? Existe-t-il des campements spécialisés dans le travail de l'ivoire ? Le travail de l'ivoire avait-il lieu dans les zones domestiques communes ou dans un endroit particulier de l'habitation ? Cette dernière question nous a amené à intégrer à notre étude une analyse de répartition spatiale des objets d'ivoire dans les gisements.

La spécificité de notre recherche a donc consisté à combiner l'étude technologique des objets en ivoire avec l'étude tracéologique des outils lithiques qui les avaient façonnés. Nous avons donc cherché en priorité les liens entre les outils, leurs traces d'utilisation et les observations de façonnage sur les objets d'ivoire.

Une approche privilégiée : la tracéologie

Pour retrouver les outils ayant participé à un processus de transformation de l'ivoire, un travail préliminaire, mais essentiel, consistait à découvrir le moyen de distinguer les traces d'utilisation spécifiques à l'ivoire. Car, en tracéologie classique (échelles optiques), les différentes matières dures animales (os, bois de cervidé, ivoire et dentine) laissent sur les outils des traces d'usures similaires et les caractères permettant de les distinguer sur les outils expérimentaux ne sont pas toujours lisibles sur les pièces archéologiques.

Dans ce but nous avons développé, au sein du Laboratoire de Recherche des Musées de France, une méthode de détermination des polis (dépôts issus de la matière travaillée sur l'outil) par leur caractérisation physico-chimique, à l'aide du microscope électronique à balayage (MEB) et de l'accélérateur de particules (AGLAE).

Partant du principe que le poli était un dépôt provenant de la matière travaillée (ce qu'il nous a fallu tout d'abord démontrer), cette méthode nous a paru particulièrement bien adaptée pour résoudre notre problème de distinction entre les matières dures animales. En effet, une étude préliminaire de la composition chimique des matériaux nous a permis de constater que l'ivoire présentait un caractère distinctif le différenciant des autres : la présence d'une quantité beaucoup plus importante de phosphate de magnésium. C'est cette particularité que nous avons recherchée sur les polis et dont la mise en évidence était la condition *sine qua non* de notre étude

Les conséquences de cette recherche méthodologique sont importantes : le poli, observable au microscope optique n'est plus uniquement un phénomène visuel plus ou moins interprétable par comparatisme expérimental, mais une réalité physique. Il résulte d'un dépôt de microfragments de matière travaillée et non pas simplement d'une abrasion comme on l'a parfois supposé. L'analyse de composition de ce dépôt permet de caractériser directement le matériau responsable de la production du poli d'utilisation (Stordeur et Anderson-Gerfaud, 1985). Ce résultat est une réponse aux débats apparus dès les débuts de la discipline sur le processus de formation des polis, puis à partir des années 1980 sur leur valeur diagnostique (Grace *et al.*, 1985 ; Newcomer *et al.*, 1987). La méthode par caractérisation élémentaire, basée sur des mesures et non plus seulement sur des observations plus ou moins subjectives, ne remet pas en cause l'analyse tracéologique optique, mais elle permet d'en confirmer certaines hypothèses en les objectivant et surtout d'affiner les déterminations des matières travaillées.

Notre recherche est donc passée par trois phases principales. Tout d'abord la mise au point expérimentale de la méthode d'analyse physico-chimique des traces d'usure (polis), complémentaire à l'étude tracéologique classique qui permet une première sélection des outils ainsi que l'examen de la cinématique des gestes à l'origine du poli ; puis la reconstitution des chaînes techniques de travail de l'ivoire ; enfin une application de cette méthode sur du matériel archéologique provenant de plusieurs gisements paléolithiques : Laugerie-Haute-Est (Périgordien français), Geissenklösterle (Aurignacien allemand) et Yudinovo (Épigravettien russe).

PREMIÈRE PARTIE

LA CARACTÉRISATION PHYSICO-CHIMIQUE DES TRACES D'UTILISATION

CHAPITRE I - ETUDE ET ORIGINE DES TRACES D'UTILISATION

La compréhension de la technologie de l'ivoire passe par la confrontation des éléments techniques reconstituables à partir des objets et déchets d'ivoire, avec les outils lithiques utilisés dans ce travail. La détermination de ces derniers et l'interprétation des traces d'utilisation qu'on pouvait y observer a nécessité une importante recherche méthodologique préalable. La tracéologie, fondée sur l'interprétation des traces d'utilisation par une comparaison visuelle entre stigmates expérimentaux et archéologiques ne permet qu'exceptionnellement de distinguer les différentes matières dures animales travaillées. Le poli lui-même est un phénomène ambigu dont l'origine exacte n'est pas encore totalement élucidée. Il a donc été nécessaire de comprendre son processus de formation avant de rechercher les critères permettant de distinguer les polis créés par le travail de l'ivoire, de l'os et du bois de cervidé.

I.1 - MÉTHODES

Cette première partie vise à définir notre approche méthodologique en décrivant en particulier les techniques d'analyse employées. Tout d'abord est présentée la méthode par analogie utilisée de manière globale en tracéologie pour la lecture et l'interprétation des stigmates d'usure sur les outils, puis la recherche par caractérisation élémentaire de certaines traces d'usure (polis et résidus) complétée par une analyse de la structure du silex, pour aboutir à l'explication de la formation du poli. En effet, la spécificité de ce travail réside dans l'application importante des méthodes d'analyse par faisceaux d'ions et d'électrons, la microscopie électronique à balayage pour caractériser la morphologie de la surface du silex et des polis d'utilisation sur les outils, la rétrodiffusion Rutherford (RBS [Rutherford Backscattering Spectrometry]) et l'analyse en l'émission X induite par les particules incidentes (proton et électron) pour étudier les matières premières travaillées et la composition des polis. Nous allons donc développer les aspects généraux de ces méthodes, leurs avantages techniques et leurs apports à la discipline tracéologique.

Cette discipline a en effet traversé plusieurs étapes, tout comme la plupart des approches en archéologie. Après un début enthousiaste est intervenue une phase introspective et autocritique; enfin maintenant la tracéologie semble évoluer vers une forme équilibrée et mature (Juel Jensen, 1994, p.15). Dans la phase autocritique, la valeur diagnostique du micropoli a été remise en cause (Newcomer *et al.*, 1987 ; Grace *et al.*, 1985). En effet, le degré d'identification des polis n'est pas le même pour toutes les catégories de matières travaillées. De ce fait découlent deux problèmes majeurs : erreurs d'interprétations des polis et manque de traces diagnostiques produites par certaines activités. L'étude physico-chimique des dépôts "piégés" (les micropolis) devrait permettre de lever certaines ambiguïtés de la tracéologie en apportant des éléments objectifs permettant, dans une certaine mesure, d'aller au-delà de cette polémique.

I.1.1 - Les stigmates d'utilisation

Les stigmates d'utilisation connus sont, macroscopiquement, les émoussés et les ébréchures, et microscopiquement, les polis et les stries (Fig. 1).

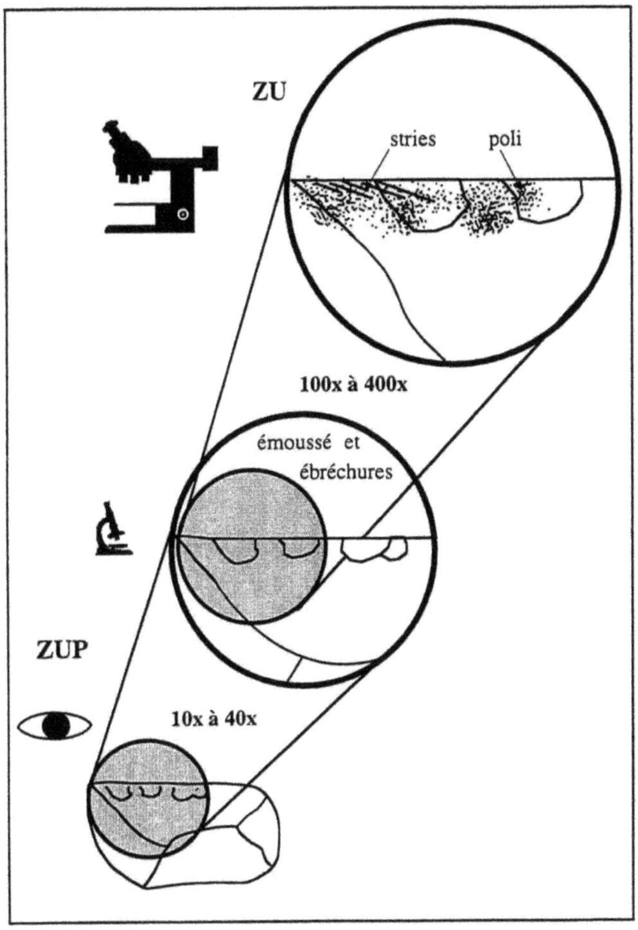

Figure 1 - Les principaux stigmates d'utilisation présentés à différentes échelles d'observation.

L'interprétation des traces d'utilisation sur les outils archéologiques est fondée sur les relations de cause à effet. Connaissant l'effet, on en déduit la cause. Encore faut-il établir au préalable cette relation. Après avoir, par l'intermédiaire de l'expérimentation, reproduit les traces d'utilisation des

différents matériaux sur des outils modernes, on identifie ces mêmes traces sur des outils archéologiques ; on déduit alors la matière travaillée par les outils archéologiques, par analogie avec les outils expérimentaux.
La première phase des recherches sur les traces d'usure des outils préhistoriques a commencé à l'œil nu à la fin du siècle dernier. Les chercheurs étaient conscients que le lustré sur certains outils était, non pas le fruit du hasard, mais le résultat d'une utilisation volontaire des objets. Mais la tracéologie, en tant que discipline propre, a pris son essor dans la deuxième moitié de ce siècle. Le russe S. A. Semenov fut le premier à systématiser les recherches concernant les stigmates d'utilisation sur des outils en pierre et à décrire leur correspondance avec les divers matériaux travaillés. Ceci confirmait en quelque sorte les postulats posés précédemment : les lustrés visibles sur les faucilles résultaient de leur utilisation. En 1957, S. A. Semenov publia un livre en russe dont la traduction en anglais ("Prehistoric Technology", 1964) suscita un grand intérêt en Europe occidentale. Plusieurs chercheurs s'initièrent alors à la discipline. Un manque d'explication méthodologique dans cet ouvrage les obligea à apporter des précisions et des modifications à partir de leurs observations sur des pièces expérimentales (Keeley, 1980). Deux courants principaux sortirent de ces premières tentatives d'application de la méthode "Semenov" : le *Low Power Approach* (LPA), méthode d'étude à faible grossissement fondée sur les enlèvements macroscopiques sur le tranchant des outils (Tringham, 1974) et le *High Power Approach* (HPA) à fort grossissement s'appuyant principalement sur l'observation des polis (Keeley, 1980). Fondé sur les travaux de L. H. Keeley, le HPA s'est enrichi, dans les années 1980, des études méthodologiques et des applications archéologiques de P. Anderson-Gerfaud (1981), E. H. Moss (1983), P. Vaughan (1985), H. Plisson (1985), S. Beyries (1987) et A. van Gijn (1989).
Il serait fastidieux de résumer ici l'apport de chacun de ses travaux. Nous nous contenterons d'exposer les éléments en rapport avec notre travail lorsqu'ils présenteront des différences par rapport à la tracéologie "classique".
Notre travail utilise principalement le HPA, donc une analyse à fort grossissement, mais inclue dans une observation globale où interviennent plusieurs échelles d'observations qui vont de l'examen à l'œil nu au microscope optique et au microscope électronique à balayage (MEB). Ce dernier a été utilisé de manière systématique, en raison de la qualité des images, de la formidable profondeur de champ qu'il offre et afin de faire des analyses de composition élémentaire des polis. Le principe de ce type d'analyse est traité dans un chapitre à part.

Les quatre phénomènes d'usure mentionnés sont pris en compte lors de l'examen des surfaces des outils.

Les émoussés et les ébréchures sont observés à la loupe binoculaire avec des grossissements inférieurs à 40x, afin de mettre en évidence des traces d'usure macroscopiques (Tringham, 1974, Odell, 1981).
Les deux cas résultent d'une perte de matière siliceuse de l'outil. Seule l'échelle varie entre ces deux phénomènes : dans le cas de l'émoussé, il s'agit d'une échelle micrométrique, alors que les ébréchures se situent plutôt sur une échelle millimétrique. L'émoussé se présente sous forme d'un arrondi de tranchant. La forme et la profondeur des ébréchures ainsi que leur distribution fournissent des indications relatives à la cinématique du tranchant de l'outil utilisé et permettent de situer le matériau travaillé sur une échelle de dureté (tendre, semi-dur et dur). Mais la prudence s'impose car ces enlèvements peuvent aussi être causés par des phénomènes autres que l'utilisation (retouche intentionnelle, réaffûtage, piétinement, traitement post-fouille...). P. Vaughan (1985) insiste sur la grande variabilité des ébréchures qui rend ce type d'usure délicat à employer comme facteur d'interprétation de la matière travaillée. Il a été également démontré que beaucoup de travaux ne laissent pas d'ébréchures sur l'outil (Moss, 1983).
Selon nous, ces stigmates peuvent être très utiles pour localiser les zones d'utilisation potentielle (ZUP) ; les informations qu'ils fournissent sont complémentaires à celles obtenues par les autres traces d'utilisation et interviennent dans la détermination de la matière travaillée et la cinématique des gestes conjointement avec les polis et les stries.

Les polis sont les traces les plus ambiguës. Aucune explication satisfaisante n'a été proposée jusqu'à ce jour pour expliquer ce phénomène qui est pourtant le principal stigmate dans la détermination de la matière travaillée. D'un point de vue purement visuel, le poli est une modification dans l'apparence de la surface du silex, il peut être observé au microscope optique à fond clair et il est caractéristique de la matière travaillée (Keeley, 1980). Les recherches montrent qu'il ne s'agit pas uniquement d'un phénomène de surface mais que le poli est présent dans les trois dimensions mesurables : en largeur, correspondant à son étendue perpendiculairement au tranchant, en longueur c'est-à-dire son étendue parallèlement au tranchant, et en profondeur équivalent à son épaisseur sur la surface de l'outil (Anderson-Gerfaud, 1981 ; Christensen et Walter, 1992).
Lorsqu'un poli se forme sur un tranchant, les changements interviennent dans la topographie de la surface du silex après quelques minutes de travail ; ils affectent d'abord les parties hautes du microrelief pour ensuite s'étendre aux parties basses. Son extension dépend de la nature du matériau de contact, de la durée du travail et de son intensité ; par exemple, un matériau tendre permet au tranchant de pénétrer plus profondément à l'intérieur de la matière travaillée : la

zone de contact est ainsi plus grande. La vitesse de formation du poli dépend de la granulométrie du silex : un silex à grain fin développe un poli plus rapidement qu'un silex à gros grain. Toutefois un poli doit atteindre un certain stade de développement pour être caractéristique de la matière travaillée. Certains matériaux comme la viande, le gras, certaines matières végétales tendres ne permettent que rarement de dépasser ce stade d'usure appelé "generic weak" par P. Vaughan (1985), qui correspond à un poli ne présentant pas encore les caractéristiques permettant d'identifier la matière. Le terme de poli évoque de manière générale un aspect lisse et brillant souvent obtenu par usure ; il est en fait très ambigu. Nous verrons plus loin, dans le chapitre traitant de "la formation des traces d'utilisation", que la formation du poli est en fait due au dépôt, sur la partie active de l'outil, d'un "film" constitué de la matière travaillée.

Les stries se présentent sous forme de sillons séparés par des arêtes saillantes ; leur formation est liée à la présence de matières abrasives intervenant dans la formation du poli (Del Bene, 1979 ; Kamminga, 1979), à l'interface entre l'outil et la matière travaillée. Elles peuvent donc traduire le mouvement de l'outil. Pour cette raison, S. A. Semenov (1964) leur a accordé une grande importance dans la recherche de la cinématique de l'outil, mais aussi pour identifier la matière travaillée selon leur orientation et leur distribution. L. H. Keeley (1980) a fait le lien entre les stries et la dureté de la matière travaillée, mais, dans ses études, elles sont principalement déterminantes pour retrouver l'orientation du geste lorsqu'elles accompagnent d'autres stigmates d'usure.

I.1.2 - EXPÉRIMENTATION

En tracéologie, l'expérimentation a un rôle particulièrement important. Elle est à l'origine de toute étude, puisque c'est à partir des différents stigmates observés sur les outils expérimentaux qu'il est possible d'établir des parallèles avec les outils archéologiques. Ainsi, elle permet de constituer un référentiel de base qui va servir dans une reconstitution par analogie de leur utilisation. Il ne s'agit pas de retrouver uniquement la matière travaillée, mais aussi, et surtout, la dynamique des outils qui traduit tout un savoir-faire technique sous-jacent. Les différents stigmates macro et microscopiques sont enregistrés de manière détaillée dans une grille d'analyse (*cf.* Annexe), qui est appliquée aussi bien aux pièces expérimentales qu'archéologiques.

L'expérimentation planifiée à long terme sur un matériau peut fournir des connaissances sur toute une chaîne opératoire comme, par exemple, celle du travail de la peau (Audoin et (Plisson, 1982).

L'expérimentation, en tracéologie, se présente en trois phases : didactique, méthodologique et archéologique (Plisson, 1991) ; ces trois phases sont complémentaires (Fig. 2).

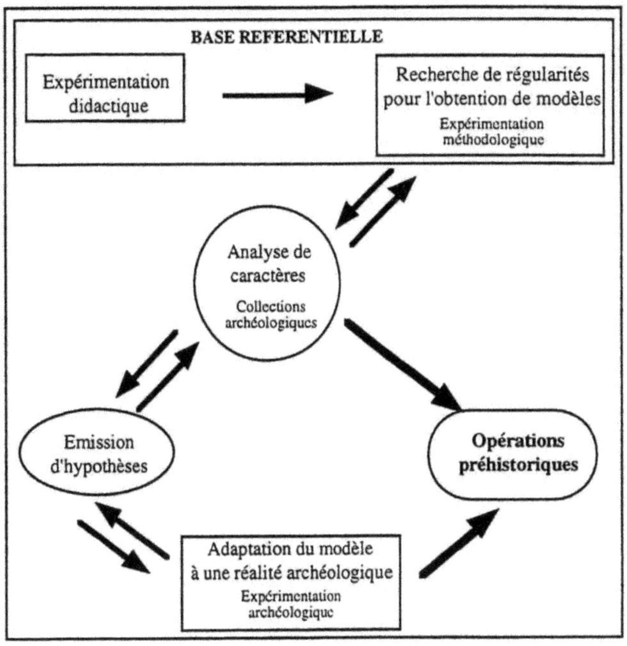

Figure 2 - L'expérimentation en tracéologie.

Elle s'effectue en plusieurs stades. Les deux premiers didactique et méthodologique, ont pour objectif de constituer une base référentielle permettant d'élaborer les analyses des collections archéologiques. Ce niveau d'expérimentation peut aboutir soit directement à la déduction des opérations effectuées par l'homme préhistorique, soit à des hypothèses des activités qui doivent ensuite être testées par une expérimentation archéologique qui est étroitement guidée par le contexte archéologique (d'après Juel Jensen, fig. 3, p. 15, 1994).

La première phase, didactique, a comme son nom l'indique, une fonction d'apprentissage. Elle a pour but d'initier le tracéologue à la reconnaissance des stigmates d'usure sur les outils. L'objectif de cette expérience est de parvenir à caractériser les traces laissées sur les parties actives (ébréchures, émoussés, polis, stries...), de déterminer les variantes dues à la nature de la matière travaillée (dureté, structure, fraîcheur...) ainsi qu'à celles du support de l'outil lui-même (silex, basalte...), enfin de comprendre les indicateurs de mouvement de l'outil.

La deuxième phase, méthodologique, est plus orientée vers l'observation et la recherche de régularités ; elle est donc interprétative. La forme de l'outil (morphologie de la partie active, angle d'attaque) exprime la réponse à une contrainte imposée par le matériau ; simultanément interviennent les intentions de l'opérateur, les modalités et les techniques d'exécution pouvant être différentes selon l'individu. Il s'agit donc ici d'essayer de contrôler rigoureusement toutes ces variantes, donc de déterminer les paramètres importants qui créent l'un ou l'autre des stigmates et leur récurrence.

Cette phase peut aussi comprendre des recherches sur l'origine de la formation des stigmates d'usure et donc leur conservation dans le sol. Le rôle de l'expérimentation méthodologique a été important pour la mise au point de la méthode d'approche par caractérisation chimique, notamment pour contrôler le transfert de la matière travaillée afin de pouvoir interpréter les résultats obtenus lors de l'analyse.

Ces deux premières phases permettent de constituer une collection de référence des différents stigmates observables sur des outils archéologiques et ainsi d'en déduire, selon les similarités observées, les premières hypothèses d'utilisation : nature de la matière travaillée, cinématique de l'outil et techniques d'exécution.

La troisième et dernière phase fait intervenir les données archéologiques. Elle est utilisée lorsqu'aucun des outils expérimentaux ne correspond exactement aux stigmates observés sur un outil archéologique. Il est alors nécessaire d'effectuer des expériences supplémentaires en étroite relation avec le contexte botanique, zoologique ou minéral de la découverte. En théorie, ces expérimentations doivent être poursuivies jusqu'à l'obtention d'un résultat satisfaisant et il peut parfois s'agir de programmes expérimentaux sur plusieurs années (*cf.* P. C. Anderson, 1992).

Il convient parfois, même si la matière travaillée et l'action effectuée sont déjà connues grâce aux premiers niveaux d'analyse, d'affiner l'interprétation par des expérimentations supplémentaires afin d'arriver à comprendre la place précise de l'action dans une chaîne technique. Il est alors intéressant de travailler avec des pièces identiques aux matières archéologiques (même granulométrie, même morphologie) afin d'essayer de reproduire les activités qui permettent d'obtenir des traces d'usure identiques.

L'expérimentation intervient donc en tracéologie afin de comprendre et d'interpréter les traces d'usure sur les outils, mais on cherche également à aller au-delà de la reconnaissance de la matière travaillée et de l'action effectuée.

Au-delà de la reconnaissance de la matière travaillée et de l'action effectuée, la tracéologie a pour ambition de retracer la "vie" des outils, de la récolte de la matière première jusqu'à leur abandon. Ce tracé peut ne pas être unique et linéaire mais parfois former une boucle. Lors de l'utilisation d'un outil, ses parties actives se détériorent ce qui réduit son efficacité; il est alors nécessaire de le réaffûter avant de continuer le travail. Dans d'autres cas, l'outil est façonné à partir d'un autre outil, ou encore il peut être utilisé de différentes manières (raclage, sciage...) ou sur différentes matières... Les traces peuvent ainsi être tantôt juxtaposées, tantôt superposées. Dans ce cycle, l'analyse fonctionnelle ne nous permet de connaître souvent qu'une phase : celle de la dernière utilisation. Pour comprendre les processus techniques des hommes préhistoriques, le tracéologue doit donc aussi s'intéresser à la fabrication de l'outil, ses réaffûtages et ses différents recyclages. Seules des expérimentations planifiées et contrôlées peuvent expliquer l'ensemble des différentes chaînes opératoires possibles.

L'expérimentation n'est pas un but en soit, mais elle présente une étape nécessaire afin de développer et d'affiner les études fonctionnelles. Elle s'inscrit dans une démarche analogique qui permet d'interpréter la fonction des outils archéologiques, mais l'analogie n'est pas toujours suffisante pour interpréter certaines traces d'utilisation ; en particulier, il est parfois difficile d'affiner la détermination de certains groupes de matières travaillées, comme les matières dures animales ou les matières végétales. Il est alors nécessaire d'avoir recours à d'autres méthodes plus précises, parmi lesquelles la caractérisation chimique du poli paraît l'une des plus efficaces. Cette méthode peut permettre d'aller plus loin dans les déterminations par analyse de composition élémentaire des polis, et par une démarche analogique permettant de comparer les compositions archéologiques et expérimentales.

I.1.3 - Caractérisation chimique

La caractérisation chimique d'un matériau est la détermination de ses constituants minéraux et/ou organiques. Lorsque le matériau n'existe plus en tant que forme reconnaissable, comme dans le cas de poli d'utilisation, l'analyse des éléments constitutifs permet dans ce cas de l'identifier. Cette méthode se situe au cœur du débat des processus de formation du poli — mécanique ou dépositionnel. A la base de notre recherche, il était nécessaire de déterminer si le poli était un phénomène additif — auquel cas son analyse était révélatrice de la matière travaillée — ou au contraire d'usure.

Ces dernières années, quelques tentatives ponctuelles ont été parfois effectuées sur des accumulations de résidus de matières visibles sur des outils. C'est ce type d'approche que nous avons élargi et mis au point pour l'analyse des polis microscopiques d'outils lithiques.

I.1.3.1 - Les premières recherches

La détection de résidus sur des tranchants archéologiques a été réalisée, dans les années 1970/80, pour des substances organiques. F. Briuer (1976) a mis en évidence, à partir de réactions chimiques spécifiques, l'existence de résidus organiques de plantes et d'animaux sur un ensemble d'outils provenant de deux abris sous roche dans le sud-ouest des États-Unis. De même T. H. Loy (1983) a retrouvé, par des analyses immunologiques, des résidus de sang sur des outils provenant de quatre gisements canadiens datés de 1000 à 6000 ans ; plus récemment, T. H. Loy mettait en évidence des fragments de chaîne ADN (de bison) dans des résidus de sang déposés sur des outils provenant du Toad River Canyon au Canada (1993).

A la fin des années 1970, d'autres recherches ont également montré la présence d'éléments inorganiques dans des accumulations de matière observées au microscope optique sur des tranchants d'outils archéologiques. Ces travaux sont souvent restés ponctuels et limités ; en outre, comme tous travaux pionniers, ils ne sont pas exempts de quelques erreurs d'interprétations.

Néanmoins, on voit que les moyens actuels d'analyse des matériaux nous ouvrent un champ très vaste d'informations précises permettant de mieux comprendre la fonction spécifique de certains outils. Dans les analyses de résidus organiques il faut agir cependant avec beaucoup de prudence car les risques de pollution, issus de la vie animale et du contact avec le sol lors de l'enfouissement des objets, sont grands.

Analyse de traces issues de la matière osseuse :

Lors de réactions dans des bains chimiques, J. Kamminga (1979, p. 287) avait remarqué la présence d'éléments carbonatés dans les traces issues d'un travail d'os et de coquillage. Allant plus loin, R. Clouse (*in* Hayden, 1979, p. 372-373) observait, lors des analyses en diffraction des rayons-X et au MEB, l'existence de calcium, de potassium et de phosphore dans les creux des enlèvements sur des outils archéologiques. Il en déduisit l'existence d'un travail de l'os, ce dernier étant composé essentiellement de calcium et de phosphore (apatite ; $Ca_{10}(PO_4)(OH)_6$). Mais si le potassium est effectivement présent dans l'os, ce n'est qu'à l'état d'élément trace et l'analyse au MEB n'est pas suffisamment fine pour détecter de si petites quantités, tandis que la diffraction X est une analyse structurale qui identifie uniquement la nature cristalline des minéraux présents dans l'échantillon mais ne permet pas d'analyse élémentaire. Il est donc possible que le potassium observé par R. Clouse provienne d'une pollution du sol. Des analyses au MEB de P. Anderson-Gerfaud (1981) montraient, sur les tranchants des outils, la présence de résidus de tissus osseux composés uniquement de calcium ou d'une association de calcium et de phosphore. L'auteur a alors supposé que les zones composées uniquement de calcium étaient dues à une dissolution de l'apatite. Or, chimiquement, l'apatite est un minéral stable qui s'altère peu. Lors de nos essais d'altération nous n'avons jamais observé une disparition différentielle entre le calcium et le phosphore (*cf.* I.2.2.4). Il est possible que les traces de calcium de P. Anderson-Gerfaud soient des incrustations de calcium dans le silex, des éléments de carbonate de calcium ou des éléments extérieurs de pollution mais qu'elles ne proviennent pas de l'os.

A. Van Gijn (1990) faisait des analyses de poli d'os avec l'objectif de tester la réaction du poli aux différents types de nettoyage. Un silex expérimental présentant un poli d'os ayant été scié en deux, un fragment fut lavé à l'eau avec un détergent, l'autre nettoyé à l'acide chlorhydrique (HCl, 10%) et rincé à l'hydroxyde de potassium (KOH). Les analyses au MEB montraient la présence de calcium, phosphore et de carbone dans le premier cas ; mais après nettoyage de l'échantillon avec des produits chimiques, seul le silicium était détecté. L'auteur a déduit que, dans le cas d'un nettoyage simple, les éléments chimiques proviennent des résidus qui restent accrochés à la surface de l'outil (il ne s'agit donc pas d'un poli), alors que dans le cas d'un nettoyage chimique, seul subsiste à la surface de l'outil le poli, c'est-à-dire, pour cet auteur, une abrasion non détectable par l'analyse chimique.

Matière minérale :

Diverses tentatives de détection de matières minérales furent effectuées dans les années 80/90. Ainsi, la présence de magnésium était détectée par T. H. Del Bene sur des outils expérimentaux qui avaient servi à travailler la stéatite (1980). Notons que la stéatite est un silicate de magnésium ($Mg_3Si_4O_{10}(OH)_2$). De son côté, M. Dauvois (1983) a analysé, par des observations au MEB et à l'aide d'une technique de micro-analyse par spectrométrie d'émission d'X, des microdépôts d'hématite (Fe_2O_3) sur des burins provenant de la grotte de Crest à Viry : ils auraient pu servir à gratter des blocs d'hématite pur.

Dans les années 1980 P. Anderson-Gerfaud (Stordeur et Anderson-Gerfaud, 1985) a étudié des omoplates à tranchant encoché du Néolithique iranien (Ganj Dareh) et a remarqué des résidus siliceux de céréales sur les parties actives (analyses de composition et observations à fort grossissement au microscope électronique à balayage). L'aspect de certains d'entre eux rappelle l'apparence des phytolithes : ils pourraient résulter de dépôts intracellulaires de silice, provenant d'une absorption de silice du sol recouvrant les parois cellulaires des plantes qui aurait créé des répliques des cellules. Ils sont caractéristiques des plantes à forte teneur en silice, comme par exemple les graminées (Anderson-Gerfaud, 1981).

D'autres études ont concerné des outils portant des traces de travail d'une matière minérale tendre (P. Anderson, résultats présentés à Jales, 1994). Les analyses physico-chimiques ont permis de préciser que la matière travaillée par les outils était du gypse et de faire ainsi un lien entre des bracelets en gypse trouvés dans ce gisement et les polis des outils.

Ces exemples sont pour la plupart à caractère ponctuel : les chercheurs ont tenté de comprendre la présence d'un dépôt à la surface des outils expérimentaux ou archéologiques. Ce sont des analyses faites dans le but de déterminer la nature d'un dépôt de matière observé ponctuellement ; mais elles n'ont jamais été étendues systématiquement à l'analyse des polis d'utilisation.

La question primordiale qui se posait à nous était donc de déterminer si le poli qui apparaît à la surface du silex, lors de son utilisation, pouvait être défini comme étant un dépôt d'accumulation de matière. Cette réflexion nous place au cœur des débats sur la formation du poli : est-il uniquement dû à un phénomène mécanique (usure de la matrice siliceuse) ou bien s'agit-il d'un phénomène dépositionnel (accumulation de matières)?

Dans la présente recherche, nous avons abordé de manière systématique ce problème afin de tenter de découvrir dans quelle mesure la composition de ces résidus/polis pouvait nous donner des informations sur les matières travaillées par les hommes du Paléolithique.

I.1.3.2 - Techniques de caractérisation chimique

Toute matière est constituée d'un ou plusieurs éléments chimiques. En tracéologie, la caractérisation chimique consiste à déterminer, par la mise en évidence des éléments traces déposés sur la partie active de l'outil, la composition de la matière qui y a adhéré (résidus, poli) pendant son utilisation. Au cours de cette analyse il est nécessaire de s'assurer qu'il n'existe pas d'interférences entre les éléments constitutifs dans le poli et ceux du silex pouvant fausser les interprétations. Nous avons employé dans un premier temps le microscope électronique à balayage (MEB) couplé à un détecteur de rayons X Si(Li). Puis la recherche a été poursuivie à l'aide du système d'analyse AGLAE - Accélérateur Grand Louvre Analyses Elémentaires (*cf.* Menu, 1990) et par microsonde nucléaire en partie en collaboration avec le laboratoire anglais "Univ. of Oxford Scanning Proton Microprobe Unit" (Grime *et al.*, 1991).

Microscopie électronique

Dans la microscopie électronique à balayage, un faisceau d'électrons très fin balaie point par point la surface de l'objet à étudier. Sous l'impact du faisceau, des interactions avec la matière produisent l'émission de différentes particules (électrons secondaires, électrons rétrodiffusés, rayons X ...) qui peuvent être analysés à l'aide de détecteurs appropriés.

L'avantage du MEB est sa profondeur de champ qui est d'environ 300 fois supérieure à celle du microscope optique ; il offre en outre une très grande résolution, permettant l'observation de surfaces très irrégulières, comme c'est le cas du silex.

Les électrons secondaires fournissent une image topographique en trois dimensions de la surface.

Le contraste de l'image en électrons rétrodiffusés est une fonction croissante de la masse de l'atome cible. Ceci permet de localiser des zones riches en éléments chimiques plus lourds que les composants du silex, le silicium et l'oxygène. Ces éléments vont apparaître sur des images en blanc sur un fond noir. Un exemple intéressant d'application de cette méthode est l'analyse des colorants sur des outils (ocre, hématite, manganèse...).

La micro-analyse par rayons X permet d'obtenir la composition élémentaire de la zone observée. C'est une analyse en surface qui ne pénètre presque pas en profondeur ; dans le cas du silex, composé de silice, la zone d'analyse ne dépasse pas 1 µm de profondeur pour une énergie de 20 keV. Ainsi, une absence de silicium sur les cartographies faites à partir des polis indique une épaisseur du poli d'au moins un micron.

Principe de l'analyse aux rayons X :

La matière est composée d'atomes qui sont constitués d'un noyau positif autour duquel gravitent des électrons chargés négativement. Si un rayonnement ou une particule énergétique éjecte un électron des couches profondes de l'atome, celui-ci va se trouver dans un état instable. Un électron d'une couche supérieure vient combler la lacune avec l'émission d'un photon X dont l'énergie est caractéristique de la transition. Les rayons X émis sont ainsi caractéristiques de l'élément excité. Ils sont recueillis par un détecteur, puis une chaîne électronique et un analyseur multicanal qui fournit un spectre composé de raies caractéristiques des éléments chimiques. Il est ensuite possible, à l'aide d'un ordinateur, de faire des analyses qualitative ou quantitative, ou encore des cartographies élémentaires (images en fausse couleur) permettant d'évaluer qualitativement la distribution spatiale des éléments chimiques les uns par rapport aux autres.

Nos analyses ont été effectuées sur un JEOL 840 couplé à un système de détection à dispersion en énergie (EDS). Les photons X émis sont recueillis par un détecteur à semi-conducteur Si (Li) qui effectue un tri en énergie, permettant de détecter des éléments du carbone à l'uranium. Un logiciel calcule les compositions qualitatives et quantitatives et effectue les cartographies élémentaires. Notons aussi la possibilité de faire une analyse ponctuelle sur une image numérique de l'échantillon, permettant une analyse très localisée, de l'ordre du mm^3.

Le MEB ne permet d'étudier que des échantillons conducteurs. Il est donc nécessaire d'assurer un contact à la masse pour écouler les charges électriques apportées par le faisceau d'électrons (c'est à dire éviter que la quantité d'électrons à la surface de l'échantillon soit trop importante et empêche ainsi d'autres électrons d'y arriver). Un tel cumul d'électrons rend l'image floue et l'analyse fausse, il est alors obligatoire de couvrir un matériau non conducteur, comme le silex, avec un matériau conducteur. Nous n'avons pas eu recours aux techniques courantes qui consistent à déposer du carbone sur la

surface ou à la métalliser à l'or, afin d'éviter une couverture irréversible modifiant la surface du silex et surtout le poli. Nos échantillons ont été couverts d'une feuille d'aluminium laissant juste une petite fenêtre de quelques mm^2 ouverte dans la zone à analyser. Cette méthode permet obtenir de bonnes images jusqu'à des grossissements compris entre 5000x et 9000x, largement suffisants pour nos observations. Le seul inconvénient de ce procédé est qu'il laisse, sur le tranchant, des petites traces d'aluminium dont l'ampleur peut toutefois être réduite si on dépose un petit morceau de papier végétal entre le tranchant et l'aluminium. Notons que la chambre sous vide est assez grande pour y placer directement des pièces d'une longueur d'une dizaine de centimètres.
Nos analyses ont été effectuées avec une tension de 10 ou 20 keV et l'intensité du courant était en général de 3 nanoampères.

Analyse RBS

La spectrométrie de rétrodiffusion élastique (*Rutherford Backscattering Spectrometry*) consiste à mesurer le rebond élastique que les ions incidents peuvent effectuer lorsqu'ils rencontrent les noyaux d'une cible ; comme dans le modèle des boules de billard, l'énergie de la particule qui rebondit dépend de la masse du noyau. En comptant ces ions rétrodiffusés de divers noyaux rencontrés, il est possible de déduire la composition des atomes de la cible. Cette méthode fournit des renseignements quantitatifs sur la composition chimique des échantillons dans une région qui va de la surface à quelques micromètres de profondeur. Il s'agit d'une technique non destructive, l'analyse s'effectuant directement sur l'objet à étudier. L'intensité du faisceau de particules incidentes est réglée de façon à ne pas endommager la surface de l'objet. On enregistre le spectre en énergie des ions rétrodiffusés par les atomes de la cible. Un détecteur à barrière de silicium suivi d'une chaîne électronique compte ces ions diffusés à l'angle θ et mesure leur énergie (Fig. 3a). Des analyses par résonance nucléaire ont montré qu'aucune préparation n'était nécessaire pour les études dans la chambre sous vide d'AGLAE (Walter *et al.*, 1990) ; les pièces sont directement accrochées sur le porte-échantillon avec des petites pinces en métal.
Lorsqu'un faisceau d'ions mono-énergétiques irradie un solide, il se produit des interactions avec les noyaux des atomes qui les conduisent à changer d'énergie et de direction. La figure 3b représente le spectre correspondant à l'histogramme en énergie des particules détectées, issues de la rétrodiffusion d'ions hélium-4 sur une plaquette de silicium. L'énergie maximale correspond à une interaction à la surface même du solide et à la valeur du produit $K_{Si} \times E_0$, à la condition que E_0 soit l'énergie initiale des particules. K_{Si}, le facteur cinématique du silicium, est connu par la théorie. Le front correspondant sur la figure 3b a donc une position caractéristique de la nature du noyau cible. Au-delà de ce front apparaissent les ions rétrodiffusés après avoir pénétré dans l'échantillon et pour lesquels l'énergie est d'autant plus faible qu'ils ont pénétré profondément.
Dans le cas d'un échantillon composé de plusieurs atomes (voir figure 3c, le cas de SiO_2), le spectre final résulte des rebonds sur les noyaux des différents éléments et montre plusieurs fronts (dans le cas de la figure : ceux du silicium et de l'oxygène).
Lorsque l'on a plusieurs couches successives, les discontinuités font apparaître de nouveaux fronts, comme dans le cas de la figure 3d qui montre le spectre d'une couche de fer enterrée dans de la silice : $SiO_2/Fe/SiO_2$. La largeur du créneau correspondant au fer est liée à l'épaisseur de la couche. Le décalage en énergie du front de montée du fer est dû à la couche de silice de la surface.
Enfin, un profil variable de concentration de fer dans la silice (voir figure 3e) donnera lieu à une évolution de la forme de ces fronts qui décrira les variations de composition de cet élément à partir de la surface. Ce sont des spectres de ce type que produit l'analyse du poli sur le silex en RBS, car ils sont caractéristiques d'une interface rugueuse entre le support (la surface du silex) et la matière déposée (le poli).
Dans notre cas, le RBS est une méthode bien adaptée puisqu'il permet la détection d'atomes plus lourds que le phosphore. La matrice (le silex) est faite d'atomes un peu plus légers (99,5 % de silice SiO_2) : il produira donc peu d'interférences lors de l'analyse.
Nous avons choisi pour nos mesures d'utiliser des particules α ($4He^{++}$) d'une énergie de 3,5 MeV comme particules incidentes pour séparer correctement dans le spectre les différents éléments présents. Ainsi, on différencie le phosphore issu d'un dépôt de 100 nanomètres du plateau du silicium, composant du substrat-silex ; les particules rétrodiffusées sont comptées à l'aide d'un détecteur à barrière de surface, placé à une distance de huit centimètres de l'objet avec un angle θ de 165°. Le programme informatique de simulation RUMP (reconstitution des conditions d'expérimentation) permet de calculer la perte d'énergie des particules et ainsi de déterminer la distribution de la concentration des éléments chimiques dans l'échantillon analysé (L. R. Doolittle, 1985, p. 344).

Analyse PIXE par microfaisceau

L'analyse PIXE (*émission X induite par les particules incidentes*) utilise le phénomène d'ionisation des couches électroniques internes des atomes de l'échantillon lorsqu'il est bombardé par des protons. L'émission X induite est détectée, comme au MEB, par un détecteur Si(Li) ; la chaîne électronique construit, sur l'analyseur multicanal, un spectre composé de raies caractéristiques des différents éléments chimiques présents. L'avantage de cette méthode est de fournir,

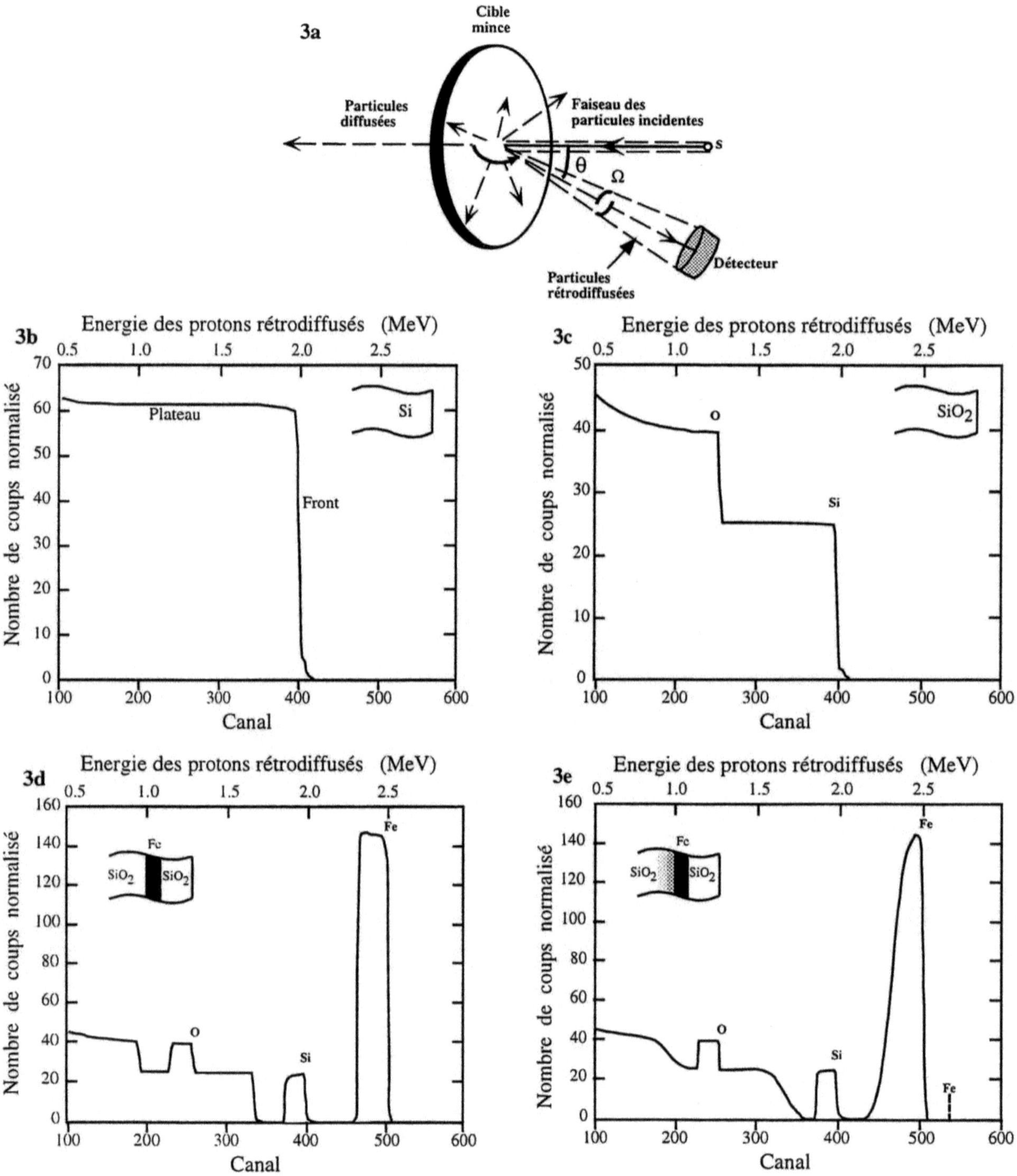

Figure 3 - Analyse RBS (d'après le programme de simulation RUMP, Doolittle, 1985).

a) principe : une cible est bombardée par des particules incidentes d'énergie E_0 qui, suite à des interactions avec les noyaux des atomes de la cible, vont être rétrodiffusées ; ce faisceau de particules est analysé avec un détecteur à barrière de surface placé à un angle particulier (θ);
b) analyse d'une plaquette de silicium ;
c) analyse d'une cible de silice ;
d) analyse d'une cible de silice contenant une couche de fer de 200 nanomètres d'épaisseur à 500 nanomètres de profondeur ;
e) analyse d'une cible similaire à d) avec un interface rugueux entre le fer et la silice du substrat.

de manière non destructive et avec une préparation minimale de l'échantillon, la détermination des éléments chimiques majeurs, mineurs et traces. Le bruit de fond, lors de l'analyse en ions, est en effet très inférieur à celui observé lors des analyses utilisant un faisceau incident d'électrons (MEB) et rend ainsi cette méthode plus favorable à la mesure de faibles concentrations alors qu'au MEB, ce bruit de fond tend à les masquer. L'analyse PIXE par microfaisceau permet d'obtenir des cartographies élémentaires et de faire des analyses ponctuelles.

Nous avons choisi de travailler avec des protons dans différentes conditions d'analyses. A Oxford, nous avons utilisé une énergie de 3 MeV et un courant de 150 à 200 pA avec une résolution spatiale de 0,5 µm et la taille du faisceau est d'1 µm. Sur AGLAE, l'énergie était de 3 MeV, le courant de 1 nA et la taille du faisceau était de 20 µm sur 15 µm. La concentration élémentaire est obtenue à partir des spectres PIXE à l'aide du programme PIXAN (Clayton, 1986).

Analyse RBS par microfaisceau

Le principe est le même que pour les analyses en RBS effectuées sur AGLAE ; mais lors de l'analyse par microfaisceau, il est possible d'obtenir des cartographies montrant la distribution des éléments en profondeur, ce qui est intéressant afin d'observer les irrégularités du poli en fonction de celles du silex.

Pour faire des cartographies, le courant a été augmenté jusqu'à 1 nA en diminuant ainsi la résolution spatiale, le faisceau ayant une taille de 2 µm. Des filtres ont été utilisés afin d'augmenter la transmission de calcium et ainsi améliorer la résolution. Le dépouillement des spectres RBS utilise une version de RUMP modifiée pour prendre en compte les sections inélastiques des éléments légers.

L'intérêt des analyses effectuées en microfaisceau à Oxford était d'avoir des informations sur la distribution spatiale d'éléments par PIXE, et simultanément de mesurer l'épaisseur du poli par RBS (épaisseur du dépôt). Lorsque le spectre RBS montrait une nette couche de surface, nous avons supposé que tous les éléments traces observés en PIXE étaient dus à ce film déposé sur la silice pure. La concentration relative des éléments dépend alors de l'épaisseur du dépôt. Lorsqu'aucun dépôt n'est visible en RBS, nous avons supposé la cible homogène.

Ces différentes techniques analytiques permettent d'obtenir des informations assez précises concernant le dépôt d'un film de poli à la surface du silex : ses constituants, son épaisseur, son mode de dépôt et l'évolution de celui-ci selon la granulométrie du silex.

Les résultats obtenus et leurs interprétations seront exposés dans la partie concernant la formation du poli (*cf.* I-2).

I.1.3.3 - Préparation des échantillons

La méthode par caractérisation chimique impose une certaine rigueur dans le nettoyage des pièces et beaucoup de précautions lors de l'analyse et de l'interprétation des résultats.

Les pièces passées au MEB doivent présenter une surface propre afin d'éviter d'inclure des éléments dus à une pollution extérieure dans les interprétations de la matière travaillée. Comme nous l'avons exposé plus haut (*cf.*. les stigmates d'utilisation), certains tracéologues sont de fervents nettoyeurs utilisant des produits chimiques comme HCl, NaOH et KOH (Keeley, 1980 ; Van Gijn, 1989) ; ceci n'est pas forcément une bonne solution car ces produits risquent d'enlever totalement les résidus, voire le poli ! Van Gijn (*op. cit.*), ayant effectué des nettoyages à l'acide chlorhydrique (HCl), a vu les éléments caractéristiques de l'apatite (Ca, P) disparaître lors des analyses au MEB.

Nous avons donc évité les nettoyages à l'acide sur les pièces archéologiques afin de ne pas endommager, voire dissoudre, le poli.

Nos outils expérimentaux ont été nettoyés afin que la composition de leur polis puisse être comparée avec celles des polis archéologiques. Nous avons recherché un traitement qui élimine les macrorestes de matière présents sur les pièces expérimentales après leur utilisation. Il s'agit de fragments périssables de la matière travaillée qui ne subsistent que dans des cas de conservation exceptionnelle (tourbières ou milieux humides) sur les pièces archéologiques. Précisons que ces fragments, posés sur la surface de l'outil, ne font pas partie du poli.

Deux procédés ont été testés sur les outils expérimentaux qui ont ensuite été analysés au MEB pour rechercher les conséquences directes (d'allure et de composition) de ce nettoyage sur le poli.

D'abord, les pièces ont été lavées avec un détergent non abrasif puis les surfaces à analyser ont été nettoyées à l'alcool à 90° permettant de supprimer toute trace de doigts qui aurait pu laisser en particulier du sodium (Na) et du chlore (Cl). L'observation des pièces expérimentales traitées ainsi montre que cette préparation reste un nettoyage de surface et n'élimine pas complètement ces macrorestes de matériau travaillé sur le bord de l'outil. Par exemple, dans le cas des matières dures animales, un dépôt d'apatite de structure réticulaire, différent du poli, subsiste ; il n'existe pas sur les outils archéologiques. Lorsqu'on compare les polis expérimentaux ainsi nettoyés aux polis archéologiques, on s'aperçoit que leur composition chimique est la même pour le même matériau travaillé quoique le dépôt soit souvent plus important sur l'outil moderne.

Après le premier lavage, un deuxième type de nettoyage est effectué aux ultrasons dans l'eau distillée. Les ultrasons ont pour effet d'enlever les macrorestes de matière travaillée qui ne font pas partie intégrante du poli et restent de ce fait faiblement accrochés à la surface du silex. Le poli lui-même ne change pas d'allure, même après un traitement assez long (20 min.) ; le traitement aux ultrasons fait disparaître les macrorestes et il ne reste plus que le véritable poli. Nous pensons donc que, pour la constitution du référentiel, il est nécessaire de l'utiliser sur les outils expérimentaux pour éviter tout malentendu lors des interprétations des résultats d'analyse de composition d'éléments chimiques. Ils sont ainsi comparables aux outils archéologiques.

Parfois l'analyse au MEB du poli archéologique fait apparaître, en petite quantité, des éléments de potassium qui doivent provenir d'une pollution lors de l'enfouissement des pièces dans le sol, celui-ci étant composé en général de silicium, d'aluminium, et d'un faible pourcentage de potassium, de magnésium et de calcium. Le silicium ne peut être détecté car il est également présent dans le silex. L'aluminium est difficile à interpréter à cause du film d'aluminium placé sur l'échantillon pour conduire les électrons lors de l'observation ; pour le magnésium l'analyse est peu sensible. Nous avons à titre d'essai nettoyé quelques outils archéologiques aux ultrasons, afin d'observer les réactions du poli (allure et composition). Il apparaît parfois "plus propre" et bien dégagé sur la surface du silex. On peut même observer, dans certains cas de polis importants, qu'une partie du dépôt disparaît au traitement aux ultrasons, comme s'il n'était pas accroché de manière égale sur toute la surface du silex (Fig. 4a et b). Ceci peut s'expliquer par la présence de résidus étrangers à la matière travaillée : micro-esquilles de silex et grosses poussières mélangées à la matière travaillée empêchant l'adhésion parfaite au silex. La présence d'éléments provenant du sol est plus faible, mais ils ne disparaissent pas complètement. Il ne nous semble donc pas nécessaire de passer les outils archéologiques systématiquement à l'ultrason, ce nettoyage pouvant enlever des éléments relatifs à leur utilisation.

I.1.3.4 - Les procédures d'analyses

De manière systématique, la zone polie a été analysée en plusieurs points au MEB et en RBS ; nous n'avons observé aucune différence de composition en éléments minéraux. Par contre, l'épaisseur et l'étendue de la zone modifiée peuvent varier.

Les spectres du poli ont été comparés à ceux des surfaces non utilisées de l'outil afin de s'assurer qu'il n'y a pas d'interférences analytiques entre les minéraux du poli et les impuretés

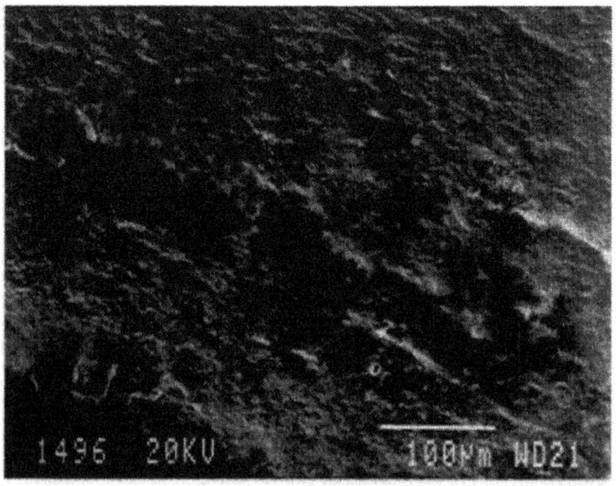

a

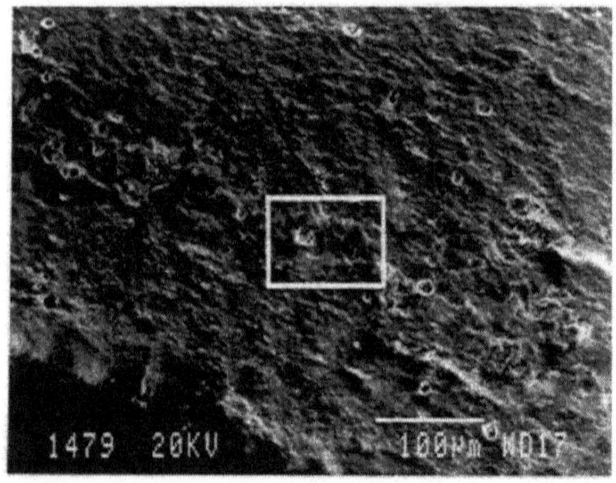

b

Figure 4 - Détail d'un poli archéologique avant et après son nettoyage aux ultrasons.

a) l'allure du poli avant son nettoyage (MEB x 200) ;
b) le poli après son nettoyage (on remarque la disparition de petites zones de poli, mal accrochées en raison de la présence de corps étrangers à la matière travaillée, venus se mélanger au poli pendant l'utilisation de l'outil (MEB x 200).

du silex. Ce phénomène est à relier à une propagation préférentielle du front de fracture lors de la taille (Bradley et Clayton, 1987) qui contourne les inclusions de craie qui peuvent être riches en fer (Fe), outre, bien sûr, le calcium (Ca). D'autre part, nous avons constaté que le poli résiste bien aux bombardements des électrons ou des ions nécessaires aux analyses : aucun endommagement n'a été mis en évidence et nous avons obtenu des spectres identiques sur un même point d'analyse, pour une même dose et lors de plusieurs irradiations successives.

Il est important de procéder à des cartographies de la distribution spatiale des éléments présents dans le poli. En effet, l'analyse élémentaire (les spectres) nous signale uniquement les éléments présents et leurs quantités, mais nous n'obtenons pas d'information sur l'association des composés. Dans le poli plusieurs composants (éléments chimiques) sont mélangés et le seul moyen de savoir comment les atomes sont associés pour former le matériau est la cartographie. Il peut exister dans la zone analysée des éléments chimiques qui proviennent d'autres chose que la matière travaillée ; par exemple, des microrestes de sédiments ou plusieurs matières travaillées. Les restes de sédiments peuvent être présents sous forme de calcium, de phosphore, d'aluminium et de potassium. A partir du spectre d'analyse, on pourrait imaginer qu'il s'agit d'un poli d'os avec une pollution en surface, alors que la cartographie de la même zone va indiquer que l'ensemble des éléments sont étroitement liés les uns aux autres et que par conséquent il ne s'agit peut-être pas de microrestes d'os. Ainsi, les cartographies peuvent éviter beaucoup d'erreurs d'interprétation lors de l'analyse élémentaire.

Il est de toutes façons prudent de faire des analyses du sédiment environnant afin de connaître les éventuels éléments de pollution qui pourraient se trouver à la surface des outils analysés.

I.2 - LA FORMATION DES TRACES D'UTILISATION

Les traces d'utilisation qui apparaissent sur les tranchants des outils ont depuis le début de la tracéologie été un sujet de débat. En particulier, les recherches ont été principalement orientées vers l'origine des microtraces (polis et stries).

Notre travail a débuté par une recherche sur la structure du silex, afin de mieux comprendre comment ce matériau réagit à l'usure. Puis nous avons passé en revue les propositions faites par différents chercheurs ; notre contribution à la solution de ce problème passe par la méthode d'analyse des polis par faisceaux d'ions.

I.2.1 - La structure du silex

L'étude des traces d'usure doit prendre en compte la nature et les propriétés du silex : une bonne compréhension de la structure et des conditions de formation de ce matériau essentiel utilisé par l'homme préhistorique peut, comme nous allons le voir, déboucher sur des applications archéologiques.

Le silex fait partie de la grande famille des roches sédimentaires siliceuses constituées de quartz, de calcédoine et d'opale, et formées dans des conditions variables. Il existe des roches siliceuses d'origine détritique (quartzites) ; des roches siliceuses d'origine organique, ce sont des roches cryptocristallines qui se taillent très bien (jaspe) ; puis différentes silicifications secondaires d'origine chimique ou biochimique (cornaline, meulières, ...). Mais les matériaux les plus utilisés sont les accidents siliceux qui se développent dans les milieux calcaires ou marneux (Pomerol et Renard, 1989).

Nous allons nous intéresser au silex de la craie, le plus répandu. C'est un matériau possédant une structure microscopique complexe. Pour l'observer au MEB, il est nécessaire de l'attaquer à l'acide fluorhydrique (HF) dans des solutions plus ou moins concentrées avec des durées d'altérations variables (Bradley et Clayton, 1987). Le silex est formé d'au moins trois structures de silice :

- des microfossiles silicifiés, issus de la craie d'origine du rognon, et des fragments de macrofossiles (Fig. 5) ;

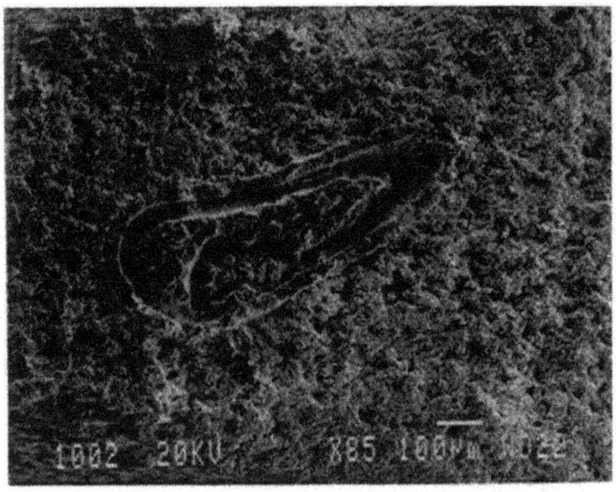

Figure 5 - Composants du silex.

Un exemple de fossile pouvant être présent dans le silex; observation au MEB (x 85)

- des lépisphères de quartz, formant le squelette même du silex ; ce sont des formations sphériques d'un diamètre de 5 à 20 µm de quartz xénomorphe, ne montrant aucun développement sous une quelconque forme cristalline (les faces caractéristiques du système cristallin n'ont pu se développer, les cristaux voisins en ayant empêché la croissance) (Fig. 6) ;

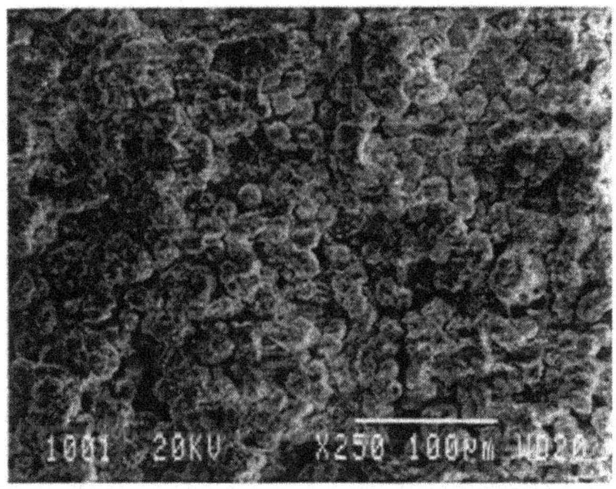

Figure 6 - Composants du silex.

Le squelette du silex est formé de lépispères de quartz. Il s'agit ici d'un silex de la craie sénonienne à grains fins. Le diamètre des lépisphères est en moyenne de 12,5µm; observation au MEB (x 257)

- de la calcédoine, ciment interstitiel qui est constitué des fibres formées par empilement hélicoïdal de cristallites de quartz avec un grand nombre de micropores. Cette forme de silice riche en eau remplit les interstices laissés par des agrégats de lépisphères de quartz. Les cristallites ont une longueur généralement inférieure à 0,1 µm et ils forment des paquets radiants et des rosettes (Fig. 7).

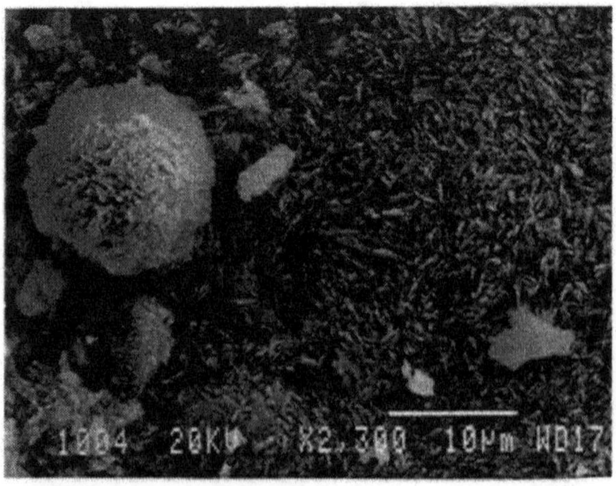

Figure 7 - Composants du silex.

La calcédoine constitue le ciment intersticiel du squelette du silex. Elle se présente sous forme de fibres allongées ; observation au MEB(x 2300).

Nous avons procédé à des attaques à l'acide fluorhydrique (HF) sur deux silex : l'un à grains fins (sénonien) et l'autre à gros grains (bergeracois). L'expérience montre qu'il est nécessaire de régulariser la surface du silex par ponçage avant de procéder à l'attaque car ainsi la surface devient uniforme et les grains de quartz sont plus facilement observables. Les fragments ont été immergés pendant une durée de une, trois et dix minutes dans une solution d'HF à 10% afin de mieux suivre le dégagement de la structure du silex. L'acide va préférentiellement attaquer la calcédoine qui est beaucoup plus fragile que le quartz ou les microfossiles ; le résultat est une surface couverte de lépisphères ronds distants de quelques microns. Les grains de quartz ne sont pas alignés en couches horizontales et régulières mais ils sont au contraire disposés de façon assez irrégulière de telle sorte que, dans une même zone, certains lépisphères sont à peine pris dans la calcédoine à côté d'autres qui sont encore à demi enfouis (Fig. 8).

Dans le cas du silex sénonien à grains fins, les grains de quartz ont un diamètre de 12,5 µm en moyenne. Les grains de quartz du silex bergeracois ont un diamètre de 20 µm en moyenne ; celui-ci est moins pur et contient un grand nombre de microfossiles et des feuillets d'argile (Fig. 9). Par conséquent sa structure est plus grossière que le premier type sénonien.

Lorsqu'un silex est taillé, le front de fracture se propage préférentiellement à travers la calcédoine, plus tendre, et contourne les lépisphères de quartz (Bradley et Clayton, 1987).

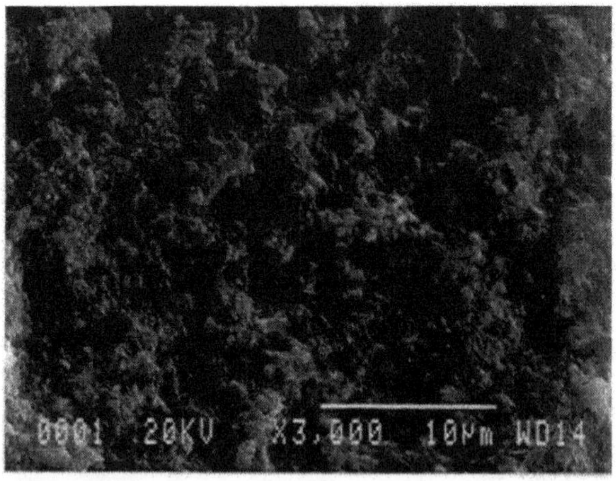

Figure 8 - Composants du silex.

La surface d'un silex sénonien brièvement attaquée à l'acide fluorhydrique montrant la structure irrégulière que forment les grains de quartz ; observation au MEB (x 3000).

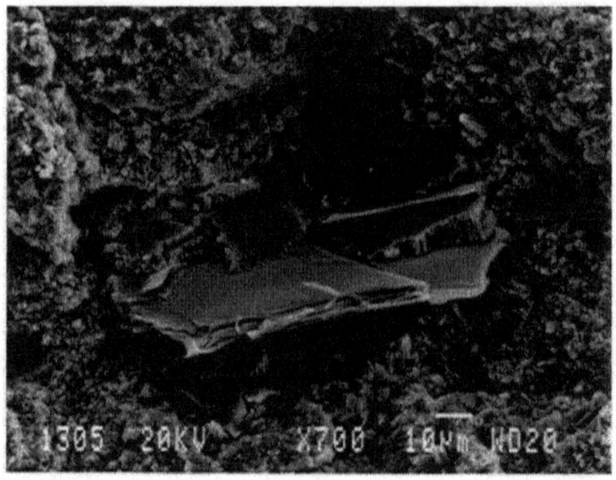

Figure 9 - Composants du silex.

Un silex peut être plus ou moins pur; il peut contenir des microfossiles et des feuillets d'argile comme certains silex bergeracois ; observation au MEB (x 700).

A partir de ces observations il est possible d'imaginer la surface du silex qui est finalement à l'échelle microscopique très irrégulière avec des parties hautes qui pourront presque, par endroit, constituer des reliefs d'une hauteur correspondant au diamètre des lépisphères (5 à 20 µm). Nous sommes donc face à un relief présentant des *locus* de choix pour une accumulation de matière (Fig. 10).

I.2.2 - Recherche sur les stigmates : dynamique des gestes et résultat statique

L'usure est un phénomène complexe. Un ou plusieurs facteurs peuvent intervenir lors de son développement : l'abrasion, l'adhésion, la fatigue et l'action chimique (Dorlot *et al.*, 1986). Nous allons dans cette partie exposer ces usures, dont certaines ont été reproduites lors de nos expériences en tracéologie.

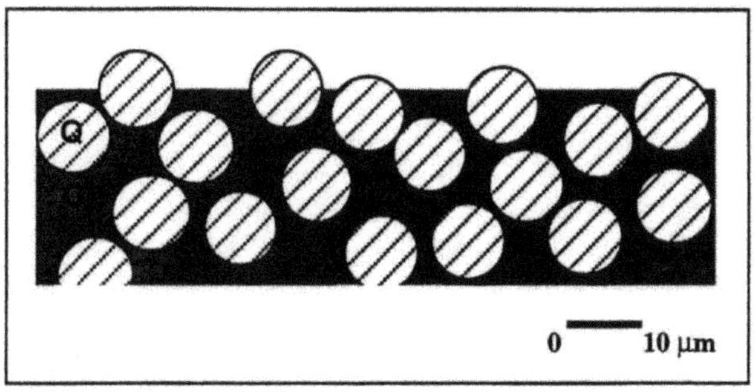

Figure 10 -Schématisation de la surface du silex.

La surface du silex formé par des grains de quartz (Q) et de la calcédoine (C) apparaît irrégulière, lorsqu'il est taillé. Le front de fracture a traversé la calcédoine en contournant les grains de quartz les plus durs ; d'après observation au MEB. et Bradley et Clayton, fig. 10.2, p. 82, 1987.

Les stigmates d'utilisation sont les résultats statiques de la dynamique de l'outil. Cette action peut avoir des conséquences variées sur le tranchant de l'outil : un enlèvement de fragments macro ou microscopiques, un déplacement de matière ou une adhésion de la matière travaillée. Parfois il s'agit de combinaisons de ces différents facteurs.

I.2.2.1 - Macrotraces : les ébréchures, l'esquillement et les émoussés

Les macrotraces sont des phénomènes purement mécaniques qui ont pour résultat une perte de matière. Leur formation est, *a priori*, plus facile à expliquer que celle des microtraces ; elle a été l'objet de larges débats lors de la conférence "The First Cluw" en 1977, publiée par B. Hayden en 1979. La mécanique des matériaux nous offre des explications pour décrire ces stigmates observés en tracéologie, en particulier, l'abrasion et la fatigue.

Usure par abrasion :

L'abrasion est provoquée par le frottement de deux surfaces en contact dont l'une est plus dure que l'autre. Lorsqu'on transpose ce processus au fonctionnement d'un outil, c'est la zone de contact entre l'outil et la matière travaillée qui est affectée. L'usure qui apparaît aplanit la structure granulaire de l'outil. Ce phénomène est amplifié par la présence de particules dures provenant soit d'un apport extérieur (poussières, sables...), soit d'un micro-esquillement de l'outil, voire des fragments de la matière travaillée, pour peu qu'elle soit dure. Il s'agit d'un phénomène progressif ; l'accumulation des efforts dans le matériau constituant de l'outil va entraîner sa fatigue, donc une moindre cohésion des particules qui peut engendrer des ruptures. Les surfaces en cours d'abrasion montrent ainsi des ruptures intergranulaires, des ruptures par glissement qui sont parallèles à la direction du travail (Dauvois, 1983). Lorsque l'abrasion est forte, le bord des outils peut devenir émoussé comme c'est souvent le cas de ceux qui ont servi à travailler des peaux ou des matières minérales (Fig. 11).

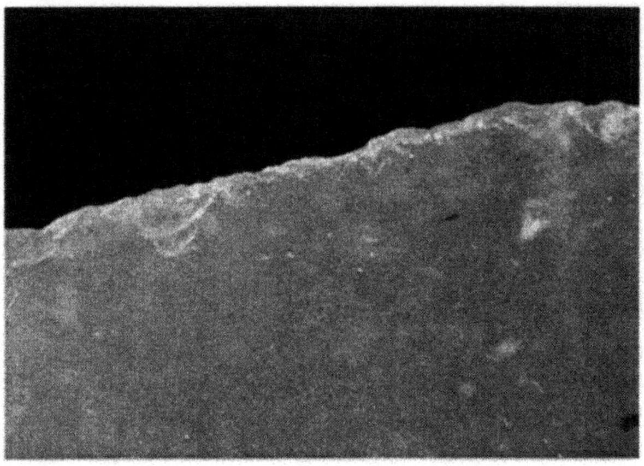

Figure 11 - Détail macroscopique du tranchant d'un outil expérimental émoussé.

Quand les particules abrasives sont frottées à la surface de l'outil avec une légère pression, le résultat se présente sous forme de déplacement ou d'enlèvement de matière, en fonction de la dureté du matériau (Fig. 12 a et b).

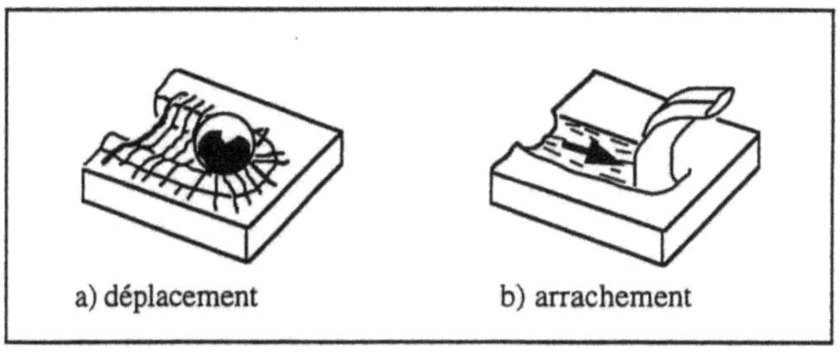

Figure 12 - Principe de l'abrasion par déplacement (a) et arrachement de matière (b).

La surface des objets ayant subi ce type d'action présente des rayures ou des stries (Fig. 13) c'est-à-dire une déformation plastique par glissement intergranulaire sans rupture ou enlèvement du matériau.

Usure par fatigue

Il est possible de diviser cette mécanique en 3 stades : l'amorçage de la fracture qui va se produire dans la zone où la contrainte est exercée, en général près du bord de l'outil ; la propagation de fissures à l'intérieur du matériau selon les forces appliquées ; la rupture, lorsque la force dépasse la capacité de déformation du matériau et que se produit une désagrégation interatomique. Une déformation, petite ou grande, est responsable des amorces de rupture. Le principe qui suit est identique à celui produit lors de la taille du silex. Selon l'endroit où la force est appliquée, la fracturation du matériau va être différente, et les fractures vont se présenter

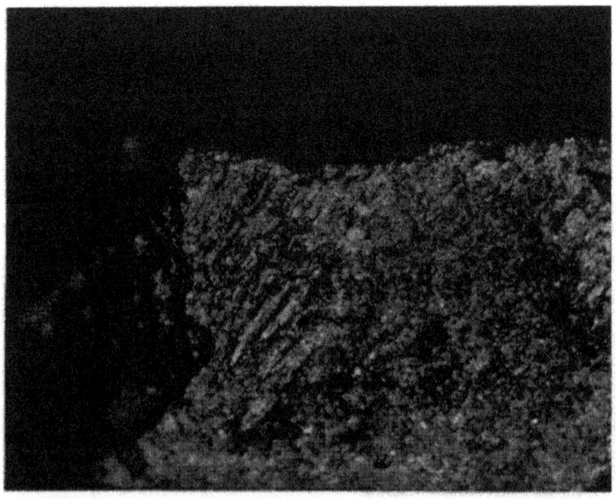

Figure 13 -Détail d'un poli strié.

Détail d'un poli expérimental montrant les stries créées par la présence de particules abrasives lors du travail (MO x 200).

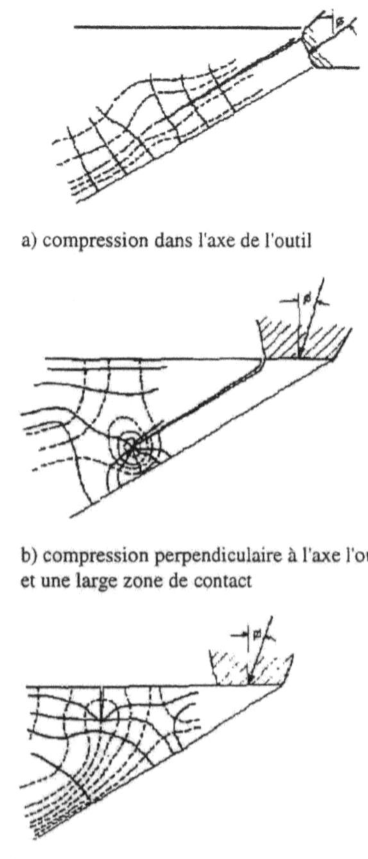

a) compression dans l'axe de l'outil

b) compression perpendiculaire à l'axe l'outil et une large zone de contact

c) compression perpendiculaire à l'axe l'outil et petite zone de contact

Figure 14 - Fracturation par compression (Cotterel et Kaminga, 1979, fig. 6).

L'usure par fatigue peut être responsable de la fracturation du matériau. L'endroit où la force est exercée est déterminante de la morphologie des enlèvements de matière

comme des enlèvements de morphologie différente sur la partie active de l'outil (Cotterel et Kamminga, 1979) :
- si la pression est exercée directement dans l'axe de l'outil avec une zone de contact relativement petite, le détachement se fait selon l'axe de tension minimale parallèle à la surface (Fig. 14 a) ;
- si la pression est située près du bord dans une zone relativement large, et si l'amorçage commence aussi près du bord, la cassure va s'effectuer par flexion. Les axes de tension, développés perpendiculairement à la surface du l'outil, vont être "perturbés", la fracture va les modifier et le résultat est un détachement abrupt non contrôlé (Fig. 14 b) ;
- si la pression est située près du bord et l'amorçage commence loin du bord, le détachement va se faire selon les axes principaux de tension (Fig. 14 c).

Lorsqu'un outil en silex est utilisé pour un travail, il est d'une certaine manière soumis en permanence à des efforts de compression ; une certaine fatigue de la roche intervient sous forme de microfissures dans le matériau et il suffit d'une compression ou d'un changement de direction de l'outil lors du travail pour qu'une ébréchure se produise. La forme et l'ampleur de ces enlèvements dépendent de plusieurs facteurs comme l'angle actif de l'outil, la pression effectuée, les propriétés mécaniques de la matière travaillée...

Dans le cas d'usures macroscopiques, la difficulté pour le tracéologue est de distinguer les stigmates engendrés par l'usure de ceux intervenus sur l'outil entre son abandon sur le site et son arrivée sous la loupe binoculaire.

I.2.2.2 - Microtraces : le problème du poli

Lorsque des instruments comme le microscope et le microscope électronique à balayage commencèrent à être employés dans l'étude des traces d'usure, des chercheurs se penchèrent plus particulièrement sur la question de la formation des polis. Les premiers résultats étaient inspirés des travaux sur l'usure dans l'industrie moderne et les résultats obtenus permettent de dégager deux axes principaux de recherche :
- l'un fondé sur des interactions chimiques entre le silex et la matière travaillée : le poli peut alors avoir un caractère additionnel (dépôt de matière).
- l'autre relève d'actions mécaniques : le poli est produit par l'abrasion.

Le poli dépositionnel

Certains chercheurs établirent un modèle de formation du poli par réactions chimiques. Considérant que les facteurs mécaniques jouaient un rôle mineur, J. Witthof (1967) fut le premier à proposer l'hypothèse que le poli résulte de la formation d'une couche de silice amorphe à la surface de l'outil (*ibid.*, p. 385). Ses recherches concernaient des lustrés de plantes ; en observant des différences de dureté entre la surface polie et celle du silex non utilisé (de 6 à 6,5-7 sur l'échelle de Mohs), il remarqua que les zones modifiées, plus tendres, présentaient une augmentation en volume, caractéristique de la silice amorphe. Il supposa alors que, durant le travail, la production de chaleur due à la friction était suffisamment importante pour faire fondre le silex, dans des minuscules zones de contact à la surface. Après la friction contre l'opale contenu dans les plantes, le silex ne serait pas retourné à son état crypto-cristallin initial, mais aurait durci comme un liquide qui se refroidirait rapidement. En cas d'utilisation continue, les molécules d'opale des plantes se seraient déshydratés et auraient continué à précipiter à la surface du silex, créant ainsi un aspect additif au poli.

P. Anderson-Gerfaud (Anderson, 1980 ; Anderson-Gerfaud, 1981 ; 1982 ; 1983 ; 1986 ; Stordeur et Anderson-Gerfaud, 1985) proposa l'hypothèse d'une dissolution ponctuelle de la silice du silex, dans les zones de contact, créant ainsi un gel de silice qui se solidifierait en silice amorphe lorsque les mouvements s'arrêtent, ce qui donnerait à la surface du silex une apparence polie et brillante. Dans cette couche, des fragments de plantes pourraient s'incruster. Ce phénomène serait alors dû à plusieurs facteurs : la chaleur issue de la friction, l'acidité de certaines plantes et la présence de particules abrasives (poussière, micro-esquillement du silex), lors du travail. Cette hypothèse s'appuyait sur des analyses chimiques et des observations au MEB montrant que certaines surfaces, qui semblaient avoir été à l'état fluide pendant le travail, présentaient des cellules de plantes et des phytolithes partiellement englobés dans la couche de poli.

Dans le cas de l'utilisation d'outils en os, par contre, P. Anderson-Gerfaud a observé que le poli est constitué de dépôt de matières. La démonstration est effectuée sur des omoplates à tranchant encoché du Néolithique iranien ayant travaillé des plantes : un gel amorphe présent dans les tiges se serait déposé sur le tranchant actif de l'outil puis cristallisé par la suite. Les analyses au microscope électronique à balayage (EDAX) ont relevé une forte teneur en silice dans les parties en creux de l'os (stries et dépression). Il s'agit donc bien dans les zones lustrées d'un dépôt allochtone de silice (Stordeur et Anderson-Gerfaud, 1985, p. 298).

Si le principe du dépôt de matière est clairement démontré dans le cas des outils en os ayant travaillé les plantes, son rôle est moins évident pour les outils en silex. C'est le cas en particulier pour ceux qui ont travaillé la peau où la part respective des phénomènes d'hydrolyse et de dépôt n'est pas nettement définie.

A l'appui de cette hypothèse d'une formation de gel par hydrolyse, des analyses par faisceaux d'ions (profils d'hydrogène) furent effectuées par H. H. Andersen et H. J. Whitlow (1983) afin d'évaluer les différences structurales entre les zones polies et les zones non modifiées. D'après ces auteurs, un gel de silice serait saturé d'hydrogène et contiendrait plus d'eau que le substrat cristallin du silex (*ibid.*, p.468). Les résultats de leur expérience montrèrent effectivement des concentrations différentielles d'hydrogène entre la surface de l'outil et l'intérieur de celui-ci. Les concentrations d'humidité dans la matière travaillée et les concentrations d'hydrogène à la surface de l'outil montraient une augmentation conjointe ; les matériaux humides sont donc responsables d'accumulation d'hydrogène à la surface de l'outil. Alors que lors du travail d'un matériau travaillé sec, les auteurs observent une redistribution d'eau dans les couches superficielles du tranchant de l'outil

Ces résultats obtenus par faisceau d'ions n'entrent pas en contradiction avec la théorie du "gel de silice" mais ils ne la confirment pas non plus, car ils démontrent une accumulation d'hydrogène à la surface de l'outil mais ne précisent pas son origine : plantes (simple dépôt) ou silex (transformation de la surface du silex) ?

Le poli d'abrasion

D'autres chercheurs se sont prononcés pour un modèle purement mécanique : le poli reste le résultat de friction et il s'agit d'une abrasion de la surface.

G. Diamond (1979) remarqua que, dans des conditions optimales de travail (friction importante), des pertes de matière se produisaient sur les parties hautes du microrelief. Le poli était donc plutôt dû à une abrasion qu'à une accumulation de surface. Il précisa que le polissage d'un matériau non métallique, comme le silex, n'est pas susceptible de produire assez de chaleur pour le faire fondre en surface, même dans de minuscules points de contact.

A. Masson observa une ressemblance morphologique des lustrés de végétaux avec ceux qui sont issus d'une érosion naturelle par frottement (Masson *et al.*, 1981). Ses analyses effectuées par diffraction-X sur des lustrés de faucilles n'ont montré aucune signe de présence d'opale amorphe ou d'opale cristobalite-tridymite, alors que ces deux types de silice devraient aisément se distinguer des principaux composants du silex, quartz ou calcédoine (*ibid.*, p. 45). En outre, aucune silice amorphe éventuellement créée lors du travail de plantes n'aurait pu être conservée dans le sol. Pour cet auteur, ceci témoignerait du caractère abrasif du poli de plantes et il rejetait donc la théorie de gel de silice. Notons toutefois que, d'après H. H. Andersen et H. J. Whitlow (p. 10, *in* Juel-Jensen, 1994), la couche amorphe serait si mince (une fraction de micron) que le signal de la couche cristalline sous-jacente polluerait la carte de diffraction-X. Ceci pourrait expliquer que Masson n'ait pu observer la phase amorphe du lustré par ce moyen.

I. Levi-Sala (1993, p. 411) exclut l'existence d'une hydrolyse en argumentant que les polis se forment très bien sans présence d'eau. Quelques expériences menées à l'aide d'abrasifs ("pâte de diamant") lui permirent de montrer que le poli

observé au microscope optique et au MEB était dû à un lissage de la surface du silex, produit par l'enlèvement des aspérités de la matrice.
Simultanément, S. Yamada (1993) en venait à la même explication, également par des observations au microscope optique et au MEB ; pour lui le caractère additionnel du poli était uniquement dû à un phénomène optique. Il exclut la formation d'un gel à la surface du silex, premièrement parce que cette hypothèse est en contradiction avec le fait qu'il existe plusieurs types de poli et deuxièmement parce que la couche de gel est d'une épaisseur inférieure au micron (*cf.* Andersen et Whitlow, 1983) ce qui est insuffisant aussi bien pour emprisonner des grains d'opale que pour provoquer des stries. Les résidus végétaux parfois observés résulteraient de leur adhérence à la surface même du silex, sans nécessité d'un gel (Yamada 1993, p. 440).

Des phénomènes combinés
N. D. Meeks et ses collaborateurs (1982) effectuèrent des analyses au MEB sur les faucilles du Néolithique danois et sur des pièces expérimentales portant des traces visibles à l'oeil nu. Leur but était de mettre en évidence une éventuelle relation entre la surface lustrée et le substrat crypto-cristallin du silex, afin de déterminer s'il existait une accumulation de matière ou une couche vitreuse en surface du silex. N'ayant pu démontrer l'existence d'une couche de dépôt de poli, ils conclurent prudemment que sa formation était due à des phénomènes d'altération causés par la friction lors du travail (stries et trous dans le poli résultant d'abrasion), mais accompagnée de modifications chimiques de la silice ayant participé à la création du lustré.
Del Bene (1979) proposait, lui, deux types de formation : un dépositionnel pour les accumulations de matière étrangère au silex par adhésion (phytolithes) ; l'autre, mécanique, concernant l'abrasion du silex lui-même ou déformation plastique de sa surface. De la même manière, Kamminga (1979) parlait de poli de phytolithes et de poli de lissage par abrasion. R. Unger-Hamilton (1988) en se fondant sur des observations au microscope optique et au MEB, se prononçait en faveur d'un double caractère de formation du poli : par l'abrasion et par le dépôt. Toutefois, lors de ses analyses, cet auteur n'a pas trouvé d'évidence de formation d'une couche dans laquelle des résidus de matière travaillée pourraient s'incruster ou se dissoudre.

Bilan des hypothèses proposées
Parmi toutes les hypothèses de formation de polis proposées, aucune n'a été totalement approuvée à l'exclusion de toute autre, ni rejetée. Aucune théorie n'a été validée par des preuves ou des vérifications. Aucune ne peut expliquer toutes les morphologies caractéristiques des polis.
Dans les modèles fondés sur l'abrasion, les hypothèses proposées n'expliquent pas pourquoi on ne trouve pas de stries sur chaque poli, comment une matière plus tendre que le silex peut abraser la surface de ce dernier, comment l'abrasion permet autant de morphologies différentes du poli que celles que nous observons. Si l'abrasion était le facteur principal de formation des polis, ceux-ci ne varieraient-ils pas principalement en intensité en fonction du temps de travail et de la dureté de la matière travaillée et non pas dans leur texture, comme c'est pourtant le cas.
De plus, des analyses micro-chimiques des polis montrent des réactions variables en fonction des matières travaillées ce qui pourrait résulter de la composition chimique de celles-ci, selon Plisson et Mauger (1988, p. 11). Mais si le poli est seulement le résultat d'un phénomène d'abrasion, il doit réagir toujours de la même façon aux attaques chimiques. Si celles-ci mettent en évidence l'existence de compositions chimiques différentielles, il nous semble que ce phénomène s'explique mieux par un dépôt de matière que par une abrasion. Ceci peut être soutenu par l'observation de traces comblées par le travail comme les stries qui peuvent être dégagées par des attaques chimiques (*ibid.* p. 9).

La théorie de formation des polis grâce à la création d'une couche de silice amorphe par action thermique (*cf.* J. Witthof) demande une friction importante afin de créer, dans des points de contact très localisés, des chaleurs suffisantes pour fondre la silice. Celle-ci fond en effet à une température si élevée (plus de 1000°) qu'il paraît peu probable qu'on l'atteigne lors d'un travail manuel. Si ce gel existe, il n'est donc pas possible qu'il soit issu d'une production de chaleur. Ce constat est soutenu par les expériences conduites par I. Levi-Sala (1996) visant à polir artificiellement des silex à l'aide d'un morceau de laine fixé sur une roue tournante mue électriquement. Le poli fut obtenu sans que le tissu, en contact direct avec le silex, ait même été roussi. L'auteur concluait donc qu'il était peu probable que la croissance des températures pendant utilisation ait pu atteindre un stade tel que le silex puisse en être ramolli ou fondu (*ibid.*, p. 45).

La théorie la plus reprise est celle de P. Anderson-Gerfaud : celle qui postule la création d'un gel de silice qui va ensuite se cristalliser sur le silex soit par des réactions chimiques (hydrolyse) soit par un dépôt des matières travaillées. Cette théorie a été appliquée aux polis de plantes, puis transférée à ceux du bois végétal et de la matière osseuse. Quelle que soit l'origine de ce gel, il témoigne d'un dépôt de matière. Ce qui confirme l'aspect additionnel du poli mis en évidence par des analyses chimiques ponctuelles de la fin des années 70 (Clouse, *in* Hayden, 1979, pp. 372-373 ; Kamminga, 1979, p. 287).

Bien des hypothèses ont donc été émises pour trouver un modèle de formation du poli mais actuellement le sujet fait encore souvent l'objet de débats. Comme nous allons le voir, nos recherches nous ont amené à trancher plutôt en faveur d'une formation par dépôt, sans exclure toutefois l'intervention occasionnelle ou plutôt accidentelle de phénomènes d'abrasion.

I.2.2.3 - Nos expériences : un poli dépositionnel

Au MEB, lors de l'observation de pièces expérimentales ayant travaillé de l'os, nous avons remarqué que le poli était composé de calcium et de phosphore dans des proportions semblables à celles de l'apatite de l'os, tandis que la surface vierge du silex montrait uniquement la présence de silicium (Fig. 15).

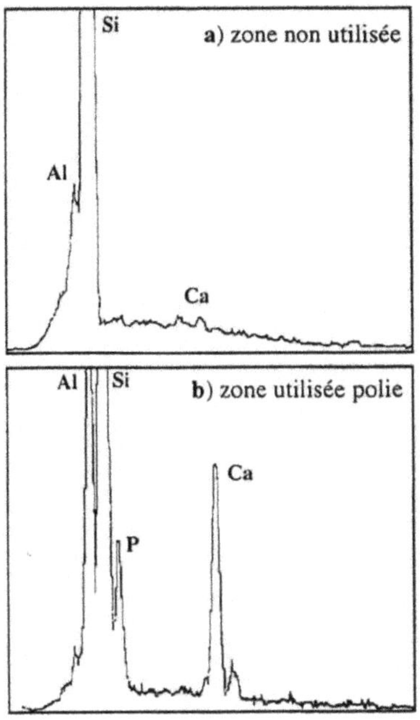

Figure 15 - Spectre d'analyse au MEB d'un silex et d'un poli d'os

a) dans une zone vierge de traces d'usure on détecte uniquement la présence des composants du silex, essentiellement du silicium (Si) et quelques traces de calcium (Ca). Le pic d'aluminium (Al) provient de la feuille d'aluminium utilisée pour couvrir la partie non étudiée de l'objet.
b) dans la partie active de l'outil, la présence de calcium (Ca) et de phosphore (P) sont les vestiges des principaux constituants mi- néraux de l'os.

Il nous a semblé qu'un dépôt d'apatite s'était formé sur la partie active de l'outil. Ceci nous a incité à faire des recherches sur la formation du poli sur des outils en silex. Rappelons que l'os est constitué de composants cellulaires (ostéocytes, ostéoblastes et ostéoclastes) et de composants extracellulaires (constituants organiques et minéraux). Les éléments qui nous intéressent ici sont les constituants minéraux : des sels phosphocalciques formant des microcristaux répartis sur la trame de collagène (hydroxy-apatite $Ca_{10}(PO_4)(OH)_2$ et carbonate de calcium absorbé et/ou phosphate tricalcique $Ca_3(PO_4)_2$, $2H_2O$ + carbonate de calcium absorbé) (Barone, 1976). Ce sont probablement eux qui sont à l'origine du poli et nous tenterons par des analyses plus précises de vérifier cette hypothèse.

Méthodologie

Quelques analyses ont été effectuées avec AGLAE en RBS afin d'obtenir plus d'informations (épaisseur, stoechiométrie...) sur ce dépôt d'apatite observé au MEB (Christensen *et al.*, 1992). L'analyse des polis issus de différentes matières travaillées montre alors qu'à chaque fois qu'un outil est utilisé pour travailler un matériau, se produit un transfert d'éléments chimiques de la matière travaillée à la surface de l'outil. La figure 16 montre, comme exemple d'analyse, le profil RBS d'un poli d'os expérimental. Le dépôt de calcium et de phosphore à la surface est de l'ordre de 0,4 micromètres d'épaisseur. La zone polie peut être estimée à 80% de la surface analysée. La variation du plateau de silicium entre la surface polie et celle non utilisée témoigne de l'absence de silicium dans la zone polie. La forme de ce profil permet d'affirmer qu'il s'agit bien des éléments constituants de l'os piégés dans les irrégularités du silex ; cette rugosité de l'interface de l'os et la surface du silex est reconnaissable dans le spectre grâce à la présence d'une courbe qui décroît lentement dans le cas du calcium et du phosphore. Dans le cas contraire, sur une surface de contact lisse, les composants du poli apparaîtraient comme des pics indépendants (*cf.* le principe de l'analyse RBS, fig. 3, p. 16).

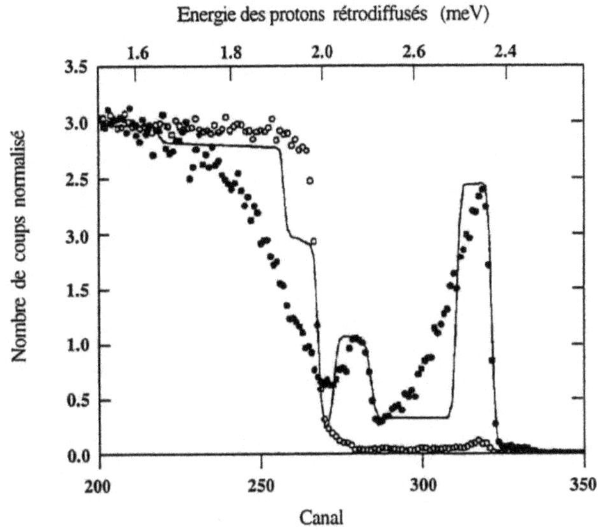

Figure 16 - Spectres RBS obtenus sur un silex expérimental.

Zone avec poli (•) et sans poli (o); l'outil a été utilisé pour racler de l'os pendant 20 minutes. Les spectres ont été obtenus dans les mêmes conditions. La simulation (-) effectuée par le programme RUMP suppose la présence d'une couche de 400 nanomètres composée de 80% d'apatite et 20 % de carbonate de calcium déposée sur l'outil.

Plusieurs questions se sont alors posées :

- ce transfert de la matière travaillée est-il total ?
- quelle est l'importance de la granulométrie du silex ?

- comment se présente l'évolution de ce dépôt selon le temps de travail ?
- quelles sont les variations de composition du poli selon la matière travaillée ?
- existe-t-il différentes étapes d'évolution de ce dépôt, et si oui, lesquelles ?
- que subsistera-t-il sur les outils archéologiques ?
- s'agit-il d'un phénomène reproductible qui permet d'élaborer un modèle explicatif de la formation du poli ?

Afin de répondre à ces questions des expériences ont été tentées dans plusieurs buts :

1) démontrer l'incidence de la matière travaillée par l'analyse d'outils taillés dans un même rognon de silex et ayant raclé pendant 20 minutes différentes matières : os, roseau, bois (bouleau, noisetier, osier, pin) ;
2) démontrer l'incidence de la matière travaillante (l'outil), par des analyses sur des outils dont la matière présentait différentes granulométries, ayant travaillé du bois pendant 10 minutes ;
3) démontrer l'incidence de la durée du travail par l'analyse de plusieurs burins taillés dans le même rognon de silex et ayant incisé l'os pendant 10, 20, 30, 40, 60 et 135 minutes.

Lors de l'utilisation de ces outils nous avons essayé, dans la mesure du possible de travailler avec la même pression exercée et en gardant la même position de l'outil (angle de dépouille), afin d'obtenir un résultat reproductible. Ces échantillons permettent d'étudier les variations de composition du poli selon la matière travaillée et l'évolution de son épaisseur et de son étendue en fonction du temps de travail et de la granulométrie du silex.

Caractérisation du dépôt de matière

Le burin expérimental qui a servi pendant 135 minutes semblait être saturé en poli lors des observations au microscope optique. Un balayage latéral de ce poli a été effectué perpendiculairement au tranchant. Les analyses ont été faites tous les 0,8 mm à partir du bord jusqu'à la limite de la partie affectée par le poli, à environ 8 mm du tranchant. La figure 17 présente la superposition des profils obtenus : les pics montrent de gauche à droite la quantité de silicium, de phosphore et de calcium mesurés dans le poli. Cette figure donne un aperçu de l'évolution de l'épaisseur du poli (observable à partir de la largeur du pic). Près du tranchant, celle-ci est à son maximum, occupant toute la surface : le pic de silicium est très arrondi ce qui signifie que la silice est absente en surface. A 4,5 millimètres du tranchant, le poli disparaît — absence de calcium (Ca) et de phosphore (P). Au milieu du balayage, on voit progresser la présence de silicium, le poli devenant de plus en plus évanescent ; les quatre derniers profils marquent un arrêt dans le développement du poli ; dans ce cas de travail, son évolution maximale est atteinte. De la même manière, des profils de profondeur en RBS d'une zone de poli épais, près du tranchant, révèlent des signaux de calcium et de phosphore qui reviennent de différentes profondeurs (Christensen *et al.*, 1993). Ceci montre que le poli est présent aussi bien dans les creux les plus profonds de la surface du silex que dans les parties hautes. La structure du silex produit une certaine rugosité à la surface après la taille. Celle-ci présente donc des anfractuosités propices à l'accumulation d'un dépôt résiduel. Sachant que l'os contient des petits cristaux d'apatite, ainsi que de plus rares cristaux de carbonate de calcium, ces derniers spectres RBS peuvent être caractérisés dans ce cadre par 80% d'apatite et 20% de carbonate de calcium. Nous devons alors interpréter le poli comme un dépôt, faisant partie intégrante de la surface du silex, de cristaux présents dans l'os. Nous n'avons à aucun moment observé la formation d'un gel de silice qui devait se mélanger intimement avec les fragments de l'os pour former le poli : ces fragments restent toujours accrochés dans la structure du silex. La figure 18, qui montre un poli d'os ou de bois de cervidé sur un des outils du site de Yudinovo illustre très bien cette formation : on observe le poli comme une couche épaisse, formée d'amas d'apatite, déposée sur le bord du tranchant.

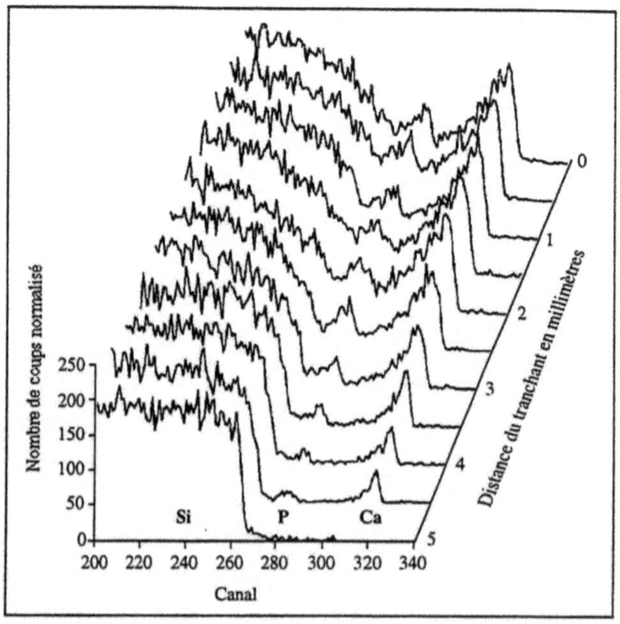

Figure 17 - Balayage RBS d'un poli d'os.

Spectres obtenus par balayage latéral d'un poli d'os expérimental, montrant l'évolution du poli dans la partie active de l'outil. La couche de poli est plus importante près du tranchant.

Le transfert selon les matières travaillées

Nous avons donc observé un transfert des éléments minéraux de la matière travaillée, mais s'agit-il d'un transfert total de la matière ? Pour répondre à cette question, nous avons essayé de découvrir si la matière organique avait été transférée dans les polis d'os.

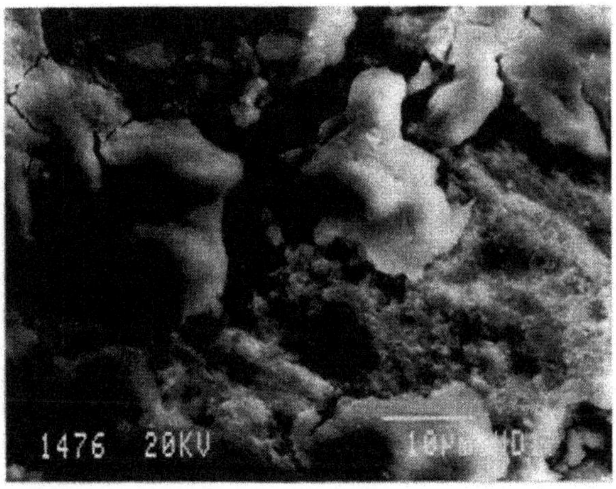

Figure 18 - Poli de dentine d'un outil de Yudinovo (Russie) : détail au MEB (x1700).

Le poli se présente sous forme d'amas d'apatite, déposée à la surface de l'outil.

Cette vérification a été effectuée en mesurant les quantités de carbone 12 dans l'os et dans le poli. Nous avons effectué un balayage dans les mêmes conditions que pour étudier l'évolution de l'épaisseur du poli. Le carbone mesuré en différents points d'analyse sur l'étendue du poli montre une teneur comparable à celle mesurée dans l'os. Près du tranchant, le pourcentage de carbone correspond avec une bonne précision à la stœchiométrie (étude des proportions des éléments chimiques) de l'os. Il est trop important pour être uniquement issu des carbonates de calcium et nous en concluons qu'une partie au moins provient de la matière organique de l'os.

On remarque une corrélation entre l'épaisseur du poli et la quantité de carbone ; près du tranchant, les pourcentages sont importants ; puis à 4,5 mm du tranchant, le carbone est quasi absent ; à 10 mm du tranchant apparaît un pic correspondant aux impuretés du silex, car à cette distance, il n'y a plus de poli. Ces résultats viennent donc compléter ceux obtenus en RBS : la totalité de l'os travaillé est transférée à la surface de l'outil, éléments organiques et minéraux. Par contre, les analyses de carbone dans les polis de bois (noisetier) et de végétaux (roseau, prêle) montrent une faible quantité de carbone dans les polis, ce qui est étonnant car il s'agit de la matière organique. Il semble donc que la structure ligneuse du bois et de certains végétaux à tiges rigides, très différente de celle des matières dures animales, n'est pas apte à s'incruster de la même manière que l'os dans les irrégularités de la surface du silex. Il ne se produit qu'un transfert partiel de matière, limité aux éléments minéraux qui sont les mêmes dans la matière première travaillée que sur le poli de l'outil.

C'est probablement dans la qualité de ce transfert de la matière travaillée sur la surface du silex que se trouve l'explication de la texture (allure) différente de polis observés au microscope optique. Chaque type de matériaux présente une structure différente, sous forme cristalline, ligneuse, herbacée, amorphe... et celle-ci est responsable de la manière dont le matériau va réagir lorsqu'il est travaillé. Chacune de ces structures va se désagréger différemment et les microfragments de matières qui s'incrustent dans la surface du silex seront donc de forme différente.

L'évolution du poli

a) le facteur temps

Les observations au MEB sur des pièces archéologiques et expérimentales semblent montrer une usure mécanique qui se produit en même temps que la création du dépôt. Il semblerait qu'une compétition entre ces deux phénomènes existe pendant la formation du poli. L'analyse d'une série d'outils expérimentaux ayant travaillé l'os respectivement 10, 30 et 60 minutes a été effectuée par balayage en RBS, selon le procédé expliqué précédemment.

La figure 19 montre les variations en calcium dans le poli selon le temps de travail : après 10 minutes, un dépôt de faible étendue, d'environ 1 à 2 mm, se crée près du tranchant ; après 30 minutes, il s'étend sur 4 à 5 mm, mais la quantité de poli tout près du tranchant baisse ; et après 60 minutes, il n'affecte plus que 3 à 4 mm de la surface et la quantité de poli immédiatement sur le tranchant est plus faible que celle que l'on trouve à 1 mm du fil de tranchant. Il semblerait donc que, dans nos conditions d'expérimentation, le poli ait atteint un maximum de volume après 30 minutes de travail. La courbe obtenue pour 60 minutes de travail montre que le poli, devenu homogène, est plus régulièrement distribué à la surface. Les différences entre les spectres correspondant à 30 et à 60

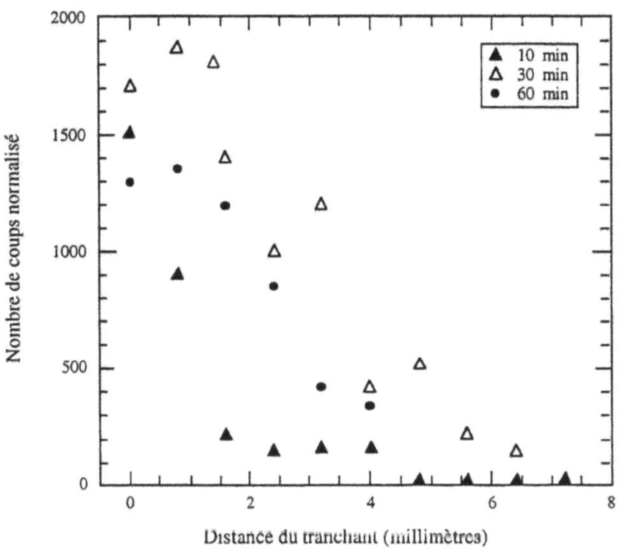

Figure 19 - Variations de concentrations en calcium dans un poli d'os selon le temps de travail.

Une augmentation de la quantité de poli a été observée sur les outils ayant travaillés jusqu'à 30 min. L'outil ayant servi 60 min. montre une diminution de la quantité de poli.

minutes mettent en évidence une perte de matière, que nous expliquons provisoirement par un phénomène d'abrasion ou d'enlèvement de matière. Il peut s'agir de fatigue du tranchant ayant pour conséquence l'enlèvement de toutes petites écailles de silex porteuses de poli, de grains de quartz, également porteurs de poli, arrachés de la matrice par le frottement lors du travail, ou de microfragments de la matière travaillée, restés à la surface de l'outil, puisque les creux étaient déjà comblés. Ces dépôts, très en surface, sont donc susceptibles d'être enlevés par le frottement entre l'outil et la matière travaillée.

Tout cela signifie que l'estimation de la durée du travail est très délicate car dépendante de nombreux facteurs difficilement contrôlables.

b) Abrasion ou non abrasion ?

Lors des observations au MEB des pièces archéologiques et expérimentales une contradiction apparaissait entre le dépôt et une allure un peu abrasée du tranchant actif des outils. Il était important d'évaluer le rôle de l'abrasion par rapport au dépôt dans la formation du poli et de vérifier si elle était quantifiable, et par conséquent dans quelle mesure l'observation du poli pouvait permettre d'évaluer la durée d'utilisation de l'outil.

Plusieurs expériences ont été tentées afin d'évaluer l'importance de l'abrasion des pièces.

- La première a consisté à déposer sur la surface d'un silex une couche d'or d'un minimum d'un micron d'épaisseur avant d'utiliser l'outil pour scier un fragment d'os. Notre but était de mesurer ainsi l'abrasion de la partie active en contact avec la matière travaillée. Malheureusement, cette technique s'est avérée peu efficace en raison de la faible adhésion de l'or sur la surface du silex : lors du travail, la couche d'or se détachait très rapidement du silex, laissant place à un poli d'os (Fig. 20). Il n'était pas possible de savoir si seul l'or avait disparu ou si la surface du silex elle-même avait été abrasée par ce frottement.

- Afin de vérifier ce point, nous avons alors, à l'aide de l'accélérateur de particules ARAMIS au CNSM (Centre de Spectrométrie Nucléaire et de Spectrométrie de Masse), implanté du cuivre, élément étranger à la composition du silex et à celle du poli, dans la partie active d'un fragment de lame destiné à travailler de l'os (Christensen *et al.*, sous-presse). Son tranchant avait été préparé par un léger esquillement affectant uniquement la face avers afin de garder la face revers (face de contact prévue pour son utilisation) indemne pour l'implantation. Celle-ci a été effectuée à une profondeur moyenne de 0,2 µm. L'implantation se fait selon une courbe gaussienne de 0,05 µm ce qui signifie que le cuivre était présent entre 0,1 µm et 0,3 µm de profondeur avec son maximum à 0,2 µm. Cette faible épaisseur entre la surface du silex et le cuivre suffisait pour que l'abrasion, si elle avait lieu, emporte le cuivre en même temps que la silice, en particulier dans

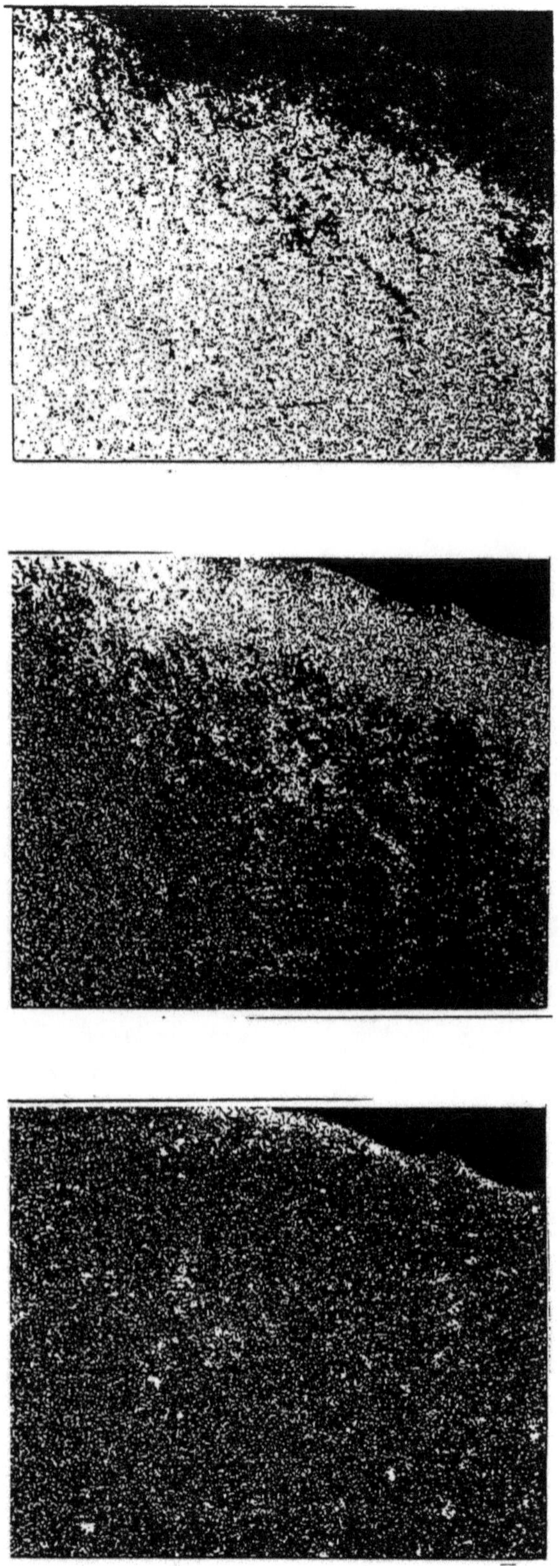

Figure 20 - Cartographies élémentaires d'un poli d'os.

Une couche d'or a été préalablement été déposée sur la surface de l'outil.
a)Pendant le travail l'or (Au) a disparu dans la zone de contact ; b)on voit apparaître la silice (Si) du silex sous-jacent ; c) puis progressivement se développe un poli d'os (Ca).

le cas d'arrachement de grains de quartz (d'un diamètre de 12,5 mm dans le cas présent de silex sénoniens). Dans le cas d'une abrasion des zones travaillées supérieure à 0,1 µm, l'analyse par PIXE (émission X induite par les particules incidentes) des outils mettrait en évidence la disparition du cuivre.

Cette expérience vient d'être mise au point ; nous ne l'avons pour l'instant appliquée qu'à un outil, dont le tranchant avait été préalablement utilisé pour racler de l'os. Pour cette expérimentation, nous avons choisi une durée du travail maximale de 30 minutes afin que son tranchant ne soit pas trop affecté par des ébréchures.

Nous avons ensuite sélectionné, pour l'analyse, les zones sur le tranchant qui semblaient les plus affectées par l'utilisation. La pièce a été placée dans la chambre sous vide du microfaisceau. Nous avons travaillé à une énergie de 3 MeV et avec un filtre composé de 200 µm de béryllium et 30 µm d'aluminium devant le détecteur. Ces conditions d'analyse permettent de détecter tous les éléments de numéro atomique compris entre le calcium et le cuivre selon la table périodique.

Nous avons commencé par vérifier la composition du silex lui-même dans une zone située loin du bord qui n'avait pas subi l'implantation de cuivre ni le travail de l'os. Dans cette zone, plusieurs points d'analyses ont été effectués (Fig. 21) :

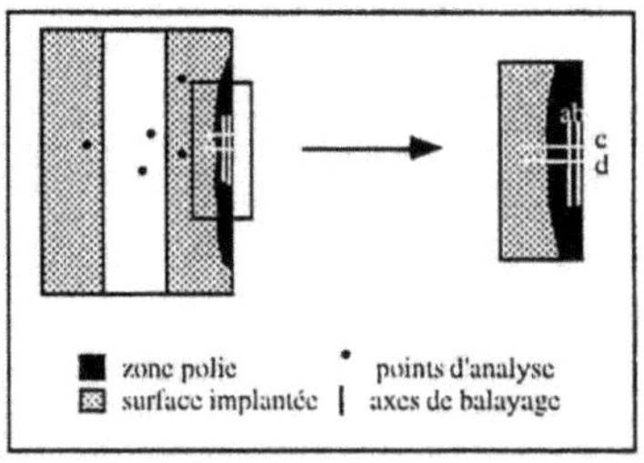

Figure 21 - Schéma localisant les points d'analyse et les balayages parallèles et perpendiculaires effectués sur le poli.

l'absence du cuivre y était confirmée mais on constatait la présence d'un bruit de fond de calcium et de fer provenant des inclusions calcaires et ferrugineuses dans le silex lui-même ; les points d'analyse de la zone implantée, non atteinte par le poli, montraient au contraire la présence du cuivre ; dans une zone implantée et affectée par le poli, on observe la présence de cuivre et de calcium, et seulement un faible signal de phosphore en raison des conditions d'analyse choisies pour réduire le signal de la matrice siliceuse (Fig. 22). Après ces vérifications nous avons procédé à l'analyse de la zone présentant l'usure : quatre balayages ont été effectués, deux parallèles et deux perpendiculaires au tranchant. Les axes parallèles sont situés à 400 µm et 70 µm du bord ; les perpendiculaires ont été choisis sur les deux points d'analyse les plus riches en poli des deux axes parallèles.

Le balayage des deux axes d'analyse parallèles au tranchant a été effectué avec des pas de 100 µm sur une distance de 1600 µm. Lorsque la concentration de calcium était importante nous avons réduit le pas à 25 µm de part et d'autre du

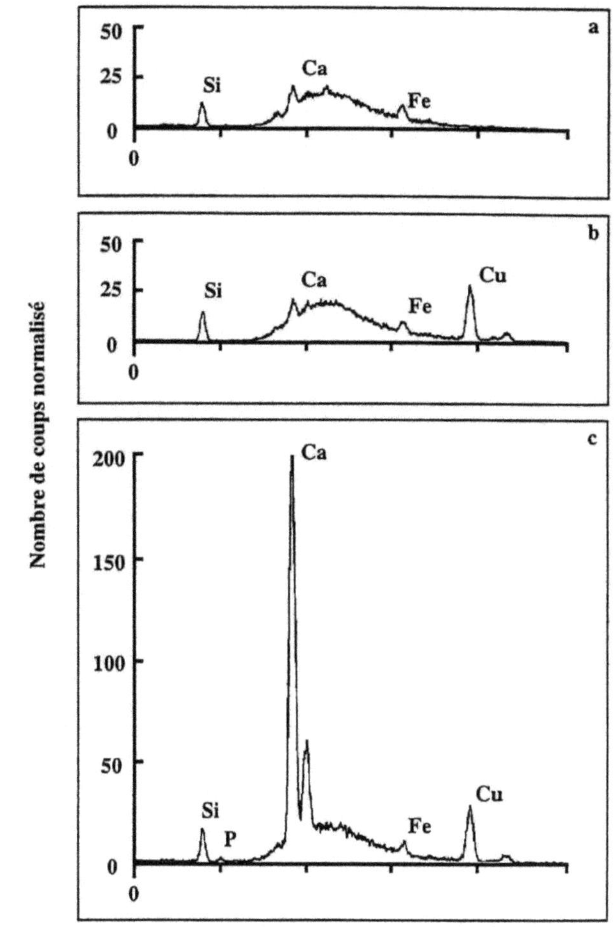

Figure 22 - Analyse en PIXE d'un silex ayant travaillé de l'os.

a) Spectre obtenu lors de l'analyse d'une zone non implantée, sans présence de poli.
b) Spectre obtenu lors de l'analyse d'une zone implantée, sans présence de poli.
c) Spectre obtenu lors de l'analyse d'une zone implantée avec présence de poli.

a
b
c

point d'analyse, afin de déterminer si cette concentration ne correspondait pas aux inclusions calcaires dans le silex. Le dépouillement des spectres obtenus par le balayage longitudinal (Fig. 23), montre une présence constante de cuivre, sans variation d'épaisseur, que la zone soit polie ou non. Pourtant, l'épaisseur du poli montre des variations comme l'indique la courbe du calcium sur la figure. Nous avons obtenu les mêmes résultats pour le balayage transversal (Fig. 24), qui a été effectué dans un cas avec des pas de 50 µm et dans l'autre cas avec des pas de 100 µm sur une distance de 1300 µm.

Nous n'avons sur aucun point d'analyse observé de disparition du cuivre. **L'abrasion du silex a donc été inexistante**, ou en tous cas inférieure à 0,1 µm. Aucun grain de quartz n'a été arraché, car nous aurions alors enregistré une absence de cuivre en cet endroit. L'hypothèse d'un arrachement des grains de quartz lors du travail de l'os n'est donc pas valide.

Ces analyses montrent également qu'une éventuelle existence de réactions chimiques, intervenant lors de la formation du

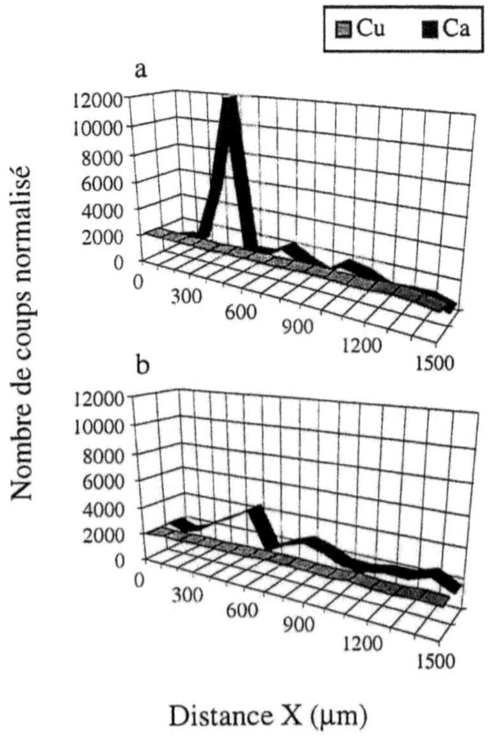

Figure 23 - Balayage longitudinal d'un poli d'os en PIXE.

Concentrations élémentaires du calcium (Ca) et du Cuivre (Cu) des balayages effectués parallèlement au tranchant (a et b). On remarque une présence constante de cuivre, même lorsque les quantités de poli (Ca) varient.

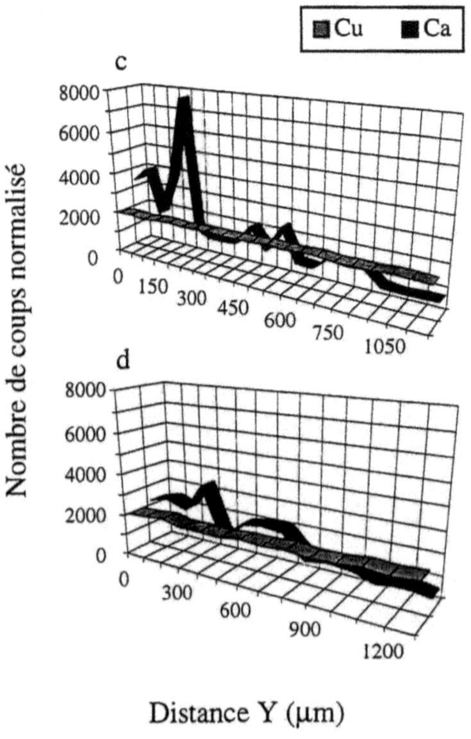

Figure 24 - Balayage transversal d'un poli d'os en PIXE.

Concentrations élémentaires du calcium (Ca) et du Cuivre (Cu) des balayages effectués perpendiculairement au tranchant (c et d)

poli par la création d'un gel de silice, n'existe pas. En effet, si le travail de l'outil sur l'os avait provoqué une dissolution, même superficielle, de la silice, celle-ci aurait dû concerner la couche de cuivre intimement mêlée à la silice pratiquement dès la surface de l'outil (à 0,1 µm). Donc s'il y avait eu formation de gel, les concentrations de cuivre auraient dû varier selon les différents points d'analyses, alors que, comme le montrent les figures 23 et 24, elles restent toujours présentes uniformément dans le silex.

La dureté de la matière travaillée doit jouer un rôle dans l'abrasion potentielle d'un poli d'utilisation mais il serait nécessaire d'élargir ce type de recherches à d'autres matières plus dures ou plus tendres que l'os (dont la dureté est évaluée à 5 sur l'échelle de Mohs) afin de mesurer les phénomènes d'abrasion de la matrice siliceuse du silex. Ainsi pour tenter de mesurer l'épaisseur du poli et de quantifier la perte de matière siliceuse dans le cas de matières travaillées beaucoup plus dures, comme certaines matières minérales, nous avons prévu d'effectuer de nouvelles expériences comportant l'implantation d'un marqueur ionique et des analyse en RBS.
Le cas des matières tendres, comme certaines matières cutanées par exemple la peau, est plus délicat. D'une part, parce qu'une peau rincée régulièrement lors du travail produit très peu de traces d'utilisation sur l'outil (Pawlik, comm. pers.) D'autre part, parce qu'il faut alors tenir compte des possibilités d'adjonction d'abrasifs (intentionnelle ou non) au travail. Ainsi des ruptures du silex par fatigue peuvent produire des micro ou nano-esquilles susceptibles de s'incruster dans des matières tendres comme la peau (*cf.* Levi-Sala, 1996 fig. 102, p. 113) et servir d'agent abrasif dur.

L'abrasion n'intervient pas comme un facteur créateur du poli : celui-ci correspond à un dépôt ; ce n'est qu'à la longue que l'abrasion peut jouer un rôle actif durant le processus de travail en éliminant de la matière travaillée emportée à la faveur de l'arrachement de micro-fragments de l'outil (ébréchures et esquillements dus à la fatigue du silex), phénomène qui reste à étudier.

L'ensemble des résultats présentés, obtenus par l'analyse PIXE au microfaiseau et par l'analyse RBS, nous permet de confirmer que la formation du poli est due à un transfert d'éléments constituants de la matière travaillé qui va s'incruster dans la surface irrégulière du silex. L'abrasion ou l'usure peuvent également intervenir mais ne créent pas de poli ; elles peuvent par contre le supprimer. Il est donc possible d'écarter les hypothèses proposant une formation de poli par abrasion.

Un résultat reproductible : le modèle de la tartine de beurre

L'ensemble de ces résultats permet de conclure que la formation du poli est essentiellement due à un dépôt sur l'outil d'éléments minéraux et organiques provenant de la matière travaillée. Cherchons maintenant à comprendre les différentes étapes de ce phénomène.

La surface du silex est rugueuse ; le silex est en effet formé d'au moins trois structures de silice : de rares microfossiles silicifiés, et des lépisphères de quartz, eux-même pris dans un ciment de calcédoine. Lors de la taille du silex, le front de fracture se propage de préférence à travers la calcédoine et contourne les lépisphères de quartz plus durs, formant ainsi une rugosité importante de la surface visible au MEB (Bradley et Clayton, 1987). Les interstices des lépisphères et les creux profonds laissés par cette propagation du front de fracture forment une surface très irrégulière où un dépôt résiduel peut facilement être piégé.

Les composants minéraux et parfois organiques présents dans la matière travaillée vont s'incruster dans ces irrégularités ; puis, lors d'un travail prolongé, l'apport de minéraux étant important, ils vont combler les irrégularités jusqu'à l'obtention d'une surface lisse (Fig. 25). Par exemple, dans le cas du poli d'os, les minuscules cristaux d'apatite forment cette surface plane qui prendra alors optiquement un aspect poli.

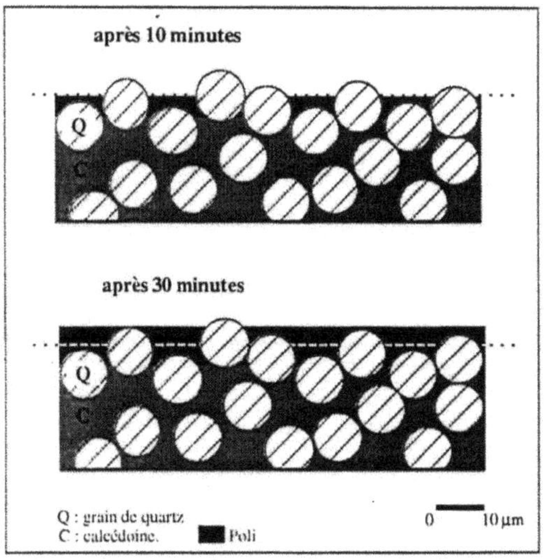

Figure 25 - Modèle explicatif de la formation du poli.

Des microfragments de la matière travaillée vont s'incruster dans les irrégularités de la surface du silex.

L'usure mécanique due au frottement de l'outil contre la matière travaillée a pour conséquence le déplacement et/ou l'arrachement du dépôt de minéraux provenant de la matière travaillée. Nous n'avons jamais observé une abrasion de la surface de la matrice siliceuse du silex dans le cas des matériaux plus tendres que celui-ci. Par contre, sur le fil du tranchant, des ébréchures et des esquillements provoquent une perte de matière siliceuse. Ces enlèvements de matière peuvent se présenter à des échelles macro et microscopiques, voire dans certains cas au niveau du nanomètre. Ces minuscules enlèvements peuvent donner une allure émoussée au fil du tranchant.

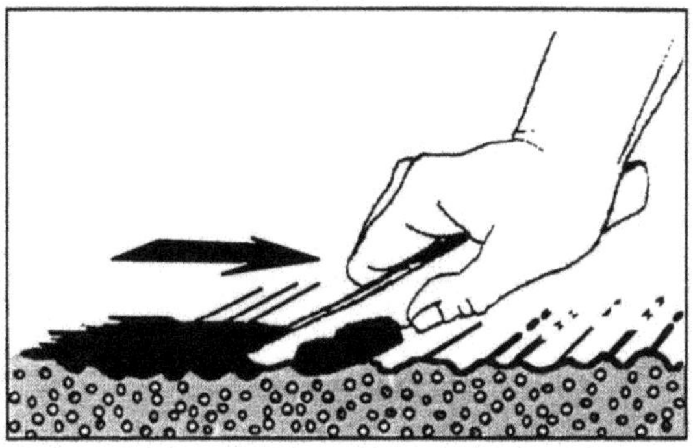

Figure 26 - Le modèle dit "de la tartine de beurre".

En conclusion, le principal facteur actif de formation du poli est celui d'un **étalement de matière sur la surface rugueuse du silex**, de la même manière que lorsqu'on étale du beurre sur une tranche de pain (Fig. 26). La saturation observée, après 30 mn de travail, sur les pièces expérimentales apparaît parce que la surface ne présente plus assez d'irrégularités capables de recevoir la matière.

L'influence de la granulométrie du silex

La granulométrie du silex joue un rôle important dans le développement du poli. L. H. Keeley (1980) note que sur un silex à gros grain le poli va se développer beaucoup plus lentement que sur un silex à grains fins. Nous avons mesuré l'épaisseur du dépôt, issu d'un travail de bois pendant 10 minutes, sur deux silex de granulométrie différente. Le silex à gros grains présentait effectivement une quantité de poli moins importante que le silex à grains fins (Fig. 27).

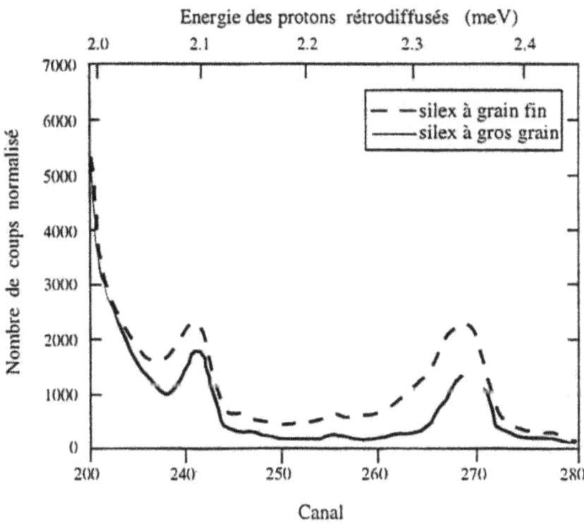

Figure 27 - Spectres d'analyse de poli de bois.

La quantité de poli est plus importante sur le silex à grains fin que sur le silex à gros grains.

Des cartographies obtenues par PIXE sur deux silex de granulométrie différente, ayant travaillé de la matière dure animale (os : 135 minutes ; ivoire : 90 minutes), montrent comment la matière transférée sur la surface du silex se comporte. La teneur en calcium et en phosphore près du tranchant des deux silex était normale, avec une quantité de matière déposée plus importante à cet endroit. Un fort grossissement à l'intérieur de ces deux polis (Fig. 28), permet d'observer que le calcium et le phosphore sont bien associés. Ces éléments correspondent au poli qui est venu lisser la surface irrégulière du silex ; on voit encore des surfaces sans poli traduisant la granulométrie des surfaces : une échelle d'environ 10 micromètres pour le silex à grains fins et une échelle d'environ 30 micromètres pour le silex à gros grains.

Le poli va donc se développer plus rapidement sur un silex à grains fins que sur un silex à gros grains, car les irrégularités sont beaucoup plus importantes dans le deuxième cas et il faudrait donc un apport de matière plus important pour combler de manière égale les interstices et produire un poli d'allure homogène.

Premier acquis : l'explication de la formation du poli

Le poli que l'on observe à la surface d'un outil utilisé est un dépôt. Il est créé, lors de l'activité, par un apport continu de microfragments provenant de la matière travaillée. Dans le cas de matériaux d'une dureté inférieure à celle du silex (de 6 à 6,5 sur l'échelle de Mohs), aucun phénomène d'abrasion de la surface de l'outil n'intervient. Dans tous les cas, le fil du tranchant peut être sujet à un micro-esquillement emportant de petites portions de silex déjà porteuses de poli. La rapidité de développement du poli est en lien étroit avec la granulométrie du silex : un silex à grains fins développe un poli plus rapidement qu'un silex à gros grains.

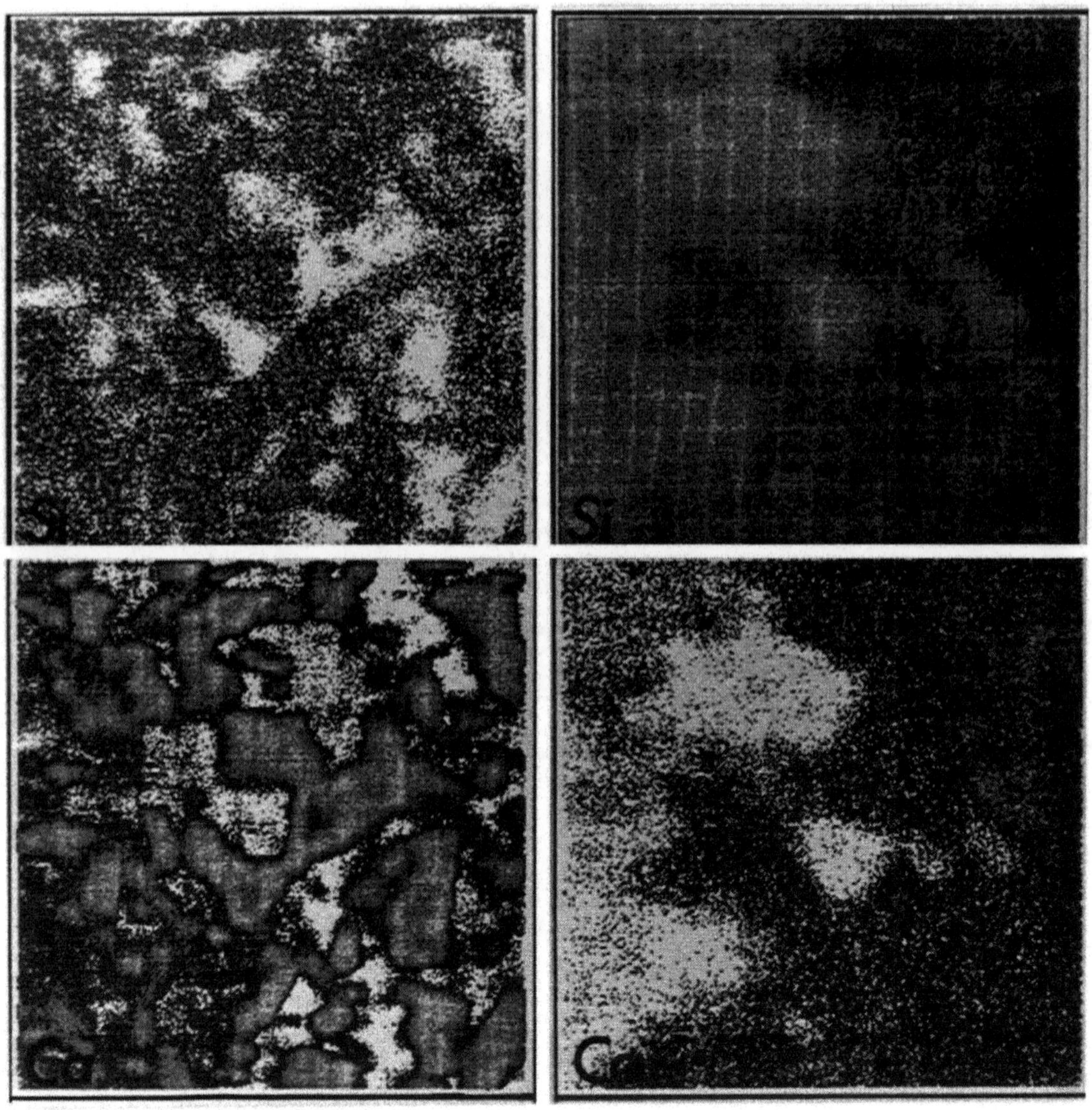

Figure 28 - Cartographies (analyse PIXE) d'un poli d'os sur silex à grains fin (à gauche) et poli d'ivoire sur un silex à gros grains (à droite).

Les zones non affectées par le poli traduisent la granulométrie des surfaces. Dans le cas de l'os, la surface scannée est de 200 µm x 200 µm et la taille des grains de quartz est de l'ordre de 10µm. Pour l'ivoire l'image scannée est de 500 µm x 500 µm et le diamètre des grains de quartz est de 30 µm.

La variabilité des polis :

Nous avons procédé à quelques expériences afin d'observer la variabilité de la composition du poli selon la matière travaillée.

MATIÈRE ANIMALE TENDRE

Le spectre du poli de viande (découpe de mouton) montre lors de l'analyse au MEB la présence de grandes quantités de potassium, de calcium et de fer ; ainsi que du soufre et du chlore, dans des quantités moindres. Ces mêmes éléments sont présents dans les polis de peaux.

MATIÈRE DURE ANIMALE

Il est aussi possible de distinguer les différentes matières dures animales. Celles-ci — sujet principal de notre étude — seront largement traitées ultérieurement.

MATIÈRE MINÉRALE

Le spectre obtenu sur un silex ayant travaillé de l'hématite montre la présence de fer et d'oxygène intimement liés, correspondant à la composition de l'hématite travaillée. Si une ocre est utilisée, le poli contient les composants caractéristiques de l'argile (d'aluminium, de calcium, de potassium, de magnésium...) et beaucoup de fer.

L'analyse d'un poli de stéatite a montré du silicium et du magnésium associés.

L'analyse par caractérisation chimique est très efficace dans le cas des minéraux qui ont des compositions stables que l'on peut retrouver dans une bibliographie spécifique ; les résultats sont relativement faciles à interpréter. Mais l'idéal est de faire des comparaisons avec la matière minérale trouvée sur le site, car souvent ces matériaux contiennent des éléments traces caractéristiques du gîte où ils ont été récoltés.

MATIÈRES VÉGÉTALES (BOIS, OSIER, PRÊLE ET ROSEAU)

Nous avons pu démontrer expérimentalement que des déterminations spécifiques de bois étaient possibles.

Ainsi, le spectre RBS d'un poli d'osier montrait de fortes concentrations de phosphore et de calcium, et de faibles concentrations de fer, de zinc et de plomb (pollution ?), alors qu'une zone vierge sur le silex contenait uniquement du silicium et un peu de calcium. Les premiers éléments (phosphore, calcium, fer, zinc, plomb [pollution ?]) correspondent bien aux caractéristiques détectées par les analyses PIXE dans l'osier.

L'analyse d'un poli de bouleau montrait un dépôt important de calcium et de phosphore ainsi qu'un peu de zinc et de baryum, éléments également présents dans l'analyse du bois travaillé. L'écorce du bouleau contient en outre du magnésium et du chlore.

Ces analyses en RBS ont donc révélé des compositions différentes pour des polis obtenus à la suite du travail de l'osier et du bouleau. Nous avons alors entrepris de pousser plus loin nos expériences sur d'autres espèces afin de mesurer les capacités de caractérisation offertes par l'analyse chimique (Christensen & Walter, 1992).

Sept silex d'un même type ayant travaillé sept essences de bois —noisetier (*Corylus avellana*), houx (*Ilex aquifolium*), bouleau (*Betula sp.*), pin (*Pinus sp.*), sapin *Albies alba*), genêt (*Genista sp.*), et chêne (*Quercus sp.*) pendant environ 20 minutes ont été analysés : leurs spectres ont montré à chaque fois une composition différente en éléments minéraux (analyse du silicium au fer). Nous avons alors effectué l'analyse des bois par PIXE en faisceau extrait sans aucune préparation des échantillons. Les résultats ont, à chaque fois, mis en évidence des éléments communs entre le bois et son poli sur le silex, les rares différences étant dues au fait que ces deux méthodes (RBS et PIXE) n'ont pas la même sensibilité.

Dans le bois, les différents éléments présents sont similaires : le potassium, le phosphore, le calcium et le soufre ; mais les quantités varient entre les différentes espèces. Chaque bois semble donc avoir une composition différentielle (Tabl. 1).

MATIERE TRAVAILLEE	POLI		MATIERE BRUTE
	MEB	RBS	PIXE
Prèle	**Ca**, **S**	**Si**, Ca, S	non analysé
Noisetier	**Ca**, **P**, K, Mg	**Ca**, **P**	**Ca**, **P**, K, S, Cl
Bouleau	**Ca**, **K**, S	**Ca**, P, Zn, Fe	**Ca**, K, P, S
Pin	**Ca**, **K**, P, S, Cl	**Ca**, **K**, Fe	**Ca**, **K**, P, S, Cl
Osier	**Ca**, **P**, K	**Ca**, **P**, Zn, Fe, Pb	**Ca**, **P**, K, S, Cl
Ecorce de bouleau	**Ca**, **S**, **Mg**, **Cl**, P, K	non analysé	non analysé

Tableau 1 - Composition de différentes espèces végétales, observée sur des polis d'outils en silex et sur les matériaux bruts.

(En gras les éléments présents en fortes concentrations)

Il était tentant de penser qu'on possédait là une méthode de détermination infaillible des espèces travaillées, ce qui pouvait avoir des conséquences importantes dans la compréhension de la technologie des bois employés ainsi que pour les études de paléoenvironnement. Toutefois, la réalité n'est pas si simple. Des analyses de bois et d'écorce ont été effectuées à Lund (Suède) par N. E. G. Lövestam *et al.* (1990) pour essayer de comprendre l'influence de l'environnement sur la distribution des éléments minéraux dans ces matériaux. Des variations importantes ont été constatées, en particulier pour le calcium qui se fixe préférentiellement pendant le printemps alors que le chlore et le potassium semblent distribués d'une manière homogène à l'intérieur d'un arbre. Une forte discontinuité de concentration des éléments entre le bois et l'écorce a été aussi remarquée dans les analyses de calcium et de manganèse alors que le potassium et le chlore restent à nouveau stables.

Un travail important reste donc à faire et il sera nécessaire d'étudier en détail l'assimilation des différents éléments suivant les sols, le climat et les saisons avant de pouvoir interpréter les éléments minéraux contenus dans les polis de bois.

En conclusion, il est possible de confirmer, grâce au processus dépositionnel, la variabilité de la matière travaillée. Le matériau est déterminable à partir des éléments présents dans le poli. Cette variabilité est un facteur qui joue un rôle dans les différentes texture du poli, et qui est utilisé lors de la détermination de la matière travaillée à partir de la texture du poli au microscope optique.
Toutefois, c'est une étude qui demandera encore de nombreuses recherches et en particulier la constitution de tout un référentiel de composition des matériaux.

Deuxième acquis : une composition différentielle des polis
Le dépôt de matière (le poli) observé à la surface d'un outil est spécifique de la matière travaillée. Par conséquent, sa caractérisation élémentaire peut permettre de la déterminer. Les différences de texture des polis observés au microscope optique pourraient dépendre de la structure de la matière travaillée (la morphologie des microfragments transférés).

I.2.2.4 - Les altérations lors de l'enfouissement

Dans ce type d'étude, la question de la conservation des polis dans le sol s'impose. Deux aspects sont à considérer : la mauvaise conservation générale des matériaux organiques et la relative stabilité des éléments minéraux contenues dans les polis. Nous nous sommes principalement intéressée au cas des matières dures animales, puisque notre analyse archéologique concerne ces matériaux.

Les matières minérales sont *a priori* inaltérables sauf dans certains cas d'attaque acide ou basique à forte concentration. Nous avons donc tenté des simulations d'enfouissement d'échantillons bruts de matières dures animales dans des milieux acide (nitrique, HNO_3) et basique (hydroxyde de potassium, KOH) proches des caractéristiques des sols, afin de mieux comprendre les problèmes de dissolution et de pollution des polis des pièces longtemps enfouies. La durée maximale était de 28 jours à température ambiante (20°). Nous avons également augmenté la température jusqu'à 50° afin d'accélérer les réactions chimiques (d'un facteur 2 chaque 10° au-dessus de la température ambiante), cela veut dire qu'il faut multiplier la durée par un facteur 23. Nos simulations correspondent alors à environ 8 mois d'altération dans des milieux très agressifs. Lors des analyses au MEB de ces échantillons, nous avons observé une baisse du taux de phosphate de calcium par rapport à l'initial, mais jamais une disparition d'un des deux éléments (Ca, P). Nous avons aussi réalisé des attaques à l'acide oxalique qui ont donné le même résultat.
Ensuite, nous avons effectué des attaques à l'acide chlorhydrique, afin de comprendre les observations de A. Van Gijn (1989, p.5). Différents outils ayant servi à travailler de l'os et du bois de cervidé ont été exposés à des attaques à l'acide chlorhydrique (HCl 10%) pendant des laps de temps différents. On a observé simultanément l'évolution de la composition des polis au MEB, et de leur aspect au microscope optique (Fig. 29 a et b). Les résultats montrent que l'apatite se dissout petit à petit, mais la partie organique de la matière osseuse, repérée par le collagène représenté par le carbone lors de l'analyse, reste, indiquant ainsi l'emplacement du poli. Quelques expériences ont été effectuées afin de vérifier qu'il s'agit bien du collagène. D'abord un test d'identification par coloration a été essayé. Sur un fragment de matière dure animale ce test était positif ; une coloration bleue est apparue. Mais sur les reliquats du poli, la couleur n'a pas pu être observée, car les quantités de matières sont trop infimes. Ensuite l'outil a été mis dans l'eau bouillante afin de dissoudre le dépôt organique, démarche qui semblait réduire les quantités de matière présentes sur la surface du silex. Puis en dernier, l'outil a été plongé dans un détergent de laboratoire, destiné à éliminer les matières organiques, et il ne restait plus que quelques très petits spots de matière organique (Fig. 29 c).
Ceci s'explique par le fait que le HCl s'attaque préférentiellement au carbonate et aux hydroxydes sans pouvoir dissoudre la matière organique. Le poli, observé au microscope optique, garde à peu près son allure caractéristique même lorsqu'il ne reste plus que le carbone.

Ces tests sont encore préliminaires et ne peuvent être appliqués à tous les sites. Des études systématiques de chaque site étudié seraient nécessaires pour résoudre ces problèmes spécifiques d'enfouissement et de conservation.

I.3 - BILAN DES RECHERCHES ET AVENIR DE LA MÉTHODE

Les résultats obtenus posent un problème : doit-on parler de poli ou de résidus ? Les résidus sont des apports de matières qui n'appartiennent pas à la matière propre de l'outil et qui y ont adhérés pendant son utilisation : ils sont d'origine organique ou minérale (Anderson-Gerfaud *et al.*, 1987). Ce sont des éléments microscopiques ponctuels de structure caractéristique provenant des zones intra ou extra cellulaires ou bien des composant minéraux de la matière travaillée. Le poli est défini par P. Vaughan (1985, p. 132) comme un phénomène visuel : "une surface altérée qui reflète la lumière et qui ne peut pas être enlevée par des acides, des bases et des dissolvants". Les travaux de H. Plisson et M. Mauger (1988) mon-

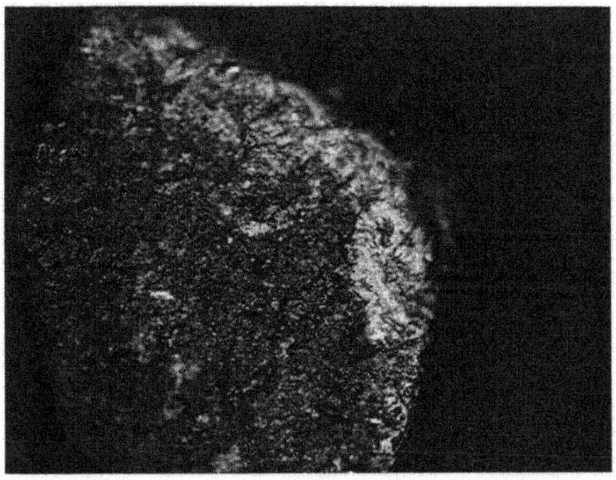

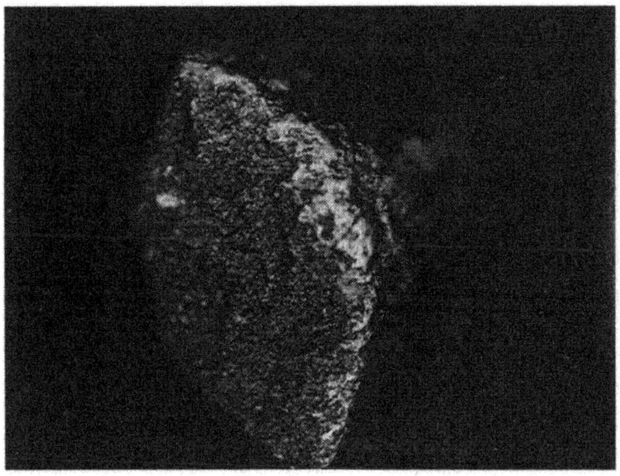

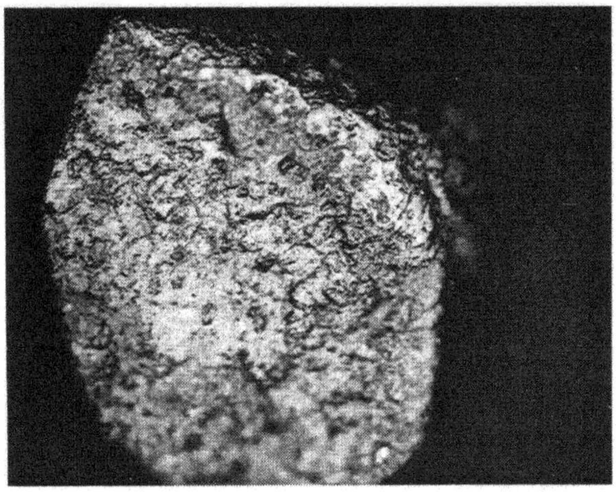

Figure 29 - Détail du poli d'os au microscope optique (x 200).

a) poli avant nettoyage
b) poli àprès attaque au HCl
c) poli après nettoyage avec détergent

a	b
c	

trent, au contraire, que ces différentes solutions peuvent affecter de manière importante le poli jusqu'à le rendre méconnaissable.
En prenant en compte les résultats d'analyse obtenus dans le travail par caractérisation chimique, le poli rentre dans catégorie des résidus puisqu'il est composé d'éléments minéraux, voire organiques, provenant de la matière travaillée. La distinction entre poli et résidus nous semble beaucoup moins évidente maintenant et demande à être corrigée et précisée.
Nous proposons d'appeler ***résidus*** les fragments identifiables de la matière travaillée superposés à la surface du silex ou inclus dans le poli, et qui peuvent être prélevés comme des phytolithes, des résidus de sang, des résidus d'emmanchement...
Le ***poli***, au contraire, apparaît comme un phénomène faisant partie intégrante de la surface de l'outil, susceptible de présenter des structures visibles, dont la morphologie et la texture sont caractéristiques de la matière travaillée. Il résulte du contact de l'outil lithique et du matériau. Il se caractérise par une altération de sa surface ou de son bord ayant subi le contact. **Cette altération est constituée par un dépôt de la matière** travaillée à la surface de l'outil, qui va jusqu'à la lisser et la rendre réfléchissante, comme polie, pour une observation à l'œil nu. La texture formée par ce dépôt est caractéristique de la matière travaillée d'où ses possibilités d'analyse au microscope optique après établissement d'un référentiel expérimental.
Les résidus consistent en fragments de matière travaillée, celle-ci ayant gardé sa morphologie caractéristique et sa signature physico-chimique ; par contre, les polis ne présentent plus que la signature chimique de cette matière, sa morphologie initiale ayant été modifiée.

La connaissance des conditions de formation du silex et de sa structure a permis de mieux cerner les problèmes concernant la formation du poli. Le poli n'est plus uniquement un phénomène visuel mais il présente la composition chimique des microfragments de la matière travaillée déposée sur l'outil ; les stigmates observés au microscope optique ou au MEB sont des phénomènes mesurables dans les trois dimensions :

longueur, largeur et épaisseur. Nous avons discuté la notion d'épaisseur de poli et son implication sur la durée du travail. Nous espérons dans l'avenir pouvoir préciser ces données.

I.3.1 - Quelques exemples d'applications archéologiques

Au cours de notre recherche sur la formation du poli, nous avons eu l'occasion d'effectuer des applications sur des collections archéologiques et sur des pièces expérimentales. Ces applications ont été faites sur des collections d'origines diverses, elles ont été effectuées parallèlement à l'étude menée sur des polis d'ivoire. Nous avons jugé bon de les exposer brièvement dans ce chapitre de méthodologie car ces exemples montrent que cette méthode, et notamment les analyses physico-chimiques de polis, peut être élargie avec profit à d'autres types de matériaux travaillés : minéraux, végétaux ou animaux.

La Tourasse (Haute Garonne) : un exemple de travail de matière végétale ligneuse

Dans le cas des polis de bois, l'essentiel du travail de recherche, et notamment la constitution d'un référentiel, reste à faire. Nous avons tenté quelques analyses de polis de bois sur des grattoirs provenant du site azilien de la Tourasse (Haute Garonne, France) avec la collaboration de J. P. Huot. Nous avons pu mettre en évidence des différences de composition chimique dans lesquelles entraient toutes les caractéristiques des bois (magnésium, soufre, chlore, calcium et fer), comme l'ont montré les spectres obtenus lors de nos analyses au MEB (Fig. 30). Mais les concentrations de ces éléments ne correspondent à aucune des espèces que nous avons analysées

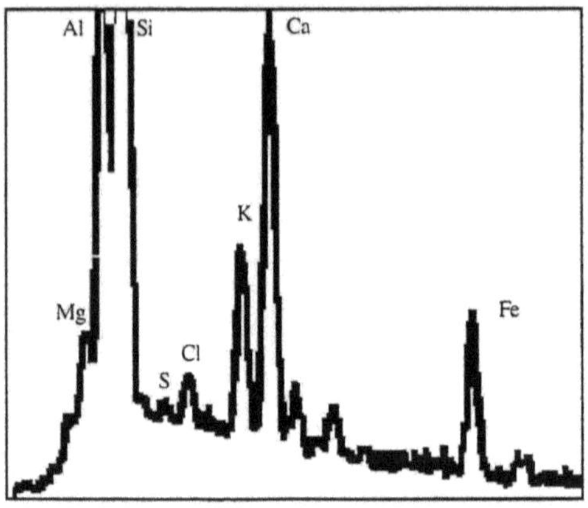

Figure 30 - Analyse d'un poli de bois archéologique.

Spectre obtenu lors de l'analyse du poli de bois sur un grattoir du site de la Tourasse ; il contient du magnésium, du soufre, du chlore, du potassium, du calcium et du fer. L'aluminium provient de la couverture en papier aluminium ; le silicium principalement du silex.

jusqu'à présent (huit). Elles ne seront interprétables qu'après la constitution d'un référentiel systématique des bois.

Une étroite collaboration avec des palynologues, anthracologues et micromorphologues travaillant sur les gisements étudiés pourrait permettre à la tracéologie d'apporter des éléments d'information sur les espèces existant dans les gisements étudiés et sur le milieu environnant. L'idéal serait de faire une première application de cette méthode sur des périodes récentes, dans des sites où le bois est conservé. Ainsi, il serait plus facile de contrôler les différents éléments de composition chimique présents à la fois sur le bois et dans le poli de l'outil qui l'a travaillé.

Charavines (Isère) : un exemple de travail de plantes

Une recherche en cours, en collaboration de H. Plisson, vise à identifier la matière végétale travaillée par des microdenticulés sur le site néolithique de Charavines (Fig. 31). Ce type de poli se retrouve sur le même type d'outils au Mésolithique danois (Juel Jensen, 1994) ainsi qu'au Néolithique sur des quartiers d'orange et des frites en Belgique (Van Gijn, 1989). Selon ces deux auteurs, les matériaux travaillés seraient des fibres végétales (des tiges de certaines plantes ou des branches).

Selon H. Plisson, ce poli de microdenticulés présente des ressemblances avec un poli produit expérimentalement par le raclage d'écorce de bouleau.

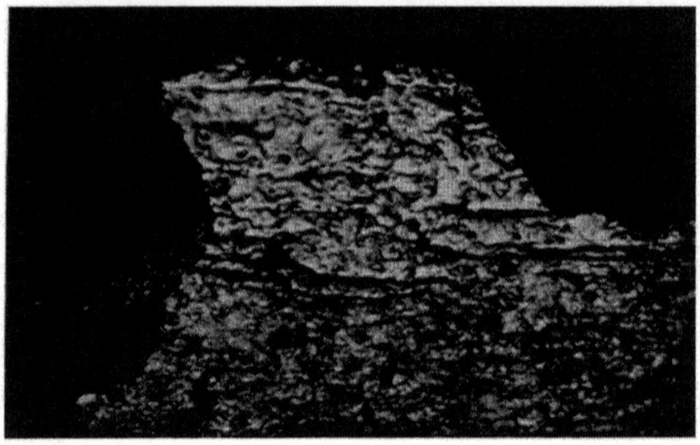

Figure 31 - Détail du poli présent sur les microdenticulés de Charavines (M. O. x 200).

(cliché H. Plisson)

La caractérisation chimique des polis et des résidus présents à la surface des microdenticulés a montré une présence importante de calcium et de soufre associés (Fig. 32). Cette composition ne correspond pas à celle des matériaux proposés.

Dans le cas de l'écorce de bouleau (*Betula*) nous observons une grande quantité de magnésium, de soufre, de chlore et de calcium puis, en concentration moindre, du phosphore et du potassium (Fig. 33). La cartographie permet d'observer que le

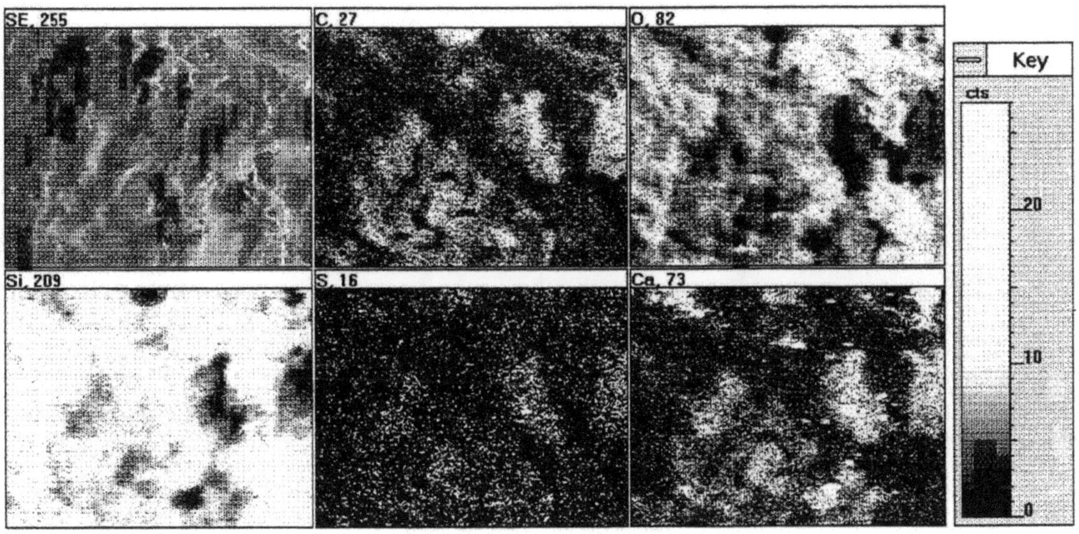

Figure 32 - Analyse d'un poli végétal sur un microdenticulé de Charavines.

Le poli se caractérise par l'association de calcium et de soufre (MEB x 1000)

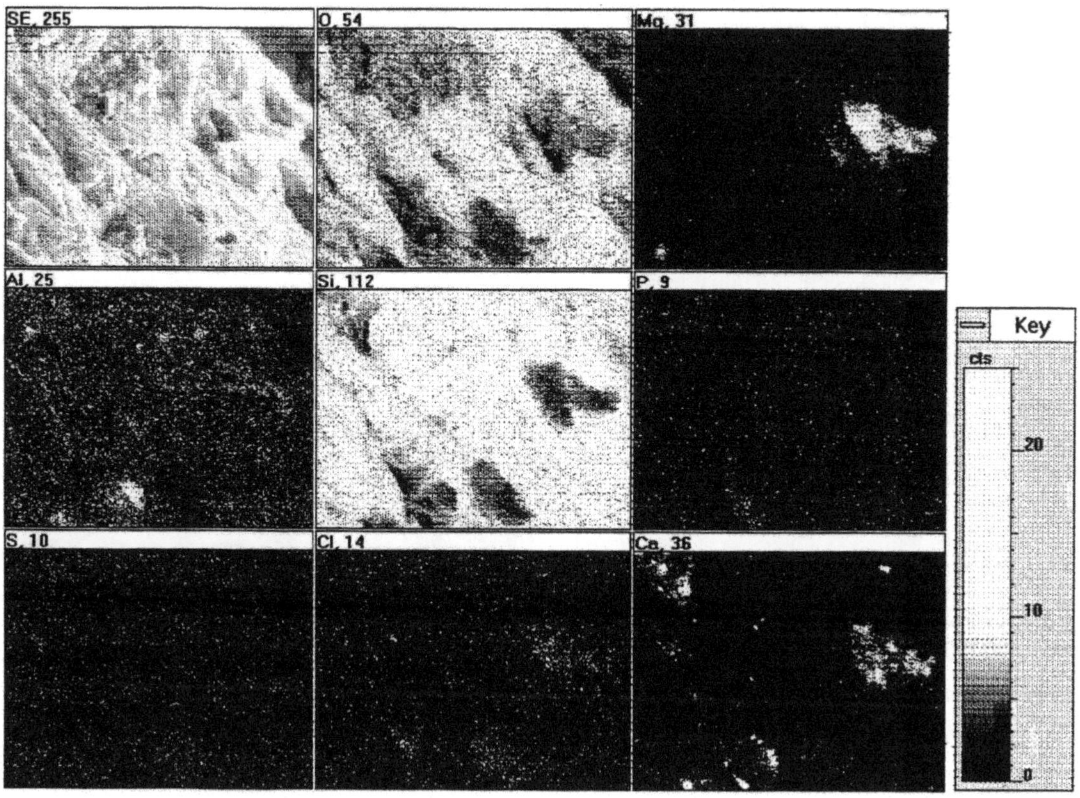

Figure 33 - Analyse d'un poli expérimental d'écorce de bouleau.

Le poli se caractérise par la présence de magnésium, de soufre, de chlore et de calcium. On remarque que le calcium est associé au magnésium (MEB x 1000)

calcium est associé au magnésium et non pas au soufre.

Donc malgré de fortes ressemblances entre ces polis au microscope optique, nous avons pu écarter l'hypothèse du bouleau. Nous avons alors recherché dans notre référentiel général les matériaux susceptibles de contenir du soufre en grande quantité associé au calcium. La première possibilité était le gypse, qui est composé de calcium et de soufre, mais son poli au microscope optique était très différent du poli archéologique et il ne correspondait de toute façon pas au contexte archéologique de Charavines. Parmi les végétaux, la prêle (*Equisetum*) semble être une des seules plantes qui peuvent correspondre à cette composition : elle contient des grandes quantités de soufre associé au calcium, ainsi que de la silice (Fig. 34). Il est difficile de se prononcer sur l'origine de ce dernier élément qui peut provenir aussi bien de la prêle que de la matière première de l'outil. La prêle est une plante

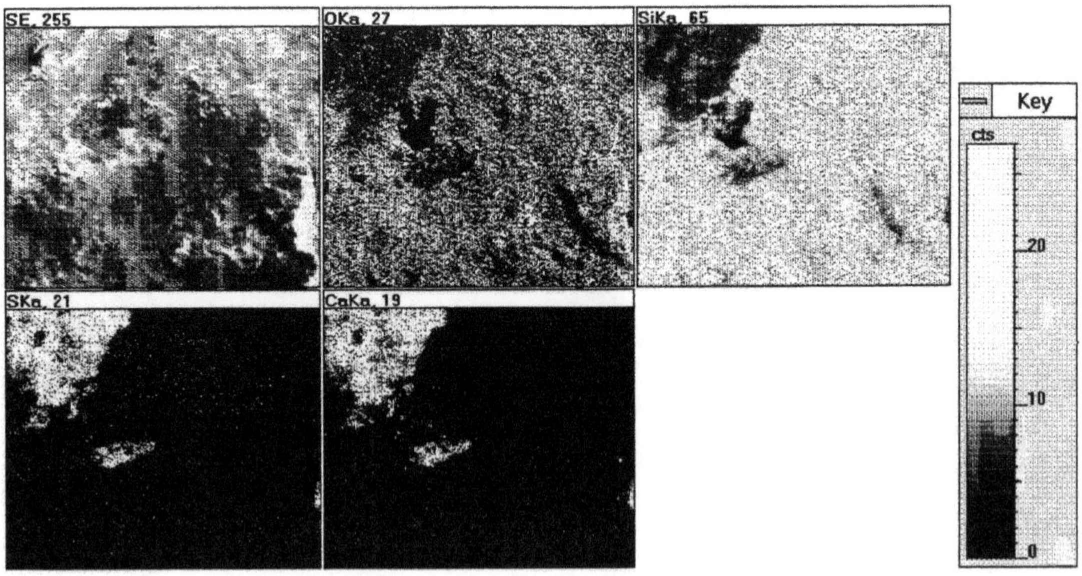

Figure 34 - Analyse d'un poli expérimental de prêle.

Le poli se caractérise par l'association de calcium et de soufre (MEB x450).

qui pousse dans un milieu humide susceptible de correspondre à celui du gisement de Charavines qui était installé sur le bord d'un lac. Nous avons donc effectué une vérification de notre hypothèse par expérimentation. Le travail sur la prêle a fourni en effet un poli en tous points similaire à celui observé sur les microdenticulés. Cependant, technologiquement, l'utilisation d'outils pour travailler la prêle ne se justifie pas : les tiges très riches en silice peuvent servir comme abrasif, à la manière d'un papier de verre végétal, mais la mise à nu des tiges se fait plus facilement avec les mains qu'avec un microdenticulé. Cette hypothèse n'apparaît guère compatible avec la logique technologique.

La présence de soufre nous a alors orientée vers une hypothèse de H. Juel Jensen (1994) : un traitement des fibres végétales destiné à la fabrication de cordages ou de textiles. Le soufre, alors, n'est pas un des composants initiaux de la matière végétale, mais il pourrait apparaître lors d'un processus de transformation des végétaux dû à un traitement (par exemple par macération). La macération avec une décomposition partielle de la matière organique ferait apparaître des bactéries produisant du soufre. C'est cette hypothèse que nous allons prochainement vérifier par une série d'expérimentation.

Etiolles (Essonne) : un exemple de travail de matière minérale

Sur le site magdalénien d'Etiolles situé dans le Bassin parisien (en collaboration avec Y. Taborin, M. Olive et N. Pigeot), nous avons mis en évidence, dans l'unité Q31, un travail de matière minérale. Notre analyse a porté sur la totalité des outils façonnés : 44 outils sur lames et 1 sur éclat (2 grattoirs, 21 burins, 5 becs, 1 perçoir, 3 micro perçoirs, 13 lames retouchées), et 114 lamelles à dos. Il faut y ajouter plusieurs supports bruts, 4 lamelles, 19 lames et 3 éclats. Au total, un lot de 184 silex d'origine locale et "exogène" a été examiné. Outre la mise en évidence d'un travail de matière osseuse et de peaux, un certain nombre d'objets portaient des traces de colorants que nous avons analysées au MEB : d'une part de l'hématite pure, d'autre part de l'ocre.

Les stigmates observés sur deux becs attestent d'un travail de raclage transversal d'une matière minérale dure et abrasive (Fig. 35), concentrée sur leurs parties actives.

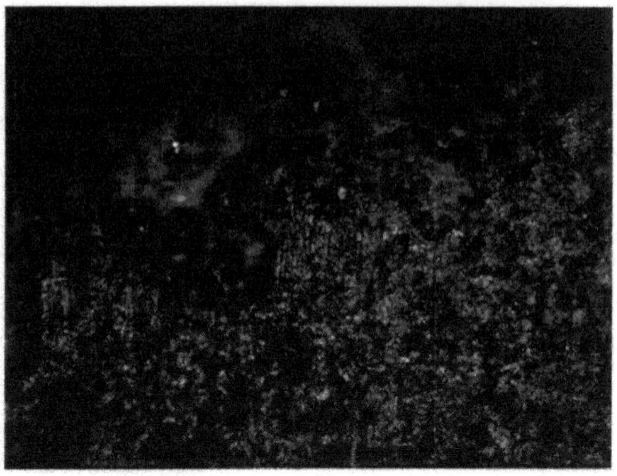

Figure 35 - Détail au microscope optique d'un poli de matière minérale observé sur les becs de l'unité S27/Q31 d'Etiolles)

Les analyses au MEB ont permis de déterminer qu'il s'agissait d'une hématite pure composée uniquement de fer, Fe_2O_3 (Fig. 36). Ces deux becs ont été découverts à proximité de deux foyers. On a retrouvé près de l'un d'eux un crayon d'hématite pure de la même composition d'après l'analyse au

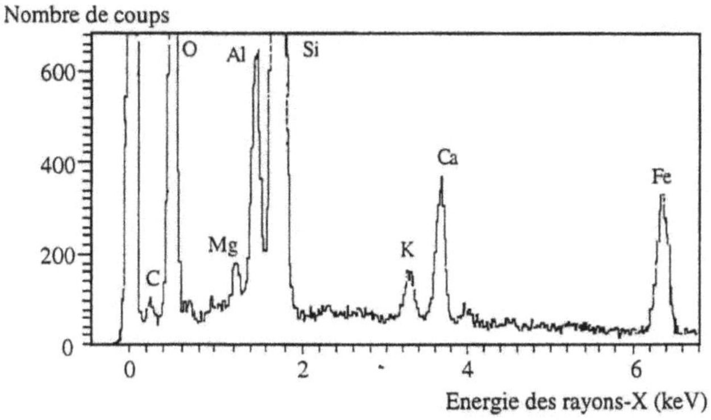

Figure 36 - Spectre d'analyse du poli observé sur les becs.

MEB. Il est donc probable que ces becs ont servi à façonner des blocs d'hématite ou à les gratter afin d'en obtenir une poudre.

Le même type de colorant a aussi été trouvé sur un flanc de burin provenant de cette même zone ; celui-ci ne porte pas de traces d'utilisation, mais son état de surface est trop médiocre pour permettre de distinguer autre chose que des petits reliquats de pigment incrustés dans la structure du silex. Il pourrait, lui aussi, avoir été employé brièvement dans le façonnage d'un bâton d'hématite ou bien lors d'une activité nécessitant l'usage de colorant.

Dans la même zone proche des foyers a été retrouvé un grand nombre de lamelles : leur présence suggère un travail de préparation de résine d'emmanchement où la poudre d'hématite aurait pu intervenir afin d'homogénéiser la colle.

Un autre type de colorant a été retrouvé sous forme de petits points emprisonnés dans les creux de retouches de façonnage d'un front de grattoir ayant servi au travail de la peau. Il s'agissait d'une ocre, argile rouge riche en oxydes fer (corrélation entre l'aluminium, le silicium et le fer). Sa présence laisse supposer soit l'utilisation d'un abrasif au cours du travail, soit l'utilisation de ce grattoir dans une activité faisant intervenir une matière colorante après le travail de la peau.

Il semblerait donc que plusieurs activités de cette habitation d'Etiolles soient liées à l'usage de colorants sous forme de poudre (hématite et ocre). L'hématite a pu être mélangée à la résine destinée à fixer les lamelles dans des hampes et l'ocre pourrait intervenir dans le travail de la peau...

Ces observations suggèrent une certaine diversité des activités effectuées dans les différentes occupations d'Etiolles, en marge de l'activité principale qui est la taille du silex.

Le cas des couteaux égyptiens : un exemple de traces de tissus carnés en superposition

Un autre champ de recherche, plus complexe, se trouve dans la superposition des polis provenant de différentes matières travaillées. Au microscope optique, cette superposition n'est pas toujours évidente à observer et à interpréter ; en général c'est la dernière utilisation qui domine, à moins qu'il n'existe des zones de poli propres à chaque matière travaillée.

Plusieurs faucilles, provenant d'une collection d'outils prédynastiques de la Vallée du Nil (collection du Musée des Antiquités Nationales, Saint Germain-en-Laye), présentaient des polis de végétaux (Christensen, 1991). Leur analyse au MEB nous a permis de détecter des dépôts superposés, qui étaient restés invisibles lors de l'analyse au microscope optique.

Ces dépôts superposés au poli de plantes, étaient en effet accrochés aux reliefs du poli et accumulés dans les creux des enlèvements le long du tranchant. Ils présentaient, sur une couche d'éléments minéraux caractéristiques du poli de plantes (silicium, calcium, fer), de grandes quantités de calcium, de potassium et de fer, ainsi que du soufre et du chlore dans des proportions moindres (Fig. 37a et b), association

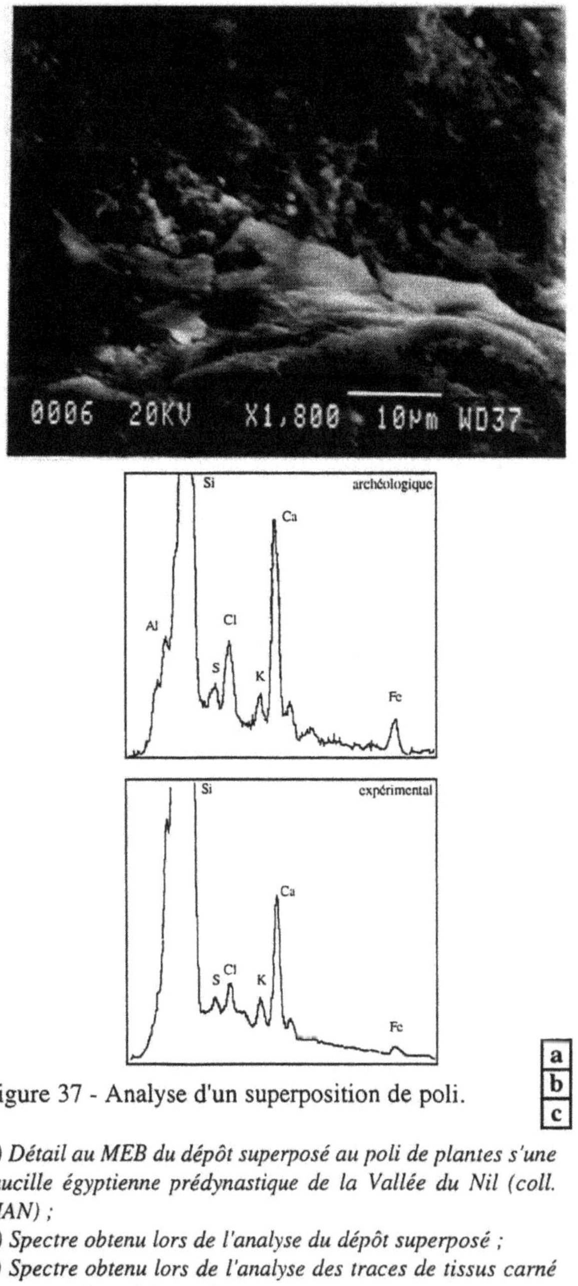

Figure 37 - Analyse d'un superposition de poli.

a) Détail au MEB du dépôt superposé au poli de plantes s'une faucille égyptienne prédynastique de la Vallée du Nil (coll. MAN) ;
b) Spectre obtenu lors de l'analyse du dépôt superposé ;
c) Spectre obtenu lors de l'analyse des traces de tissus carné sur un outil expérimental.

d'éléments caractéristiques de la peau (Fig. 37c).
Ces outils égyptiens ont-ils été utilisés dans un premier temps pour couper des plantes, puis réutilisés pour un travail de tissu carné ? Cette association de polis de plantes et de peau a parfois été mise en évidence au Proche Orient, mais les stigmates étaient alors nets et séparés sur le même objet. Ceci n'était pas le cas sur les outils examinés dans le cadre de notre étude. Nous nous sommes alors interrogée sur l'origine de ces traces de peau sur les faucilles égyptiennes. Sachant que les objets étudiés provenaient de collections anciennes et qu'ils avaient certainement subi de nombreuses manipulations depuis leur découverte, la question se posait alors de savoir si ces traces n'étaient pas tout simplement des vestiges postérieurs à l'utilisation des faucilles. Mais étant donné le nettoyage préalable à l'analyse (ultrasons) et la localisation limitée systématiquement aux zones affectées par le poli nous avons plutôt émis l'hypothèse d'un contact prolongé entre l'outil et la peau pendant le travail des plantes : il pourrait s'agir de la peau des doigts du récoltant sur des couteaux à moissonner.

I.3.2 - Futures possibilités de recherches

La méthode par caractérisation chimique jointe à la méthode habituelle d'analyse des traces d'usure par analogie ouvre de nouvelles perspectives dans la recherche des rapports entre l'homme et les matières premières qu'il a exploitées.
Le fait de pouvoir obtenir la composition de la matière travaillée va permettre dans certains cas d'aller plus loin et d'affiner la détermination des matériaux travaillés. Ce qui signifie que dans certaines déterminations de matière, il sera possible de distinguer le matériau précis et non plus un groupe de matériaux comme par exemple, matières dures animales, matières minérales, matières végétales...
Affiner les matières travaillées permet aussi d'accéder à des informations sur la gestion des matériaux par l'homme. Le bois fait partie des matières périssables qui sont préservées uniquement dans des cas de conservation exceptionnelle où ils résistent à l'enfouissement dans le sol. Si l'on peut connaître les espèces travaillées par l'homme grâce à l'analyse de la composition des polis sur les outils, de nouvelles perspectives vont s'ouvrir. La comparaison des résultats que l'on pourrait ainsi obtenir avec ceux d'autres disciplines qui s'intéressent à la paléobotanique (palynologie, anthracologie), permettra peut être d'accéder à la gestion des différentes espèces ligneuses : celles qui étaient choisies pour leur qualité de combustion, de souplesse, de dureté, de rigidité... Dans le cas du travail du bois, il est intéressant de savoir quelles espèces ont été choisies, car par analogie avec les espèces actuelles on pourrait ainsi mieux comprendre ce choix. Ce type d'information est parfois connu pour certaines sociétés, comme les Indiens des archipels de Patagonie, grâce aux documents ethno-historiques : un magnoliacé (*Drymis winteri*) était choisi pour son tronc rectiligne afin de façonner des hampes d'armes ; l'écorce de hêtre (*Nothofagus betuloides*) était utilisée pour la fabrication des canoës et des récipients ; son tronc ou celui du *Nothofagus antarctica* présentait les qualités d'élasticité favorables à la fabrication des arcs... (Gusinde, 1982 et 1986).

Au Néolithique, de nombreuses espèces végétales étaient travaillées, mais elles ne sont pas toujours faciles à déterminer précisément par comparaison avec des outils expérimentaux. L'analyse de composition des polis peut aider à mieux cibler la matière travaillée. Certains d'entre eux subissaient des transformations (trempage, macération...) afin de servir à fabriquer des cordages ou de la vannerie, la caractérisation élémentaire pourra dans ce cas permettre de mieux connaître ces processus.

Dans le cas des colorants, l'analyse de composition des traces d'utilisation et des reliquats colorés, pourrait faire avancer les interprétations dans les domaines de l'utilisation des couleurs des sociétés préhistoriques. L'analyse de composition et l'observation des structures des restes de colorant sur des outils lithiques, soit dans un contexte orienté vers son usage (grotte) soit dans un contexte plus général (les sites d'occupation), pourraient permettre de connaître les types de colorants utilisés, malgré l'absence de restes de matières premières sur les sites ; d'aborder les techniques de préparation comme par exemple une orientation vers l'obtention d'une poudre fine ou grossière ; de mettre en évidence l'utilisation de colorant comme élément abrasif lors du travail d'autres matériaux comme les matières dures animales. Dans certaines grottes des outils lithiques ont été trouvés au pied des parois, leur analyse pourrait permettre de faire le lien direct avec les peintures sur la paroi et la préparation des poudres colorantes à l'intérieur de la grotte ou un éventuel entretien des crayons colorant... Certaines études ont déjà été faites dans ce domaine (Beyries et Walter, sous-presse ; Minozoni-Déroche *et al.*, 1995), mais ce type d'approche est loin d'être systématique.
Cette méthode d'analyse pourrait trouver un champ d'application intéressant dans des gisements présentant un état de conservation exceptionnel. Comme, par exemple, le site du Paléolithique moyen de la ZAC de Maisons-Alfort où de nombreux matériaux périssables ont été conservés. Ce type d'exemple, rare au Paléolithique, rend possible des comparaisons entre la composition élémentaire de polis sur les outils et celle de ces matériaux, s'ils ont été travaillés. Les résultats que fournirait une analyse de composition de ces matériaux pourraient servir comme base de références utilisable pour d'autres sites de la même époque dans un environnement égal, mais avec un contexte de conservation moins exceptionnel. Peut-être qu'en trouvant ainsi des gisements "clefs"

caractéristiques d'une période et d'un environnement, il serait possible d'aller plus loin dans les interprétations des techniques d'exploitation des matières premières par les hommes paléolithiques.
Nous avons constaté également une présence de carbone dans des polis des matières dures animales ; cet élément peut servir lors des datations par carbone-14. On pourrait alors imaginer la possibilité d'obtenir une datation d'un poli de matière dure animale présent sur les outils en silex. Il suffit de réussir à prélever une quantité suffisante de poli d'os sur l'outil (dans le cas de polis très développés), et d'en extraire le carbone par des procédés chimiques (environ 300 microgrammes de matière suffisent actuellement pour faire une datation radiocarbone par accélérateur). Cette datation correspondrait alors au moment du travail de l'os (ou le bois de cervidé ou l'ivoire), à condition que celui-ci ait été employé juste après la mort de l'animal d'où il provient. En comparant les datations d'ossements et de polis d'utilisation, on pourra ainsi essayer de comprendre, par exemple dans les habitations russes, si les ossements et les défenses de mammouth travaillés proviennent des animaux chassés ou s'il s'agit de récupérations sur des animaux morts depuis un certains temps. Lors de nos analyses sur des polis de matière dure animale, des essais pour quantifier aussi précisément le poli d'os n'ont pas été effectué, mais c'est une application qui pourra présenter un grand intérêt dans l'avenir.
Nous avons dans cette recherche appliqué ce type d'étude sur un outillage lithique à granulométrie plutôt fine, où les polis sont en général suffisamment développés pour être déterminés par analogie avec des pièces expérimentales. Sur des outils présentant une granulométrie plus grossière, le poli se développe plus lentement ; de ce fait les polis ne sont pas toujours assez développés pour être déterminés au microscope optique. Nous avons rencontré ce problème, sur une collection lithique provenant de Patagonie sur le site de Ponsonby (fouillé par D. Legoupil, CNRS). Visuellement, les légères traces de polis étaient très peu caractéristiques des matières travaillées. L'analyse de leur composition chimique comparée avec celles d'une série de pièces expérimentales réalisées sur place et taillées dans la même matière première lithique pourra peut-être résoudre ce problème.
Nos analyses de formation de poli ont été effectuées sur du silex, mais il est évident qu'il faudra étendre cette recherche à d'autres matières premières lithiques et organiques. Les structures de ces matériaux peuvent être différentes de celle du silex et il est nécessaire de connaître le processus de formation des traces d'utilisation, avant de pouvoir juger des possibilités de l'application de l'analyse par caractérisation chimique sur ces autres matières premières.

I.4 - CONCLUSION

La connaissance des conditions de formation du silex et de sa structure a permis de mieux cerner les problèmes concernant la formation du poli. La rugosité d'un silex taillé relève d'une microstructure particulière servant de piège aux matières travaillées. Le poli est donc en majeure partie créé par un dépôt de matière, provenant de la substance travaillée (os, ivoire, viande, peau...). L'abrasion n'intervient absolument pas dans les mécanismes de formation de polis des matériaux d'une dureté inférieure à celle du silex à moins qu'un agent abrasif soit ajouté volontairement ou accidentellement.
L'identification de la composition en éléments minéraux du dépôt permet de déterminer la matière travaillée. Ces minéraux sont des éléments très stables et ils résistent dans la plupart des cas à l'enfouissement dans le sol. Ils étaient au départ intimement associés aux éléments organiques dans le matériau travaillé selon une structure variable d'un groupe matière à l'autre. Les différences observées au microscope optique dans les textures des polis s'expliquent par le transfert de microfragments de matières de structure différente. Les résultats obtenus par la caractérisation élémentaire sur les polis archéologiques ont été confrontés à ceux produits expérimentalement, ceci avec des concordances assez bonnes.
Cette méthode, non destructive, permet donc de préciser les études tracéologiques issues d'observations visuelles en microscopie, en affinant certaines déterminations de matière travaillée.
C'est en même temps une étude qui doit être renforcée par l'établissement de références systématiques pour les matériaux. Les analyses doivent être systématiquement jumelées avec celles de la composition du sol et/ou des matériaux trouvés dans le même contexte.
Les précisions apportées sur les mécanismes de formation des polis ont permis de mieux comprendre le poli et ses différentes structures en fonction de la matière travaillée. La valeur diagnostique du poli ayant été remise en question par certains chercheurs (Newcomer *et al.*, 1987 ; Grace *et al.*, 1985), l'étude physico-chimique des dépôts a permis de lever certaines ambiguïtés de leur interprétation ; les textures différentielles qu'ils présentent relèvent bien de l'origine de la matière travaillée. La tracéologie se trouve ainsi mieux fondée théoriquement.

CHAPITRE II - LES CARACTÈRES PHYSIQUES ET CHIMIQUES DES MATIÈRES DURES ANIMALES

Chaque matière dure animale possède ses caractéristiques physiques et chimiques propres malgré quelques similarités. Ce sont ces particularités que nous allons analyser ici, en cherchant notamment à identifier les caractères propres à l'ivoire.

Au Paléolithique supérieur, les produits d'origine animale ont constitué les ressources essentielles des sociétés humaines. De nombreux vestiges, des restes fauniques, des outils aussi bien que des déchets témoignent de l'exploitation de la matière dure animale. Les objets gardent la marque de l'action de l'homme et ils ne peuvent pas être étudiés indépendamment des outils lithiques avec lesquels ils ont été fabriqués. Or les matières dures animales sont toutes composées de microcristaux d'hydroxyapatite et, à l'échelle micrométrique, ces derniers se ressemblent. Par conséquent leur travail laisse sur les outils lithiques des traces d'utilisation assez semblables optiquement. Plusieurs auteurs (Keeley, 1980, p. 42, 56 ; Vaughan, 1985, p. 31 , Plisson, 1985 p. 54) indiquent cependant que dans certaines conditions (expérimentales) il est possible d'établir une distinction entre ces matériaux. Si cette différenciation est possible sur des pièces expérimentales, elle est beaucoup plus délicate sur des outils archéologiques ayant séjourné longtemps dans le sol et dont le poli présente des caractères discriminants moins lisibles. Comme nous le verrons (*cf.* II.2.2 - Analyse des polis) certains caractères permettent pourtant parfois de se prononcer plutôt en faveur d'une matière dure animale que d'une autre. Mais cette possiblilité est loin d'être systématique et nous avons cherché, par la caractérisation physico-chimique des matériaux travaillés et de leurs polis sur les outils, à mettre en évidence des critères permettant une distinction sûre. Puis une recherche a été effectuée sur la structure et les qualités mécaniques de chacune des trois matières dures animales (os, bois de cervidé et ivoire), afin de mieux appréhender les caractères intrinsèques de l'ivoire et de tenter de comprendre les raisons du choix de cette matière première fait par les hommes préhistoriques pour fabriquer certains objets.

II.1 - STRUCTURE DES MATIÈRES DURES ANIMALES

Les types d'objets façonnés, leurs techniques de fabrication et leur exploitation par l'artisan préhistorique dépendent directement des structures spécifiques des différentes matières dures animales.

II.1.1 - La structure de l'os

Le terme os est appliqué aux parties dures du squelette des vertébrés. L'os possède des fonctions et des propriétés associées qui doivent être prises en compte par les artisans et qui sont déterminantes pour le type d'objet à fabriquer. L'os est constitué par l'agencement de quatre tissus principaux : le périoste, le tissu osseux (substance fondamentale, fibres de collagène et cellules), le cartilage et la moelle osseuse. Nous allons ici nous intéresser essentiellement au tissu osseux qui est la partie retrouvée le plus souvent parmi les vestiges archéologiques et qui témoigne du travail des hommes préhistoriques (et de leur alimentation).

La caractéristique principale du tissu osseux est la minéralisation de la substance fondamentale qui se charge de sels minéraux empruntés au sang. Dans l'os frais, les éléments minéraux sont fixés à la matière organique (osséine) sous forme de microcristaux d'apatite de 20 à 40 nanomètres de long et 3 à 6 nanomètres de large (Barone, 1976). Les fibres de collagène sont noyées dans cette substance fondamentale et difficiles à distinguer de celle-ci. Les cellules osseuses (ostéocytes) dérivent des ostéoblastes qui existent dans des tissus en voie d'ossification ; elles sont disposées le plus souvent entre les lamelles osseuses ou encore dans l'épaisseur de celles-ci. Chaque cellule osseuse est logée dans une petite cavité nommée ostéoplaste. Les ostéoplastes communiquent entre elles ainsi qu'avec les espaces médullaires par des canaliculis très fins et très nombreux. Cette structure donne à l'os une apparence plus granuleuse que l'ivoire (Krzyskowska, 1990).

II.1.2 - La structure du bois de cervidé

Le bois de cervidé est une excroissance de l'os frontal, commune à toutes les espèces de cervidé. A la différence de l'os et de l'ivoire, sa croissance est annuelle. Son développement commence en général au printemps et dure à peu près quatre mois ; pendant cette période le bois est irrigué par des vaisseaux sanguins ; un réseau interne existe à travers le pédoncule et un autre, extérieur, dans le velours (tissu conjonctif). Le bois est un tissu à croissance rapide. Il s'agit d'une sorte d'os temporaire ne possédant pas d'ostéones, mais une structure lamellaire traversée de vaisseaux sanguins longitudinaux, radiaux et circulaires (O'Connor, 1987). Il est composé d'un cortex extérieur d'os compact et d'une partie intérieure spongieuse. Les proportions entre ces deux tissus varient selon les espèces et, lors de la croissance du bois, en fonction de l'irrigation sanguine, ainsi qu'entre la femelle et le mâle (MacGregor, 1985). A la fin de la période de croissance, le remplacement d'une partie du tissu spongieux par de l'os compact se fait progressivement au niveau de la meule : une

calcification interrompt alors la circulation sanguine et le bois est définitivement mort.
Le tissu spongieux est plus important et de structure plus aérée dans un bois de cervidé que dans un bois de renne, d'où une densité bien supérieure de ce dernier.

II.1.3 - La structure de la dentine et de "l'ivoire"

L'ivoire ou plutôt la dentine est une substance commune à toutes les dents de mammifères. Chez certains animaux la dentine est la composante principale des dents (défenses d'éléphant, de mammouth, de morse et de narval, dents de cachalot, craches de cervidé). En général, le terme ivoire "vrai" est réservé aux défenses de Proboscidiens, notamment en archéologie. Il est rarement utilisé pour les dents. En réalité la composition de l'ivoire est similaire à celle des dents : de l'émail et du cément sur la matière fondamentale qu'est la dentine. Les variations de structure chimique de la dentine entre dents et défenses sont pour l'instant indiscernables. Nous avons effectué quelques analyses de composition sur une crache de cerf qui nous a été prêtée par le Muséum d'Histoire Naturelle (réf. C93GB). Cette expérience a révélé qu'il semblait exister de petites différences de composition entre cette dent et les défenses de Proboscidiens (notamment la présence de sodium), mais nous n'avons pas assez de résultats actuellement pour pouvoir nous prononcer avec sûreté sur ce point.
Nous avons donc choisi d'utiliser en général le terme de dentine et de réserver celui d'ivoire exclusivement pour les cas où nous avions la certitude qu'il s'agissait de défense de Proboscidiens (par exemple, lors de nos expérimentations). Nous traiterons uniquement la structure des défenses de Proboscidiens, car les témoins d'utilisations de mammifères marins au Paléolithique sont très rares ; un seul exemple est connu, celui d'une dent de cachalot sculptée découverte dans les niveaux magdaléniens du Mas d'Azil (Poplin, 1983).
Les défenses de Proboscidiens sont des incisives supérieures. Les défenses de lait font éruption vers six mois et durent environ un an avant d'être remplacées par les défenses définitives. Celles-ci sont à croissance continue mais la vitesse de croissance a tendance à se ralentir chez les adultes (Lister & Bahn, 1995) ; leur taille et leur poids dépendent donc de l'âge de l'animal.
La défense est constituée de plusieurs parties : la cavité pulpaire, la dentine, le cément et l'émail (Fig. 38).
La dentine est formée par des cellules spécialisées : les odontoblastes. Celles-ci se présentent sous forme d'une couche dans la cavité pulpaire et elles sont responsables de la fabrication d'une prédentine qui est le premier stade de la dentine. Cette dernière se forme par couches successives et lorsqu'une nouvelle couche de dentine est en place, les cellules migrent

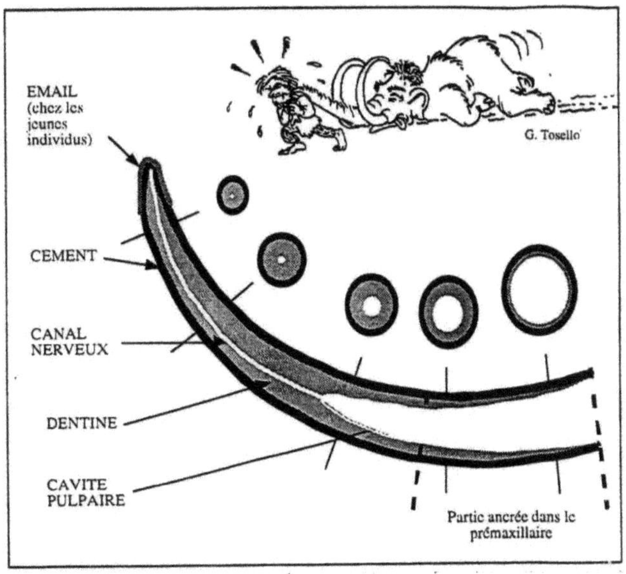

Figure 38 - Morphologie de la défense.

vers la nouvelle surface dans la cavité pulpaire. Elles laissent derrière elles des "fibres de tome", spécifique de la dentine (Fig. 39).
Les fibres de tome et les odontoblastes forment ensemble des canaliculis qui irradient à travers la dentine vers l'extérieur de la défense, à partir de la cavité pulpaire. Le résultat est une

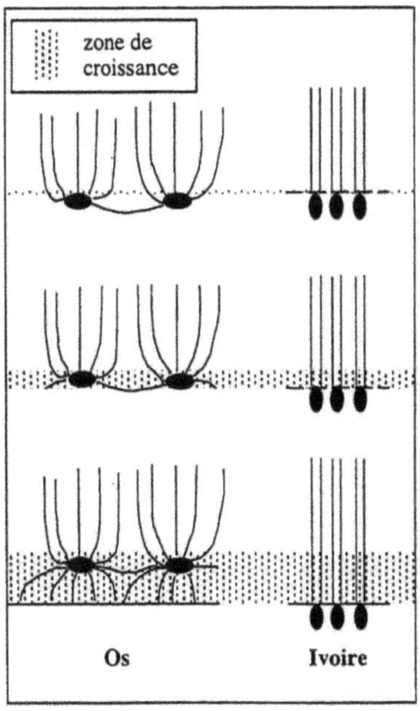

Figure 39 - Schéma montrant le principe de la croissance de l'os et de l'ivoire.

Dans l'os les cellules sont englobées dans le tissu en croissance ; elles sont reliées les une aux autres par des canalicullis ainsi qu'avec la surface. Dans l'ivoire, les cellules restent à la surface de la cavité pulpaire ; elles sont indépendantes les unes aux autres et laissent derrières elles des fibres de tome (d'après Macgregor, 1985, fig. 15).

structure complexe en trois dimensions où ces lignes s'entrecroisent et forment des structures en cœur de marguerites, visibles en section transversale et caractéristiques de l'ivoire des Proboscidiens (Fig. 40) (Espinoza & Mann, 1992). La manière dont ces lignes s'entrecroisent est un moyen visuel de distinction entre un ivoire d'éléphant et celui de mammouth ; les angles de croisement sont plus ouverts chez l'éléphant (Fig. 41).

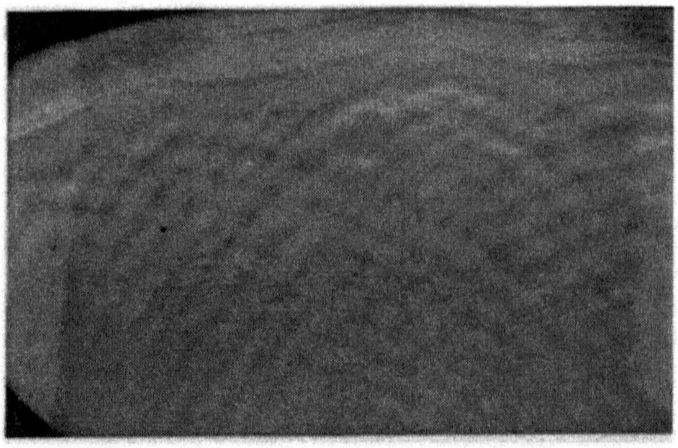

Figure 40 - Section transversale d'un fragment d'ivoire d'éléphant.

On remarque la structure en cœur de marguerite.
(Cl. LRMF, D. Vigears)

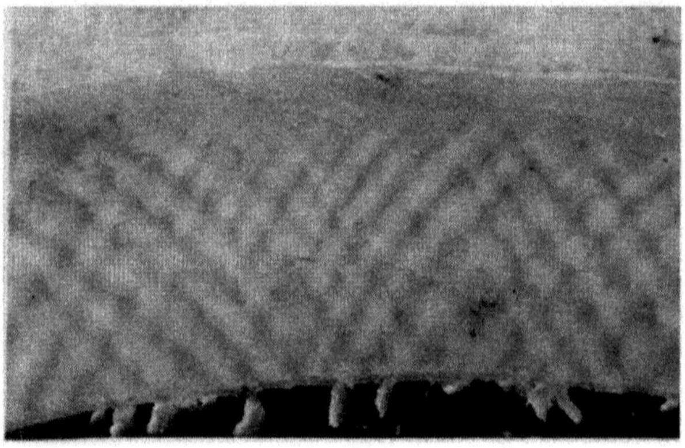

Figure 41 - Section transversale d'un fragments d'ivoire de mammouth.

On remarque la différence d'angle à l'intersection du croisement des lignes qui qui forment la structure en cœur de marguerite : l'angle est beaucoup plus fermé chez le mammouth que chez l'éléphant.
(Cl. LRMF, D. Vigears)

Ces couches de dentine, qui se superposent, créent des cônes qui s'emboîtent les uns dans les autres appelés aussi des lamellae (Krzyskowska, 1990). Il est possible d'observer des anneaux de croissance sur la face extérieure de la défense : ils correspondent à la croissance des cônes internes. Lorsque l'animal est vivant, ces interfaces de croissance entre les cônes ne représentent pas encore des lignes de faiblesse, comme c'est le cas avec l'ivoire fossile ou sub-fossile, car ils sont tenus par les fibres de tome entrecroisés formant les lignes de Schreger et par les fibres de collagène qui assurent la jonction en remplissant les interstices entre les canaliculis (Waters, 1980). Des analyses effectuées sur les phénomènes de décomposition et de ramollissement de la dentine, montrent que les fibres de collagènes sont responsables de la solidité des matériaux (Beeley & Lunt, 1980). Afin d'illustrer le rôle solidifiant que jouent les fibres de collagène, Poplin (1995, p. 22) les compare à des tiges de métal dans du béton armé.

Sur une défense ancienne et desséchée, les lignes de croissances tendent à se séparer sous l'effet d'une altération de la matière organique (collagène) ; la dentine a alors tendance à se déliter selon des cercles concentriques d'épaisseur variable (Fig. 42), fournissant des supports parfois prêts à être utilisés tels quels. Ceci est particulièrement flagrant dans les parties extérieures de la défense ; par contre, la partie interne forme, autour de la cavité pulpaire, un noyau beaucoup plus compact et homogène, très dur à travailler avec des outils en silex (White, 1995).

La meilleure partie de la dentine d'une défense, la plus homogène, se situe donc au centre, entre la cavité pulpaire et l'écorce extérieure. La partie la plus proche de la cavité, la dernière formée, est aussi la plus tendre à travailler (Cutler, 1985).

II.2 - COMPOSITION DES MATIÈRES DURES ANIMALES

Optiquement, nous ne pouvons pas identifier les structures spécifiques de l'os, de l'ivoire et du bois de cervidé dans les stigmates d'utilisation présents sur les outils en silex. Par contre nous retrouvons, comme nous l'avons vu, des microfragments incrustés dans la surface du silex. Nous avons donc cherché, par une série d'expériences, à détailler les compositions chimiques des différentes matières dures animales, à la fois sur la matière travaillée et sur les tranchants des outils en silex utilisés, afin d'en comparer les résultats.

II.2. 1 - Analyse des matières brutes

II.2.1.1 - Données théoriques

L'os

L'os possède une structure complexe constituée de trois éléments principaux :

- une matrice inorganique (65 %) composée de :
  - phosphate de calcium (apatite) ;
  - carbonate de calcium ($CaCO_3$) ;

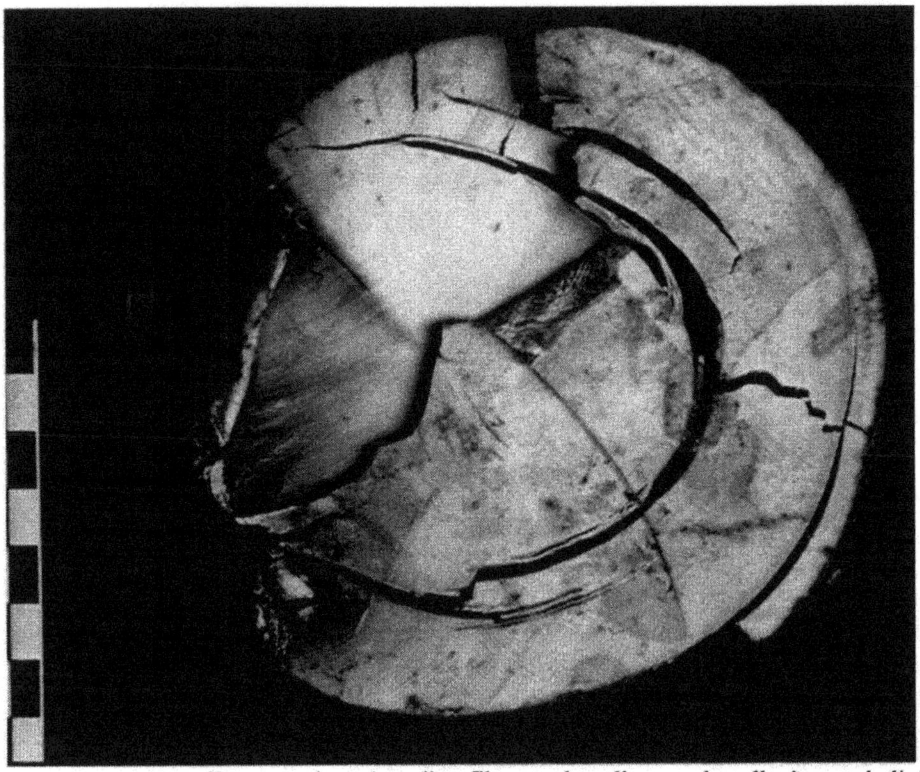

Figure 42 - Défense de mammouth desséchée.

Elle présente un état de délitage avancé créant des lignes de faiblesse dans la structure de l'ivoire.
(Cl. LRMF, D. Vigears).

- une matière organique (protéine fibreuse de collagène) ;
- de l'eau.

L'apatite peut être décrite selon la formule $Ca_{10}(PO_4)6(OH)_2$ qui indique un rapport Ca/P de 63 /37. Chimiquement, c'est une formule stable même si des ions de calcium peuvent être remplacés par d'autres ions de la même famille (magnésium, sodium) ; notons qu'il s'agit de quantités infimes qui ne se voient pas par nos analyses au MEB mais qui se verront par exemple avec des analyses en PIXE. Exceptionnellement dans certains cas d'enfouissement dans des conditions très acides, l'apatite peut être soluble (Jørgensen et Bothfeld, 1986).
La matrice extracellulaire est minéralisée par incrustation de cristaux d'apatite entre les fibres de collagène (O'Connor, 1987).

Bois de cervidés
Le bois de cervidé présente la même composition que l'os mais il contient des pourcentages de collagène plus importants ; de ce fait il est moins minéralisé, donc plus flexible. Le bois de cervidé présente aussi des concentrations de carbonate de calcium plus grandes que la dentine (O'Connor, 1987).

Dentine et "ivoire"
La dentine est, elle aussi, composée de matière inorganique et organique. La partie inorganique (majoritaire) est principalement constituée de :

- phosphate de calcium (82%),
- phosphate de magnésium (15%),
- carbonate de calcium (2%),
- fluorure de calcium (0,25%).

La matière organique est présente principalement sous forme de collagène et de lipides (Matienzo & Snow, 1986). Le rapport matière organique/matière inorganique varie sensiblement entre les différents types de dentine. Par exemple, l'ivoire d'éléphant contient 65% de matière inorganique et 35% de matière organique alors que la dentine d'éléphant de mer présente un rapport de 70/30 dans la dentine primaire et 60/40 dans la dentine secondaire (Lafontaine & Wood, 1982).

Le rapport calcium/phosphore (Ca/P) varie entre l'os et l'ivoire, en outre seule la dentine contient, comme élément typique, du phosphate de magnésium.
Des résultats obtenus par E. O. Espinoza (non publiés) montrent que la dentine est aussi composée d'une série d'éléments traces dont le plus important est le sodium. Les quantités varient notablement entre les différents types de dentine ; en particulier, la quantité de sodium présente dans la dentine des mammifères marins est beaucoup plus importante que chez les mammifères terrestres. D'autres analyses réalisées par K. P. Sreekumar et G. Nirmalan (1989) ont donné des résultats un peu divergents de ceux de E. O. Espinoza, sauf en ce qui concerne les éléments principaux (Ca, P, Mg). Les raisons de ces différences sont actuellement inconnues (comm. pers. E. O. Espinoza)
Toutes ces analyses sont ponctuelles et ne concernent que quelques types de dentine. Il n'est donc pas possible d'en extraire des généralités ou d'essayer d'y trouver des caractéristiques permettant de distinguer les différents types de dentine par leur composition minérale. D'autant plus que celle-ci varie selon l'âge de l'animal, son type d'alimentation, son environnement... Remarquons toutefois que la quantité de magnésium contenue dans une défense est environ trois fois supérieure à celle d'une dent humaine (Fischer & Bohn, 1955).

Dans le cadre de cette recherche nous n'avons donc pas cherché à identifier les dentines issues d'animaux différents, nos efforts étant davantage orientés vers la distinction entre l'os, le bois de cervidé et la dentine.

Dans ces analyses de caractérisation, on doit tenir compte d'éventuelles altérations chimiques qui peuvent intervenir lors de l'enfouissement des pièces dans le sol ainsi que des variations de composition dues aux différents types de nourriture absorbés par l'animal durant sa vie.

Les matières organiques se conservent très mal dans le sol mais dans ce type d'étude, nous nous intéressons uniquement aux matières inorganiques, c'est-à-dire aux éléments minéraux au caractère relativement stable. Les couches de polis des outils sont très minces et superficielles et donc exposées à des pollutions de surface. Ces changements dus au sédiment concernent principalement le calcium (qui peut croître ou diminuer). Ils sont causés par des phénomènes de percolation d'eau. Souvent aussi, le soufre provenant du sédiment s'associe au calcium (sulfate de calcium) ou au magnésium (sulfate de magnésium) des matières dures animales.

L'os est un matériau beaucoup plus exposé que la dentine car sa structure poreuse le rend plus sensible aux changements (Elkammer *et al.*, 1989).

Les variations dues au régime alimentaire sont encore mal connues mais on sait qu'elles ont un impact sur la composition minérale du squelette des animaux. En particulier, on sait que l'alimentation peut produire une augmentation du calcium et du phosphore qui conduit à un déficit en magnésium. Toutefois, la possibilité d'une totale disparition de celui-ci, laissant le calcium et le phosphore seuls, n'a que très peu de chance de se produire (comm. pers K. P. Sreekumar).

II.2.1.2 - Résultats d'analyse des matières brutes

Afin de constituer notre référentiel, des échantillons expérimentaux de matière brute ont été analysés en coupe transversale. Il s'agit d'une crache de cerf, 5 fragments d'os (côte et os long de bœufs et de veau), 5 fragments issus d'un même bois de cerf et 5 d'un bois de renne, 5 fragments respectivement d'éléphant et de mammouth. Ces échantillons (à l'exception de la crache) ont été polis afin d'obtenir une surface homogène et lisse, puis plongés dans l'alcool et soumis à un nettoyage aux ultrasons pour d'enlever toute trace ou résidu provenant de la scie ou du polissoir. Puis afin d'éviter des phénomènes de charge lors d'analyse au MEB, ces échantillons ont également été carbonés.

Comme les spectres d'analyse au MEB le montrent, nous trouvons dans chacune des matières (os, bois de cervidé, ivoire et dentine) de l'apatite et du carbonate de calcium (Fig. 43) ; comme prévu, on constate la présence de magnésium

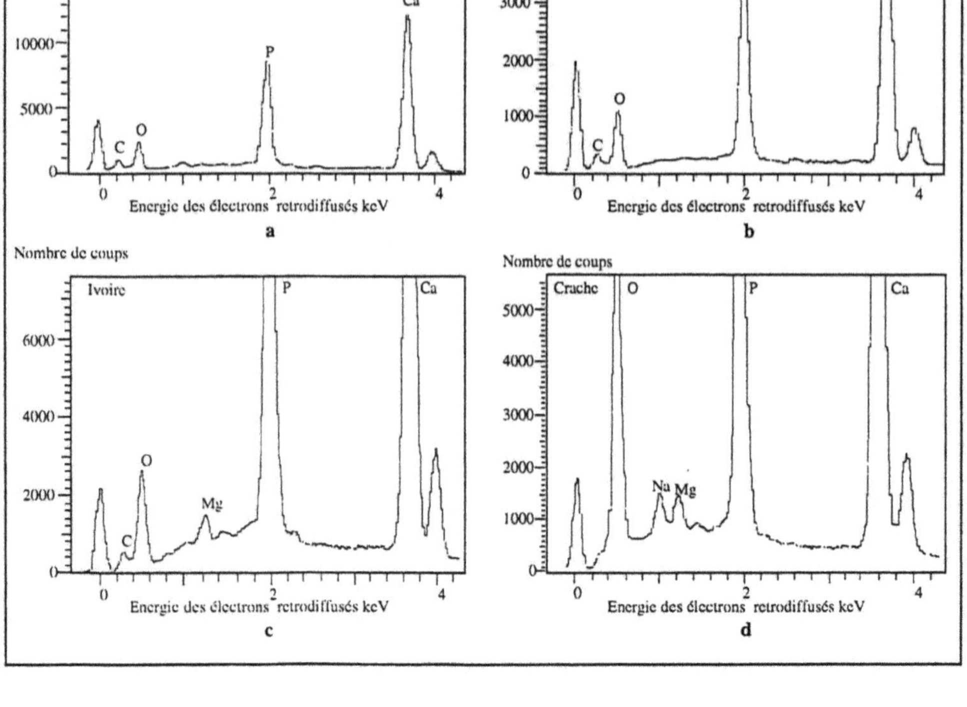

Figure 43 - Spectres d'analyses des différentes matières dures animales (MEB x 1300).

Chacun contient du phosphate de calcium (Ca, P) et du carbonate de calcium (C, Ca, O) ; en outre on note la présence de magnésium (Mg) dans la dentine (ivoire et crache). La crache montre une légère présence de sodium (Na).

uniquement dans l'ivoire et la dentine. La dentine de la crache montrait également quelques traces de sodium.
Nous avons ensuite voulu mesurer la quantité de calcium par rapport au phosphore dans chacun des échantillons, tout en sachant que ce rapport est très sensible à l'espèce animale, à la partie du squelette mais aussi à l'âge de l'individu (Poplin p. 122 in Anderson-Gerfaud, 1981) (Fig. 44).

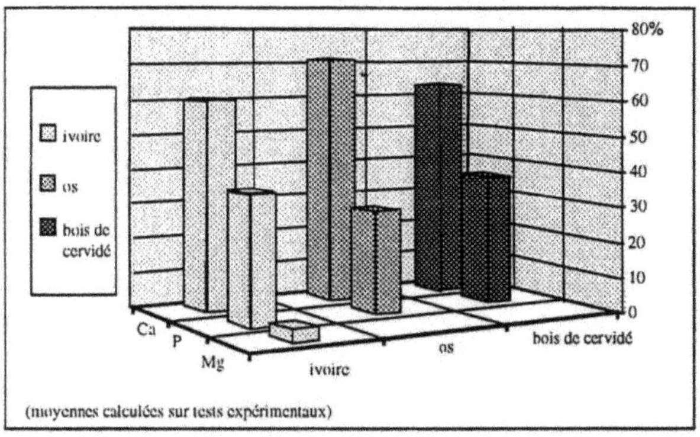

Figure 44 - les rapports de calcium sur phosphore obtenus lors de l'analyse des échantillons de matière brute.

L'erreur relative sur les mesures est de 10 à 20 % pour ces éléments. Ces variations en pourcentage pour un même élément, dans une même matière, ont été estimées à partir de plusieurs points d'analyse. Les résultats obtenus présentent certaines variations quantitatives par rapport à ceux de Matienzo & Snow (1986) et Fischer & Bohn (1955). Cependant une constante apparaît : le pourcentage de Ca/P de la dentine est inférieur à celui de l'os. Le bois de cervidé contient moins de calcium que l'os ; ses différences avec la dentine sont par contre beaucoup moins prononcées. Toutefois ces rapports de Ca/P sont trop variables pour rendre compte avec certitude des différences entre les matières dures animales et nous avons donc renoncé à les utiliser.
Des cartographies de répartition spatiale des éléments minéraux présents ont alors été faites afin de comprendre la distribution des éléments chimiques dans les échantillons pour tenter de les reconnaître lors de l'analyse des polis sur les outils. Pour l'ensemble des matières, le calcium est étroitement associé au phosphore, mais à des concentrations plus fortes. Dans le cas de la dentine qui est la seule à contenir du phosphate de magnésium, nous avons bien trouvé une association de magnésium et de phosphore sur la cartographie (Fig. 45 et 46). Ces cartographies permettent donc bien de distinguer la différence entre le groupe os/bois de cervidé et la dentine

II.2. 2 - Analyse des polis

Nous avons utilisé des outils expérimentaux pour travailler ces différentes matières dures animales. Ils ont ensuite été analysés au MEB afin de confronter les résultats avec ceux des échantillons de matière brute. Nous avons analysé une vingtaine de polis expérimentaux d'os, de bois de cervidé et d'ivoire, puis une petite dizaine utilisée sur de la dentine.

L'allure des polis a d'abord été observée au microscope optique (200x) afin de les comparer entre eux. Ces polis ont déjà été décrits par d'autres chercheurs (Keeley, 1980 ; Anderson-Gerfaud ; 1981 ; Plisson, 1985 et Pawlik, 1992...), mais nous allons ici donner un rappel de leurs principales caractéristiques.
Le travail de l'os laisse un poli d'aspect brillant à vitreux (Fig. 47a), à contour régulier, d'une texture unie et d'une coalescence légèrement ondulée qui peut parfois être presque plate. Il s'agit le plus souvent d'un poli d'une étendue marginale, limité au fil tranchant. Il peut présenter des craquelures lors de certaines actions, comme le raclage, en général perpendiculaires à l'action.
Le poli de bois de cervidé varie selon la direction du travail par rapport à l'orientation des fibres en contact avec le fil actif. Lorsqu'il s'agit d'une action longitudinale (Fig. 47b), le poli a une apparence plutôt rugueuse, d'une coalescence douce et ses contours sont assez flous et d'une texture moyenne. Par contre, il est d'aspect lisse, brillant et légèrement ondulé dans le cas d'une action transversale (Fig. 47c) ; son contour peut être régulier comme il peut être flou ; il ressemble à un poli d'os, mais ne comporte pas de microtrous et son étendue est plus importante.
Le poli d'ivoire (Fig. 47d), en revanche, est plus brillant que celui du bois de cervidé. Il est lisse, à contour franc, la texture est unie et d'une coalescence plutôt bombée à dure. Il peut être accompagné de microtrous. Lorsqu'il s'agit d'un ivoire frais et sec le poli est souvent accompagné de stries quelle que soit l'action effectuée. Le sciage de l'ivoire subfossile trempé laisse à la surface de l'outil un poli à coalescence douce ondulée à dure, son contour est irrégulier et sa trame plutôt lâche (Fig. 47e).
Le poli de dentine (craches de cerf) est très brillant, d'une coalescence plate parfois bombée, le contour est assez franc et il présente des microtrous (Fig. 47f).
Ces descriptions peuvent varier légèrement en fonction du travail effectué, mais nous en avons mentionné les principaux caractères. Il semble donc qu'un poli d'os se distingue de celui du bois de cervidé par son étendue, très marginale, le plus souvent limitée au fil du tranchant et par son aspect vitreux. Par contre, un poli d'ivoire subfossile sec peut présenter des caractères similaires à celui de l'os peut-être un peu moins brillant. Les polis obtenus par une action longitudinale sur un ivoire subfossile trempé ressemblent à celui du bois de cervidé, la seule différence semblant être une coalescence un peu plus dure. S'il semble possible de distinguer entre l'os et le bois de cervidé, l'ivoire complique la situation puisque

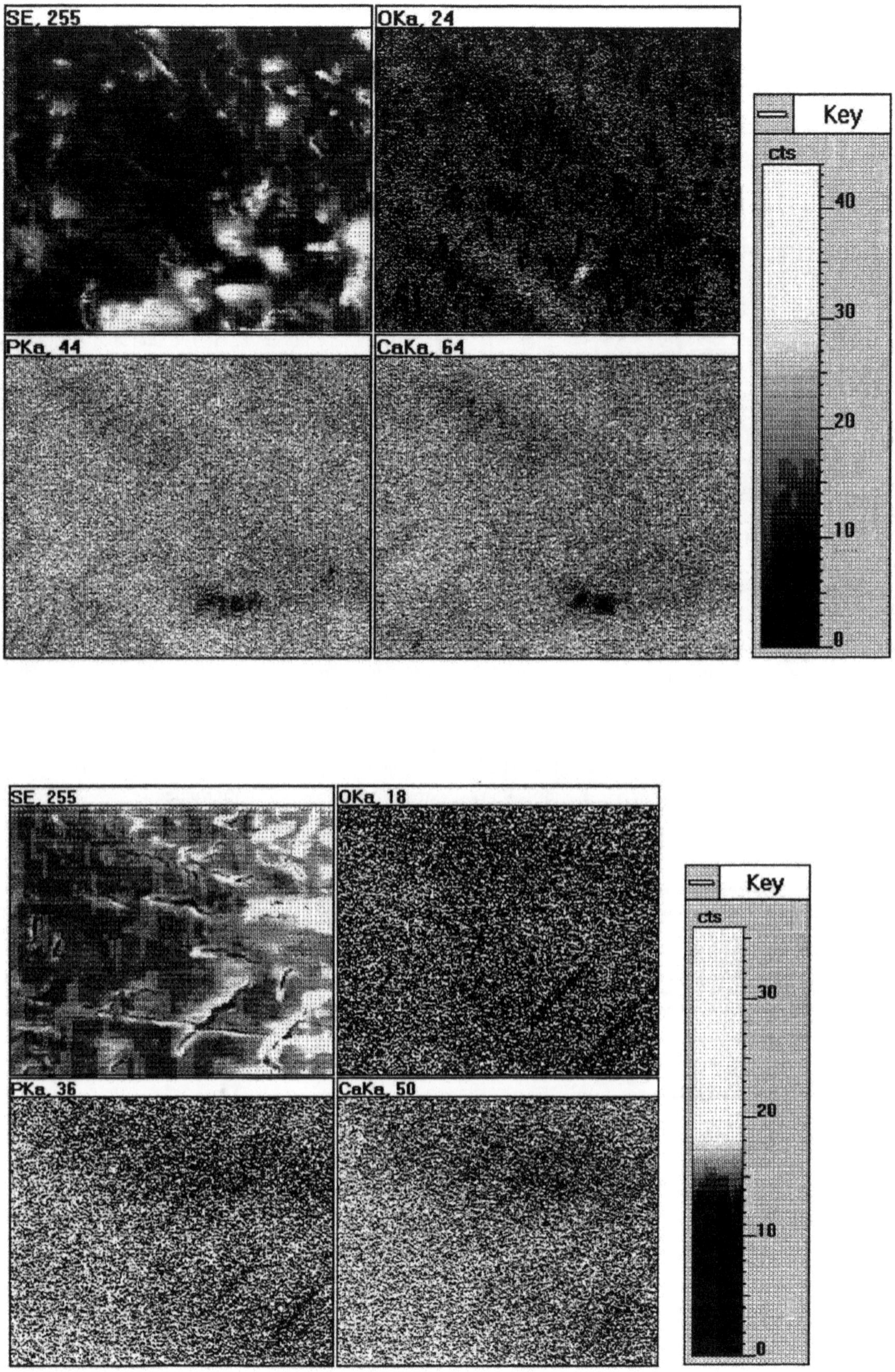

Figure 45 - Cartographies de l'os et du bois de cervidé (MEB x 1300).

Les cartographies élémentaires montrent la répartition et les corrélations des différentes éléments chimiques. Pour chaque élément, chaque pixel prend une valeur sur une échelle arbitraire correspondant à la teneur locale. L'os (en haut) et le bois (en bas) contiennent du phosphate de calcium et du carbonate de calcium.

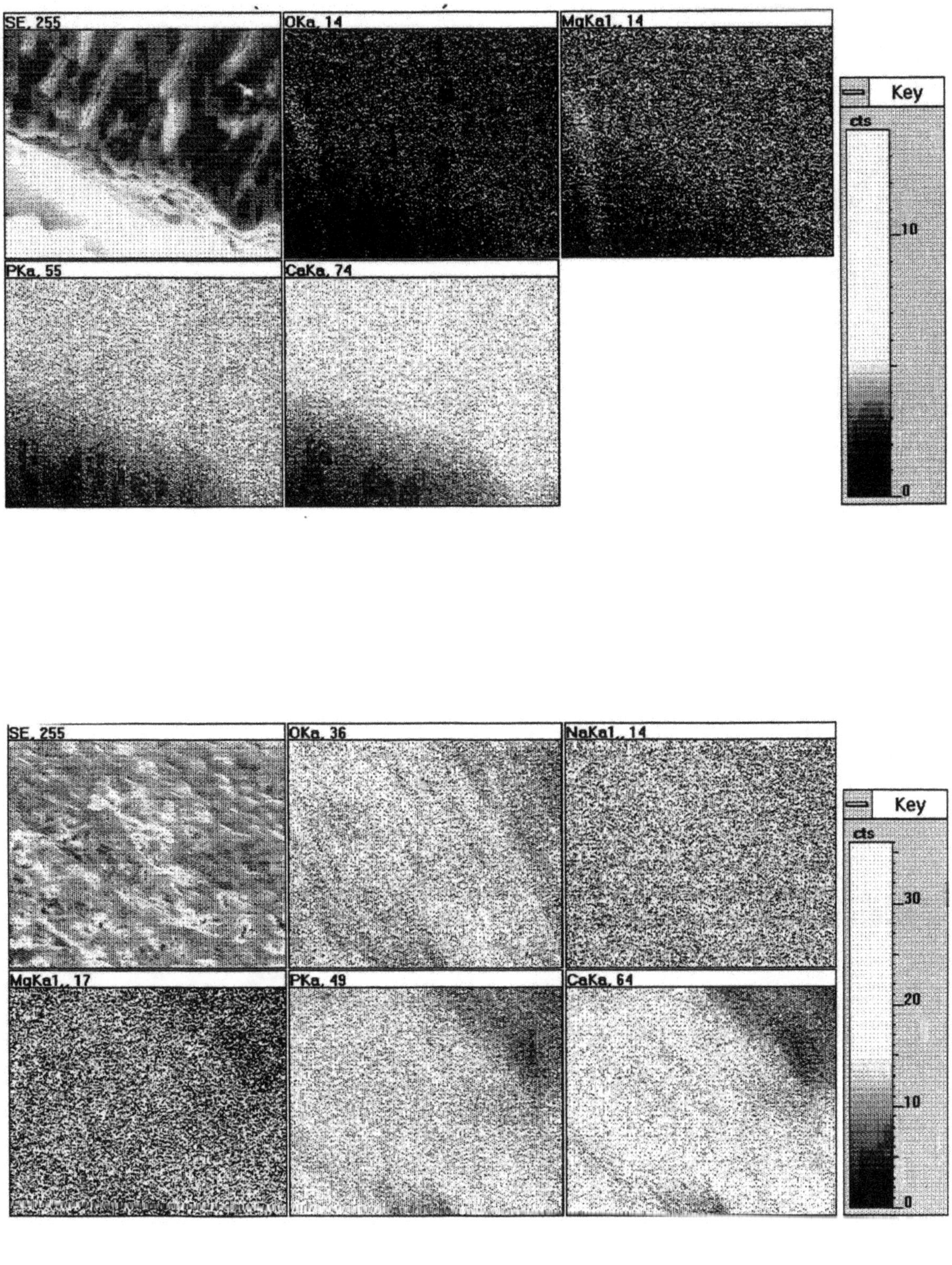

Figure 46 - Cartographies de l'ivoire et de la dentine (MEB x 1300).

L'ivoire de mammouth (en haut) et la dentine d'une crache de cerf (en bas) contiennent du phosphore de calcium, du carbonate de calcium et du phosphate de magnésium ; en outre la crache contint un peu de sodium (Na).

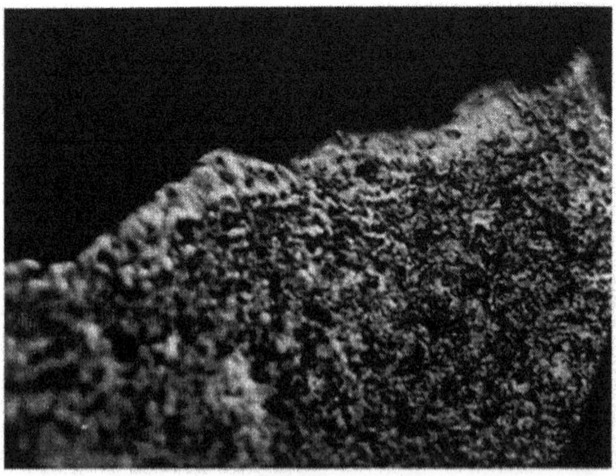

a : poli d'os issus d'un travail de raclage.

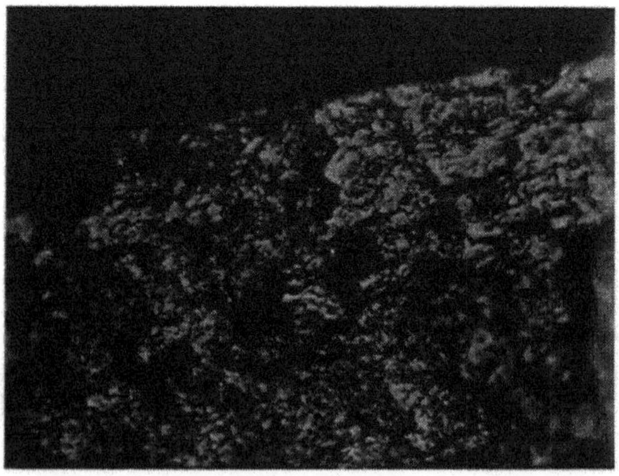

b : poli de bois de cervidé issus d'un travail de sciage.

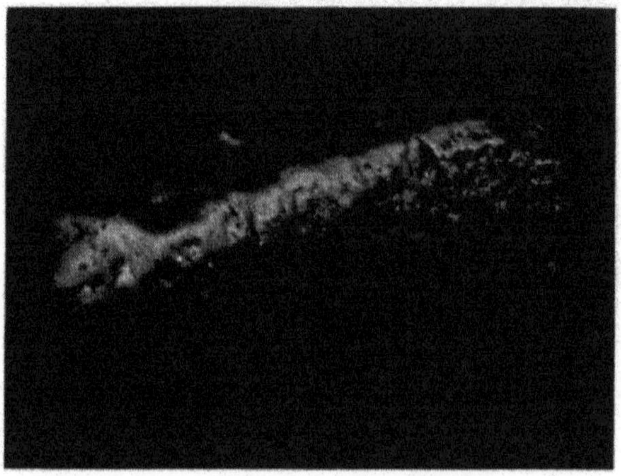

c : poli de bois de cervidé issus d'un travail de raclage.

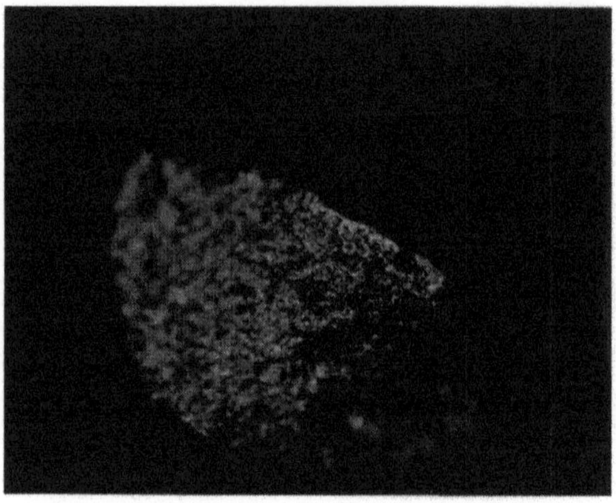

d : poli d'ivoire issus d'un travail de raclage.

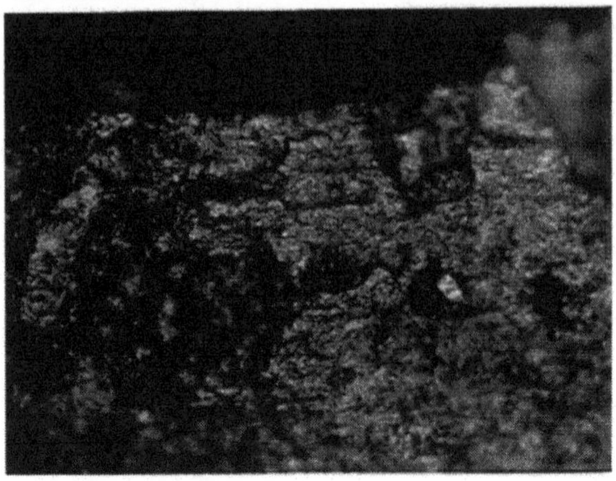

d : poli d'ivoire issus d'un travail de sciage.

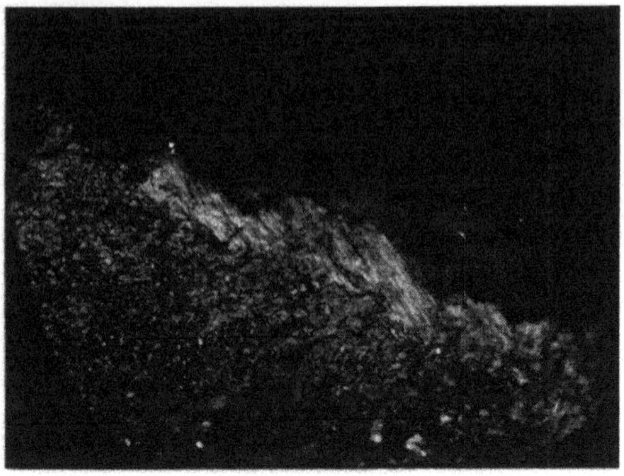

e : poli de dentine issus d'un travail de raclage.

Figure 47 - Détail des polis expérimentaux issus des différentes matières dures animales au microscope optique (x 200).

dans certains cas il ressemble à l'os et dans d'autres au bois de cervidé. Il est plus aisé de faire ces distinctions entre les matières dures animales sur des pièces expérimentales que sur les outils archéologiques pour lesquels ces critères de détermination sont moins prononcés en raison de l'altération des polis dans le sol.

Nous avons ensuite analysé ces polis au MEB, les cartographies ont été faites à un même grossissement (1300x) afin de faciliter la comparaison (Fig. 48 et 49).

Leurs compositions chimiques sont identiques à celles des matières brutes : on observe le calcium et le phosphore dans tous les polis, ceux issus du travail de l'ivoire et de la dentine se distinguent des polis d'os et de bois de renne par une présence de phosphate de magnésium.

Outre la composition du poli, nous pouvons aussi observer la manière dont les éléments minéraux se déposent sur la surface du silex par les cartographies PIXE. Dans le cas de l'os et du bois de cervidé, les observations au microscope optique

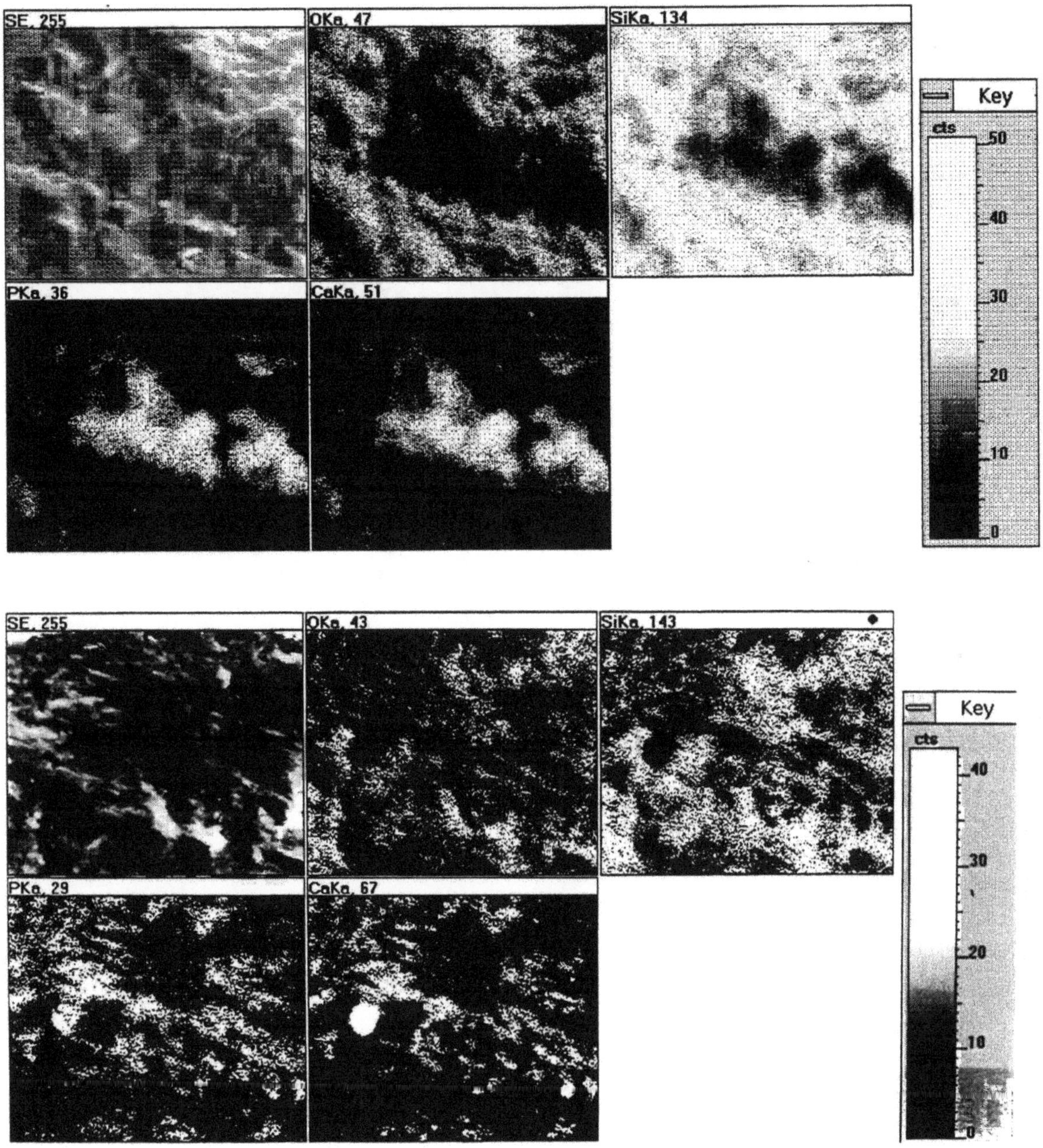

Figure 48 - Cartographies de polis d'os (en haut) et de bois de cervidé (en bas) ; MEB x 1300.

On remarque la similitude de composition entre ces polis ci-dessus et les cartographies de matières travaillées (cf.Fig. 45).

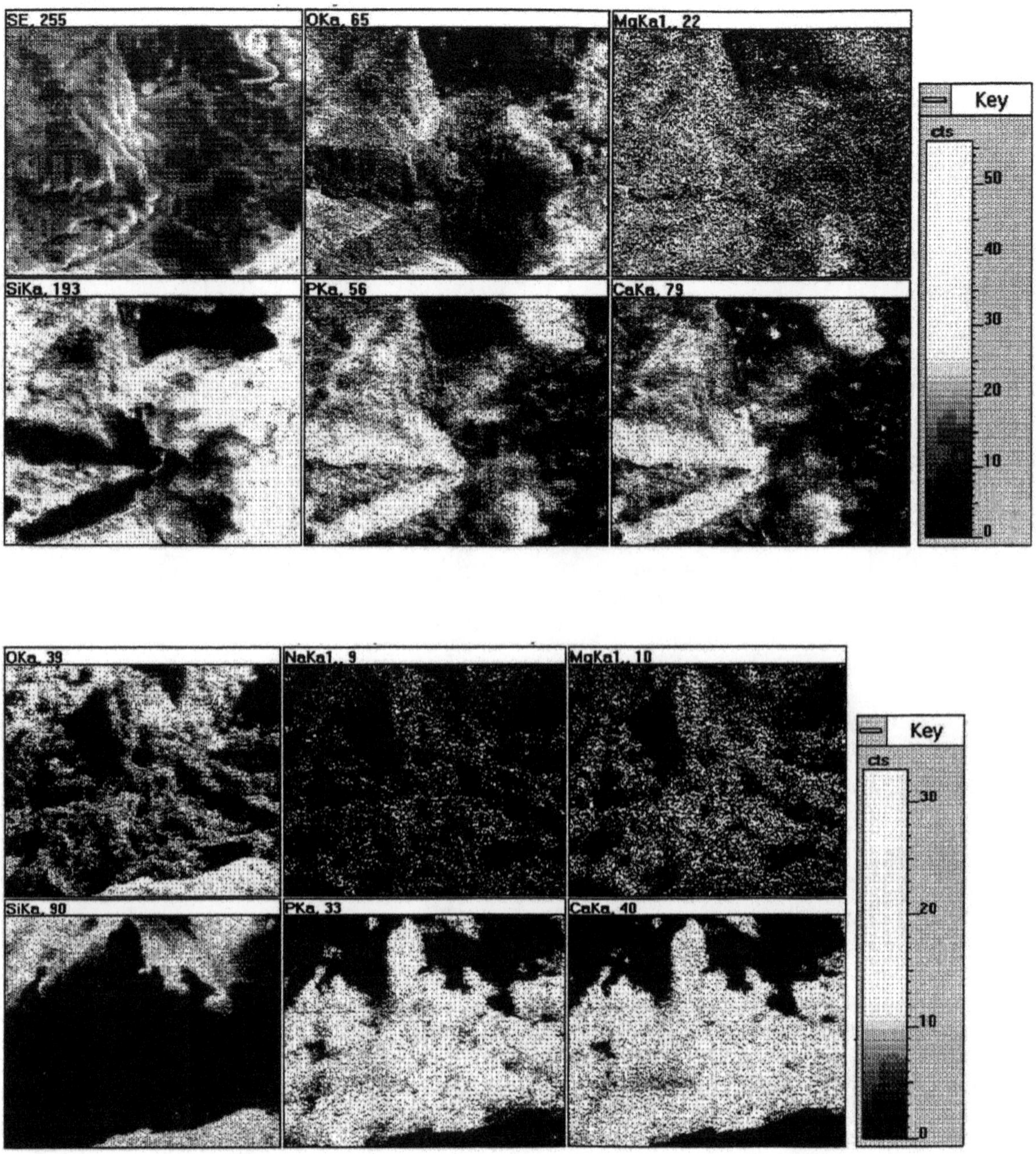

Figure 49 - Cartographies de polis d'ivoire de mammouth (en haut) et de dentine (en bas) ; MEB x 1300.

On remarque la similitude de composition entre ces polis ci-dessus et les cartographies de matières travaillées (cf. Fig. 46) ; en outre la dentine (crache) contint un peu de sodium (Na).

montrent un poli légèrement ondulé, donc une coalescence avec grain. Ces deux matières se déposent sous forme d'amas d'apatite étalé sur la surface. Un poli d'ivoire présente une coalescence sans grain et la cartographie nous montre un poli d'un dépôt plus pâteux (*cf.* Fig. 28, page 32).

La similitude de composition chimique entre les matières brutes et leurs polis sur les outils étant établie, ainsi que la distinction entre la dentine et les autres matières dures animales, une application sur des outils archéologiques est donc tout à fait possible.

II.3 - LES PROPRIÉTÉS MÉCANIQUES DES MATIÈRES DURES ANIMALES

Comme nous l'avons vu, les matières dures animales sont composées d'une partie organique et d'une partie inorganique. La première est à l'origine de l'élasticité et de la résistance du matériau, tandis que la seconde est responsable de sa dureté et de sa rigidité. De ces différentes qualités dépendait très probablement le choix des matières destinées à être transformées en arme, outil ou objet d'art.

L'os, l'ivoire et le bois de cervidé sont anisotropes ; ils ont donc des propriétés différentes selon les axes : longitudinaux, radiaux et tangentiels. Ceci est la conséquence de leur structure interne qui leur donne un aspect ligneux tout comme le bois végétal. C'est particulièrement le cas de l'ivoire. Un test de résistance perpendiculaire aux fibres montre que le bois de renne est 30 % plus flexible que l'os et donc beaucoup plus résistant : l'effort nécessaire pour casser un bois par flexion serait environ trois fois supérieur à celui que nécessiterait un os (MacGregor, 1985). C'est la faible quantité de minéraux dans le bois de renne par rapport à l'os et l'ivoire qui est la cause de cette importante flexibilité.

G. Albrecht (1977) a effectué sur ces trois matériaux des tests de résistance à la compression et à la flexibilité. Des fragments de 10 x 5 x 5 mm ont été utilisés pour tester la compression : l'ivoire (éléphant d'Afrique) montre la résistance la plus importante (2400 kg/cm^2) suivi par le bois de renne (2250 kg/cm^2) et l'os (2075 kg/cm^2). A titre de comparaison, le bois végétal de bouleau présente une valeur de 100 kg/cm^2. Les tests de flexion étaient effectués sur des fragments de plus grande taille (40 x 5 x 5 mm) : le bois de renne est de loin le plus élastique (3000 kg/cm^2) ensuite vient l'os (2800 kg/cm^2) et l'ivoire (1125 kg/cm^2). L'ivoire serait donc le matériau le plus dur et le bois de cervidé le plus souple. Ces résultats sont en rapport avec la structure des matériaux. L'observation en lames minces révèle en effet des structures internes presque identiques pour l'os et le bois de renne : leurs parties d'os compact sont composées de pores assez larges, mais moins organisés pour l'os ce qui explique ses valeurs inférieures à la compression. L'ivoire, est composé de fibres groupées partant dans différentes directions ; cette structure très fine lui donne une très grande résistance à la compression, mais le rend par contre peu flexible.

Des expériences conduites sur la dureté de l'ivoire d'éléphant indien, ont montré sa grande résistance à la fracture (Rajarama, 1986). Ceci est en lien étroit avec sa résistance à la compression. Au départ, la déformation plastique absorbe les forces sans que se produise la cassure ; ce n'est que lorsque la force appliquée devient trop importante qu'une rupture par fatigue peut éventuellement intervenir. L'ivoire se débite donc très difficilement par percussion : "Un ivoire ne se débite pas comme la pierre mais plutôt comme du bois : le sciage reste le procédé de la mise en pièce de l'ivoire, qu'il s'agisse de l'utilisation d'une scie ou du rainurage au burin" (Poplin, 1995, p. 17).

D'après, C. I. Ritchie (1969) la dureté de l'ivoire indien est très comparable à celle du mammouth ; les mêmes valeurs devraient donc pouvoir être appliquées aux deux matières.

II.4 - CONCLUSION : LA CARACTÉRISATION DE L'IVOIRE ET SES PROPRIÉTÉS INTRINSÈQUES

Le bilan de composition des matières dures animales montre qu'il est possible de distinguer la dentine (ivoire "vrai" de Proboscidiens et dents d'autres animaux), des autres (os et bois de cervidé). La distinction, par l'analyse de composition élémentaire, entre défenses de Proboscidiens et dents d'autres animaux (apparemment plus riches en sodium), devrait être théoriquement possible mais demandera encore de nombreuses analyses. Au Paléolithique il semble, d'après les restes retrouvés dans les gisements que c'est principalement l'ivoire vrai qui a été travaillé, les autres dentines se limitant aux craches de cerf, canines de renards... qui ont souvent été simplement perforées pour réaliser des pendeloques.

La composition différentielle entre les matières dures animales a été observée sur les matières brutes où nous avons constaté une présence plus forte de phosphate de magnésium dans le cas de la dentine. Ce caractère distinctif se retrouve dans la composition des polis de dentine sur les outils. Nous disposons donc maintenant d'un moyen fiable permettant de distinguer la dentine parmi les outils qui ont travaillé les matières dures animales. Une application à des outils archéologiques est donc possible.

L'analyse des caractères physico-chimiques de l'ivoire permet de mettre en évidence les avantages et les inconvénients spécifiques de ce matériau par rapport aux autres matières dures animales.

Nous avons en introduction à ce travail rappelé les principaux avantages de l'ivoire en tant que matière première (grandes dimensions permettant la réalisation de grandes pièces, volume permettant la sculpture en ronde-bosse, aptitude au polissage, capacité à absorber des colorations...). Nous avons évoqué l'extrême dureté d'un ivoire frais : il résiste à l'attaque d'un outil et son travail exige plus de force et/ou plus de temps que les autres matières dures animales. Nous avons vu la possibilité que les hommes préhistoriques aient contourné ce problème en utilisant des défenses déjà délitées pour rendre le travail plus aisé.

Finalement, l'ivoire en tant que matériau présente plus d'avantages que d'inconvénients. La difficulté majeure à surmonter est sa dureté ; c'est le cas en particulier pour les expérimentateurs actuels qui travaillent avec des outils en silex ; par contre, pour les artisans modernes, ce problème est secondaire tant leurs outils en métal, parfois mécanisés, sont efficaces.

Nous sommes encore loin de connaître toutes les techniques des hommes préhistoriques faute de vestiges témoignant de certaines étapes de production non matérialisées sur les sites que l'on fouille. Au Paléolithique, il existait peut-être un moyen de ramollir l'ivoire que l'on ne connaît pas ou bien une manière de le travailler dont nous n'avons pas encore trouvé les traces. La première évidence directe de ramollissement d'ivoire est la lance de Soungir datée de 28 000 BP (White, 1995). Cette lance mesure plus de 2 mètres de long ; elle a par conséquent été extraite d'une défense entière, mais la défense de mammouth est courbe, et il a donc fallu la redresser ! Le moyen exact employé n'est pas connu, mais certains chercheurs russes pensent que cela a été fait par un trempage à l'eau, la lance étant ensuite attachée à deux arbres. Les ligatures ont été resserrées petit à petit tout en arrosant la lance afin qu'elle reste humide (comm. pers. A. Filippov).

En s'armant de patience et d'outils bien affûtés, l'ivoire est un matériau très agréable à travailler car il permet d'obtenir presque toutes les formes d'objets grâce à son épaisseur, son homogénéité et sa granulométrie fine.

DEUXIÈME PARTIE
LA TECHNOLOGIE DE L'IVOIRE

Afin de mieux cerner la technologie du travail de l'ivoire durant le Paléolithique, il nous a fallu tout d'abord connaître la panoplie des outils utilisés pour travailler ce matériau et comprendre la signification des différences morphologiques de leurs parties actives. Pour cela une approche bibliographique, archéologique et expérimentale des techniques de travail de l'ivoire était nécessaire. Cette phase de recherche préalable nous a permis d'établir le bilan des modalités techniques de travail de l'ivoire —tout au moins dans leurs grandes lignes théoriques— afin de les utiliser comme cadre de base lors de l'étude des collections archéologiques. Cette approche nous a ainsi permis de replacer les outils dans les différentes phases de fabrication des objets, en fonction de leurs traces d'usure. Nous avons cherché particulièrement les caractères spécifiques du travail de l'ivoire dus à sa structure particulière, ces éléments pouvant aider à mieux comprendre le travail effectué par les hommes paléolithiques. Puis notre propre expérimentation sur l'ivoire nous a permis de mieux interpréter les données obtenues par l'analyse du matériel archéologique. Nous avons enfin tenté d'établir une synthèse de la technologie de l'ivoire au Paléolithique sous forme de schémas opératoires montrant les moyens de transformation de l'ivoire et les actions techniques utilisées.

CHAPITRE I - RAPPEL DES TECHNIQUES DE TRAVAIL DE L'IVOIRE

L'objectif de cette partie est de reconstituer les différents moyens d'action sur l'ivoire tout en faisant le point sur nos connaissances actuelles. De nombreuses données ont été obtenues indirectement à partir de l'analyse des objets trouvés lors des fouilles; d'autres proviennent plus directement de l'observation de ce travail à la période moderne, que ce soit chez des artisans ivoiriers des sociétés traditionnelles ou industrielles, ou chez les scientifiques expérimentateurs.

I.1 - APPORT DES ARTISANS MODERNES

Les artisans travaillaient généralement l'ivoire frais importé d'Afrique ou d'Asie jusqu'à une interdiction récente. Leurs outils en métal ou électriques permettent de travailler sans difficulté ce matériau sans respecter le sens des fibres ; de ce fait la production artisanale actuelle produit très peu de déchets, et même de poudre (Burack, 1984). Certains exemples frappants montrent des différences qui peuvent découler de l'utilisation d'outils en silex ou en métal : les artisans modernes semblent considérer le noyau de la défense, très compact et très dur, comme la meilleure partie de l'ivoire à travailler (Cutler, 1985). Dans les gisements aurignaciens français, c'est au contraire cette partie qui a été laissée parmi les déchets et ce sont les parties extérieures de la défense qui ont été utilisées (White, 1995).

Cette maîtrise totale de la matière par les artisans modernes leur permet une exploitation maximale. Ils commencent en supprimant le cément extérieur, opération effectuée par abrasion mécanique ; puis la défense est morcelée en fonction des objets que l'on veut obtenir : en général, la partie creuse est séparée de la partie pleine. Les objets sont plus ou moins standardisés selon l'emplacement du morceau travaillé dans la défense (Ritchie, 1969). De la pointe vers la cavité pulpaire, les artisans fabriquent de petits objets (pions), de plus grandes sculptures, des objets creux, des objets plats (Fig. 50). Les outils de base sont, pour ce travail, différents types de scie et de lime, du papier de verre et de la pâte abrasive à différentes granulométries (*op. cit.*).

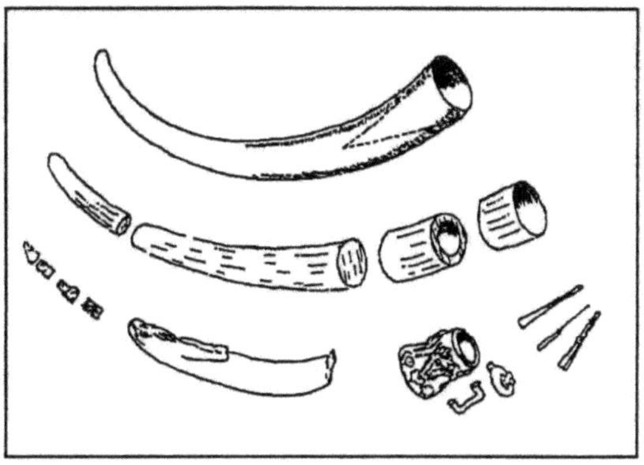

Figure 50 - Exemple d'exploitation des différentes parties d'une défense par les artisans actuels (Ritchie, 1969, fig. 74).

Certains écrits proposent divers traitements pour ramollir l'ivoire (Manuel Roret : Nouveau Manuel complet du marqueteur, du tabletier et de l'ivoirier, vol. 46, rééd. 1977). Divers acides (chlorhydrique, phosphorique, eau forte, vinaigre...), utilisés seuls ou mélangés à des plantes (sauge, mandragore riches en acide oxalique) sont supposés faciliter le travail de l'ivoire. Certains traitements pourraient permettre ainsi de transformer l'ivoire en pâte molle qu'il faut ensuite faire durcir de nouveau (MacGregor, 1985).

Burack (1984) a essayé plusieurs de ces recettes traditionnelles. Il en a conclu qu'elles n'étaient pas toujours efficaces : l'acide chlorhydrique serait sans effet, l'acide phosphorique rendrait l'ivoire plus tendre mais aux dépens de sa couleur blanche qui devient ambrée. D'autres liquides comme le vinaigre, l'huile de noix, la moutarde, le vin blanc, l'eau... ont pour effet de rendre l'ivoire plus flexible, permettant de lui imposer par flexion une forme particulière qu'il garde une fois séché. Toutefois, Burack ne se prononce en faveur d'aucune de ces recettes de ramollissement. Il précise qu'en plongeant un morceau d'ivoire dans de l'eau chaude pendant une heure ou bien en le laissant enveloppé dans un tissu humide

pendant quelques jours, il est possible d'obtenir, au ciseau, un délitage superficiel de quelques feuillets fins.
Les artisans actuels fournissent donc peu d'informations transposables au Paléolithique. L'exploitation de la défense est totale, tout fragment est utilisé, jusqu'à la poudre recyclée pour faire la pâte d'ivoire pour des moulages. Ceci est une conséquence directe de l'efficacité de leurs outils en métal, parfois électriques, qui leur permettent toute action sur la défense sans trop se préoccuper des problèmes de dureté et de structure du matériau. La seule information importante est l'idée de l'amollissement de l'ivoire, qui pourra être très utile justement lorsque ce matériau est travaillé avec des outils en silex.

I.2 - APPORT DES DONNÉES DE L'ETHNOLOGIE

La plupart des informations ethnographiques sur le travail de l'ivoire nous viennent des Esquimaux chez lesquels cet artisanat fut très important. La panoplie de leurs outils de travail était en pierre jusqu'au début du $19^{\text{ème}}$ siècle et parfois même au-delà ; mais le métal a commencé à prendre le relais dès le $19^{\text{ème}}$ siècle (Pearce, 1985).
Les sources écrites sur les Esquimaux, ne présentent que très rarement des annotations sur les activités manuelles et plus particulièrement sur les techniques, car les ethnologues se sont souvent bornés à la description, la fonction et la symbolique d'objets finis.
L'ivoire travaillé par les Esquimaux était en fait le plus souvent de la dent de morse, et plus rarement du véritable ivoire provenant d'une défense de mammouth. La dent de morse présente une structure un peu différente (deux couches distinctes de dentine ; la prédentine est homogène et la dentine secondaire est marbrée presque cristalline, à cercles de croissance annuels), quoique sa dureté - et donc son travail - soit comparable (Ritchie, 1969).

Lors du "Crocker Land Expedition" de l'American Museum of Natural History en 1913-1918, quelques observations furent réalisées chez les Esquimaux polaires du Groenland du nord-est, en particulier sur le site de Comer's Midden. Parmi les techniques esquimaudes du travail des matières dures animales furent observés le sciage (apparu récemment avec le métal), le découpage, et surtout, la plus fréquente, la perforation (Wissler, 1918, et Hodges, 1964). Sur les objets de ce site, ces perforations étaient profondes avec des bords tellement nets qu'on a supposé qu'elles avaient été exécutées avec un perçoir en métal. Les trous obtenus servaient à guider la fragmentation lors de la mise en forme de la pièce ; les parties inutiles étaient ensuite éliminées par cassure ou flexion.
Les Esquimaux arctiques modernes ont parfois récupéré de l'ivoire ancien de mammouth ou de mastodonte. Ceux-ci sont, d'après Dirlam (1967), plus difficiles à travailler que les "ivoires" marins, mais les Esquimaux le travaillaient de la même manière. Le cément extérieur était éliminé à la hachette de la pointe vers la base de la dent ; celle-ci était ensuite fragmentée transversalement ou longitudinalement afin d'obtenir des préformes. L'auteur a observé qu'un seul moyen de polissage était utilisé, outre le papier de verre moderne : il consistait à frotter l'ivoire avec du calcaire et du cuir. Les outils employés étaient tous modernes, en métal (scie, lime, perceuse...), voire, plus tardivement, des instruments électriques. La sculpture de l'ivoire n'était que rarement effectuée par amenuisement au couteau, comme c'était le cas pour le bois, car le matériau est beaucoup trop dur. Les observations des ethnologues sont cependant parfois contradictoires (à moins qu'elles ne soient complémentaires), car S. M. Pearce (1985) contrairement à ce qu'écrit Dirlam, nous fait remarquer que certains Esquimaux utilisaient le plus souvent des couteaux en métal (avec des lames de 8 à 10 cm de large) pour travailler l'ivoire. Pour Pearce, les perforations étaient souvent réalisées à l'arc et au foret, et le polissage s'effectuait avec des bois de cervidé. La partie du bois concernée n'est pas précisée, mais des expérimentations sur l'utilisation de la base de l'andouiller (la couronne) montrent que cette partie permettrait d'obtenir un polissage assez uniforme et fin (R. White, comm. pers.). Enfin, Pearce signale que les Esquimaux coloraient leurs objets avec différents oxydes afin d'obtenir une gamme de couleurs plus large que le rouge de l'hématite ou le noir du charbon.
Plusieurs auteurs signalent que les Esquimaux traitaient préalablement leurs ivoires afin de les ramollir et ainsi faciliter le travail. Dans l'Arctique aurait été utilisé un trempage à l'eau chaude avec des solutions gélatineuses animales (Dirlam, 1967) ; ce traitement empêcherait en outre la formation de craquelures dans l'ivoire vieilli. L'urine semble avoir été également très utilisée par les Esquimaux pour ramollir les matières dures animales et en particulier l'ivoire (Camman, 1954 ; MacGregor, 1985 ; Fagg, 1972). Après vérification par des expérimentateurs, certains ont confirmé cette hypothèse : Fiedler a pu réaliser une reproduction du petit cheval de Vogelherd en deux heures à partir de l'ivoire de mammouth ainsi préalablement trempé, tandis que J. Hahn effectuait la même opération sans trempage en 35 heures (Fiedler, 1989 ; Hahn, 1988). De même, le Groenlandais J. Rosing, spécialiste des traditions manuelles des Esquimaux, considère également qu'un trempage de "l'ivoire" de morse dans l'urine permet d'enlever relativement facilement des fines couches en raclant ou en coupant l'ivoire (B. Grønow comm. pers.). D'autres ne sont pas aussi enthousiastes et considèrent que l'amélioration n'est pas plus importante qu'avec de l'eau (Newcomer, 1977 ; Pawlik, 1995).

Le stockage de la matière travaillée semble avoir été une opération importante. L'ivoire doit être conservé à température constante, dans un endroit humide (éventuellement dans un contexte végétal) afin d'en empêcher le dessèchement. Cependant, trop d'humidité ou un manque de circulation d'air provoque un risque de moisissure. Toutefois, cette préoccupation de stockage semble dater seulement d'une période récente chez les Esquimaux, avec l'apparition des outils modernes et d'un artisanat plus développé (Dirlam, 1967).

Il est dommage que les ethnologues se soient davantage intéressés à la valeur de l'objet fini qu'à ses techniques de fabrication, car les Esquimaux du siècle dernier travaillaient encore l'ivoire avec des outils en pierre et l'existence d'une ethnologie plus technique aurait pu fournir des informations intéressantes et comparables avec celles des sociétés paléolithiques. Un point fort à retenir est l'apparition de la technique par sciage à partir du moment où le métal apparaît : il est vrai que scier avec un tranchant en silex, qui est très peu adapté à cette technique à cause de la morphologie du fil, est une action difficile et peu efficace. En outre le notion de stockage de l'ivoire à l'humidité, afin qu'il ne se dessèche pas, semble importante puisque en séchant il devient plus dur et donc plus difficile à travailler.

I.3 - EXPÉRIMENTATIONS DES ARCHÉOLOGUES

Quelques chercheurs ont tenté de reproduire des objets préhistoriques afin de mieux comprendre l'ivoire comme matériau, de tester l'efficacité de certains outils, de comprendre leur mode d'usure, ou enfin de vérifier certaines hypothèses de chaîne opératoire ou de fragment de chaîne déduites du matériel archéologique...

Comme nous l'avons signalé précédemment, J. Hahn (1986) a exécuté une reproduction du cheval de Vogelherd sur un petit bloc d'ivoire de 53 x 48 x 14 mm (en 35 heures de travail), extrait d'une défense d'éléphant d'Afrique à l'aide d'une scie à métaux. Afin de réaliser une copie conforme, le bloc fut d'abord réduit aux dimensions du cheval. La partie comportant la cavité pulpaire fut supprimée par des incisions opposées ; trois types d'outils furent employés : un éclat brut, une lame retouchée et un burin. Les entames d'incision et leur approfondissement furent faits au burin, qui a dû subir de ce fait un important réaffûtage. La lame s'est avérée postérieurement plus efficace pour faire ces entames d'incision. Elle permet en effet de réaliser des rainures fines et étroites mais son efficacité est vite limitée, son arête dorsale empêchant d'atteindre une profondeur importante. J. Hahn suppose que les difficultés qu'il a eu pour entamer la rainure au burin sont dues uniquement à un manque d'expérience et de force lors du travail.

La ligne cervico-dorsale du cheval fut réalisée par des incisions opposées. La suite du façonnage fut effectuée par un polissage (des grains fins de quartz, du sable et de l'eau) et un raclage avec une lame. La tête fut mise en forme par raclage avec une lame retouchée produisant de minces copeaux. Pour finir la ligne cervico-dorsale 5 à 6 heures de raclage furent nécessaires : au bout de trois heures, le fil de la lame n'était plus du tout efficace et plus aucun copeau ne pouvait être arraché. L'évidement de l'encolure, entre la tête et les membres antérieurs, fut amorcé par perforation au burin (environ deux heures). Une ébauche correcte fut obtenue après 25 heures de travail. En façonnant les membres et en détachant le cheval du support, J. Hahn observe l'apparition d'un léger poli sur le dos et la tête de l'animal, en raison probablement de la manipulation. Avant d'arriver au stade final, dix heures de façonnage et de polissage sur une pierre calcaire avec l'application de salive furent encore nécessaires.

M. Dauvois (1977) a réalisé une petite statuette féminine en ivoire dans un fragment de délitage concentrique (37 mm de longueur) découpé à la scie à métaux, dans la base d'une défense.
Le contour de la figurine fut gravé dans l'épaisseur du fragment afin de mieux mémoriser la forme désirée. La petite taille du fragment a obligé M. Dauvois à façonner grossièrement la statuette par abrasion contre un grès. Il remarque lui-même que ce procédé n'est pas forcément celui des hommes préhistoriques, mais pour des raisons pratiques, il lui a semblé plus aisé de façonner le bloc par abrasion que par raclage. Ce n'est que dans les stades finaux qu'il a utilisé des outils en silex. Dans cette expérimentation, dont la durée fut évaluée à trois jours de travail, M. Dauvois, souligne quelques points forts :

1) lors de la sculpture, des fragments de lame semblent plus adaptés que des burins, en particulier le trièdre qui est beaucoup plus robuste et plus maniable. L'angle taillant de la lame de 45° est fragile mais pourtant très efficace. Des retouches se créent le long du bord, semblables à celles que l'on peut faire volontairement sur un tranchant en le retouchant ;

2) dans le stade final de façonnage un éclat quelconque peut suffire à adoucir des détails comme les plis des cuisses. Les stigmates d'usure qu'il porte alors sont des ébréchures en coches très différentes des retouches intentionnelles ;

3) la difficulté réside dans le fait de façonner un objet très petit. Elle va en augmentant avec la petitesse de l'objet.

A. K. Filippov (1983) a réalisé sur ivoire plusieurs objets utilitaires aussi bien que mobiliers. Il détaille essentiellement le façonnage d'un harpon.

Pour obtenir tout d'abord un support par éclatement longitudinal d'une défense, un plan de frappe est préparé formant un angle de 80° avec le plan de débitage. Plusieurs coups sont ensuite nécessaires, à l'aide d'un percuteur très lourd, pour créer une fissure qui court sur une dizaine de centimètres permettant ensuite l'extraction, soit par d'autres percussions, soit avec un coin. A. K. Filippov note que sur une défense fraîche, il est impossible d'extraire des éclats perpendiculairement aux fibres par percussion directe avec un outil tranchant, sans segmentation transversale ou longitudinale préliminaire. Un traitement par refroidissement ou une chauffe importante aurait pu faciliter cet éclatement.
Un harpon bilatéral a été façonné sur un des éclat-supports obtenus (2,2 x 18 cm). L'éclatement d'une défense fraîche semble se caractériser par l'obtention de supports portant un bulbe de percussion. Pour supprimer celui-ci, A. K. Filippov a tenté sans succès un rabotage avec un éclat. Il a finalement été grossièrement enlevé au burin, outil dont le pan est extrêmement efficace et résistant. Mais seule l'abrasion a pu supprimer parfaitement cette convexité après toutefois plus de trois heures de travail. Le support a été ensuite épannelé pour une première mise en forme puis sculpté (3h30) ; la perforation de la fixation a été faite au perçoir (3h) ; l'ensemble de ce travail a duré dix heures. A titre de comparaison on peut mentionner que le même auteur a réalisé un harpon unilatéral sur du bois de cervidé en 1h 35 ; malheureusement il n'indique pas la dimension de cet objet : il est donc impossible d'évaluer précisément ce qui justifie les différences de temps de travail entre ces deux objets. Cependant, il signale que la perforation de la fixation n'a pris que 5 minutes contre 3 heures sur l'ivoire, la fabrication de l'extrémité distale du harpon 7 minutes contre 3h30 sur l'ivoire. Notons que le bois a été préalablement trempé dans l'eau pendant 10 heures ce qui l'avait considérablement ramolli.

R. White (1995) a été amené à faire de l'expérimentation lors de ses reconstructions de chaînes opératoires aurignaciennes de la fabrication des perles. Il donne quelques indications sur les techniques utilisées. Ainsi, il signale la difficulté à faire pénétrer les outils dans la défense fraîche afin d'en extraire des supports ; il serait également très difficile - voire impossible - de la fendre longitudinalement sur toute sa longueur. Par percussion il serait possible d'obtenir des éclats uniquement lorsque la défense est déjà délitée, mais pas sur une défense fraîche, ni sur une défense conservée depuis un certain temps dans le permafrost. Une tentative effectuée sur un fragment de défense provenant du permafrost alaskien dont l'avancement du délitage était assez grand, lui a permis de constater que la technique aurignacienne d'éclatement par insertion de coin ("splitting and wedging") était assez efficace, malgré le fait que l'éclatement pouvait être interrompu prématurément, l'onde de choc ayant toujours tendance à faire "réfléchir" l'enlèvement vers l'extérieur.
Pour la reproduction d'une perle de type "panier", une à trois heures de travail étaient nécessaires, à partir de la segmentation jusqu'au polissage final ; par contre, R. White fait référence aux reproductions, par Semenov, des perles trouvées dans les sépultures de Soungir et qui auraient nécessité chacune 45 minutes de travail. Dans ces sépultures, les perles à elles seules auraient ainsi représenté 5500 heures de travail.

Semenov (1964) propose de ramollir l'ivoire sec par un traitement à la vapeur. Le morceau d'ivoire doit être enveloppé dans une peau trempée, les poils vers l'intérieur ; le paquet est par la suite déposé dans un foyer, et lorsque la peau a brûlé on peut récupérer le morceau d'ivoire et le travailler plus facilement, car il est devenu plus tendre.

Retenons de ces expérimentations (Hahn, Dauvois, White, Filippov et Semenov) quelques points d'informations :

1) la dureté de l'ivoire oblige le travailleur à réaffûter ses outils en permanence et, dans le cas d'extrême usure, il faut changer d'outil afin de lui conserver une efficacité optimale

2) un léger émoussé de l'outil n'enlève rien à l'efficacité de son fil et augmente même la résistance de celui-ci

3) il est important de façonner l'objet sur un support plus gros que l'objet voulu, afin de faciliter sa manipulation pendant le travail, en particulier lorsque l'objet est petit

4) l'importance de disposer d'outils présentant des parties actives à la morphologie résistante. Ici sont donnés les exemples du pan de burin et des trièdres ; il nous semble qu'il aurait pu aussi bien s'agir de n'importe quel support à tranchant résistant avec un angle taillant proche de 90°

5) la durée importante du travail nécessaire pour façonner un objet en ivoire par rapport aux autres matières dures animales.

De telles durées et de telles anticipations remettent en question toute la conception que l'on peut se faire de l'organisation du temps des hommes préhistoriques, à moins que l'on suppose qu'ils n'aient été beaucoup plus rapides et efficaces que les expérimentateurs modernes.

I.4 - DONNÉES OU HYPOTHÈSES ARCHÉOLOGIQUES PUBLIÉES

L'ivoire a essentiellement été utilisé comme matière première à partir du Paléolithique supérieur. Toutefois dès le Paléolithique moyen, on en connaît déjà quelques exemples d'utilisation : objets rudimentaires souvent obtenus par percussion mais surtout défenses brutes employées pour la construction des habitations dont on connaît des exemples

dans trois gisements, Molodova I, Ketrosu et Ripiceni-Izvor (Chirica & Borziac, 1995).
Les modalités techniques résumées ici sont obtenues à partir des données archéologiques. Elles sont présentées selon l'ordre d'intervention de l'homme sur la matière, inspiré d'un schéma de travail de l'ivoire proposé par J. Hahn (1995) à partir de l'extraction de la défense sur le mammouth jusqu'à l'objet final : extraction, tronçonnage, débitage et façonnage.

I.4.1 - L'EXTRACTION

La première étape pour récupérer la défense sur l'animal était l'extraction ; opération difficile car elle se trouve profondément ancrée dans la gencive. Plusieurs manières de procéder ont été mises en évidence sur des collections archéologiques. Un exemple d'extraction a été observé à Hohlenstein-Stadel, Allemagne Schmidt, 1989) ; une défense d'un jeune individu porte des incisions courtes et parallèles sur sa base. Il semblerait que ces stigmates proviennent d'une découpe de la peau et des alvéoles minces autour de la cavité pulpaire afin de faciliter la déchaussement de la dent. Ce type d'action devait être difficilement réalisable sur un animal adulte où les moyens mis en œuvre étaient nécessairement beaucoup plus conséquents (Hahn, 1995). A Kostenki I, les traces observées sur une défense ont permis de déduire que l'extraction de l'alvéole dentaire était réalisée par percussion avec de grosses pierres. La partie incluse dans la "gencive" était ensuite supprimée car elle était trop fragile (trop fine) pour être travaillée (Semenov, 1964).
Ces traces sont rarement observées sur les défenses. L'extraction devait se faire sur le lieu de la chasse ou de la récupération sur animal mort ; c'est donc uniquement lorsque cette partie de la défense reste indemne qu'il est possible de retrouver les techniques employées. Le principe général devait consister à déchausser la défense par percussion sur l'alvéole osseuse - encore couverte ou non de gencive - enserrant la base de la défense.

I.4.2 - LA FRAGMENTATION DE LA DÉFENSE

Le but de la fragmentation est d'obtenir des blocs de taille maniable, véritables nucleus à partir desquels seront détachés des éclats ou des baguettes. Pour cela, deux moyens ont été employés : la fracturation par éclatement anarchique, le fendage longitudinal, et le tronçonnage.

I.4.2.1 - La fracturation (percussion directe lancée)

Le sectionnement de la défense peut être obtenu par percussion à l'aide de grosses pierres. Dans ce cas la force des deux mains est nécessaire. A Kostenki I, des défenses d'ivoire ont été ainsi éclatées : les surfaces des défenses présentent alors des traces de fissures et d'écaillures ; les cassures provoquées sont très irrégulières (Semenov, 1964).
A Vogelherd en Allemagne, la framentation des défenses a été obtenue par percussion lancée sur la défense posée sur une enclume à arête. Cette technique laisse des encoches profondes sur les deux côtés exposés à la percussion (Riek, 1934). Cette même procédure a été observé à Yudinovo.

I.4.2.2 - Le fendage (percussion posée)

A Yudinovo, certains tronçons d'ivoire ont été fendus longitudinalement à l'aide de deux rainures opposées qui ont facilité la séparation du bloc en deux (Abramova et Grigorieva, 1995). Nos observations sur un tronçon de ce type ont montré quelques traces d'écrasement bien localisée qui pourraient témoigner de l'utilisation de coins dans la rainure pour séparer la défense en deux moitiés.

I.4.2.3 - Le tronçonnage

1) PAR MARTELAGE (PERCUSSION DIRECTE OU INDIRECTE)

A Eliseevich, Semenov (1964) a observé une segmentation faite par entame circulaire sur la petite défense (4,5 cm de diamètre) d'un jeune mammouth ; cette technique consistait à faire plusieurs petites "encoches" par percussion directe avec un outil sur masse à tranchant coupant (Fig. 51). Puis, lorsque le diamètre s'est trouvé réduit à 11 mm, un coup sec porté sur

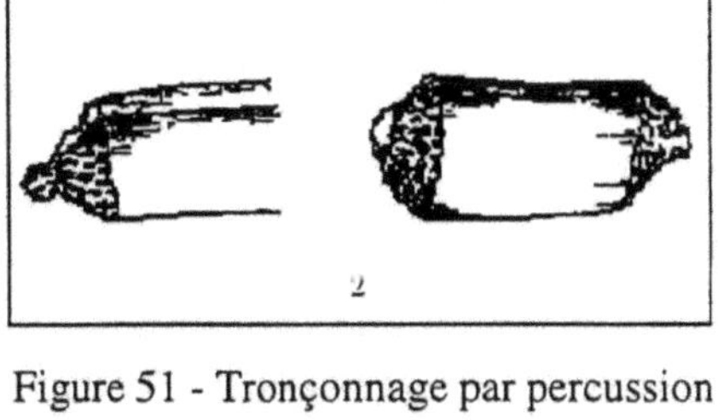

Figure 51 - Tronçonnage par percussion directe tranchante.

1) création d'une rainure par percussion ; 2)segments obtenus après cassure par flexion (Semenov, 1964, fig. 74)

la ligne de faiblesse a sectionné la défense. A Novgord-Seversk (env. 17 000 BP) ce travail a été effectué avec des "haches" en silex. A Yudinovo, les gorges ainsi creusées par percussion tranchante directe entament en général au moins la moitié du diamètre de la défense, d'après nos observations.
D'autres exemples du site d'Eliseevich, montrent une gorge circulaire effectuée avec des ciseaux en pierre (Fig. 52). Pour s'assurer d'une cassure droite, il est nécessaire que la gorge

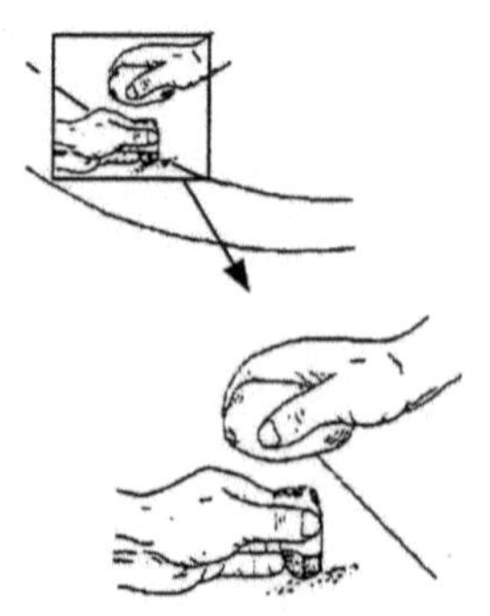

Figure 52 - Exemple de tronçonnage par percussion indirecte à l'aide du rainurage.

(Semenov, 1964; fig. 74)

entoure complètement la défense. Un exemple réalisé sur seulement les deux tiers du diamètre d'une défense montre une cassure très aléatoire : le résultat est oblique et très irrégulier. Alors que la cassure par percussion directe est difficile à contrôler, le fait d'entamer la circonférence de la défense en percussion indirecte avec des ciseaux est donc un moyen efficace pour contrôler la fracturation qui peut ensuite être obtenue soit par un coup sec au percuteur dur, soit par flexion ou encore par percussion directe de l'objet sur enclume (*op. cit.*).
A Gönnersdorf, il existe un système de sectionnement des défenses comparable à celui d'Eliseevich : une défense a été également sectionnée par préparation d'une gorge par percussion indirecte probablement effectuée avec des lames (Poplin, 1976).
Semenov (1964) suggère que les résultats obtenus par percussion indirecte au ciseau dépendent de l'état de fraîcheur de l'ivoire. Un ivoire frais est plus facilement tronçonné de cette manière qu'un ivoire sec ; toutefois, il cassera difficilement sans un travail préliminaire. L'éclatement d'une défense fraîche se reconnaît par une fracture conchoïdale.

2) Par raclage (percussion posée)

Sur le site de Blackwater (New Mexico) on a observé un autre procédé consistant à creuser une gorge circulaire dans la défense au moyen d'un raclage. Quatre étapes ont été nécessaires à cette opération (Fig. 53) : d'abord la future ligne de fracture est marqué sur le pourtour de la défense par une percussion directe légère (1) ; elle est ensuite élargie et approfondie par un outil tranchant jusqu'à l'obtention d'une sillon bien marquée (2) ; le diamètre de la défense est ensuite réduit

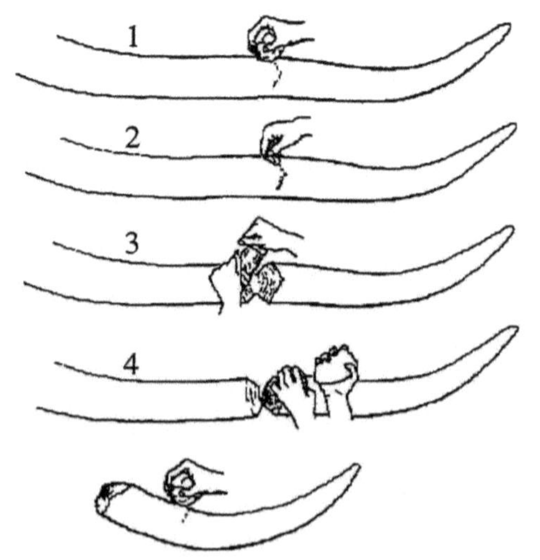

Figure 53 - Reconstitution d'un rainurage par raclage sur le site de Blackwater, New Mexico.

Une ligne de guide de fracture est incisée sur la défense (1). Elle est ensuite élargie afin de créer une rainure bien marquée (2) ; le diamètre de la défense est réduit en creusant la rainure avec une lame tenue à deux mains (3). Le segment est détaché de la défense par percussion indirecte(4).
(Saunders et al., 1990, fig. 4).

par raclage en creusant et en enlevant des copeaux, avec une lame tenue à deux mains (3) ; enfin le sectionnement est effectué par percussion indirecte (4) en utilisant un percuteur et un outil sur masse centrale tranchant (Saunders *et al.*, 1990). Le même procédé, plus grossier, a été observé à Mezhirich par Pidoplichko (*in* Saunders *et al.*, 1990) et à Kostenki I par Semenov (1964), mais le sillon est plus élaboré sur le site américain.

3) Par rainurage ou sciage transversal (percussion posée)

Le tronçonnage peut aussi être obtenu par un rainurage circulaire plus ou moins complet et plus ou moins large selon l'outil utilisé (burin, tranchant d'éclat ou de lame). Une défense d'Eliseevich présente sur sa partie distale une rainure sur les deux tiers de son pourtour ; elle a ensuite été cassée par flexion ou au moyen d'un lancer sur enclume. La fracture est caractéristique : la partie de la face de cassure correspondant à la rainure est droite et nette, l'autre partie est constituée d'une lèvre irrégulière. Pour permettre un tronçonnage de ce type, il n'est pas nécessaire que la rainure soit très profonde : d'autres exemples d'Eliseevich montrent une profondeur de 10 mm sur une largeur d'entaille de 60-70 mm ou encore de 11 mm de profondeur sur une largeur 45 à 50 mm (Semenov, 1964).
Mais on peut aussi obtenir un guide de frature rectiligne (et non plus circulaire), par un simple sciage plus sommaire mais

néanmoins suffisant. A Yudinovo, nous avons ainsi observé un segment d'ivoire qui présente une entame transversale rectiligne très superficielle qui affectait moins d'un dixième du diamètre de la défense ; celle-ci avait ensuite été cassée par flexion comme en témoignait la cassure en languette.

Il ne semble pas apparaître d'évolution chronologique dans l'utilisation de ces techniques de tronçonnage puisqu'elles sont présentes parfois sur les mêmes gisements. Il est évident que certaines d'entre elles présentent des avantages en terme d'économie de la matière première : les techniques par martelage en percussion indirecte, par rainurage transversal et le raclage montrent l'importance de la préparation de la défense lors du sectionnement afin de moins "gâcher" inutilement la matière première. Le rainurage "classique" transversal, mentionné par Semenov sur le site d'Eliseevich, semble difficile connaissant la difficulté du travail perpendiculaire aux fibres de l'ivoire.

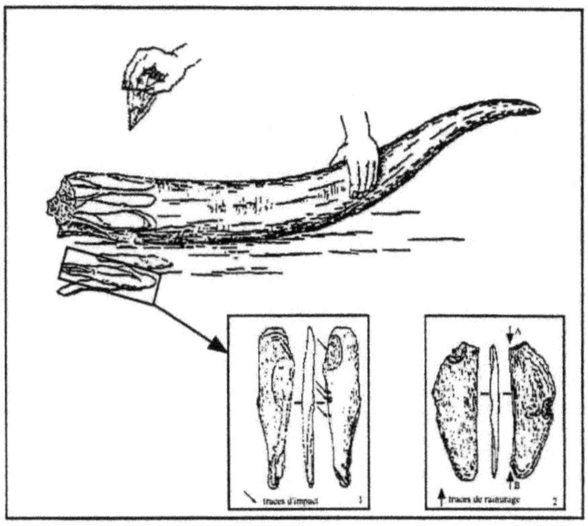

Figure 54 - Débitage d'éclat par percussion directe.

1) débitage sans préparation ;
2) débitage contrôlé avec préparation par rainurage.
(d'après Semenov, 1964, fig.77)

I.4.3 - Le débitage

C'est la première étape de travail sur le nucleus obtenu après fragmentation de la défense. Elle consiste à obtenir des éclats de formes différentes, des baguettes qui deviendront des sagaies, des pointes ou des parures (perles, pendeloques, bracelets...). Ces supports peuvent être obtenus de deux manières principales : le débitage d'éclats et l'obtention de baguettes par rainurage.

I.4.3.1 - Le débitage d'éclats

Le débitage permet d'obtenir des éclats allongés ou des éclats larges, ceux-ci peuvent être extraits soit dans le sens des fibres de la défense, soit perpendiculairement.

1) PERCUSSION DIRECTE LANCÉE SANS PRÉPARATION

A Eliseevich, le percuteur est un outil pointu, qui permet d'arracher des éclats sur le pourtour de la défense (Fig. 54). Cette technique peut être effectuée sans préparation du support car la structure de l'ivoire en couches superposées en facilite le détachement ; mais elle est difficile à contrôler et le résultat est assez irrégulier. Les stigmates laissés sur l'éclat sont caractéristiques : on observe des empreintes négatives en forme de petites dents probablement laissées par la pointe de l'outil-percuteur (Semenov, 1964). Cette même méthode a été mise en évidence dans l'Aurignacien belge sur plusieurs sites (Otte, 1974).

A Geissenklösterle, une technique par percussion directe lancée d'un percuteur sur le nucleus permettrait d'enlever des éclats, soit dans l'axe de la défense, soit transversalement. Un autre cas de percussion lancée a été observée à Hohle Fels Schelklingen tandis qu'une autre technique bipolaire, mais par esquillement, est attestée au Gravettien à Brillenhöhle (Hahn, 1995).

2) PERCUSSION INDIRECTE LANCÉE SANS PRÉPARATION

Pendant l'Aurignacien, en Allemagne, le débitage par percussion indirecte existe sous diverses formes. A Geissenklösterle, une technique bipolaire sur enclume a été utilisée à l'aide de "ciseaux en pierre" (éventuellement des pièces esquillées) qui permettrait d'obtenir des supports courts et souvent courbes (Hahn, 1995).

A Vogelherd, l'extraction de supports allongés est réalisée par percussion indirecte en utilisant des pièces esquillées. L'outil est enfoncé dans la section transversale de la défense (Fig. 55) : on peut ainsi obtenir une baguette à section trian-

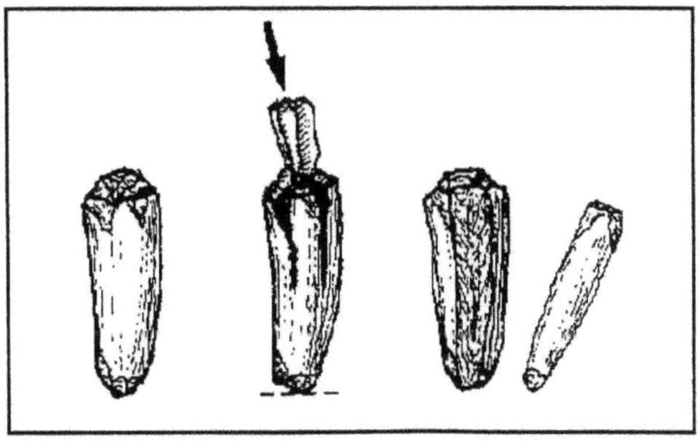

Figure 55 - Reconstitution d'extraction de supports allongés à Vogelherd.

(d'après Riek, in Hahn, 1986, fig. 17c).

gulaire large au départ et qui s'amincit dans la partie distale (Riek, 1934).

3) PERCUSSION DIRECTE ET INDIRECTE AVEC PRÉPARATION
Une variante technique avec une préparation par rainurage a été observée à Eliseevich, permettant de mieux contrôler la forme de l'éclat, la rainure jouant un rôle de guide pour le détachement (rôle que les arêtes jouent sur un nucleus en silex). Cette même préparation est observée à Geissenklösterle ; l'éclat d'ivoire est ensuite extrait à l'aide de ciseaux en pierre (Hahn, 1995).

I.4.3.2 - L'OBTENTION DE BAGUETTE PAR RAINURAGE

La technique la plus employée, sauf à l'Aurignacien, pour l'extraction des baguettes est le rainurage, qu'il soit double ou simple.

1) LE RAINURAGE SIMPLE
A Malit, selon Filippov (1983) et à Yudinovo (Abramova et Grigorieva, 1995) des éclats de défenses naturellement délités étaient rainurés (un rainurage simple) afin d'obtenir des baguettes (Fig. 56).

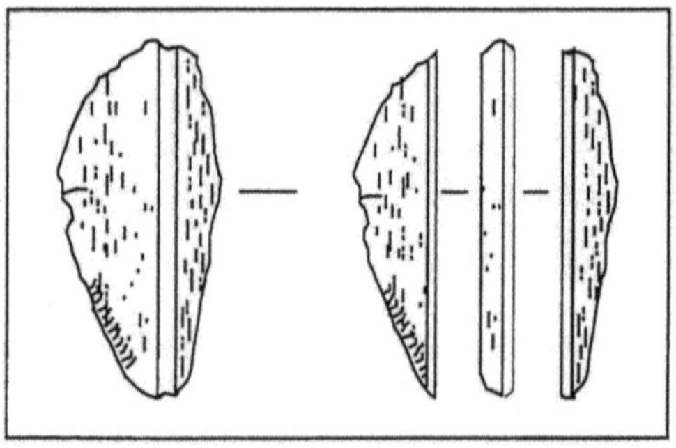

Figure 56 - Exemple de rainurage simple sur éclat.

Certains éclats présents de Yudinovo semblent avoir été obtenus sur une défense en cours de délitage : ils présentent alors la courbure naturelle des couches de dentine mais ne présentent pas de stigmates de percussion.

2) LE DOUBLE RAINURAGE
Il consiste à creuser un ou deux sillons parallèles aux fibres de l'ivoire par un mouvement unidirectionnel, la première couche d'ivoire est traversée et parfois même la seconde. Ensuite la baguette est extraite à l'aide d'un coin ou d'un ciseau en silex ou en os (Fig. 57). Ce procédé est connu et mis en évidence sur le matériel en matière dure animale archéologique du Paléolithique supérieur, en particulier pour l'extraction de baguettes sur bois de renne (Rigaud, 1972). Le double rainurage peut s'inscrire tangentiellement (supports plats) ou radialement (baguettes) dans le nucleus (Fig. 58) ; le premier

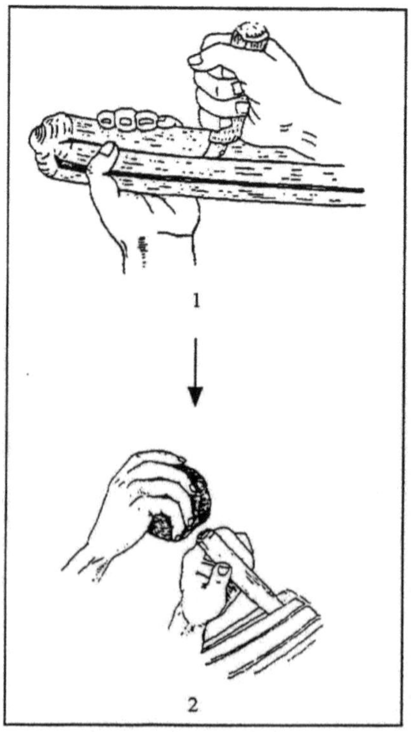

Figure 57 - Le principe du double rainurage

1) Creusement du sillon ;
2) extraction de la baguette.
(Semenov, 1964, fig. 78 et 79).

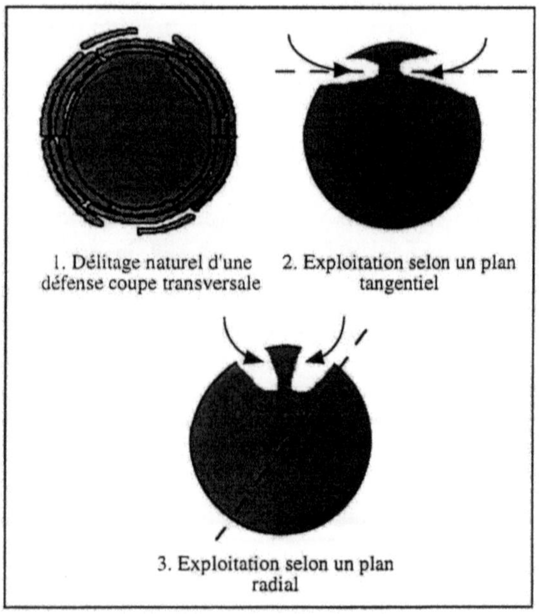

Figure 58 - Exploitation de la défense pour obtenir des éclats allongés ou de baguette.`

1) Obtention d'éclats allongés par exploitation d'un délitage naturel ;
2) obtention de baguettes par rainurage selon le plan tangentiel ;
3) obtention de baguettes par rainurage selon un plan radial.
(Poplin, 1995, fig. 2)

procédé est beaucoup plus long car la quantité de matière à enlever est plus conséquente. L'obtention de supports plats est plus aisée en exploitant un ivoire qui se délite. Ceci semble être le cas pour des pendeloques trouvées dans la grotte du renne à Arcy-sur-Cure (Poplin, 1995) ainsi que dans certains gisements de l'Aurignacien belge (Otte, 1974). Sur

les nucleus en ivoire abandonnés avec des baguettes en cours d'extraction (Gorge d'Enfer — collection Capitan —, Yudinovo, Kostenki, Eliseevich...), l'exploitation est toujours radiale.
Au Magdalénien, une variante de cette chaîne opératoire classique a été observée en Allemagne à Andernach. Le nucléus a subi une préparation avant l'extraction de baguettes : la surface de la défense a été rabotée, afin que la baguette extraite soit plus rectiligne (Hahn, 1995).

L'apparition du double rainurage au Gravettien (chronologie européenne) permet de mieux contrôler la forme de l'ébauche et ainsi de réduire le temps de façonnage de certains objets allongés ou de parures en série. Le double rainurage et les techniques par percussion subsistent simultanément sur certains gisements, mais le premier tend à remplacer le deuxième pour l'obtention des préformes allongés.

I.4.4 - Le façonnage

Le façonnage permet d'obtenir, à partir d'un support préformé, un objet fini. D'après les documents archéologiques que nous possédons sur le Paléolithique supérieur, on voit qu'il peut être effectué de différentes manières : épannelage, raclage, segmentation, perforation, polissage, coloration...

I.4.4.1 - **L'épannelage** (percussion directe lancée)

Sur le site de Malit (Russie) les premiers stades de mise en forme des statuettes s'obtenaient par percussion avec des outils "d'abattage" (Filippov, 1983) sur des tronçons de défenses ; un volume grossier est ainsi obtenu et la surface est marquée par des écrasements des fibres de l'ivoire. Il s'agit en quelque sorte d'un façonnage sur masse centrale. L'auteur note que la percussion est effectuée sur un ivoire sec.
Sur le site de Climautzi II en Roumanie, des bracelets ont été façonnés par épannelage. Ils sont fabriqués sur des morceaux d'ivoire concentriques obtenus par un rainurage transversal opposé de la défense. Puis une percussion sur toute la partie extérieure de la couronne permet d'obtenir une mise en forme du bracelet avant son polissage (Chirica et Borziac, 1995).

I.4.4.2 - **Le raclage** (percussion posée)

Le raclage intervient à diverses reprises dans les premiers moments du façonnage, afin d'amincir l'objet ou de régulariser la surface de l'ébauche, quel que soit le moyen par lequel elle avait été obtenue (percussion, rainurage, épannelage...). L'ébauche présente des rugosités, des arêtes, des irrégularités qu'il faut supprimer, aussi bien sur les baguettes (White, 1995 ; Hahn, 1988 ; Otte, 1974), les ébauches de statuettes (Filippov, 1983) que les pendeloques...
Un exemple de raclage très grossier a été observé à Avdeevo (Russie) où l'ébauche de statuette est faite directement sur la défense (Grigoriev, 1995). Les stigmates de raclage sont perpendiculaires à l'ébauche et l'auteur propose que la figurine ait été effectuée avec une grande lame tenue à deux mains (planage) tandis que "le support était maintenu par appui contre un élément fixe, un mur, avec le ventre" (*op. cit.*, p. 216). Mais en général le raclage était moins violent puisque il est destiné à égaliser les surfaces, il nous semble que dans ce cas précis il convient mieux de parler de rabotage destiné à une première mise en forme de l'ébauche.

I.4.4.3 - **La segmentation** (percussion posée)

La segmentation est souvent nécessaire pour séparer les objets de leurs supports, notamment dans le cas de la production de perles en série comme à Geissenklösterle ou de statuettes comme celles d'Adeevo.
La segmentation des baguettes ou éclats peut être obtenue par entaillage, par incision et par sciage. Lors de la production des perles ou des pendeloques aurignaciennes et gravettiennes en série, des entailles transversales par enlèvement de copeaux (Hahn, 1988 ; Scheer, 1995) ou des sciages circulaires (White, 1995) ont guidé les cassures. En Belgique, la technique employée varie selon la section du bâtonnet : les sections plates ou rectangulaires ont été incisées sur plus de la moitié de leur épaisseur puis fracturées en languettes ; les sections carrées, circulaires ou irrégulières ont été préparées au sectionnement par l'entaillage en percussion posée ; les sections cylindriques sont incisées sur leur périphérie : elles présentent alors une cassure formant un chanfrein (Otte, 1974).

I.4.4.4 - **La perforation**

La perforation est généralement effectuée en deux étapes ; la première souvent très sommaire consiste à préparer la surface à perforer et la seconde est le percement proprement dit.
Plusieurs techniques de perforation ont été observées : par rotation, grattage, rainurage (en boutonnière) et percussion.
La préparation a pour but d'amincir le diamètre du support pour faciliter la perforation. Elle peut être effectuée par simple grattage, par enlèvement de quelques copeaux (Scheer, 1995), par rainurage (White, 1995) ou par biseautage (Otte, 1974). Elle est particulièrement importante dans les cas de perforation par rotation : quelques incisions permettront de caler l'outil et ainsi de mieux contrôler le mouvement.

La perforation directement par grattage ou par enlèvement de copeaux est régulièrement observée à l'Aurignacien (Hahn, 1995 ; White, 1995). La perforation par rotations opposées a été observée fréquemment dans le Gravettien allemand : la surface était attaquée alternativement sur les deux faces du support ; elle était généralement préparée par un grattage, mais parfois celui-ci pouvait être tellement important que le percement est presque exécuté par cette simple préparation (Scheer, 1995). En Russie (Soungir) la même technique est utilisée mais la préparation était faite au moyen d'un rainurage opposé (White, 1995)

Sur le site de Yudinovo, différents types de perforation étaient représentés (grattage, rotation…). L'un en particulier était effectué par percussion : les perles plates ayant été incisées sur le support, une pointe à section triangulaire était enfoncée dans le matériau à l'endroit que l'on voulait percer. La perforation pouvait éventuellement être élargie par grattage.

Otte (1974) observe une différence dans la technique de perforation selon la section du bâtonnet : les sections cylindriques étaient d'abord biseautées puis percées par un grattage ; les sections plates étaient grattées à l'endroit de la perforation puis l'orifice était créé par une abrasion "tournante" ; les perles de forme ovoïde étaient perforées par rotation.

Les perforations sur dentine (dents d'animaux ; craches de cerf, incisives de bœufs…) sont effectuées sur les racines dont l'épaisseur n'est que rarement supérieure à deux millimètres. Il existe deux types de préparations : l'aplatissement unilatéral par raclage ou par abrasion, et le creusement en cuvette ou en gorge par piquetage ou incision. Ensuite, le percement de l'orifice peut être exécuté soit par une des techniques présentées précédemment ou par la même que celle qui a été utilisée pour la préparation. Le cas des craches est différent car la morphologie de la racine, convexe d'un côté et concave de l'autre, détermine un mode de préparation spécifique unilatéral du côté convexe (Taborin, 1977).

I.4.4.5 - Le polissage

Le polissage est essentiellement attesté au Paléolithique supérieur sur les perles, les statuettes, les pendeloques, les aiguilles... Les mêmes techniques semblent employées dans tous les cas avec quelques variantes : le frottement de l'objet sur une matière plus dure (roches plus ou moins grenues, sables, poudres minérales...) ou plus douce (lustrage sur peau par exemple). Cette opération intervient uniquement au moment de la finition des objets ; elle est différente de l'abrasion utilisée pour pour créer une forme grossière au moment de l'ébauchage.

Le polissage des perles était effectué un peu différemment en France et en Allemagne. D'après certaines expérimentations, les perles aurignaciennes françaises ont été d'abord polies à l'eau, puis avec un abrasif grossier, puis plus fin (probablement de l'hématite ou de l'ocre), car dans les stries de polissage une légère coloration rouge a été observée (White, 1993). En Allemagne, elles étaient polies à l'aide de calcaires mouillés et lustrés à la peau (Hahn, 1993).

Dans le cas d'objets allongés, en particulier les aiguilles, le polissage peut être effectué par frottement contre un grès ou un éclat cortical, laissant parfois des rainures caractéristiques sur les pierres longuement utilisées à cet effet (Stordeur, 1977). Ces polissoirs sont attestés dès l'apparition des aiguilles. A Yudinovo, l'abrasion de certains objets (perles, aiguilles ?) a pu être effectuée avec du grès dont on a retrouvé quelques fragments de différentes tailles présentant une surface complètement lissée (Z. Abramova comm. pers.).

Le problème général du polissage souffre d'un manque de données techniques. Son origine est souvent indiscernable, la dernière phase de polissage effaçant généralement toutes les autres. En outre, des manipulations postérieures au façonnage des objets (qu'elles soient dues aux utilisateurs ou aux archéologues) sont venues parfois perturber les traces de cette opération.

I.4.4.6 - Coloration

Les colorations, observées par les archéologues, peuvent avoir eu des causes diverses. Elles pouvaient résulter de l'usage d'un abrasif coloré lors du polissage et de la perforation. Elles pouvaient aussi être intentionnelles et dans ce cas, les colorants intervenaient généralement à la fin du façonnage. Leur rôle était de rehausser la gravure soit par l'application de colorant dans le fond des sillons gravés, soit par une application sur toute la surface (Buisson & *al.*, 1989). La couleur a aussi servi à mettre en évidence certaines parties du corps sur les figurations humaines, par exemple à souligner les parties sexuelles des statuettes. Ceci semble être le cas pour une grande partie des "Vénus" du Paléolithique supérieur (Walter, 1995), les couleurs noires et rouges étant en général les plus fréquentes. Parfois les traits des visages étaient dessinés, comme c'est le cas sur le site de Malit (Filippov, 1983).

Les couleurs n'ont malheureusement pas toujours survécu au nombreux nettoyages et moulages des objets et souvent il ne reste plus que quelques reliquats de pigments sur des vestiges qui étaient peut-être entièrement ou partiellement colorés.

I.5 - CONCLUSION

Cette partie sur les techniques de travail de l'ivoire donne un aperçu des différentes manières pour l'homme préhistorique "d'affronter" l'ivoire en tant que matière première brute, en tant que nucleus ou en tant qu'ébauche, suivant le résultat escompté.

Le bilan ainsi dressé montre le petit nombre de techniques possibles au Paléolithique. Au début, il s'agit essentiellement de la percussion directe ou indirecte, du rainurage simple transversal ou longitudinal et du raclage. Ensuite se développe, aux dépens du débitage par percussion, le double rainurage qui apporte plus de précision et de contrôle dans les formes d'ébauches obtenues. En effet, comme R. White (1995) l'a remarqué, la structure de la dentine n'est pas adaptée à un traitement par percussion. Lorsqu'on percute un bloc d'ivoire, l'onde de choc se propage mal et tend à réfléchir vers l'extérieur, à chaque couche de dentine traversée (Fig. 59).

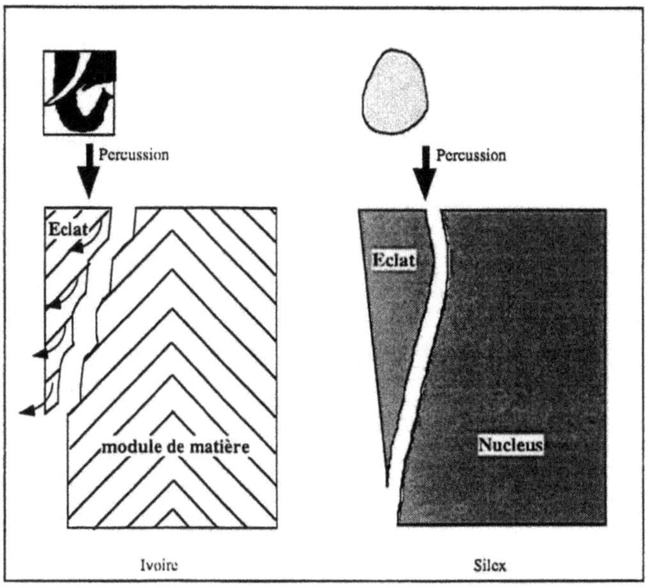

Figure 59 - Le principe de la fracturation par percussion de l'ivoire.

Lors du débitage de l'ivoire par percussion, l'onde de choc ne se propage que difficilement dans la matière première à cause de la structure de l'ivoire. Elle tend à réfléchir à chaque fois qu'elle doit traverser une couche de dentine. On obtient ainsi un résultat beaucoup plus irrégulier que lors de la taille du silex.

Il nous semble donc que le terme de nucleus évoque trop le nucleus lithique qui suppose une mise en forme préliminaire avant détachement de lames ou d'éclats lithiques. Ce n'est pas le cas pour l'ivoire, à l'exception peut-être du bloc d'Andernach préparé avant l'extraction de baguettes. Si l'on veut emprunter le vocabulaire du matériel lithique, il conviendrait mieux de parler plus simplement de blocs de matière première.

Dans le même registre, il nous semble nécessaire de souligner que l'utilisation du terme de débitage n'a pas exactement la même signification selon qu'il s'agit du travail de la pierre ou de l'ivoire. Dans la taille de la pierre, le débitage (ou " action intentionnelle de fractionner un bloc de matière première..." selon Tixier, Inizan et Roche, 1996), s'est enrichi progressivement d'une connotation de contrôle des formes permettant d'obtenir des supports réguliers qu'il suffit de façonner par retouche. Ce contrôle n'existe pratiquement pas dans le cas de l'ivoire où le résultat du débitage est essentiellement aléatoire.

Dans l'étape de façonnage une des actions principales est le raclage. Mais que faut-il entendre par raclage ? Ce terme peut englober un travail fin aussi bien que grossier, et en quoi diffère-t-il du grattage ? Dans le vocabulaire des préhistoriens cette notion semble liée à la morphologie de la partie active agissante : la partie active d'un grattoir présente un front étroit et abrupt alors que la partie active du racloir sera plus souvent un fil allongé généralement latéral mais parfois transversal. Le raclage sera donc une action plus large qui entame des grandes surfaces et le grattage est une action plus réduite en surface de l'objet, plus localisée mais plus intense. Ces deux notions sont par conséquent très liées à la typologie de l'outil et leur utilisation peut parfois conduire à des erreurs de compréhension. Cette action technique peut être effectuée avec plus ou moins de force en fonction de la quantité de matière qui doit être enlevée. On peut alors envisager de préciser ce terme de raclage en fonction de la manière dont il est exécuté (plus ou moins vigoureux), l'étendue de la surface qu'il affecte... Nous préférons donc utiliser le terme de raclage lorsqu'il s'agit d'une action assez vigoureuse destinée à régulariser une surface, de doucissage ou de lissage lorsqu'il s'agit d'un raclage final très doux destiné lisser la surface de l'objet ; enfin le terme de grattage sera uniquement utilisé lorsqu'il s'agit d'une action très ponctuelle qui concerne une petite surface.

Les connaissances sur le travail de l'ivoire au Paléolithique à partir des analyses d'objets finis sont souvent lacunaires, notamment en ce qui concerne les techniques employées et le déroulement des chaînes opératoires. On s'est trop souvent intéressé à l'objet fini sans se préoccuper de sa réalisation, en partie à cause des techniques de fouilles anciennes où l'on se contentait de ramasser les plus beaux objets. Ces techniques se sont considérablement améliorées aujourd'hui et les relevés de vestiges sont souvent presque exhaustifs, des plus petits objets aux plus grands : ébauches, fragments de matières brutes, pièces en cours de transformation, objets finis... Ces vestiges permettent de retrouver les traces d'actions techniques ; ainsi apparaissent les possibilités de reconstituer certains fragments de chaînes opératoires ou, comme c'est le plus souvent le cas, des actions indépendantes les unes aux autres. Les travaux de R. White sur les perles aurignaciennes découvertes dans les gisements français est un rare exemple de reconstitution de chaîne opératoire complète à partir de collections anciennes. Cette étude archéologique a été complétée par une série d'expérimentations, l'auteur ayant ainsi pris en compte les difficultés que présente l'ivoire comme matière première (White, 1992 ; 1993 ; 1995). Ainsi, lors de ses expérimentation R. White s'est rendu compte que l'extraction par percussion de baguettes allongés n'était pas facilement réalisable lorsque l'ivoire travaillé était parfaitement conservé sans traces de délitage.

Rares sont encore les exemples d'ateliers d'ivoire fouillés selon des techniques modernes et apportant des informations complètes sur les processus techniques, non seulement grâce aux objets finis, mais aussi aux copeaux de façonnage, aux ébauches et aux fragments bruts témoignant des différentes étapes du travail de l'ivoire.

Les étapes et les procédés de transformation de l'ivoire sont encore peu connus faute d'un ramassage des déchets de fabrication, qui sont des témoins beaucoup plus significatifs des processus mis en oeuvre que les objets finis. Espérons que les fouilles modernes nous apporterons bientôt des informations capitales sur ces techniques.

CHAPITRE II - NOUVEAUX ACQUIS DE L'EXPÉRIMENTATION

En tracéologie, l'expérimentation sur l'ivoire a été rare, probablement en raison de la difficulté de se procurer la matière première. Elle se résumait jusqu'à une époque récente à quelques essais ponctuels dont l'objectif était l'observation de l'allure du poli par rapport aux autres matières dures animales (Plisson, 1985 ; Unrath *et al.* 1986 ; Symens, 1988). La première étude importante a été effectuée au début des années 1990 par A. Pawlik (1992, 1995) : cet auteur a essayé différents traitements pour ramollir l'ivoire puis il a observé les variations des traces d'utilisation sur les outils en fonction du traitement suivi.

Pour effectuer nos propres expérimentations, la matière première a été difficile à obtenir. Nous avons pu commencer sur des petits fragments d'ivoire d'éléphant fournis par un artisan à Paris (Mr. Heckmann), mais dont la provenance exacte n'était pas connue. Par la suite nous avons obtenu, grâce à l'intervention de la Direction des Musées de France auprès de la Direction des douanes, quatre défenses entières d'éléphant, d'origine également inconnue, qui avaient été saisies à la frontière. Elles étaient relativement fraîches, parfaitement bien conservées et ne portaient aucune trace de délitage (Fig. 60).

Quelques fragments de défenses de mammouth ont été en outre achetés chez un importateur en Allemagne ; ils provenaient de Sibérie où ils avaient été conservés dans le permafrost pendant quelques milliers d'années. Ils présentaient différents états de conservation ; certains étaient dans un état de délitage très avancé ; d'autres parfaitement conservés, présentaient une masse homogène et compacte (Fig. 61).

Dans la première phase de nos expériences, nous avons effectué des opérations de raclage, de sciage, de rainurage et de perforation sur de petits fragments d'ivoire afin de tester le matériau. Nous avons ainsi pu vérifier la dureté extrême et la résistance de l'ivoire, même préalablement trempé dans l'eau. Ceci nous a incité, dans la phase méthodologique, à commencer des recherches sur les moyens de ramollir l'ivoire afin d'en faciliter le travail. Puis les stigmates d'utilisation issus du travail de l'ivoire sur les tranchants des outils expérimentaux ont été examinés pour ainsi établir des parallèles avec les procédés de ramollissement. Les différences observées entre le travail d'ivoire frais et celui d'un ivoire subfossile sont très grandes et il nous a semblé nécessaire de vérifier la faisabilité de certaines des actions proposées dans la partie "données et hypothèses publiées par des archéologues". Certaines techniques, comme l'éclatement par percussion, nous semblent difficilement réalisables sur l'ivoire frais. Nous avons donc travaillé l'ivoire frais dans un parfait état de conservation, puis les mêmes actions ont été reproduites sur un ivoire sub-fossile déjà en cours de desquamation.

II.1 - LA MATIÈRE

L'ivoire utilisé lors de nos expérimentations présentait différents états de conservation. Frais, il s'agit d'un ivoire d'élé-

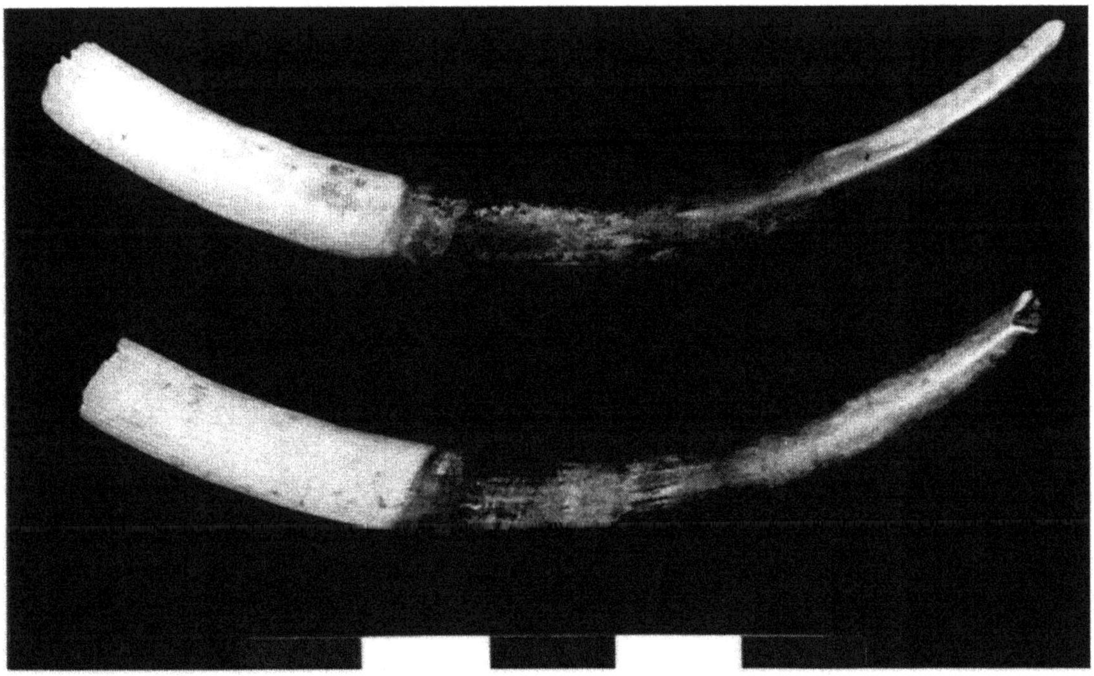

Figure 60 - Défenses d'éléphant en bon état, utilisées lors de l'expérimentation.

(Cl. LRMF; D. Vigears).

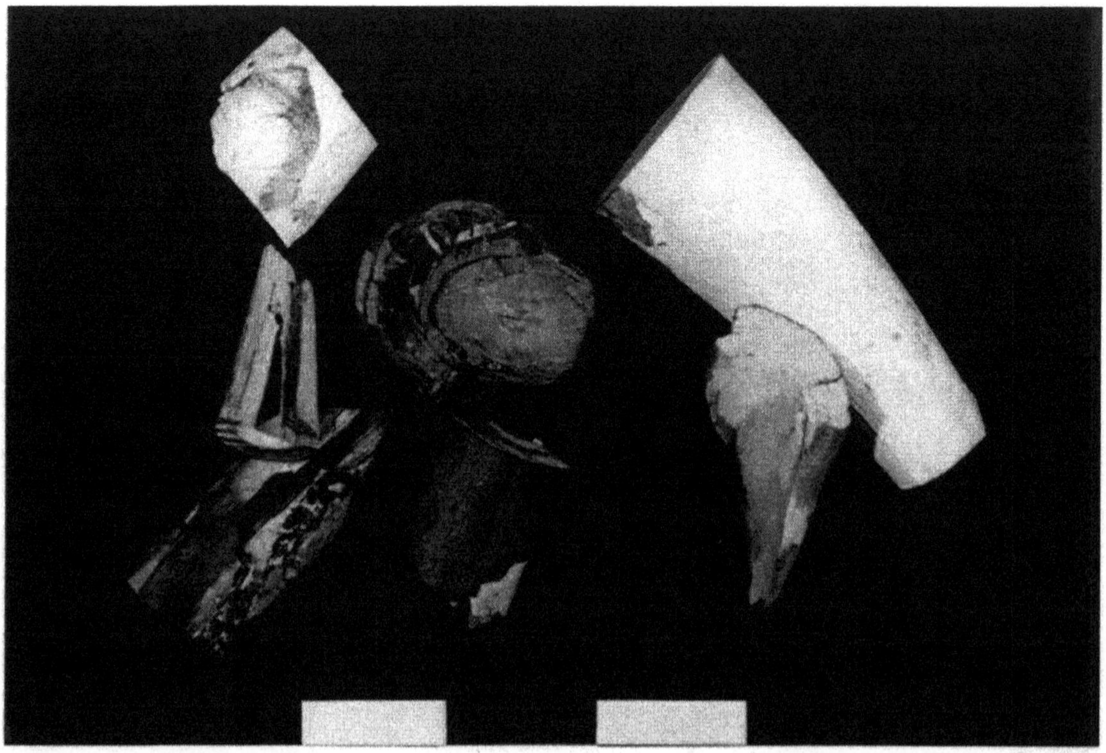

Figure 61 - Différents états de conservation des fragments de défense de mammouth utilisés lors de l'expérimentation.

(Cl., LRMF, D. Vigéars).

phant compact homogène sans aucune trace de délitage, ni de fissure. Desséché, il provient également de l'éléphant, mais présente quelques fissures assez profondes ; les couches constitutives ne sont pas encore délitées mais la surface de la défense est irrégulière marquée par des crevasses superficielles. Nous avons également utilisé de l'ivoire sub-fossile de mammouth qui présentait des états de conservation différents : d'un état presque parfait à un état de délitage plus ou moins avancé.

Divers traitements destinés à ramollir l'ivoire ont été évoqués dans le chapitre précédent ; certains d'entre eux ne semblent pas avoir été disponibles pour les hommes préhistoriques, par conséquent, nous n'avons retenu que ceux qui semblaient réalisables au Paléolithique : les traitements à l'eau, la vapeur, au feu et aux acides organiques à base d'extraits de plantes.

Un autre type d'acide était accessible aux hommes préhistorique, il s'agit de l'acide gastrique : si l'on extrait le suc gastrique d'un animal, on obtient un acide correspondant à un acide chlorhydrique d'un pH. de 0,7 M. Cette idée nous est venue trop tardivement pour l'inclure dans ce travail, mais c'est une possibilité qui mérite d'être essayée, l'acide chlorhydrique étant un des moyens d'amollissement proposés par les artisans actuels de l'ivoire. Les expériences de A. Pawlik (1992, 1995) ont concerné entre autres, l'urine et des mélanges d'urine/cendres et d'eau/cendres. Leurs effets observés sur l'ivoire sont cependant limités et ne dépassent pas la couche très superficielle. Par conséquent ces éléments ne seront pas abordés ici.

II.1.1 - Traitement a l'eau

Un trempage à l'eau froide semble être le traitement le plus facile à appliquer et qui ne demande comme accessoire qu'un récipient, un cours d'eau ou une mare naturelle. Son effet sur l'ivoire frais reste superficiel, nos expériences montrent que la durée de l'immersion n'a pas grande importance, qu'elle soit de quelques heures ou de plusieurs semaines ; la profondeur affectée de l'ivoire et donc les possibilités de pénétration de l'outil ne varient presque pas avec la durée du trempage. L'épaisseur affectée par ce traitement peut être enlevée facilement en deux ou trois mouvements de raclage.

Un trempage à l'eau chaude n'apporte pas non plus d'amélioration notable. Nous avons laissé bouillir un morceau d'ivoire pendant une bonne heure sans obtenir de résultat performant. Par contre, après 6 heures de trempage dans l'eau bouillante, l'outil peut pénétrer plus profondément dans la matière ; cependant, cette amélioration est de très courte durée ; dès que l'humidité s'évapore, l'ivoire redevient dur et il est nécessaire de le faire bouillir de nouveau si on veut continuer à profiter de son ramollissement. On peut douter que les hommes du Paléolithique aient disposé de moyens faciles pour faire bouillir de l'eau pendant des heures.

Nous avons alors essayé un autre moyen, qui n'est pas attesté directement pendant la Préhistoire. Deux fragments d'ivoire d'éléphant ont été mis dans un "pot" d'argile, rempli d'eau avant fermeture complète. Ils ont alors été soumis à la cuisson jusqu'à ce que l'argile soit totalement sec. Cette opération a pris environ 45 mn dans le premier cas (pot en contact direct avec les flammes), une heure et quinze minutes dans le second cas (pot placé dans les braises). Mais le résultat a été négatif dans les deux cas : le pot en contact avec les flammes s'était craquelé au bout de quinze minutes et l'ivoire avait brûlé sans se ramollir ; l'autre fragment d'ivoire, dans sa gangue argileuse intacte, n'avait pas subi de modification : il était toujours aussi dur.

Nous n'avons donc pas obtenu de résultats satisfaisants avec ces différents traitements. De ces expériences nous retenons uniquement qu'une humidification permanente d'un ivoire frais rend le travail à peine plus facile par rapport à un ivoire sec ; ce procédé ne peut être efficace que pour le façonnage de petits éclats minces, dont le ramollissement de surface favorisera un enlèvement superficiel de matière.

Sur le vieil ivoire déjà un peu délité, l'eau a par contre un effet fulgurant. En très peu de temps il absorbe l'humidité et devient très facile à travailler, un peu comme s'il s'agissait de bois végétal ; on a constaté en outre, que dans ce cas, les outils s'usent à peine. Il est même possible d'arracher des copeaux à la main. En séchant, l'ivoire durcit et reprend sa consistance initiale.

Cette facilité pour ramollir l'ivoire de mammouth sub-fossile, s'explique par une décomposition de la matière organique dans le sol où il s'est conservé. L'observation de l'ivoire de mammouth en coupe montre que les couches de dentine ont tendance à se séparer entre elles, les fibres de collagène ne jouant plus leur rôle de maintien (*cf.* Fig. 59, p. 67). Mettant à profit nos observations sur l'ivoire de mammouth ancien, nous avons essayé de trouver des traitements permettant de déliter également ces fibres sur des défenses fraîches (ou bien conservées) de mammouth ou d'éléphant, sans détruire totalement la structure de l'ivoire.

II.1.2 - Traitement à la vapeur

Semenov (1964, d'après Gerasimov) avait proposé un procédé de ramollissement de l'ivoire par la vapeur. Un fragment d'ivoire, préalablement trempé pendant cinq jours, est entouré trois fois d'une peau trempée, les poils vers l'intérieur, puis le paquet est mis dans un foyer pendant une heure et quarante-cinq minutes, le temps nécessaire à la combustion de la peau. Ensuite l'ivoire se travaille avec facilité, selon les observations de Gerasimov, et il est possible d'en extraire des bandes assez longues.

Nous avons tenté de reproduire cette expérience en utilisant un fragment d'ivoire frais d'éléphant et une peau de mouton. Nous avons extrait le paquet après environ 45 minutes lorsque la peau était réduite à une croûte noire. L'ivoire était resté aussi dur qu'après un simple trempage à l'eau ; de plus il présentait des craquelures dans la section transversale, caractéristique d'une chauffe trop violente. Nous avons alors procédé à une seconde expérience en choisissant de modifier un peu le traitement afin d'éviter ce problème de surchauffe. Un nouveau fragment d'ivoire frais, enveloppé d'une couche de peau mouillée, a été enfoui dans le sédiment, sous un foyer, pendant quatre heures. Lorsque nous avons sorti le paquet la peau était encore un peu humide, le fragment d'ivoire était brûlant (≈ 60°). Comme dans le cas précédent, seule une mince pellicule de surface était ramollie, mais on n'observait aucune craquelure de la matière.

Ce type de traitement ne semble donc pas ramollir significativement l'ivoire frais ; toutefois il n'est pas exclu que sur un ivoire un peu délité l'effet puisse être plus important tout comme l'usage de l'eau l'a déjà démontré. Il est possible que l'expérience de Semenov ait été ainsi réalisée sur un ivoire un peu ancien.

II.1.3 - Traitement par la chaleur

Des expériences de chauffe ont été faites sur des petits fragments découpés à la scie afin d'économiser la matière première. Le but était de vieillir l'ivoire par une combustion du collagène (la matière organique) et de vérifier s'il était possible d'obtenir par ce moyen un début de délitage du morceau d'ivoire.

Des expériences anciennes de Baer *et al.* (1971) sur la chauffe de petits cubes d'ivoire de 149° à 871° pendant une heure au four avaient montré que à partir de 204°, une légère coloration jaune apparaissait, tandis qu'à 260° toute l'humidité contenue dans l'ivoire s'était évaporée.

Nos premiers essais ont été faits dans un four à céramique pendant 20 minutes à 300°, afin d'observer les effets de la chauffe sur la structure de l'ivoire, tout en sachant que nous risquions d'obtenir une coloration brunâtre. A la fin de cette cuisson, les fragments d'ivoire frais d'éléphant et d'ivoire sub-fossile de mammouth étaient complètement carbonisés ; la matière était devenue friable et s'émiettait à la main .

Une seconde expérience fut alors tentée sur deux fragments d'ivoire de mammouth et d'éléphant à des températures moins importantes, à l'aide d'une étuve réglée à 135°. Après 24 heures de chauffe aucune modification n'était apparue, aucun des deux fragments ne présentait de fissures. Des lignes de délitage ont commencé à apparaître après deux jours et demi de chauffe. Elles semblaient dues à une altération de la partie organique due plutôt à l'assèchement qu'à la combustion. Les fragments étaient très secs et durs et tous deux fissurés ; mais l'ivoire d'éléphant, plus frais que le fragment de mammouth, était traversé par des fissures distribuées aléatoirement par rapport aux couches de dentine ; sa surface était à peine modifiée. Sur l'ivoire de mammouth, il était par contre possible d'enlever des fines couches de matière ramollie qui correspondaient au délitage des couches de dentine. A la suite de ce traitement, les mêmes fragments ont été plongés dans l'eau pendant une bonne heure et mis à sécher au soleil afin de vérifier s'ils allaient éclater selon les fissures créées par la chauffe. L'eau s'est infiltrée très rapidement dans les fissures qui, au séchage, ont servi en effet de guide à la fragmentation. Il s'agit d'un phénomène incontrôlable pour l'ivoire frais puisque les fissures sont elles-mêmes aléatoires ; il est un peu plus contrôlable pour l'ivoire sub-fossile. Toutefois les fragments obtenus — de petits bâtonnets dans le premier cas, de fines plaquettes dans le second — étaient très fragiles et cassants (Fig. 62). L'ivoire de mammouth avait toutefois mieux supporté ce traitement : il était un peu plus ramolli et donc moins cassant.

Nous avons déduit de cette expérience que la chauffe de l'ivoire brut, sans protection, était un moyen d'éclatement difficilement contrôlable, en particulier pour l'ivoire frais ; La structure du matériau étant complètement détruite, l'éclatement n'était dû qu'à l'alternance d'un rétrécissement (au feu) et d'une dilatation (à l'eau) des fibres de collagène pendant le traitement. Nous pensons qu'il est peut-être possible de contrôler cette dilatation en mettant le morceau d'ivoire dans une gaine de sédiment ou d'argile qui empêche le bloc de jouer, selon le principe de conservation des défenses de mammouth lors des gels et dégels dans le permafrost de Sibérie. De ce fait la dégradation du collagène se ferait dans de meilleures conditions. Dans tous les cas, les fragments obtenus étaient de mauvaise qualité.

II.1.4 - Traitement par chocs thermiques

Selon R. White (comm. pers.) des chocs thermiques peuvent avoir pour conséquence l'éclatement de l'ivoire. Cet auteur avait tout d'abord essayé sans succès d'extraire par percussion des éclats allongés sur un ivoire frais. Sur un fragment destiné à une expérience de choc thermique, des lignes de guide d'extraction avaient été préalablement créés. R. White a alors tenté de les exploiter en faisant bouillir le morceau d'ivoire et en le mettant au congélateur : l'ivoire a éclaté en plusieurs morceaux suivant les lignes de faiblesse sous l'effet de l'augmentation du volume de l'eau soumis au gel.

Nous avons nous-même fait quelques essais sur un ivoire frais sans avoir créé de lignes de faiblesse. L'idée de départ était de remplir la cavité pulpaire d'une défense entière d'eau, puis de boucher l'ouverture avec un bouchon de bois végétal et ensuite de congeler l'ensemble, afin de faire jouer la dilatation de l'eau et ainsi de faire éclater la défense. Elle mesurait 79 cm de long et la cavité pulpaire présentait un cône de 39 centimètres de long et de 6 cm de diamètre à la base. Le résultat obtenu a été négatif, le volume d'ivoire par rapport à la cavité étant apparemment trop important pour que ce procédé puisse réussir. C'est le bouchon qui a été repoussé par la pression alors que l'ivoire restait intact. Il aurait probablement fallu laisser tremper la défense un certain temps peut-être même la faire bouillir, puis créer des lignes de faiblesse sur le bloc pour que ce procédé puisse être efficace. A moins que, de toutes façons, la ligne de faiblesse représentée par la

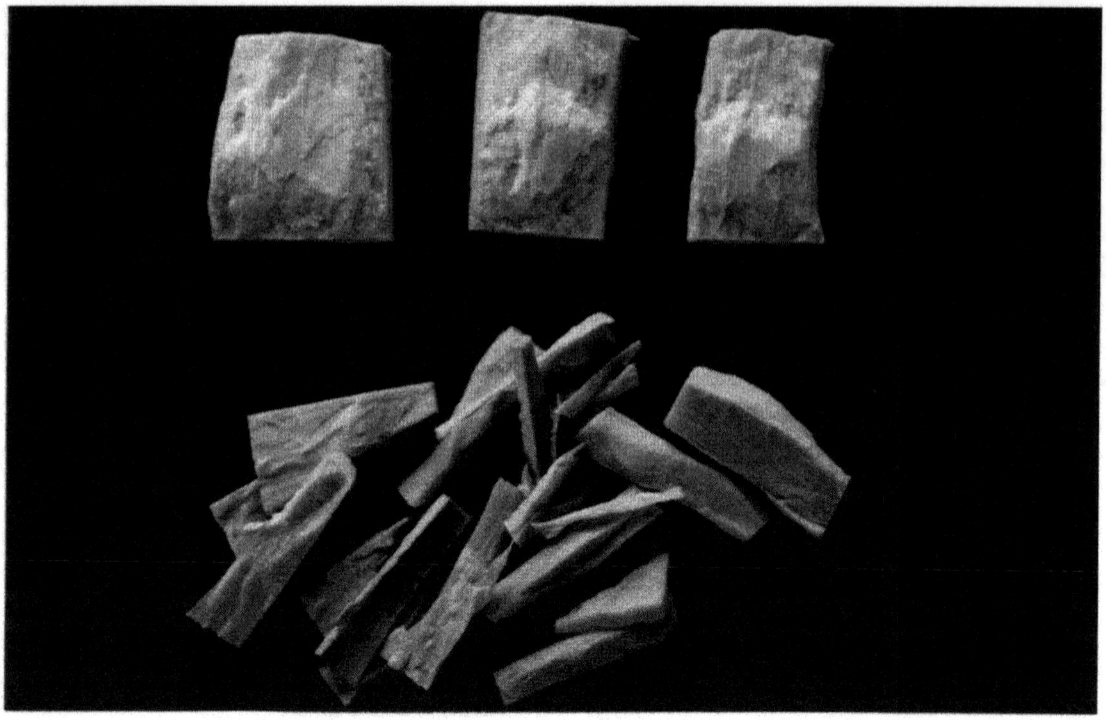

Figure 62 - Ivoire de mammouth (en haut) et d'éléphant (en bas) après traitement.

Un traitement par chauffe puis trempage à l'eau rend l'ivoire très fragile ; il s'effrite sous la pression des doigts. L'ivoire de mammouth a mieux résisté à ce procédé que l'ivoire d'éléphant. (Cl., LRMF, D. Vigears).

jonction ivoire/bouchon ne l'emporte sur les autres.

Une seconde expérience d'éclatement a alors été tentée sur un tronçon d'ivoire de 5 cm de long. Un coin en bois végétal a été longuement trempé dans l'eau puis enfoncé dans la cavité pulpaire. L'ensemble a été mis au congélateur. La dilatation du bois par l'augmentation de volume d'eau n'a pas réussi à faire éclater l'ivoire.

L'ivoire frais semble donc tellement massif que sans lignes de faiblesse il reste intact. Les chocs thermiques pratiqués à partir de la cavité pulpaire, tels que pouvaient en subir naturellement certaines défenses dans le sol, ne peuvent pas être à l'origine de leur éclatement.

II.1.5 - Traitement par enfouissement dans le sol

Afin d'observer le processus de vieillissement de l'ivoire, nous avons enterré un gros fragment d'ivoire de mammouth sub-fossile dans le sol (à une quarantaine de cms) d'un pays nordique relativement froid, le Danemark, pendant un an et demi (dont un hiver et deux étés). Un côté du fragment était scié nettement à la scie mécanique : la matière était compacte et sans fissuration ; l'autre côté portait une cassure ancienne, très irrégulière et légèrement fissurée.

Après cette longue période passée dans le sol, seul le côté fracturé, déjà altéré, avait été modifié : l'ivoire était totalement imbibé d'humidité, les 2 à 3 premiers centimètres de matière se délitaient facilement en plaquettes tendres. Les quelques fissures initiales peu profondes (0,5 à 1 cm) s'étaient considérablement ouvertes ; on pouvait sans difficulté y enfoncer un silex sur 3 à 4 cm de profondeur. Par contre, le côté scié, de même que la partie corticale, restaient compacts : seule la couche superficielle de quelques millimètres d'épaisseur était plus tendre à travailler.

Un fragment provenant du même morceau avait été, pendant ce temps, à titre de comparaison, laissé à l'air libre. Au bout d'un an et demi, il était resté très dur à travailler, l'infiltration d'eau de pluie avait simplement agrandi les quelques fissures préexistantes, beaucoup moins cependant que sur le fragment enterré dans le sol.

Il semble que le stockage de l'ivoire dans le sol est donc un moyen susceptible de faciliter son travail grâce à une décomposition partielle de la matière organique. C'est sans doute un phénomène assez similaire qui a amené la modification des ivoires sub-fossiles retrouvés dans le permafrost de Sibérie. Ceci est peut-être l'explication de l'existence des fosses creusées dans le sol à côté des habitations en ossements de mammouth dans un certain nombre de gisements du Paléolithique supérieur, dans les plaines russes. Ainsi, à Kostenki I et à Avdeevo, des ossements et/ou des défenses entiers ont été retrouvés à l'intérieur de fosses (Grigoriev, 1993).

II.1.6 - Traitement aux acides et aux bases

L'os commence à se décomposer à un pH. inférieur à 5 (O'Connor, 1987) ; cette valeur n'est pas connue pour l'ivoire. Les deux matériaux, l'os et l'ivoire, étant tous deux composé d'apatite et de collagène, nous avons choisi comme hypothèse pour nos expériences, d'appliquer la valeur de l'os à l'ivoire. Nous avons procédé à des tests, l'un à l'acide nitrique (HNO_3, pH. 2) et l'autre avec une base potassique (KOH, pH. 12). Notre but était d'observer laquelle des deux solutions avait le plus grand effet pour décomposer l'ivoire. La durée maximale d'immersion était de 28 jours dans une solution maintenue à une température de 50° afin d'accélérer les réactions chimiques. On peut en effet considérer que la vitesse double chaque fois que la température augmente de 10°, ce qui signifie qu'on a accéléré le processus par un facteur 23 par rapport à une expérience à 20°. La durée réelle correspond alors à environ 8 mois d'altération dans des milieux très agressifs.

Comme on peut le constater sur les tableaux 2 et 3, la réaction de l'ivoire est plus importante lors d'un traitement à l'acide. Trempé dans l'acide nitrique, il a évolué pendant les trois premiers mois (en durée calculée) puis est arrivé à un état stagnant. Ainsi, les changements qui interviennent sur l'ivoire audelà de trois mois n'ont pas d'effet sur la dureté de l'échantillon.

Durée réelle	pH.	Temp.	Effet sur l'ivoire
1 jour	2	50°	Les couches superficielles deviennent tendres, enlèvement de copeaux.
3 jours	3	50°	Début de délittage, enlèvement de copeaux, dureté de couches superficielles : 2 mohs (≈ gypse).
6 jours	?	50°	Dureté des couches superficielles : 1 mohs (≈talc).
12 jours	?	50°	L'ivoire est ramolli sur env. 1 à 2 mm.
28 jours	4,8	50°	Pas de changement.

Tableau 2 - Effets d'un trempage de l'ivoire dans un bain d'acide nitrique.

Durée réelle	pH.	Temp.	Effet sur l'ivoire
1 jour	12	50°	Pas de différence avec un traitement à l'eau
3 jours	12	50°	Enlèvement de copeaux
6 jours	?	50°	Pas de changement
12 jours	?	50°	Pas de changement
28 jours	11,7	50°	Pas de changement

Tableau 3 - Effets d'un trempage de l'ivoire dans un bain de base potassique.

Les réactions de l'ivoire soumis aux solutions basiques apparaissent pendant les premiers jours de traitement ; toutefois elles ne sont guère différentes de celles consécutives à un trempage à l'eau. Nous avons donc poursuivi nos expériences avec des solutions acides.

Les traitements aux plantes contenant de l'acide, proposés par les auteurs qui se sont penchés sur ce problème (*cf.* I.1, p. 57), sont la mandragore et la sauge qui contiennent toutes deux un acide oxalique. Nous avons fait quelques expériences avec de l'oseille qui contient lui aussi de l'acide oxalique. Plusieurs bains ont été préparés : un avec les tiges coupées en morceaux, un avec les feuilles, et un dernier avec des tiges écrasées au mortier. Avant de commencer le traitement nous avons laissé agir ces mélanges jusqu'à ce que le pH. soit stable (Tabl. 4) ; puis, nous avons placé un fragment d'ivoire dans chaque bain.

Bain	pH. départ	pH. stable (après 7 jours de macération)	pH. lors de la sortie de l'ivoire (2 jours de trempage)
Feuilles	3.46	3.70	6.85
Tiges coupées	3.33	3.19	3.80
Tiges écrasés	3.16	3.32	3.62

Tableau 4 - Evolution de différents bains de pH. d'oseille (*Rumex*) après macération.

Après 2 jours de trempage à température ambiante (20°) nous avons testé la dureté des fragments. Les morceaux placés dans les bains de tiges écrasées et de feuilles avaient ramolli sur quelques millimètres de profondeur (2/3 mm.), plus que ne l'aurait fait un simple trempage à l'eau. Par contre le bain de tiges coupées avait pourri et n'avait aucunement affecté la dureté de l'ivoire.

Nous avons alors testé ce traitement dans des bains de feuilles et de tiges sur deux fragments d'ivoire un peu plus volumineux : le travail s'en est trouvé légèrement facilité mais sans que l'amélioration soit très nette.

En conclusion, nos tentatives pour ramollir l'ivoire ont donné peu de résultats et l'on peut se demander si les hommes préhistoriques ont vraiment utilisé ces procédés ou s'ils en ont utilisé d'autres, plus efficaces, que nous n'avons pas imaginés. Dans tous les cas un ivoire sub-fossile semble plus facile à travailler qu'un ivoire frais.

Nous avons, sur les bases de ces tests, opté pour deux traitements à exploiter lors de l'expérimentation : le simple trempage à l'eau lorsqu'il s'agit de travailler un ivoire déjà en cours de délitage et le trempage dans une solution d'oseille quel que soit l'état de conservation de l'ivoire. Le stockage par enfouissement dans le sol semble être aussi un moyen de ramollir l'ivoire ; toutefois les seuls indices d'un tel traitement sont les fosses de plusieurs sites préhistoriques, interprétées plus souvent comme des garde-mangers (Gladkih, Kornietz & Soffer, 1985). En outre, ce procédé est trop long pour que nous ayons pu l'utiliser dans nos expériences.

En conséquence de ces expériences nous avons le plus souvent travaillé l'ivoire frais sans préparation et l'ivoire subfossile préalablement trempé dans l'eau.

II.2 - LES ACTIONS

Le programme expérimental a suivi les différents étapes de transformation de la défense proposées à partir des observations effectuées sur les objets finis ou en cours de transformation (*cf.* I.4 - Données ou hypothèses archéologiques publiées, p.60). Pour chaque type d'action l'efficacité de l'outil a été testée et l'évolution des traces d'utilisation sur la partie active de l'outil a été notée. L'extraction de la défense sur l'animal n'a, bien sûr, pas pu être réalisée.

Parmi les outils utilisés, certains ne l'ont pas été dans l'objectif de façonner un objet précis, mais simplement pour tester la cinématique de l'outil. Cette partie présente uniquement la description des expérimentations ; les résultats d'analyse des stigmates d'utilisation sur les outils sont présentés à part, dans un tableau synthétique (Annexe, Tabl. 1).

Une partie de cette expérimentation a été faite en collaboration avec :

- J. Hahn et A. Pawlik (Université de Tübingen), pour le tronçonnage par percussion directe et l'extraction d'une baguette par rainurage sur une défense d'éléphant d'Afrique qui était dans un état de dessèchement avancé ayant provoqué des fissurations longitudinales dans l'axe de la défense ;
- G. Tosello (ERS 152) pour la fabrication d'une statuette sur un fragment d'ivoire de mammouth ;
- J. Pelegrin (ERA 28 du CNRS) et R. White (Université de New York) pour l'extraction par éclatement en percussion directe contrôlée et incontrôlée sur de l'ivoire d'éléphant.
- J. Rodière (LRMF) pour la fabrication de perles sur ivoire d'éléphant et de mammouth.

La plupart des outils utilisés lors de nos expérimentations ont été taillés par P. Bodu (URA 275 du CNRS), J. Pelegrin (ERA 28 du CNRS) et F. Bon (Centre de Recherches Préhistoriques, Paris I).

En outre, certains outils expérimentaux étudiés ont été utilisés par R. White lors de ses expérimentations sur l'ivoire de mammouth et sur des craches de cerf.

II.2.1 - La percussion

L'action de percussion intervient essentiellement dans les opérations de tronçonnage et d'éclatement. Nous l'avons aussi utilisé, préalablement à ces opérations, pour éliminer l'extrémité proximale de la défense largement occupée par la cavité pulpaire. Nous avons pour cela procédé par percussion mousse sur enclume avec un gros galet. La défense était sèche et les parties à enlever, minces ; la tâche fut facile. Les éclats montraient des fractures en pointe assez caractéristiques (Fig. 63).
Ce premier travail n'a pas fourni d'autres vestiges que les éclats eux-mêmes, les surfaces de contact sur le galet n'étant pas abîmées.

II.2.1.1 - La percussion dans les opérations de tronçonnage

Le tronçonnage a pour but de subdiviser ensuite transversalement ou longitudinalement la défense en blocs de matière première de formes différentes. Différents moyens de tronçonnage ont été expérimentés :

1) Percussion directe (sur enclume) sur une défense d'éléphant desséchée :
Nous avons tout d'abord entrepris de sectionner la partie distale d'une petite défense de 69 cm de long par martelage. Cette opération de tronçonnage a été entreprise à une dizaine de centimètres de la pointe au moyen d'une série de percussions directes sur enclume à arête, à l'aide d'un gros éclat au tranchant aménagé. Le diamètre de la défense, à l'endroit de la fracture, était de 8 centimètres. Elle a été tronçonnée en 20 minutes. Cette action, perpendiculaire aux fibres de l'ivoire, a montré la résistance de celles-ci ; l'outil utilisé, malgré sa partie tranchante, avait plutôt tendance à enfoncer et écraser la matière qu'à la sectionner. Il a fallu plusieurs coups pour entamer la couche d'ivoire et pénétrer de quelques millimètres dans la matière. Après de multiples répétitions de l'opération, lorsque le tronçon à séparer n'était plus attaché à la défense que par un petit segment de deux centimètres de diamètre, il a été sectionné d'un coup sec. On observe sur la pointe tronçonnée une cassure caractéristique en languette (Fig. 64).

2) Percussion indirecte sur ivoire frais et sub-fossile:
Nous avons essayé la percussion indirecte, en utilisant un percuteur en bois végétal et des ciseaux intermédiaires en silex, sur un fragment d'ivoire d'éléphant frais et un d'ivoire de mammouth sub-fossile, les deux étaient préalablement trempés à l'eau durant 24 heures. L'objectif était de creuser une rainure par enlèvement de petits copeaux de matière avant de pouvoir séparer le morceau par cassure.
Un début d'entame (50 mm de long x 10 mm de large et 2 mm de profondeur) a été amorcé sur de l'ivoire frais. Ce travail était très délicat, car les bords des outils s'esquillaient presque

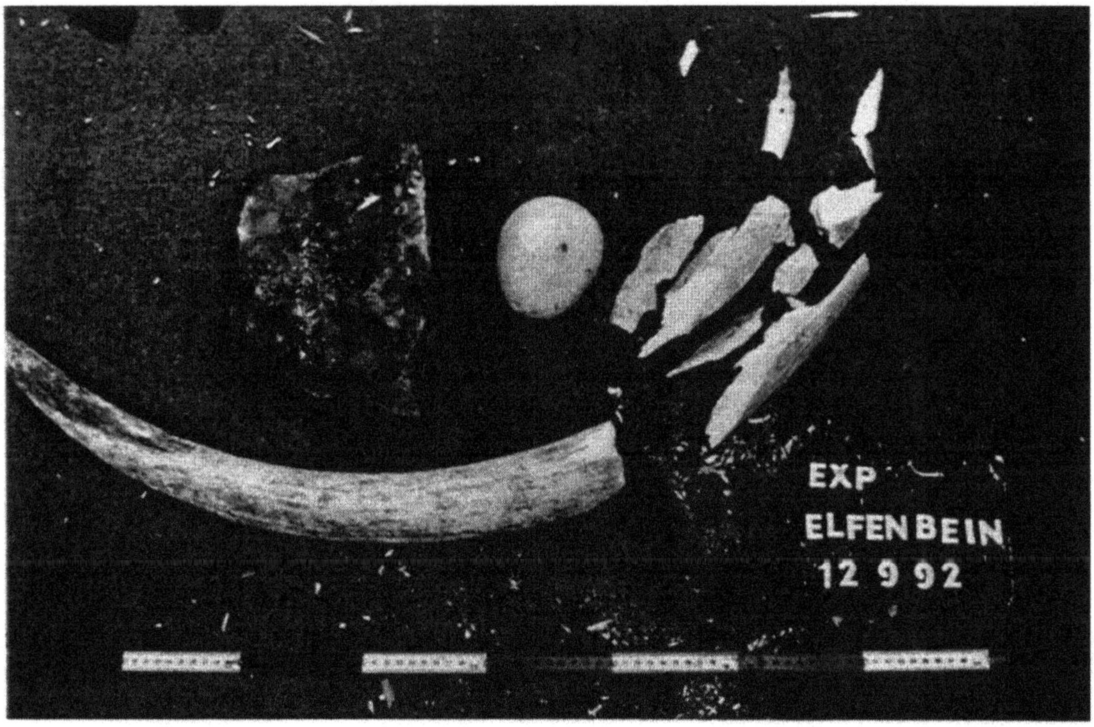

Figure 63 - Expérimentation : suppression des parties minces de la cavité pulpaire par percussion mousse sur enclume.

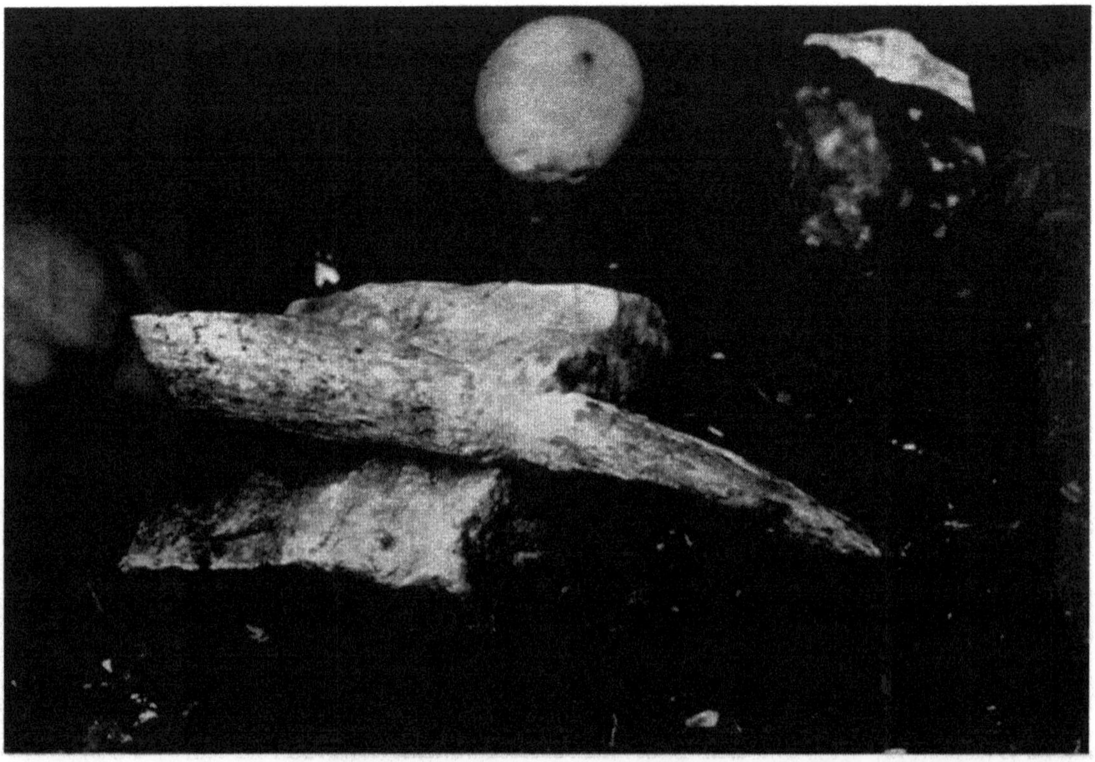

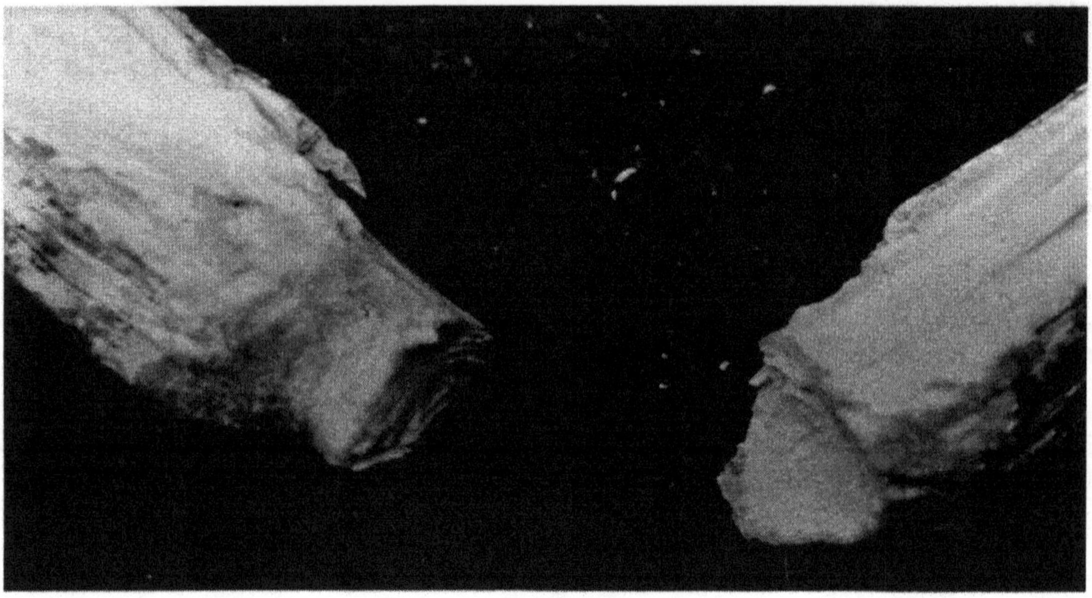

Figure 64 - Expérimentation : tronçonnage par percussion directe.

en haut : la cassure est obtenue par percussion
en bas : la surface de cassure est en forme de languette

immédiatement. Nous avons épuisé quatre fragments de lame et éclats en 30 minutes sans avoir obtenu de creusement significatif de la rainure. Les déchets d'ivoire se présentaient le plus souvent sous forme de poudre ou de minuscules copeaux pulvérulents (Fig. 65, gauche).

Le même travail a ensuite été effectué sur un fragment d'ivoire de mammouth. En dix minutes nous avons obtenu une rainure nette (65 mm de long x 12 mm de large x 5 mm de profondeur) et le silex était à peine marqué par ce travail. Les déchets se présentaient sous forme de petits copeaux épais (Fig. 65, droit). Dans l'absolu, on aurait pu envisager de tronçonner totalement le fragment s'il ne s'était entièrement délité concentriquement en raison de son mauvais état de conservation.

L'efficacité de ce type de travail est très différent selon l'état de la matière travaillé. La percussion indirecte sur l'ivoire

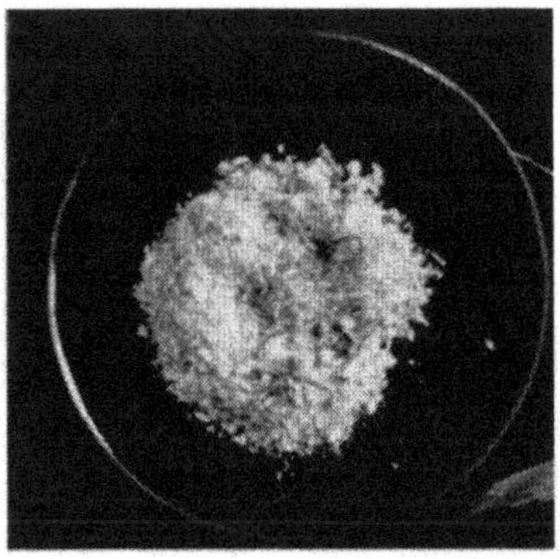

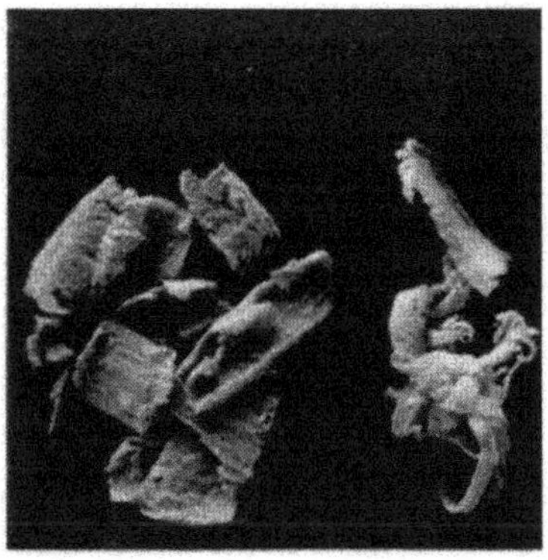

Figure 65 - Expérimentation : résidus issus d'un travail de tronçonnage par percussion directe.

à gauche : poudre obtenue sur l'ivoire d'éléphant ;
à droite : petits copeaux obtenus sur l'ivoire de mammouth.

frais est possible mais au prix d'efforts beaucoup plus importants que sur l'ivoire sub-fossile et d'une grande consommation d'outils lithiques. Le trempage à l'eau de l'ivoire subfossile l'a rendu très tendre et facile à travailler par cette technique.

3) Percussion indirecte sur une défense d'éléphant desséchée :

Nous avons procédé à la division longitudinale d'une petite défense entière d'éléphant ayant subi une forte dessiccation naturelle. La défense présentait, sur environ les deux tiers de sa longueur, une fissure que nous avons essayé d'exploiter afin de la fendre en deux par insertion de coins. Nous avons utilisé deux gros éclats de mise en forme en silex et un en rhyolite, mais ce dernier n'a pas résisté aux coups de percuteur. Sous les chocs répétés, la fissure s'est rapidement élargie et en 3 minutes elle s'est ouverte en deux sur presque toute sa longueur (60 sur 69 cm). Il est possible de "lire" le sens de séparation sur les deux moitiés ; les lignes d'arrachement vont de la partie proximale vers la partie distale. A l'endroit de la percussion initiale, les lignes forment des cônes qui s'élargissent vers l'extérieur ; il est donc possible de reconnaître sur le bloc, par la simple observation, le ou les points d'impact à l'origine du fendage (Fig. 66).

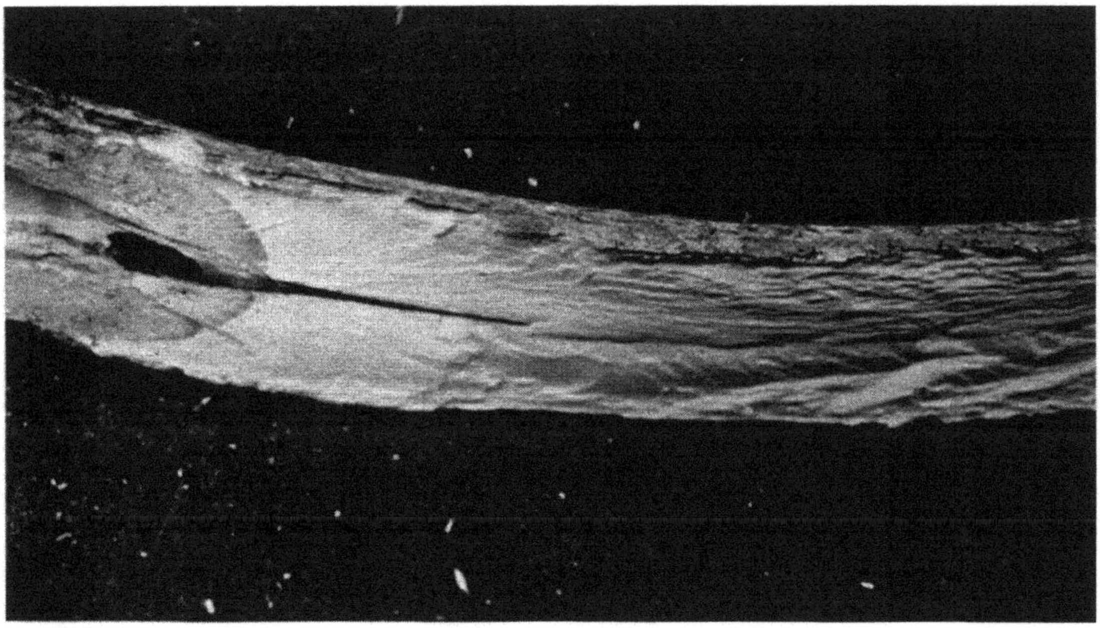

Figure 66 - Expérimentation : fendage d'une défense par insertion de coin.

On peut observer les lignes d'arrachement à partir de l'endroit de la percussion initiale

II.2.1.2 - La percussion dans les opérations de fracturation

Nous avons utilisé la percussion pour tenter de fractionner un tronçon de défense d'éléphant frais en éclat et pour subdiviser un éclat obtenu ; tout d'abord sur une défense d'éléphant desséchée présentant des fissures qui ont été exploitées pour la fendre en deux ; puis sur un fragment d'ivoire sub-fossile délité pour détacher de petits éclats ou des lames d'ivoire.

1) PERCUSSION DIRECTE SUR IVOIRE D'ÉLÉPHANT FRAIS

Des expériences d'éclatement par percussion directe ont été effectuées sur de l'ivoire frais ; notre objectif était d'obtenir des supports allongés prêts à l'emploi. Nous avions demandé à J. Pelegrin de nous aider, afin de bénéficier de son expérience de taille et ainsi d'obtenir une meilleure efficacité et une plus grande précision du geste.

Nous avons choisi un tronçon proximal de défense de 24 cm de long sur 6,8 cm de large traversé par la cavité pulpaire d'un diamètre variant entre 2,9 à 5,5 cm (Fig. 67). Nous avons pensé tout d'abord exploiter le creux de la cavité en soumettant le fragment à une compression forte par percussion et ainsi le fracturer. Un gros percuteur en buis a été utilisé afin de minimiser la création de réseaux de fissuration secondaires qui auraient été plus importants lors de la percussion avec de la pierre. Plusieurs coups ont été portés sur le tronçon avec pour unique résultat d'éclater les fines parois de l'extrémité proximale du morceau ; les éclats présentaient des fractures en pointe caractéristiques de la percussion sur un fragment de peu d'épaisseur. La masse du bloc n'a pas éclaté sous ces chocs.

Nous avons alors entaillé celui-ci, avec une lime en métal, pour créer des lignes de faiblesse qui devaient servir de guides à la fracture. Cette préparation n'a eu aucun effet, le bloc résistant toujours à la percussion.

Même lorsque le bloc a été posé sur une enclume en pierre et non plus seulement sur le sol, il a continué à résister à l'éclatement mais quelques fissures, visibles en section, sont apparues.

Le percuteur en bois a alors été remplacé par un percuteur en pierre ; dès la première percussion, le bloc posé sur l'enclume a éclaté en trois morceaux (Fig. 68), mais d'une façon aléatoire, les lignes de faiblesse n'ayant pas servi de guides à cette fracturation. Les trois fragments obtenus étaient de forme allongée et de différentes tailles. En reconstituant le bloc, nous avons observé que des fissures s'étaient en outre formées dans la masse de l'objet, suivant le sens des fibres, amorçant des lignes de désolidarisation des différentes couches d'ivoire.

2) PERCUSSION INDIRECTE SUR IVOIRE D'ÉLÉPHANT FRAIS

Un des grands fragments obtenus précédemment par la percussion directe présentait une fissure longitudinale que nous avons essayé d'exploiter afin de le fendre en deux dans le sens des fibres. Des coins en silex ont été utilisés à cet effet par percussion indirecte sur enclume sur le morceau posé verticalement ; le fragment n'a pas été modifié mais les coins lithiques se sont rapidement esquillés (Fig. 69), un peu comme un tranchant qui aurait été percuté sur une pierre tendre (*cf.* J. Pelegrin). Nous avons approfondi jusqu'à 4 mm

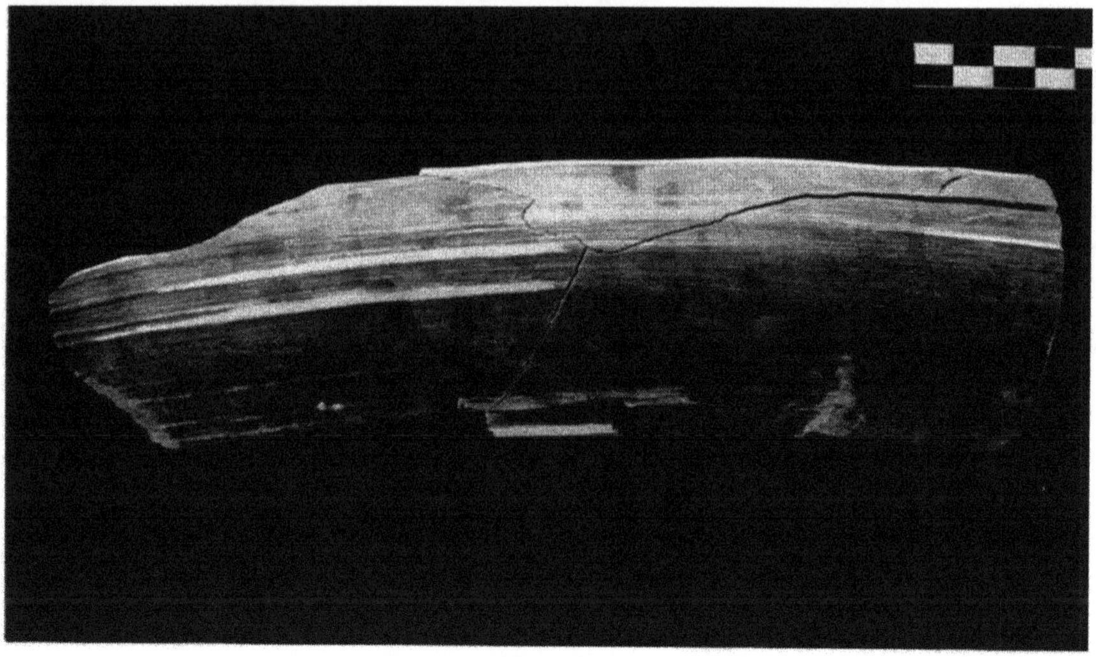

Figure 67 - Expérimentation : éclatement par percussion directe de l'ivoire frais ; le tronçon initial.

(Cl., LRMF, D. Vigears)

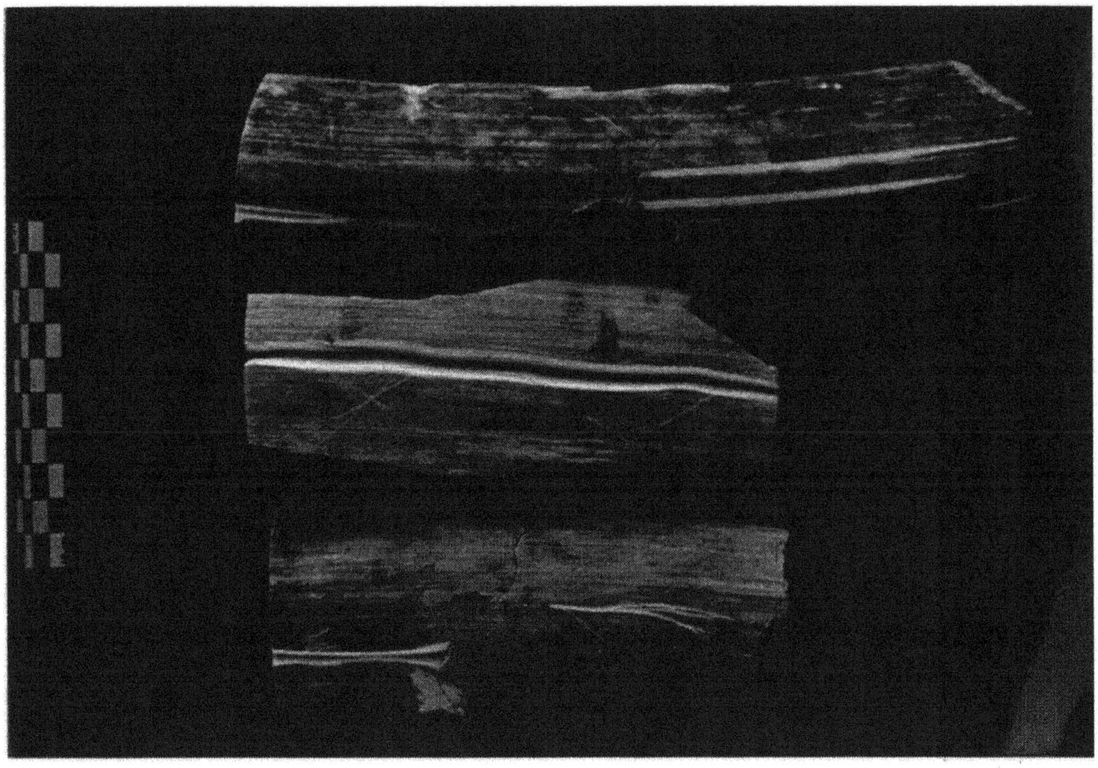

Figure 68 - Expérimentation : éclatement par percussion directe de l'ivoire frais ; les éclats obtenus.

(Cl., LRMF, D. Vigears).

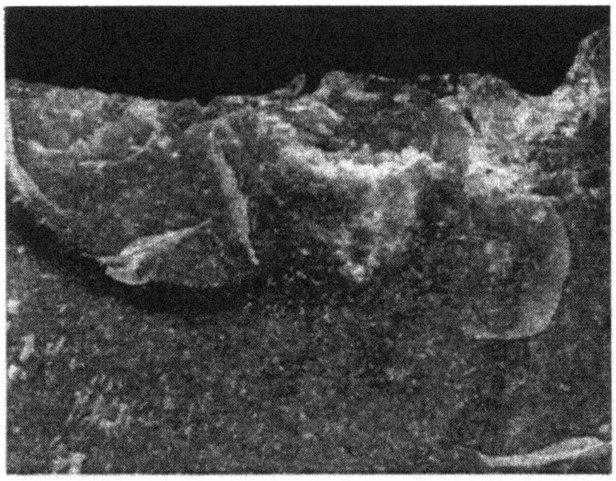

Figure 69 - Expérimentation : fendage d'un ivoire par percussion indirecte.

Le tranchant de l'outil utilisé comme coin s'est rapidement esquillé.
(Cl., LRMF, D. Vigears)

de profondeur la ligne de faiblesse naturelle et renouvelé l'opération. Le fragment a alors éclaté en plusieurs morceaux d'épaisseur différentes, la rainure n'ayant servi de guide que pour l'amorce de la fracture avant dispersion anarchique des ondes de fracturation. Cet éclatement un peu aléatoire semble avoir été causé par le réseau de fissures qui avait été créé par la percussion initiale. Afin de vérifier cette hypothèse, un des autres fragments a subi, sur ses faces extérieure et intérieure, un rainurage opposé dans le but d'imposer une ligne de faiblesse plus prononcée (18 x 0,8 x 0,6 cm). L'épaisseur de l'attache entre les deux morceaux allait de 13 mm dans la partie la plus épaisse à 4 mm dans la plus mince ; ce travail de rainurage nous a pris 45 minutes. Une pièce esquillée au tranchant solide devant résister à la percussion a été utilisée comme pièce intermédiaire posée à l'extrémité du fragment posé verticalement. Une percussion a alors cassé le morceau d'ivoire en deux fragments de taille très inégale, ne suivant pas du tout la ligne de fracture préparée par le rainurage. Le front de fracture partait en diagonale probablement selon des fissures existant dans le matériau. Le plus gros des deux fragments a été repris, la rainure a été placée sur une enclume à arête bien adaptée, et nous avons procédé à une nouvelle percussion. L'ivoire s'est alors fendu le long de la rainure (Fig. 70).

L'ivoire frais semble donc mal s'adapter à un travail contrôlé par percussion directe ou indirecte. L'éclatement, lorsqu'on y parvient, est toujours très aléatoire, les fractures très difficilement contrôlables. De plus, il semble que la percussion crée, à l'intérieur du matériau, des fissures qui ne sont pas toujours visibles au premier abord, mais qui se révèlent ensuite. On ne peut imposer une forme particulière d'ébauche à la matière brute qu'au prix d'un travail important de préparation par enlèvement de matière.

3) Percussion directe sur ivoire de mammouth subfossile

La percussion sur un ivoire délité est assez facile à contrôler car il est possible de tirer profit des lignes de faiblesse déjà

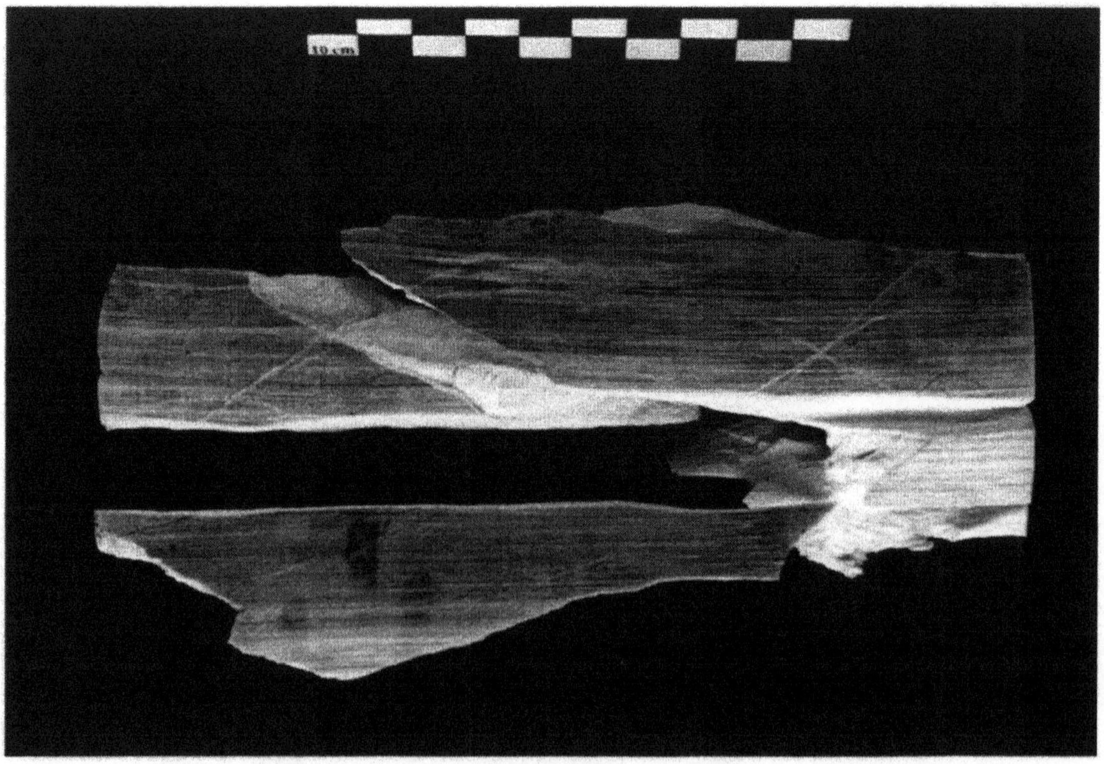

Figure 70 - Expérimentation : fendage de l'ivoire frais avec préparation de rainurage.

Deux étapes ont été nécessaires pour fendre l'éclat sur toute sa longueur : d'abord une percussion indirecte, puis une percussion directe sur enclume destinée à détacher la partie distale de l'éclat. Le résultat final était obtention de quatre éclats de taille différents et non pas deux comme prévu.

existantes. Nous avons donc essayé d'éclater un fragment d'ivoire sub-fossile représentant un quart de défense de 6 cm de long, 7,5 cm de largeur et 4 cm de diamètre (Fig. 71).
Nous avons alors essayé la percussion directe avec un percuteur en buis, en posant le bloc sur enclume. Nous avons ainsi pu détacher plusieurs plaques courbes d'ivoire correspondant à son délitage concentrique. Elles étaient largement assez grandes pour façonner des pendeloques, des perles ou des petits objets utilitaires allongés (aiguilles, pointes). L'épaisseur de la plaque varie en fonction de la couche délitée ; sur notre bloc elle était de l'ordre de 1 cm (Fig. 72). La même opération sur un fragment d'une autre défense sub-fossile en meilleur état n'a pas réussi.

4) Percussion indirecte sur ivoire de mammouth sub-fossile

Avant d'éclater la défense précédente par percussion directe, nous avions d'abord essayé de procéder par percussion indirecte en enfonçant des pièces esquillées dans les ouvertures créées par le délitage ; même en frappant doucement, les silex se cassaient la plupart du temps dans leur partie distale et l'éclat restait coincé dans la fissure.
Sur un fragment d'une autre défense sub-fossile où le délita-

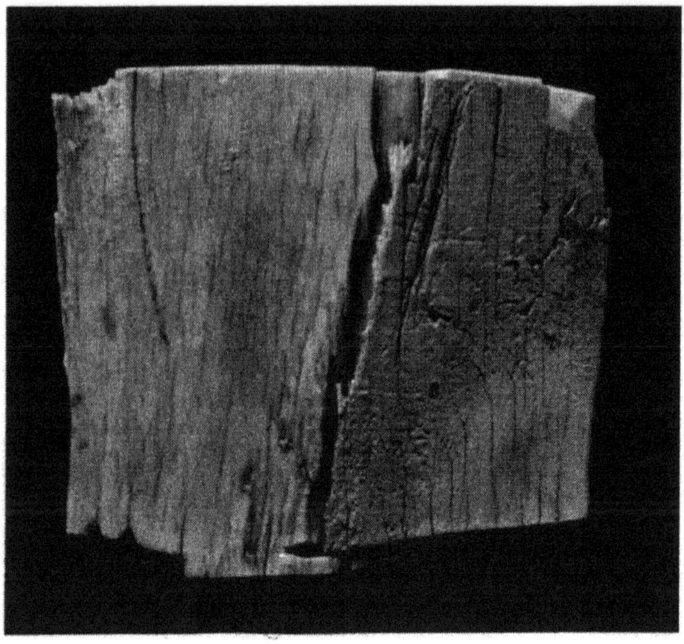

Figure 71 - Bloc d'ivoire sub-fossile légèrement délité destiné à l'extraction d'éclat par percussion directe.

(Cl., LRMF, D. Vigears)

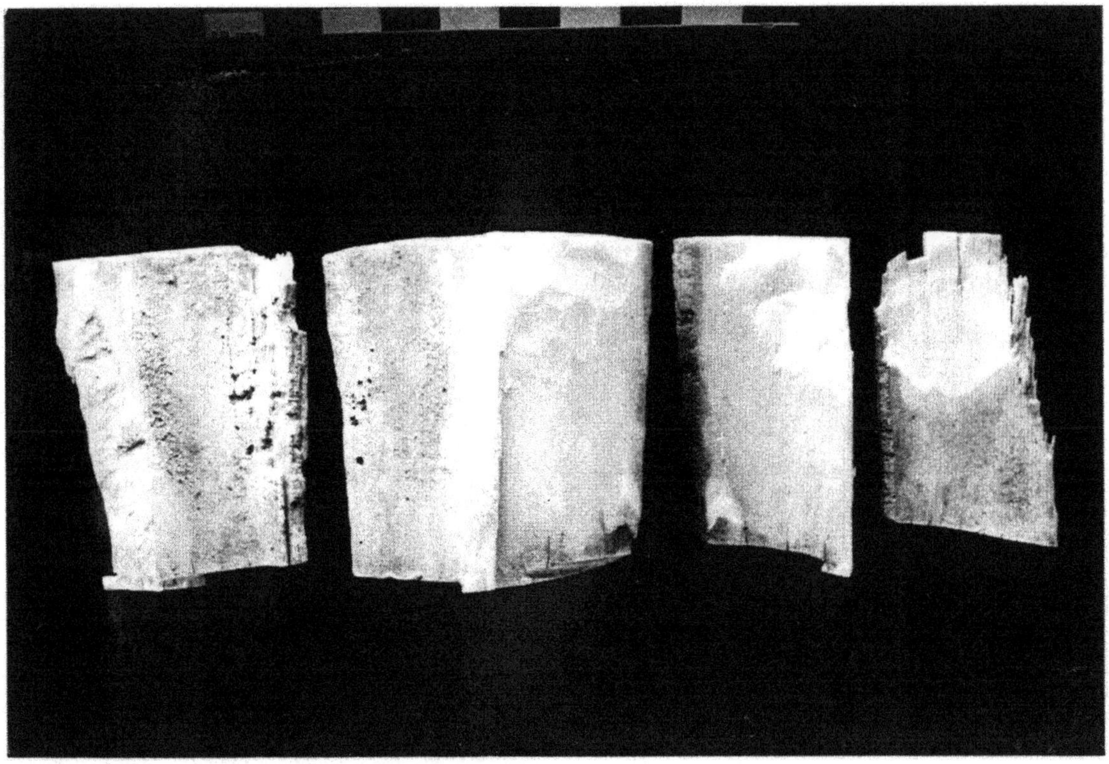

Figure 72 : Les éclats obtenus par percussion directe *(Cl., LRMF, D. Vigears).*

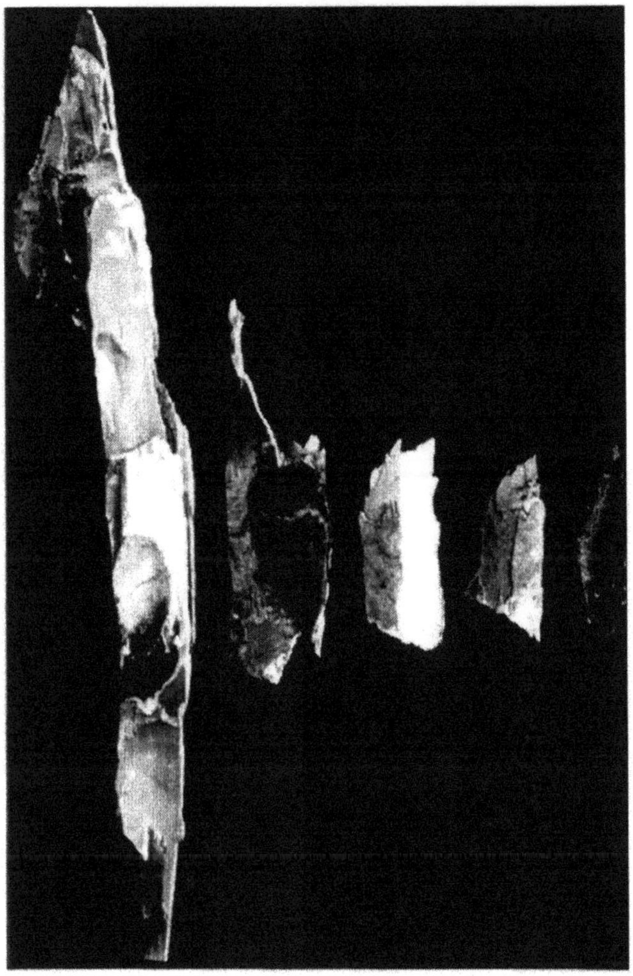

Figure 73 - Expérimentation : détachement des lames par percussion directe.

(Cl., LRMF, D. Vigears).

ge était à peine entamé nous avons essayé d'insérer des coins en silex tout le long de l'amorce du délitage de la première couche afin de forcer petit à petit son détachement ; mais là encore, la partie distale des coins en silex se cassait et restait coincée entre le bloc et la couche en cours de délitage. Nous avons alors remplacé nos coins en pierre par d'autres en ivoire fabriqués sur de petits fragment allongés. Nous avons ainsi pu détacher plusieurs fragments dont une lame de 21 cm de long, 3 cm de large et 1 cm d'épaisseur (mesures maximales) (Fig. 73). La partie active des coins en ivoire et les plans de frappe ne se sont pas esquillés (Fig. 74).

Le délitage naturel ou forcé de l'ivoire sub-fossile a donc pu fournir des supports relativement fins (de quelques milli-

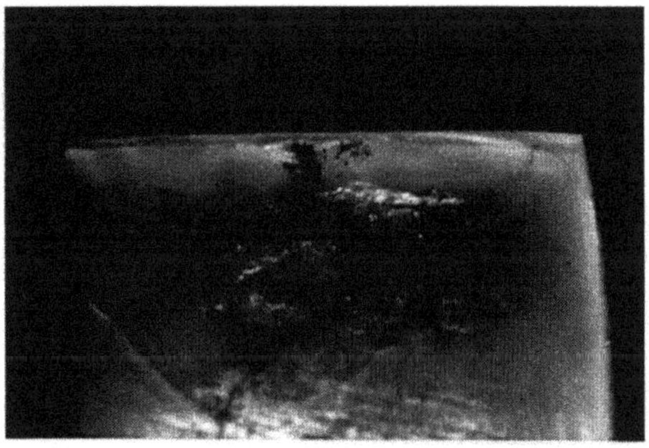

Figure 74 - Le coin en ivoire ayant servi lors de l'expérimentation du détachement des lames de la figure 73.

La partie active du coin est à peine entamée.
(Cl., LRMF, D. Vigears)

mètres à 1 ou 2 centimètres), aptes à la réalisation de certains objets utilisés au Paléolithique. Les coins en ivoire ont semblé plus adaptés que ceux en pierre pour faciliter le travail d'éclatement des couches naturelles de l'ivoire.

II.2.2 - Le rainurage

L'ébauchage des pièces nécessite souvent le recours au rainurage. Nous avons utilisé le rainurage simple pour essayer de contrôler la forme des support obtenus par éclatement. Notre expérimentation a montré la difficulté de cette opération préliminaire quand on travaille sur un ivoire frais. Mais le rainurage peut être un moyen propre à l'obtention d'ébauches.

1) Rainurage sur l'ivoire frais
Une première expérience a eu pour but d'extraire un support allongé tel que ceux qui auraient été nécessaires pour la fabrication de sagaies ou de perles en série par exemple. Nous avons pour cela utilisé une plaque d'ivoire un peu incurvée (10 x 8 x 1,2 cm) provenant d'une couche extérieure d'une défense d'ivoire d'éléphant fraîche qui nous avait été donnée par un artisan. La matière première n'a subi aucun traitement préalable. L'entame du rainurage a été amorcée à l'aide d'un burin sur troncature par un mouvement de va et vient ; le trièdre était efficace et en appliquant beaucoup de force, il mordait bien dans la matière. De cette manière, des petits copeaux très minces pulvérulents ont été obtenus. Après dix minutes de travail, le burin était émoussé ; il a alors été réaffûté mais sa partie active était devenue trop large et il aurait fallu élargir considérablement la rainure pour poursuivre notre opération avec cet outil ; nous avons donc continué avec un perçoir double. La pointe était assez résistante et efficace et nous avons pu travailler avec cet outil pendant presque une heure ; la première pointe semblable à un bec, a été utilisée pendant 20 minutes. La deuxième pointe a duré 40 minutes ; elle a cassé trois fois mais le résultat de la cassure était aussi efficace qu'un réaffûtage de l'outil, car après chaque cassure, nous obtenions des trièdres neufs pour continuer le creusement de la rainure. Alors que la baguette n'était plus attachée que par quelques millimètres de matière, nous avons utilisé un des deux tranchants du perçoir pour scier le fond de la rainure afin de réduire au maximum cette partie (3 à 6 mm suivant les extrémités). Le support alors a été détaché par percussion sur enclume à arête ; dans la partie la plus épaisse (6 mm), la ligne de fracturation est sortie de la rainure. Ce travail nous a pris une heure et vingt minutes (Fig. 75 à gauche).

1) Rainurage sur l'ivoire sub-fossile
Nous avons ensuite procédé à une expérience similaire sur un fragment d'ivoire de mammouth sub-fossile, de la même épaisseur que le précédent, préalablement trempé 10 minutes dans l'eau. Le travail de rainurage effectué avec un trièdre de burin a duré 3 à 4 minutes pour traverser complètement la matière (Fig. 75 à droite). Chaque mouvement de burin enlevait des petits copeaux étroits et épais légèrement recourbés vers l'extrémité distale. Notre support allongé a été obtenu directement, sans recours à une percussion. Nous avons laissé sécher la baguette prélevée pendant quelques heures ; elle a repris sa dureté initiale.

3) Rainurage sur l'ivoire desséché
Une troisième expérience de rainurage sur une défense d'élé-

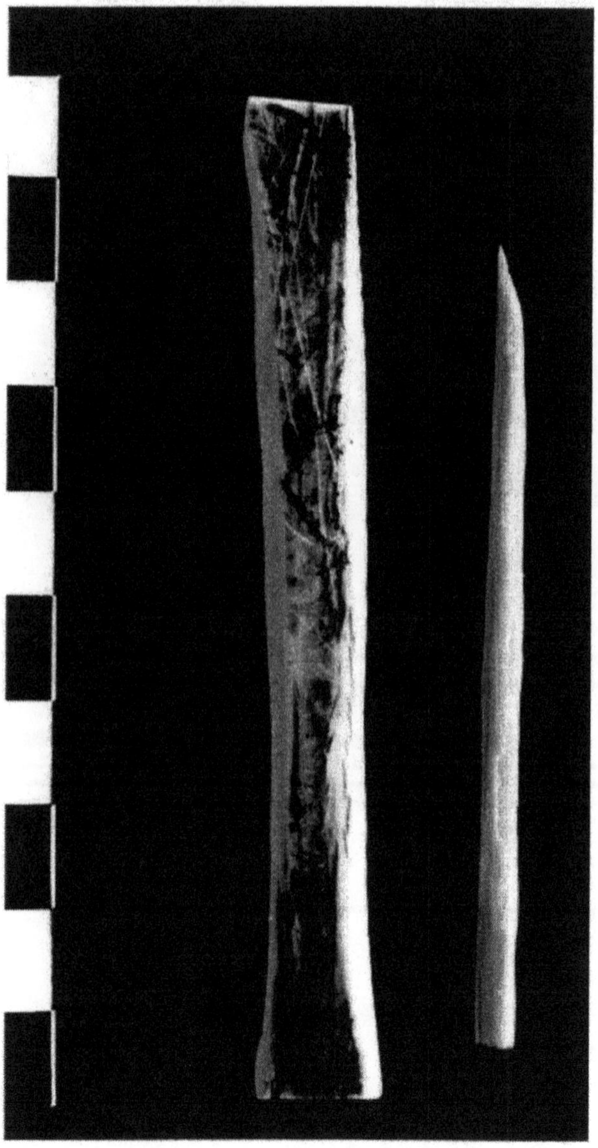

Figure 75 - Expérimentation : rainurage sur éclat.

L'extraction du support allongé sur un ivoire frais (à gauche) a nécessité 1h20 minutes. ; la m^me action sur un ivoire sub-fossile trempé n'a duré que quatre minutes. La baguette a ensuite été façonnée par raclage afin d'obtenir une pointe fine (type Yudinovo) pendant 10 minutes (à droite).
(Cl., LRMF, D. Vigears)

phant un peu desséchée avait pour but d'expérimenter des outils de travail autres que les burins. La rainure a été entamée sur 25 cm de long comme pour l'enlèvement d'une baguette. Les outils utilisés étaient des éclats de formes variées. Nous avons choisi les morphologies qui nous semblaient les plus efficaces, c'est-à-dire des éclats avec des angles et des tranchants résistants. Ils ont montré autant d'efficacité dans le travail de rainurage que si nous avions utilisé des burins ; nous n'avons que rarement réaffûté notre outil, l'échangeant pour un autre lorsqu'il devenait inopérant. Au total, 8 outils ont ainsi été utilisés (Fig. 76). Lors de l'étude ultérieure des outils, il est apparu que les angles taillants des parties actives situés entre 90° et 100° présentaient les polis les plus développés ; un deuxième groupe situé entre 60° et 80° portait des polis moyennement développés et un dernier situé entre 45° et 50°, les polis les plus faibles, souvent perturbés par des ébréchures.

La préparation de l'amorce de la rainure a demandé 20 minutes. Deux heures de travail ont été nécessaires pour obtenir une rainure de 11 millimètres de profondeur, 10 millimètres de large et 30 centimètres de long (Fig. 77a et b).

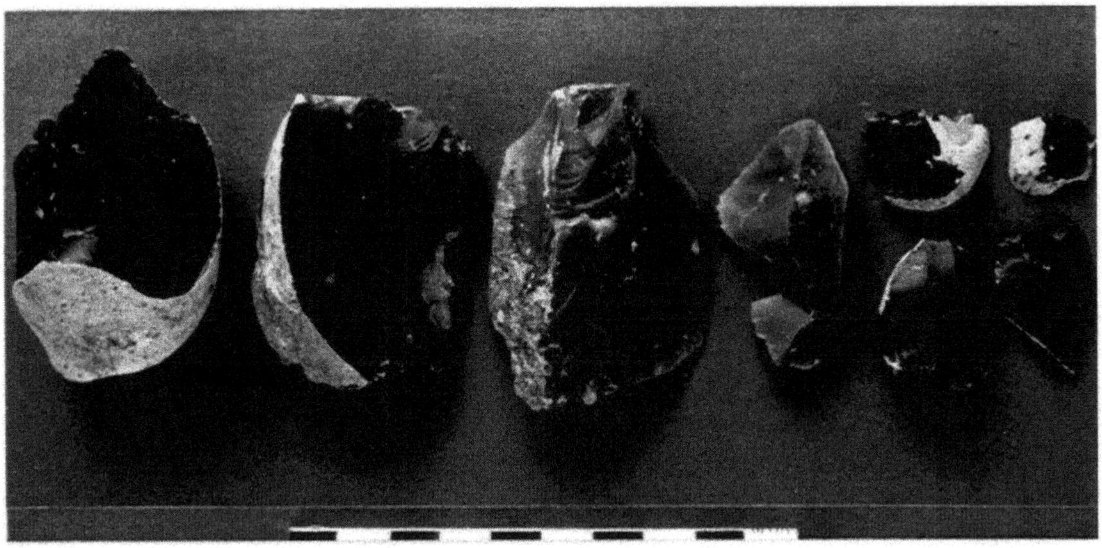

Figure 76 - Les outils utilisés lors d'un rainurage expérimental.

(Cl., LRMF, D. Vigears).

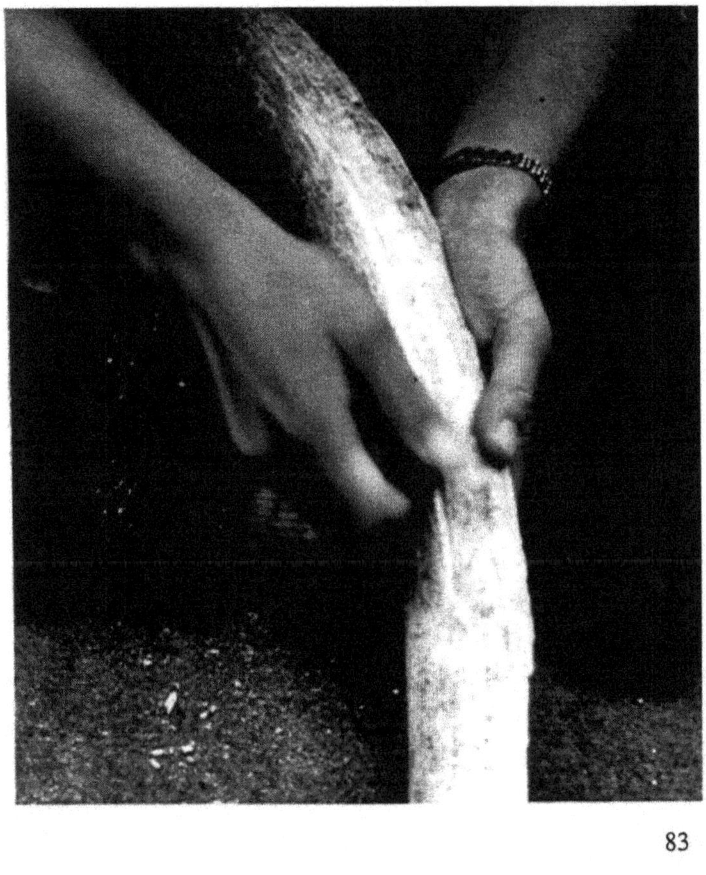

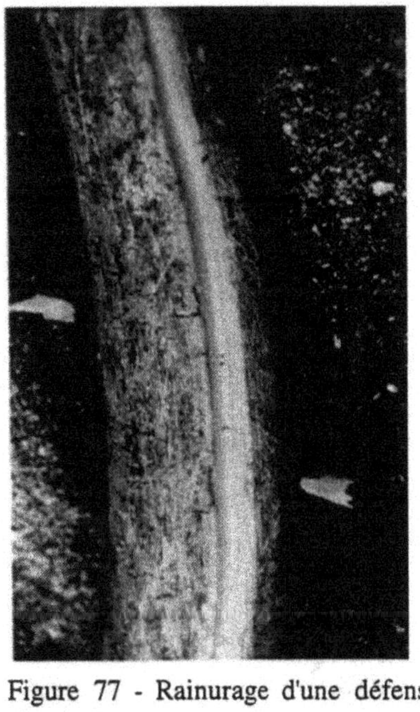

Figure 77 - Rainurage d'une défense d'éléphant desséchée.

a) mise en place de la rainure ;
b) détail du rainurage après deux heures de travail.

a	b

C'est beaucoup plus que le temps nécessaire à l'expérience précédente où l'ivoire sub-fossile avait subi un trempage préalable.

Le rainurage sur un ivoire sub-fossile trempé dans l'eau est donc beaucoup plus facile et plus rapide que sur un ivoire "frais" sec ou un ivoire desséché. Comme nous l'avons observé plusieurs fois, l'ivoire sub-fossile, lorsqu'il est trempé, devient très tendre et se travaille un peu comme du bois végétal. En terme d'outils, on a constaté que le burin ne présente pas toujours la meilleure solution, il est très résistant mais sa partie active, efficace lors de l'entame de la rainure, devient trop large lorsqu'il s'agit d'approfondir le sillon. Ceci est particulièrement notable sur un petit support. Les angles et les tranchants résistants des éclats et des lames bruts ont montré autant d'efficacité qu'un burin dans les actions de rainurage.

II.2.3 - LE RACLAGE, LA PERFORATION, LE POLISSAGE ...

Les principales activités de façonnage sont le raclage, les perforations, les incisions et le polissage. Nous avons choisi de ne pas les traiter une à une, mais au contraire d'exposer dans différents cas de façonnage d'objets, comment ces actions interviennent les unes après les autres.

Une petite "Vénus" a été fabriquée sur un fragment plat de délitage (6 x 1, 8 x 1 cm) de défense de mammouth sub-fossile par G. Tosello. L'ivoire avait été complètement gorgé d'eau par un trempage de 24 heures. Une série d'outils et de produits bruts de débitage avaient été mis à la disposition de l'expérimentateur, afin qu'il puisse à sa guise choisir la morphologie de la partie active qui lui semblait la plus efficace (burins, becs, perçoirs, chutes des burin, éclats, lames entières et cassées).
Les contours de la figurine furent d'abord gravés sur une face de la plaquette afin d'obtenir une esquisse de forme ; ce travail était dans sa majeure partie effectué avec un bec. Ensuite, la gravure a été mise en relief en supprimant de fines couches de matière première à l'extérieur du trait par grattage. Ce travail était aussi fait avec le bec et un mésial de lame. La mise en forme générale a été obtenue en supprimant ces parties amincies ; la matière qui entourait la tête a été enlevée par des doubles rainurages effectués par sciage transversal, permettant de lui donner une forme plus ou moins arrondie ; des encoches faites par une percussion indirecte (éclat) ont permis de façonner le cou et les hanches. La forme des jambes a aussi été obtenue par percussion indirecte (mésial de lame). A ce stade, la Vénus avait sa forme définitive. Les détails comme la forme des seins, des fesses et le tracé des jambes, des bras, du sexe et du visage ont été incisés avec un perçoir présentant une partie active étroite, plate et carrée utilisée comme un front de biseau. Puis le polissage final contre un grès a permis de supprimer les contours un peu anguleux. Au total, la sculpture de la Vénus a duré environ huit heures (Fig. 78).
Le travail dans le sens des fibres était facile ; l'ivoire était très tendre et la matière partait facilement par copeaux, quel que soit l'outil. Le fragment d'ivoire était régulièrement trempé dans l'eau pendant quelques minutes afin que la matière reste relativement tendre. Le résultat de ce traitement se reflète dans le nombre d'outils utilisés. Cinq seulement ont été nécessaires pour huit heures de travail et aucun d'entre eux n'a été réaffûté (Fig. 79). En raison de la petite taille du support, les opérations en percussion indirecte ont du être exécutées à deux, une personne étant nécessaire simplement pour tenir le support. Les outils n'ont pratiquement pas été esquillés, grâce au trempage à l'eau ; par contre, il était nécessaire de les nettoyer régulièrement en raison de leur encrassement par les microfragments d'ivoire.

Des perles en série ont été fabriquées par J. Rodière à l'imitation des perles magdaléniennes du site des Peyrugues, sur

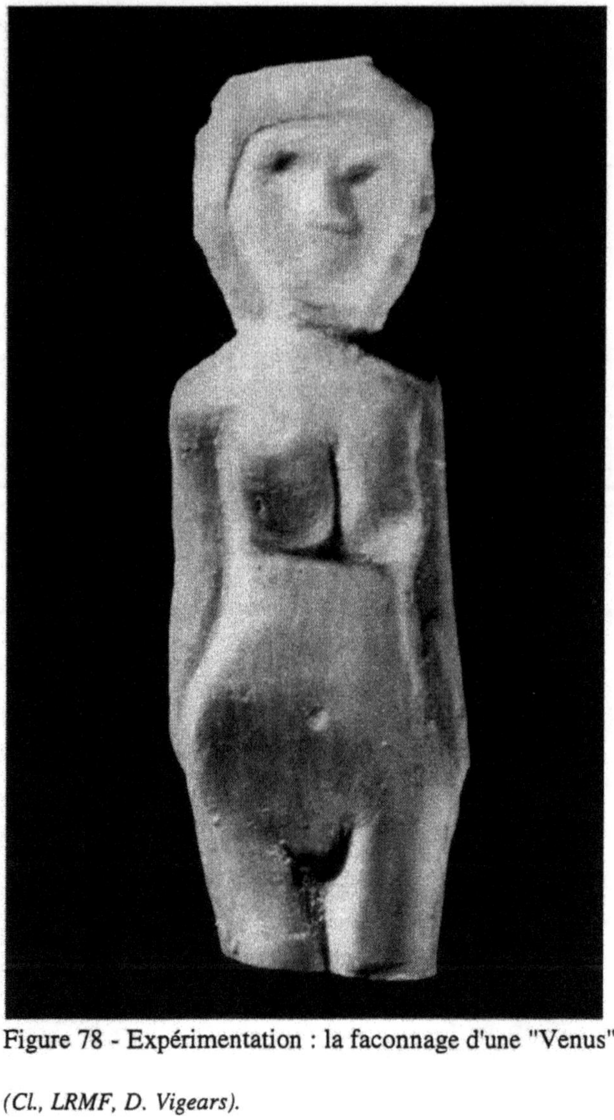

Figure 78 - Expérimentation : la faconnage d'une "Venus".

(Cl., LRMF, D. Vigears).

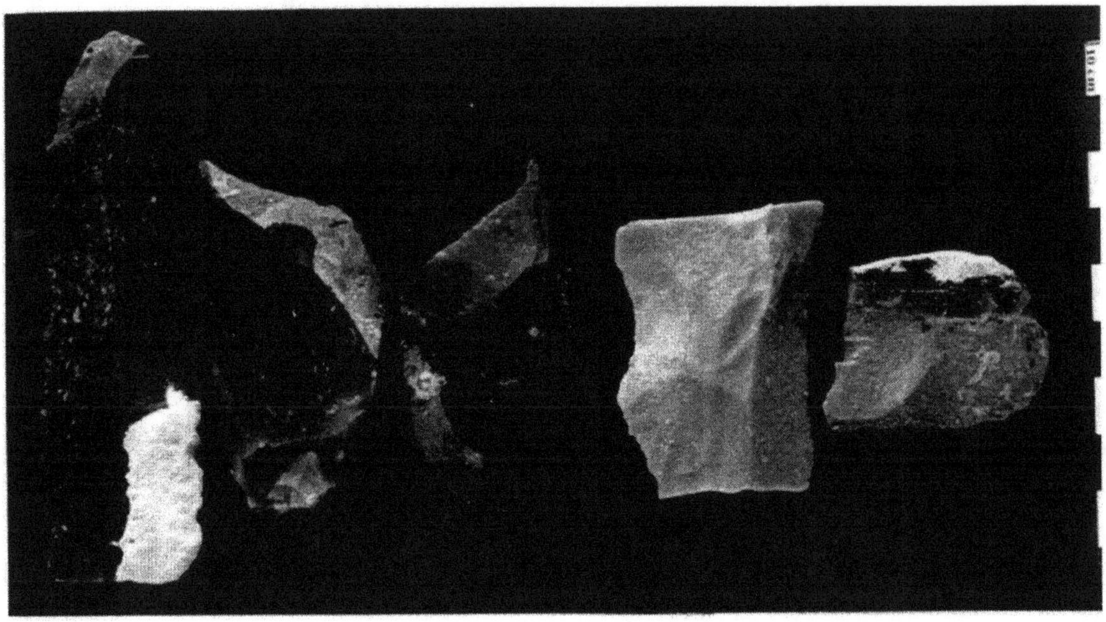

Figure 79 - Expérimentation : Les outils utilisés dans la fabrication de la "Venus" de la figure 78.

(Cl., LRMF, D. Vigears)

de l'ivoire d'éléphant frais sec, mais humidifié à la salive. Une baguette (45 x 3 mm) a d'abord été extraite par un double rainurage sur un petit bloc allongé d'ivoire (6 x 2 x 2 cm.) ; puis des encoches ont été réalisées à distance régulière par abrasion sur grès afin obtenir une série de perles prêtes à être sectionnées (Fig. 80). L'extraction de la baguette a duré huit heures et cinq outils de petite taille ont été consommés ; il ne s'agit pas d'outils dans le sens typologique du terme, mais d'éclats de différentes formes (Fig. 81). Les parties actives choisies par J. Rodière étaient systématiquement les angles ou des parties naturellement pointues ; aucun outil n'a été retouché afin de le rendre plus efficace. Deux autres baguettes ont été extraites par double rainurage dans un ivoire de mammouth. Une petite baguette de 25 x 3 mm et une plus grande de 10 cm de long. L'ivoire était travaillé à sec, mais avec une application systématique de salive. Le travail a été considérablement facilité par cette humidification, moins toutefois que si cet ivoire avait été préalablement trempé dans l'eau. La baguette la plus longue a été extraite en huit heures, sa durée de fabrication est donc égale à celle de la fabrication de la petite baguette en ivoire d'éléphant quoique la dimension de l'objet travaillé soit beaucoup plus grande. Elle a ensuite été polie à l'aide une application de poudre d'ocre au doigt (Fig. 82), procédé très efficace selon J. Rodière.

Pour la fabrication de pendeloques, R. White a utilisé des burins, des grattoirs et des chutes de burins. Il a ainsi réalisé des perforations sur craches de cerfs par rotation et par creusement, et façonné une pendeloque allongée en ivoire de mammouth par sciage, raclage, perforation. Les craches ont été travaillées les unes à sec et les autres après un trempage à l'eau. Elles ont été perforées avec des chutes de burin et un perçoir. Lors du travail de l'ivoire au burin et au grattoir, de l'ocre avait été systématiquement appliquée sur la partie travaillée afin d'en favoriser l'usure.

II.3 - LES OUTILS

Nous avons utilisés différents type d'outils dans ce travail expérimental : des burins, des grattoirs, des perçoirs... ainsi qu'un certain nombre de produit de débitage bruts. Un premier constat concerne les outils employés lors de la percussion indirecte. Ces pièces, devenues esquillées, se sont montrées très inefficaces : dans la plupart des cas, elles se sont cassées ou leurs tranchants se sont rapidement dégradés. Ce n'est que pour l'enlèvement de petits copeaux, en percussion indirecte sur un ivoire sub-fossile, que le tranchant de l'outil restait à peu près intact. Par contre, les coins en ivoire semblent pouvoir jouer le rôle de pièces intermédiaires sans que les parties actives s'abîment beaucoup. Les burins ne présentent pas, contrairement à ce que l'on pouvait penser, d'avantages particuliers pour travailler l'ivoire. Des produits de débitage bruts sont tout aussi efficaces, à condition de présenter des angles taillants ou des trièdres résistants. Dans certains cas de rainurage, les parties actives de burin sont trop larges et elles ont pour effet d'élargir la rainure plutôt que de l'approfondir. Les parties actives d'autres outils typologiques se sont cassées pendant leur utilisation et nous avons observé que, malgré la cassure, l'outil était toujours efficace sans qu'il soit nécessaire d'avoir recours à des réaffûtages. En particulier un perçoir a eu sa pointe cassée plusieurs fois avec pour résultat à chaque fois de fournir des trièdres neufs.

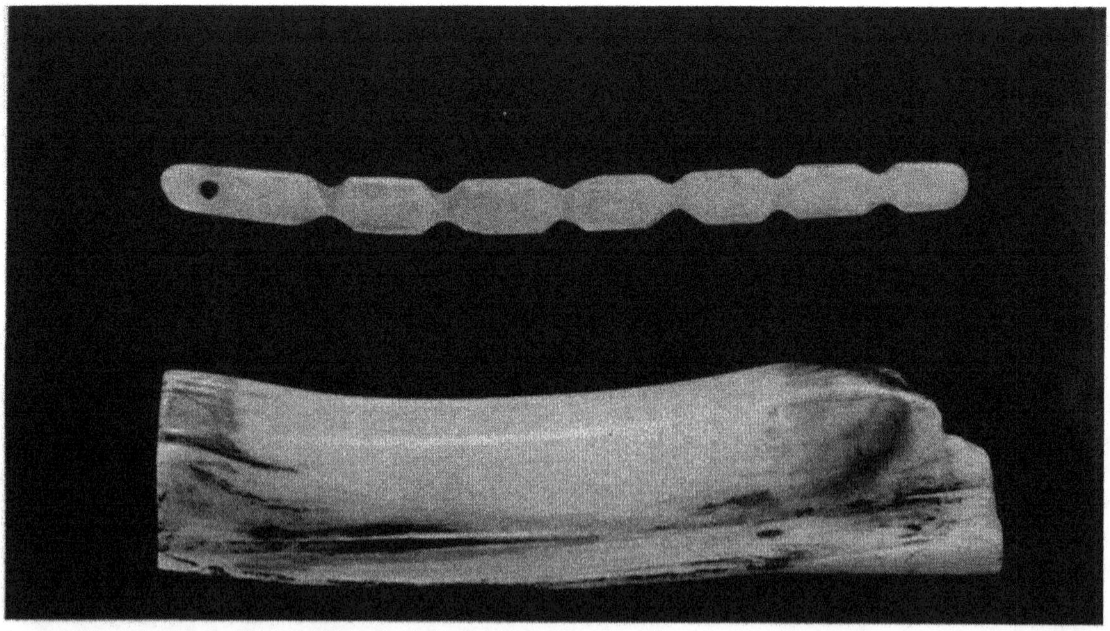

Figure 80 - Expérimentation : façonnage de perles en série.

En bas, le bloc brut dans lequel sera extraite la baguette ; en haut, la baguette préparée, (Cl. LRMF, *D. Vigears).*

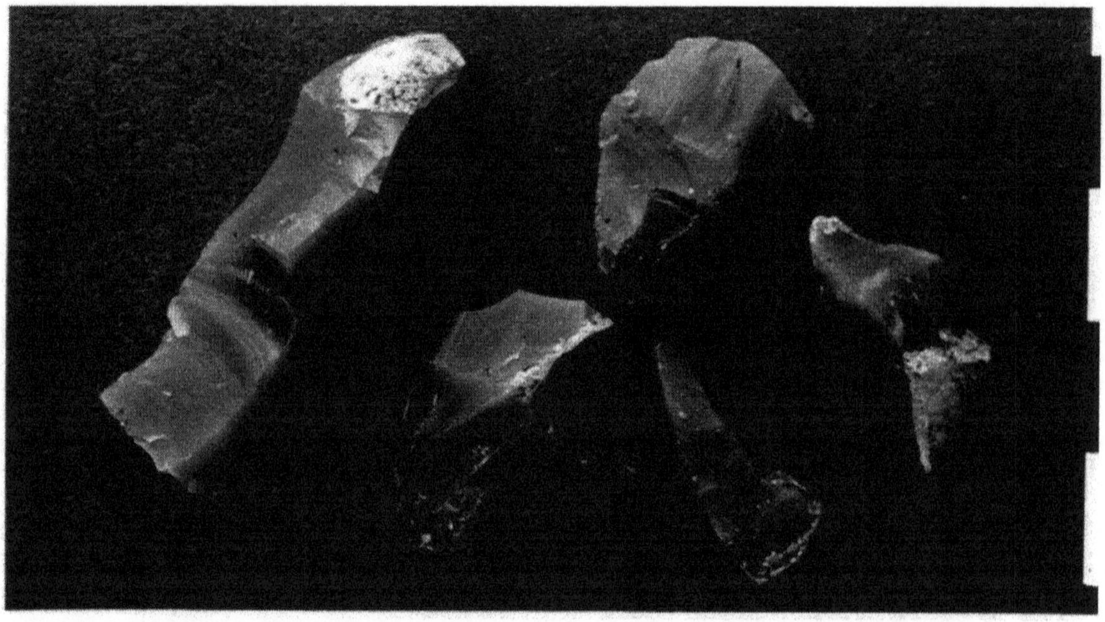

Figure. 81 - Expérimentation : les outils utilisés dans le façonnage des perles de la figure 80.
(Cl. LRMF, D. Vigears).

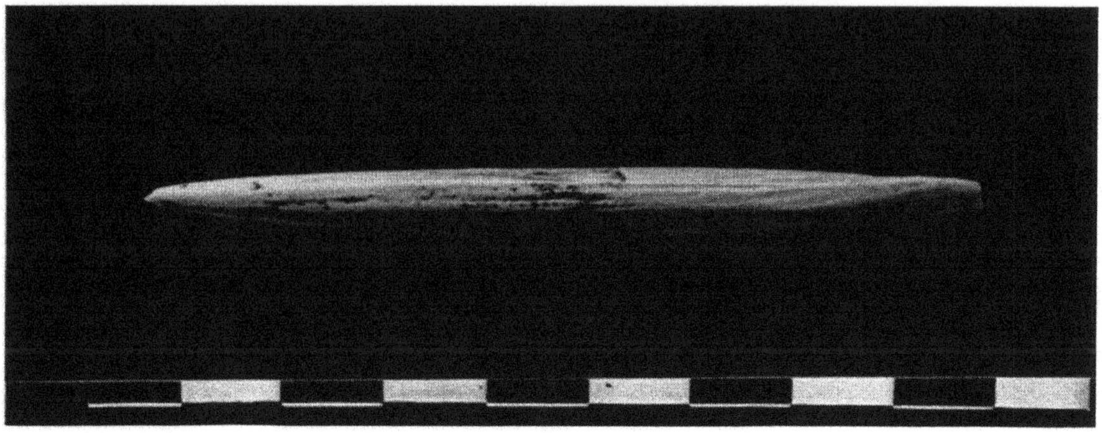

Figure 82 - Expérimentation : façonnage d'une petite sagaie.
(Cl. LRMF, D. Vigears).

II.3.1 - Les traces d'utilisation observées au microscope optique

La description des principales traces (macro et microscopiques) observées sur les outils expérimentaux sont présentées dans cette partie. Elles correspondent principalement aux actions transversales, longitudinales, circulaires auxquelles s'ajoute un cas particulier d'application d'éléments abrasifs pendant le travail. Pour la description détaillée des stigmates d'usure, le lecteur peut se reporter au tableau (*cf.* annexe, Tabl. 2). Dans l'ensemble, 69 pièces présentant 103 zones utilisées ont été fabriquées lors de ces expérimentations.

II.3.1.1 - Actions transversales (rabotage, raclage, grattage, lissage et fendage)

Cette description de traces d'usures produites lors d'actions transversales est la synthèse des observations faites sur 26 pièces expérimentales ayant été utilisées sur de l'ivoire frais, sec et trempé, et de l'ivoire sub-fossile, sec et trempé. Le poli issu d'un raclage d'ivoire qui apparaît sur le tranchant de l'outil est en général marqué de manière très intense dans une zone proche du tranchant de l'outil. C'est un poli marginal, à contours réguliers et francs, la trame est relativement unie et la coalescence est ondulée. La présence de microtrous est fréquente et lorsque le travail a été intense des déformations plastiques apparaissent sous forme de craquelures perpendiculaires au sens du travail (Fig. 83a). Dans l'ensemble, le poli d'ivoire est assez homogène. La présence de stries perpendiculaires au tranchant est un phénomène fréquent ; cependant, lorsque l'outil n'est pas tenu strictement perpendiculaire au tranchant, elles peuvent être en diagonale. La quantité de stries présentes varie avec l'état de la matière travaillée ; lorsqu'elle est fraîche et dure, elles sont plus nombreuses et plus prononcées (Fig. 83b). Ceci peut s'expliquer par la présence de nombreuses micro-esquilles provenant du tranchant et de l'enlèvement de petit copeaux pulvérulents qui se mettent entre la surface de dépouille de l'outil et l'ivoire.
Les traces qu'on observe sur les outils ayant travaillé un ivoire frais préalablement trempé sont peu différentes. En effet, le ramollissement n'ayant affecté qu'une fine pellicule de surface vite enlevée, l'outil se retrouve presque immédiatement en contact avec l'ivoire sec ; son poli acquiert donc rapidement la même allure (Fig. 83c). Par contre le travail d'un ivoire sub-fossile trempé dans l'eau crée un poli plus étendu sur le tranchant, celui-ci pénétrant plus largement la matière travaillée (Fig. 83d). Toutefois il n'atteint jamais le stade d'un poli envahissant. Les stries sont peu prononcées, peu nombreuses et parfois absentes ; la matière enlevée, présente sous forme de copeaux, ne joue pas le rôle de particules abrasives et le tranchant de l'outil s'esquille moins : c'est en fait uniquement la poussière et les éléments extérieurs qui provoquent l'apparition de stries.
Les actions de grattage et de lissage sont responsables d'un poli d'allure identique à celui du raclage, la différence apparaît dans l'étendue du poli le long du tranchant qui affecte alors une zone plus restreinte.
Les ébréchures des outils sont souvent scalariformes, en particulier lorsque l'angle d'attaque est droit ou obtus.
Parmi les 8 pièces utilisées en percussion indirecte, 6 ont servi à fendre de l'ivoire. Toutes présentent des traînées de poli sur les deux faces, avers et revers, plus ou moins larges en fonction de la taille de la zone de contact avec ce matériau. Le poli se caractérise par une coalescence plus plate que lors des actions transversales mentionnées ci-dessus (Fig. 83e). Le tranchant opposé à la partie active est esquillé par son contact avec le percuteur : un percuteur dur laisse des gros enlèvements souvent scalariformes et un percuteur tendre en bois végétal laisse des enlèvements beaucoup moins prononcés plutôt écailleux.

II.3.1.2 - Actions longitudinales (rainurage, incision, sciage...)

Le poli de rainurage, observé sur 29 outils, ressemble à celui des actions transversales. Dans le cas de travail avec un burin, le poli est distribué parallèlement au biseau et perpendiculaire ou diagonal au flanc du burin selon la manière dont l'outil est tenu (Fig. 84a). Lorsque le rainurage est effectué avec une lame cassée, le trièdre et le tranchant sont marqués par le poli.
Les actions d'incision affectent les parties actives des outils (12) sur de petites surfaces ; le poli est en général marginal, à contours réguliers et francs sur ivoire sec (Fig. 84b). Sur ivoire sub-fossile trempé, sa trame est relativement unie et la coalescence, ondulée. Le poli d'ivoire obtenu lors d'un sciage léger (22 outils) présente quelques différences avec celui des actions transversales ; la coalescence est plus dure et à contours francs mais irréguliers. Le poli se présente sous forme de traînées continues parallèles au tranchant, souvent striées. Son étendue est plus envahissante que dans les actions transversales ; il est même parfois possible d'observer une bande de poli un peu en retrait par rapport au tranchant. Les ébréchures sont écailleuses et en forme de demi lune. Lorsqu'une application d'ocre est faite pendant le travail, le poli présente une trame plus variée qui peut aller de serrée à unie ; la coalescence est ondulée à plate. La surface est marquée par une abrasion générale et le tranchant peut être très émoussé par endroit. La zone de contact est couverte de stries fines parallèles au tranchant (Fig. 84c). Par endroit, le poli peut ressembler à celui obtenu lors du sciage d'un bois de cervidé (Fig. 84d).

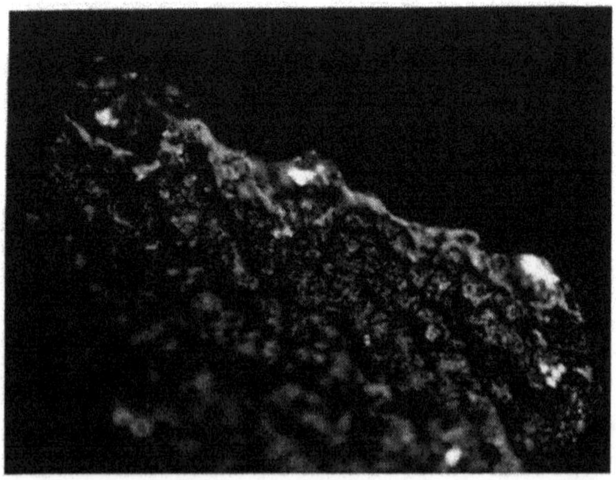

a : Détail d'un poli expérimental issu d'un travail de raclage sur de l'ivoire trempé (200x).

b : Détail d'un poli expérimental issu d'un travail de raclage sur de l'ivoire sec (200x).

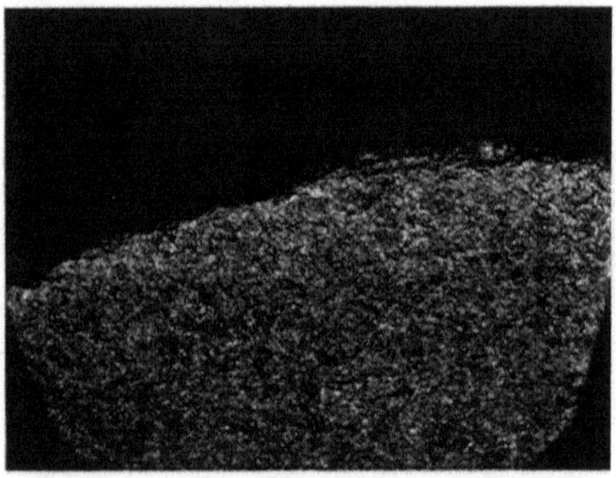

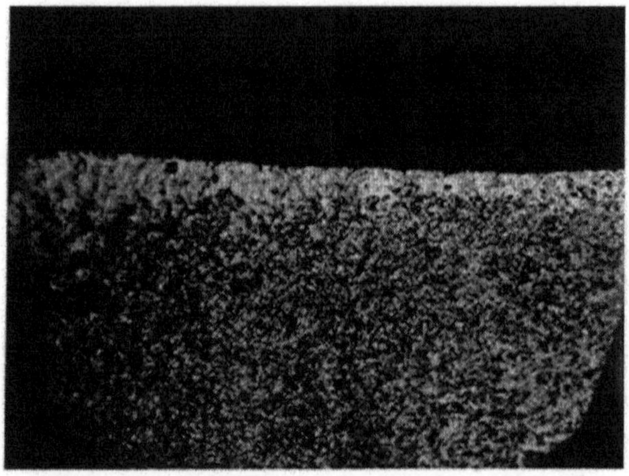

c : Détail d'un poli expérimental issu d'un travail de raclage sur de l'ivoire frais préalablement trempé dans l'eau (200x).

d : Détail d'un poli expérimental issu d'un travail de raclage sur de l'ivoire sub-fossile préalablement trempé dans l'eau (200x).

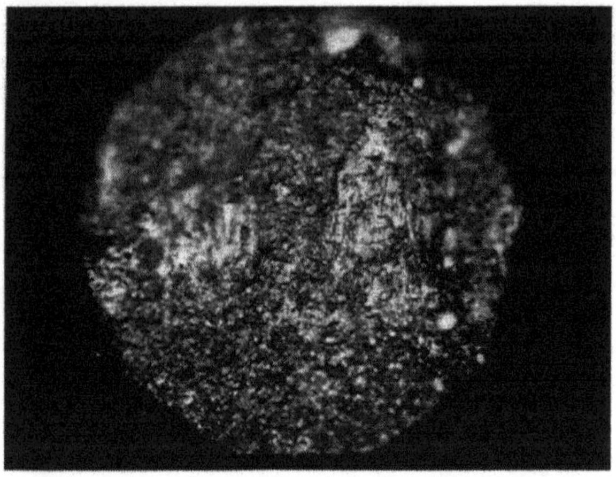

e : Détail d'un poli expérimental issu d'un travail de fendage de l'ivoire (200x).

Figure 83 - Détails de polis expérimentaux obtenus au microscope optique lors d'actions transversales sur des fragments d'ivoire ; à gauche : ivoire d'éléphant, à droite : ivoire de mammouth.

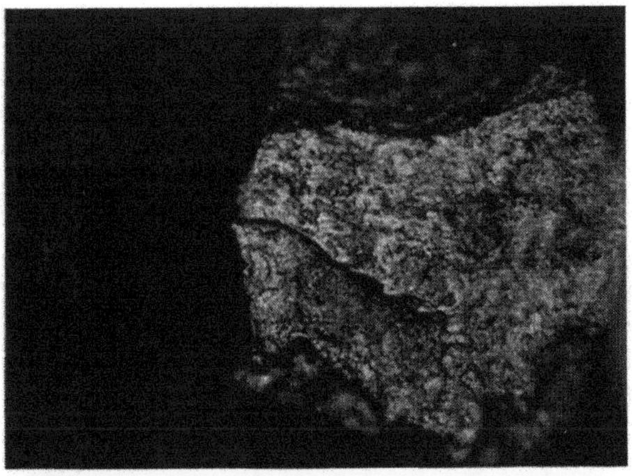

a : Détail d'un poli expérimental issu d'un travail de rainurage sur ivoire d'éléphant sec (200x).

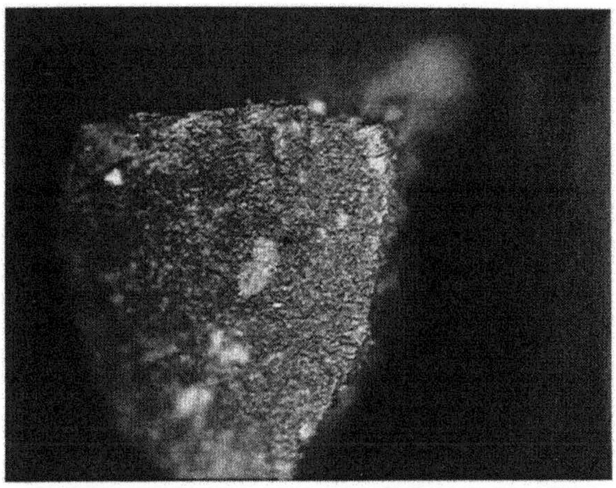

b : Détail d'un poli expérimental issu d'un travail d'incision sur ivoire d'éléphant sec (200x).

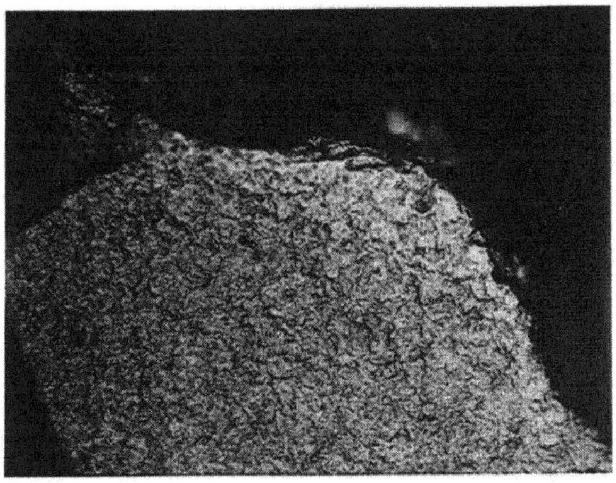

c : Détail d'un poli expérimental issu d'un travail d'incision sur de l'ivoire de mammouth sub-fossile trempé (200x).

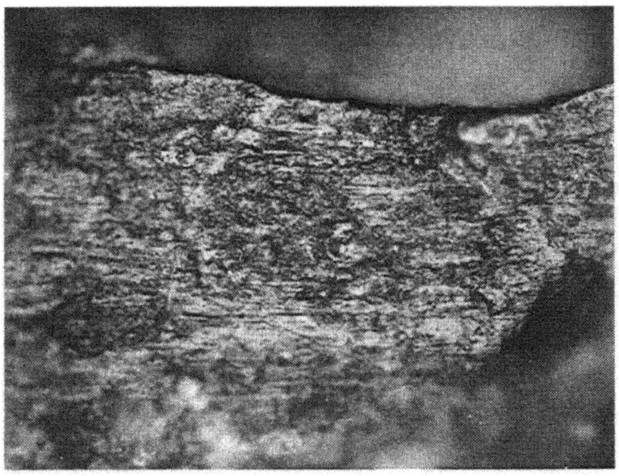

d : Détail d'un poli expérimental issu d'un travail de sciage sur ivoire de mammouth avec une application d'ocre (200x).

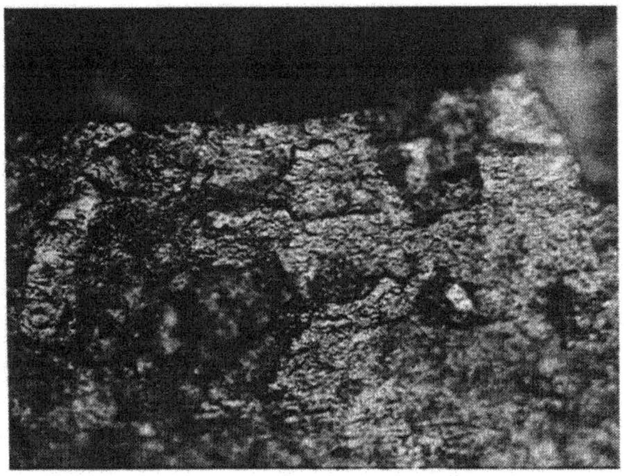

e : Détail d'un poli expérimental issu d'un travail de sciage sur ivoire de mammouth sub-fossile (200x).

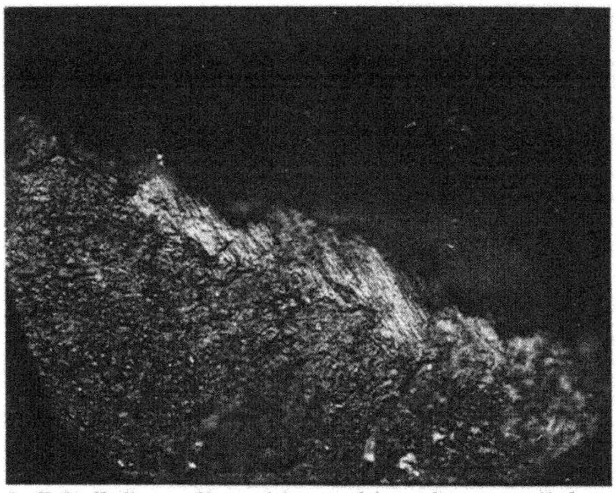

f : Détail d'un poli expérimental issu d'un travail de perforation par rotation sur une crache de cerf (200x).

Figure 84 - Détails de polis expérimentaux obtenus au microscope optique lors d'actions longitudinales sur des fragments d'ivoire.

II.3.1.3 - Actions circulaires (perforation)

La perforation par rotation ou par creusement laisse en général peu de traces; celles-ci sont limitées aux zones près du fil du tranchant avec parfois des spots de poli à contour franc sur les surfaces qui frottent contre la matière (Fig. 84e). Les 9 pièces examinées présentent des stries petites et courtes, perpendiculaires au bord. L'esquillement est important ; il se présente sous forme de petits enlèvements écailleux. La perforation par grattage produit un poli très ponctuel ressemblant à celui décrit lors les actions de grattage dans les actions transversales.

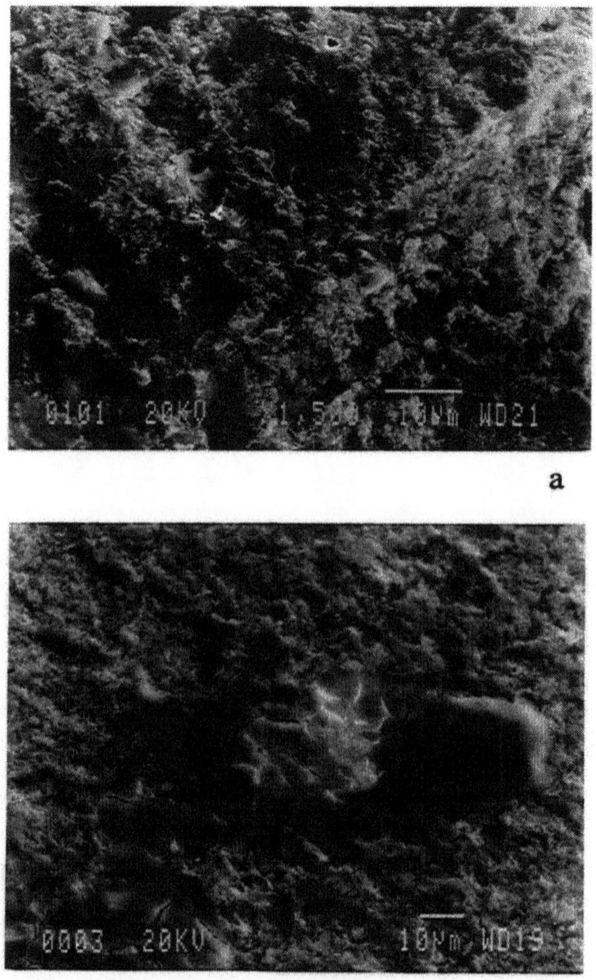

a

b

Figure 85 - L'observation des polis au MEB.

Les polis se présentent sous forme de petits dépôts sombres piégés dans les creux du relief de la surface du silex (a) ou sous forme de juxtaposition de petits amas (b).

II.3.2 - L'observation et l'analyse des polis d'utilisation au MEB

Lors des observations au MEB, les polis apparaissent comme des taches foncées à la surface du silex. Ils se présentent sous forme de petits dépôts de matière bien accrochés au relief de la surface, le plus souvent piégés dans des creux (Fig. 85a). Lorsque le poli est important il peut prendre l'aspect d'une coulée le long du tranchant. Les craquelures sont des phénomènes fréquents ; au MEB elles donnent l'impression que le poli est formé d'une juxtaposition de petits amas d'apatite (Fig. 85b).

La composition chimique des polis d'ivoire se caractérise, comme nous l'avons déjà dit (*cf.* 1° partie, II.2), de calcium, de phosphore et de magnésium.

Le poli des outils, qui ont travaillé un ivoire trempé dans une solution d'acide oxalique (oseille), n'ont pas de composition particulière et ils restent indifférenciés des autres polis d'ivoire.

Les outils, qui ont été utilisés avec l'adjonction d'une poudre à base d'hématite, se caractérisent par un élément supplémentaire : le fer. Nous avons analysé ces outils au MEB pour observer si la présence du fer contenue dans l'ocre (l'ocre est une argile riche en fer) se traduit aussi dans le poli ; ceci pourrait permettre une analyse plus fine sur les collections archéologiques. Lors de l'analyse au MEB d'un outil expérimental, l'ocre se manifeste par une présence importante de fer (Fe) mélangé aux composants de l'ivoire (calcium, phosphore et magnésium). S'il s'agit de résidus localisés sur l'outil, l'hématite apparaît sur l'image rétrodiffusée sous forme de petits cubes mélangés aux cristaux d'apatite. L'analyse du poli lui-même et de la cartographie de la distribution spatiale des éléments montre des points riches en fer dans le poli (Fig. 86).

Les polis d'utilisation sur les outils ayant travaillé l'ivoire dans différentes états (sec, trempé, humidifié à la salive) ne montrent pas ou peu de différences dans leurs coalescence et leur trame. Ce n'est que dans les cas de travail sur l'ivoire avec application d'abrasif que la coalescence du poli devient plus plate et sa trame plus serrée. Par contre le degré d'humidité de la matière travaillée influe sur l'étendue et la quantité de poli déposé. Un travail sur ivoire sub-fossile, trempé préalablement dans l'eau, laisse un poli plus important que le même travail sur un ivoire frais lui aussi trempé. Ces nuances d'étendue varient en fonction de la durée du travail et de l'action effectuée. Le travail d'un ivoire sec va laisser plus de stries qu'un ivoire trempé à cause de la présence de poudre d'ivoire à l'interface de la matière travaillée et la matière travaillante. Nous avons aussi observé que le travail de l'ivoire sub-fossile trempé dans l'eau dégrade à peine le fil du tranchant, alors qu'il l'ébrèche sur un ivoire sec, frais ou sub-fossile.

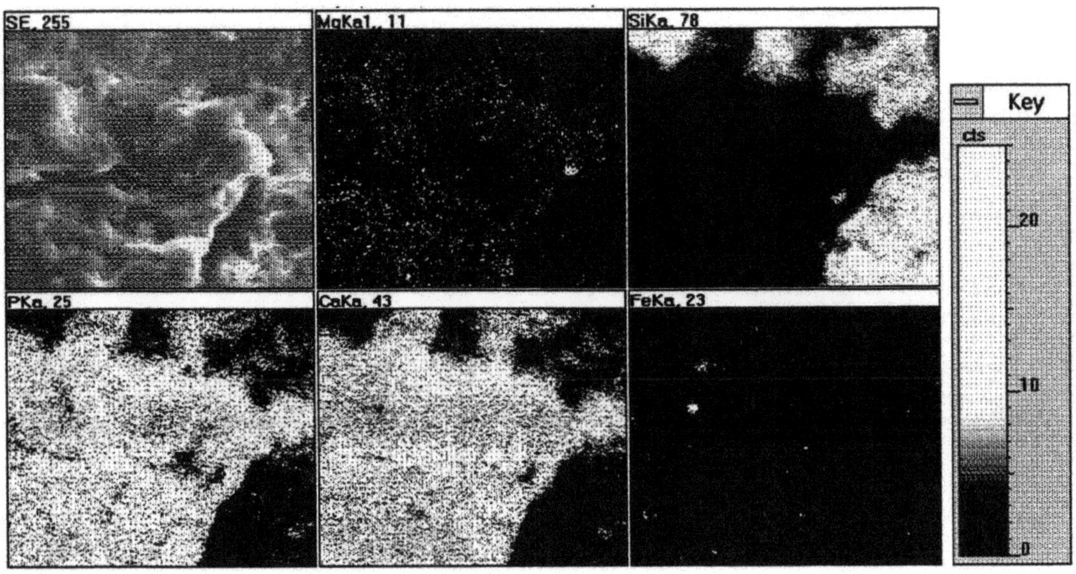

Figure 86 - Cartographies de la distibution spatiale d'un poli d'ivoire obtenu par un travail avec adjonction d'une poudre à base d'hématite (MEB x 1800).

II.4 - CONCLUSION

Lors de ces expérimentations la principale difficulté a consisté à travailler l'ivoire frais en raison de sa compacité et son homogénéité. On peut s'interroger sur les difficultés rencontrées dans ce travail par des hommes préhistoriques dépourvus de moyens techniques autres que rudimentaires par rapport aux artisans actuels de l'ivoire. A aucun moment nous n'avons pu contrôler le résultat obtenu par percussion. Parmi les collections archéologiques étudiées, nous avons pourtant vu des éclats d'ivoire taillés perpendiculaires aux fibres et présentant des bulbes de percussion tout comme on peut le voir sur des éclats de silex. Mais expérimentalement ils n'ont pu être reproduits par percussion, faute du matériau approprié (ivoire particulièrement frais ou sub-fossile...), ou à cause d'un traitement inconnu (autres que ceux testés), ou simplement pour une question de force.

De manière générale, les actions sur l'ivoire frais (rainurage, raclage, perforation, incision...) ont été possibles mais au prix de nombreux réaffûtages ou de changements d'outils. Les tentatives pour trouver un moyen de ramollir l'ivoire n'ont abouti que sur l'ivoire sub-fossile, soit simplement avec de l'eau, soit avec une solution acide. Ces traitements étaient cependant presque inefficaces sur de l'ivoire frais.

Cela nous fait supposer que les hommes préhistoriques ont peut-être travaillé de préférence l'ivoire sub-fossile. Cette idée est confortée archéologiquement par le fait que seul ce matériau produit des copeaux de grande taille, comme ceux que l'on trouve par exemple sur le site de Geissenklösterle. En outre, la plupart des objets en ivoire du Paléolithique (à l'exception de certaines statuettes en ronde-bosse et de quelques objets exceptionnels) sont de taille relativement petite et tout à fait réalisable sur des fragments de délitage qui peuvent atteindre jusqu'à 2 cm d'épaisseur. On peut imaginer que les hommes du Paléolithique se sont contentés dans la plupart des cas de ramasser des fragments d'ivoire anciens sur des animaux déjà morts. Ils ne les ont pas nécessairement chassés.

Sur la base de cette expérimentation, l'idée que la matière dure animale doive nécessairement être travaillée au burin semble pouvoir être rejetée ; nous avons pu observer que n'importe quel produit de débitage brut pourvu d'un angle d'attaque supérieur à 50° offrait la même efficacité et les mêmes facilités de travail. C'est pourquoi, lors des analyses archéologiques, une plus grande panoplie d'outils a été incluse progressivement. A Laugerie, nous avions centré nos analyses initiales sur les burins, tandis que pour le site de Yudinovo, nous avons étudié une panoplie d'outils beaucoup plus étendue (environ 650 artefacts ont été observés).

CHAPITRE III - LES CHAÎNES OPÉRATOIRES DE L'IVOIRE AU PALÉOLITHIQUE : HYPOTHÈSE ET DISCUSSION

L'objectif de cette partie est de synthétiser les actions possibles sur l'ivoire : les techniques d'acquisition, les techniques d'ébauchage et les techniques de façonnage (Fig. 87), à partir des différentes données publiées (artisanales, ethnologiques, archéologiques et expérimentales) et des connaissances acquises lors de notre expérimentation sur l'ivoire. Cette dernière permet de dresser le bilan des outils nécessaires aux différentes opérations techniques. Ainsi, il sera plus facile de situer les outils archéologiques faisant partie de notre corpus d'étude à l'intérieur des chaînes techniques.

Quatre modes d'acquisition permettent de se procurer de l'ivoire : la chasse, la récupération sur des animaux morts, le ramassage de fragments de défenses cassées, l'échange... Selon son origine, les modules d'acquisition de matière première se présentent ainsi sous des formes différentes : défense entière, bloc ou éclat. Le cas d'échange est particulier du fait qu'il n'existe pas de vestiges archéologiques directs permettant de mieux documenter ce processus, mais nous supposons qu'il a pu fournir de la matière première brute aussi bien que des préformes ou des objets finis. Cette phase d'acquisition peut parfois comporter un acte technique si l'extraction de la défense est nécessaire.

Lors de l'étape suivante, celle de l'ébauchage, la matière première est mise en forme au moyen de diverses techniques (percussion, tronçonnage, rainurage, sciage, raclage...). Ces procédés n'interviennent pas nécessairement tous, ni ne suivent obligatoirement le même ordre d'exécution ; tout est fonction de la forme de l'objet désiré.
L'étape de façonnage aboutit à l'objet fini. Elle peut faire intervenir toutes les techniques précédentes, plus quelques autres : raclage, incision, polissage, perforation, coloration... Selon l'objectif de l'artisan, elles interviennent dans l'ordre voulu en fonction de la chaîne opératoire d'un type d'objet ou en fonction du savoir-faire propre à l'artisan.
Le schéma opératoire (*cf.* Fig. 87) suggère des choix possibles mais non des obligations. Les techniques sont partiellement imposées par les contraintes de la matière première mais ce sont les traditions culturelles qui guideront l'artisan à partir du moment où le matériau permet un choix entre différentes options.

Les trois niveaux, d'acquisition, d'ébauchage et de façonnage, peuvent être considérés comme des stades techniques dont les niveaux sont décomposables en séquences opératoires. Afin de mieux cerner les séquences de ces chaînes opératoires nous allons détailler maintenant ces trois niveaux.

III.1 - PREMIÈRE ÉTAPE : L'ACQUISITION DE LA MATIÈRE PREMIÈRE

Tout fragment de défense est nécessairement issu d'un animal vivant ou mort mais la forme sous laquelle les hommes préhistoriques l'acquièrent peut varier (Fig. 88). Les moyens exposés n'ont évidemment pas été vérifiés expérimentalement, mais ils sont issus des données ethnologiques sur la chasse aux éléphants ou des données archéologiques lorsqu'elles le permettent.

III.1.1 - Acquisition sur animal chassé

Une des actions permettant de récupérer les défenses est la chasse. Mais cette dernière avait également d'autres objectifs : alimentation, production d'énergie (combustion des os

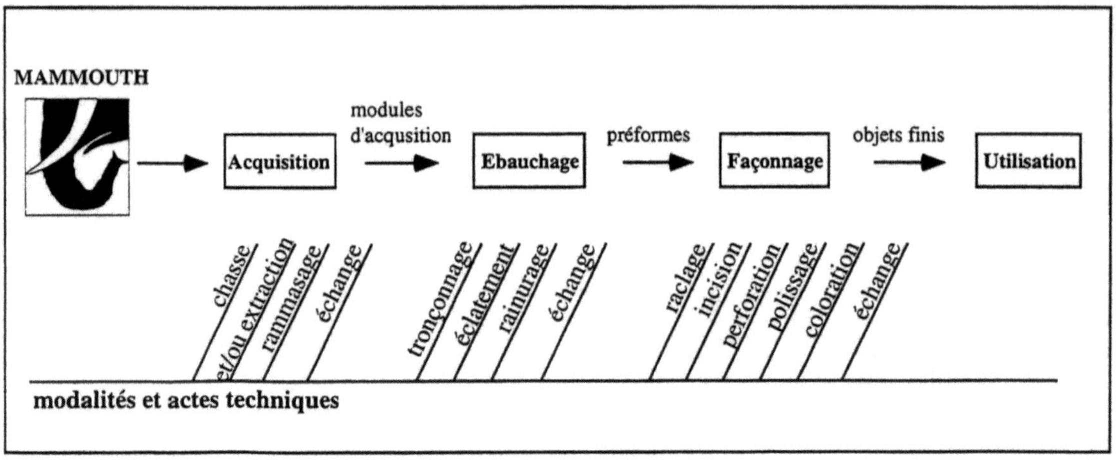

Figure 87 - Schéma général des différentes étapes de travail de l'ivoire : de l'acquisition de la matière première à l'utilisation de l'objet final.

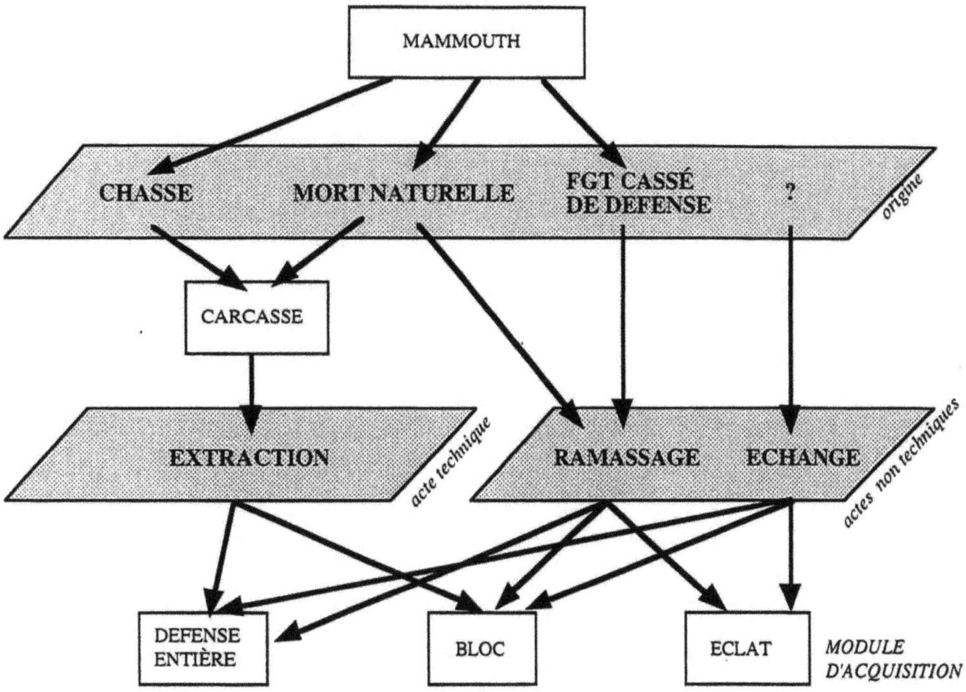

Figure 88 - Première étape : l'acquisition de la matière première.

ou utilisation de la graisse), fabrication d'outils en os ... Les techniques de chasse au mammouth, faute de vestiges archéologiques, sont souvent imaginées à partir des données ethnographiques sur la chasse aux éléphants : pieux, pièges, et notamment des pièges creusés dans le sol, lances à poids (il s'agit de lances suspendues en hauteur avec des pierres attachées à la hampe), chasses collectives... (Johnson *et al.*, 1980).

Les hommes du Paléolithique étaient-ils vraiment des chasseurs de mammouths ? Le débat est ouvert ! Il n'existe pas actuellement de vestiges qui permettent de l'affirmer de manière certaine. Ainsi, en Amérique du Nord certains chercheurs ont considéré l'association d'ossements de mammouths et d'outils (pointes de Clovis) comme la preuve d'une chasse (Haynes, 1973 ; Saunders, 1979). Les pointes de Clovis étaient des outils très spécialisés ; leur pointe distale était très aiguisée, les bords très coupants et la base, destinée à l'emmanchement, étroite, afin de ne pas gêner la pénétration du projectile ; enfin, une stricte symétrie permettait à la pointe d'être en parfait alignement avec le manche. Tous ces caractères étaient nécessaires pour transpercer la peau épaisse des grands mammifères (Frison, 1993) ; équipés ainsi, les hommes des cultures de Clovis étaient supposés capables de chasser des grands mammifères, mais rien ne prouve qu'ils l'aient fait et qu'ils ne se soient pas contentés de récupérer des animaux morts (Meltzer, 1993).

Toutefois des archéologues auraient mis récemment en évidence des traces de sang de mammouth sur des pointes de flèche découvertes sur les sites les plus anciens de l'Alaska et de la côte ouest de l'Amérique du Nord (Dixon, 1993). De même, en Allemagne, à Lehringen, un site du Paléolithique moyen, un pieu long de 2 m en bois d'if, à la pointe durcie au feu, a été découvert "fiché" dans les côtes d'un éléphant à défenses droites (*Palaeoloxodon antiquus*) (Veil *et al.*, 1988). Même s'il ne s'agit pas d'un mammouth, la démonstration technique reste la même.

Une autre hypothèse est celle de la chasse par rabattage, où plusieurs hommes organisés devaient repousser les animaux vers des endroits marécageux pour qu'ils s'enlisent ou vers des falaises pour les y précipiter. Cette méthode faciliterait considérablement le travail de mise à mort. De fait, les "kill sites" américains sont souvent situés aux abords des zones marécageuses (Surmely, 1994). Mais comme toujours, rien ne certifie que des actions humaines soit à l'origine de ces accidents qui peuvent avoir aussi des causes non anthropiques : flux saisonniers ou chutes de neige importantes qui peuvent obliger les animaux à aller vers ces pièges naturels (Haynes, 1991).

Il est aussi possible que les hommes préhistoriques aient profité d'un affaiblissement des mammouths, vers la fin de la dernière glaciation (16 000 - 10 000 BP). On peut supposer, qu'à cette époque, ils soient morts en grand nombre pour des raisons inconnues, sans doute en grande partie liées à l'évolution des conditions climatiques qui auraient créé un environnement peu favorable à ces animaux (appauvrissement de ses ressources alimentaires ?). Ces derniers schémas de fluctuations climatiques paraissent applicables particulièrement aux populations de mammouths de l'Europe occidentale. Dans cette perspective, l'acquisition de l'ivoire ne relèverait pas d'une chasse au sens propre du terme mais plutôt d'un

charognage, d'une récupération des défenses sur les carcasses naturellement disponibles (Haynes, 1991 ; Vereshcagin & Baryshnikov, 1982)
Selon certains auteurs, la chasse au mammouth comme base alimentaire n'est pas encore véritablement attestée au Paléolithique supérieur, ni en Eurasie du Nord, ni en Europe occidentale (Haynes, 1991 ; Soffer, 1985).

III.1.2 - Acquisition sur animal mort naturellement

Les accumulations naturelles d'ossements de mammouths et de défenses ("cimetière") pouvaient être des réserves presque inépuisables de matière première pour les hommes du Paléolithique. Il est possible que les habitations des Plaines russes et de l'Europe centrale aient été installées intentionnellement près de ces "cimetières" (Soffer, 1985). Un décompte statistique effectué sur l'âge des animaux morts de Dolni Vestonice I, de Predmost et des sites de la Plaine russe, montre qu'il s'agit majoritairement d'individus sub-adultes, que toutes les parties du squelette sont représentées et qu'il y a très peu de traces de boucheries. Ces données peuvent indiquer qu'il s'agit de sites de récupération d'animaux morts en masse naturellement (Soffer, 1993).
Dans le site paléolithique de Dobranichevka (Ukraine), quatre habitations sont constituées d'ossements et de crânes de mammouths. Toutefois on a constaté que leurs défenses manquaient alors que les crânes ne présentaient aucune trace d'arrachement. Il est donc évident que les défenses ont été extraites de leurs alvéoles après décomposition des muscles et des ligaments. Les défenses furent donc prélevées sur des cadavres totalement décomposés (Surmely, 1994).
Dans un site paléontologique jouxtant un site archéologique, à Berelyokh au nord-est de la Sibérie, un cimetière de mammouths montre une sous-représentation de crânes et de mandibules et une sur-représentation des tibias et des radius. Une explication est proposée : les mammouths seraient morts noyés en tombant à travers la glace et un certain nombre d'ossements auraient pu être emportés par les glaces ou par l'eau ; toutefois, il est également possible que les hommes préhistoriques aient profité de l'aubaine pour acquérir facilement leur partie de mammouth préférée, et notamment les défenses (Haynes, 1991).
Enfin, les accumulations d'ossements préservés dans le permafrost de Sibérie sont datées entre 11 000 et 45 000 BC (Vereshcagin & Baryshnikov, 1982) ; elles existaient donc déjà à l'époque de l'occupation des principaux sites préhistoriques de ces régions. Des études approfondies et systématiques de ces cimetières sont nécessaires avant qu'on puisse se prononcer sur leur rôle éventuel dans les systèmes d'approvisionnement des hommes préhistoriques. Mais c'est sans doute une source riche en matière première et dans certains cas facile d'accès, à condition que les mammouths ne soient pas pris dans le permafrost. Il existe des traces évidentes de récolte de l'ivoire en Sibérie depuis le quatrième siècle BC dans ces cimetières de mammouths (Soffer, 1993).
En Europe occidentale, la richesse en mammouth semble moins importante comme en témoigne l'inventaire des objets en ivoire ou en os de mammouth. Il semble que les hommes aient accordé une certaine valeur esthétique et/ou symbolique à l'ivoire en l'utilisant pour façonner la plupart du temps des objets de parure et des statuettes. Jusqu'à présent peu d'amoncellements d'ossements de mammouths ont été retrouvés dans nos régions. Quelques-uns se situent en Allemagne, à Mosbach et à Salzgitter-Lebenstadt, en France à Tourville-la-Rivière, en Angleterre à La Cotte de St. Brelade (Jersey). Sous la Manche ou dans la mer du Nord de nombreux fragments de squelettes de mammouths sont régulièrement pris dans les filets des pêcheurs. Ailleurs, les trouvailles sont généralement fortuites et ne concernent qu'un ou exceptionnellement plusieurs individus (Lister & Bahn, 1995).
Que la carcasse du mammouth provienne d'un animal chassé ou mort naturellement, le problème technique qui se posait alors était celui de l'extraction des défenses. L'état d'avancement de la décomposition du corps ainsi que le but qu'on se propose (choix de récupérer une défense entière ou des fragments) déterminent la technique mise en oeuvre et les outils utilisés : l'extraction d'une défense entière va nécessiter des outils massifs non tranchants comme de gros percuteurs en pierre afin de pouvoir la déchausser. S'il s'agit de récupérer seulement un tronçon de défense, des outils sur masse mais tranchants s'imposent afin de pouvoir la sectionner.

III.1.3 - Acquisition par ramassage de fragments

Des observations faites dans certaines réserves d'Afrique montrent que, les années de grande sécheresse, les éléphants se battent pour avoir accès à l'eau. Ces combats parfois assez violents peuvent avoir pour conséquence que les défenses, pourtant d'une grande résistance, se cassent dans leur partie distale ou que des éclats sautent. Un ramassage de ces fragments d'ivoire à proximité de plusieurs sources d'eau d'une réserve a permis de collecter, sur une période assez courte, environ 91 kg d'ivoire d'éléphant (Haynes, 1988 ; 1991). La collecte de tels fragments d'ivoire pourrait avoir été une manière pour les hommes préhistoriques d'acquérir de la matière première à certaines périodes. Ce ramassage est évidemment proche de la récupération des défenses dans les cimetières. Toutefois elle ne concernerait en ce cas que des fragments. Il est très difficile d'acquérir des certitudes sur ce type d'acquisition qui reste pour l'instant une simple hypothèse.

III.1.4 - Acquisition par échange

Il faut aussi envisager la possibilité d'obtenir l'ivoire par échange, soit sous forme de matière brute soit sous forme d'objets finis. Il n'existe pas d'évidence directe de ce genre de procédé pour l'ivoire au Paléolithique mais, par exemple, il est connu que les Esquimaux des côtes pouvaient échanger des dents de morse contre des peaux de renne avec ceux de l'intérieur des terres. En France, de tels échanges restent des hypothèses notamment pour des coquilles marines retrouvées très à l'intérieur des terres, loin de leur lieu d'origine (Taborin, 1995). Notons en outre que des pendeloques en ivoire ont été retrouvées en Italie dans la sépulture de la Grotte des Arene Candide (Giacobini & Malerba, 1995), alors qu'aucun reste de mammouth n'a jamais été signalé avec certitude en Italie dans les gisements du Paléolithique supérieur. On est tenté d'imaginer dans ce cas, un échange à longue distance d'objets de valeur.

On remarque que, dans les cas supposés d'échange ou de ramassage de fragments, les hommes préhistoriques faisaient l'économie de l'opération d'extraction de la défense, soit qu'elle ait été effectuée auparavant par d'autres, soit que le morceau ramassé représente déjà le résultat d'un éclatement de la défense effectué par les animaux eux-mêmes.

Parmi les différentes possibilités d'acquisition d'ivoire, il n'est pas aisé de se prononcer en faveur de l'une ou de l'autre, faute de posséder des témoignages archéologiques évidents. Mais sachant que les hommes du Paléolithique étaient des chasseurs-cueilleurs, se déplaçant à l'intérieur d'un territoire qui était supposé fournir le nécessaire à leur survie, on peut imaginer qu'ils connaissaient les "bons endroits", là où il était possible de trouver des fragments d'ivoire, là où des animaux étaient susceptibles de s'enliser fournissant ainsi des festins et des matières premières d'accès facile. On a vu que les évidences directes de la chasse étaient encore rares et contestées à ces époques anciennes (connexion entre une arme de chasse et une carcasse) alors qu'on en connaît des témoignages à la période moderne (par exemple chez les pygmées).
L'acquisition, dans tous les cas, devait représenter une tâche importante et aléatoire, les matériaux n'étant pas toujours et partout disponibles. Ainsi pourrait se justifier l'existence de fosses de stockage comme on en connaît autour des habitations d'un certain nombre de grands sites paléolithiques russes.
Les outils nécessaires à cette phase d'acquisition étaient sans doute très grossiers : probablement des outils de fortune lourds et massifs ramassés près du lieu de chasse : masses non tranchantes pour déchausser la défense, masses tranchantes pour la sectionner. On a peu de données sur les armes probablement plus sophistiquées : sans doute des pointes projectiles, et peut-être des sagaies et des pieux.
L'homme préhistorique va, suivant les cas, se retrouver à la fin du stade de l'acquisition avec des modules de matière première différents : défense entière ou fragmentée, bloc ou éclat d'ivoire.

III.2 - DEUXIÈME ÉTAPE : L'ÉBAUCHAGE

Suivant l'état d'acquisition de la matière première (défense entière ou fragmentée, bloc ou éclat) la mise en forme peut commencer à différents niveaux du schéma proposé : soit au premier niveau par la fragmentation de la défense en blocs ou tronçons, soit au deuxième niveau par la préparation de petits supports préformés si l'on dispose d'une défense déjà fragmentée (Fig. 89).

III.2.1 - Fragmentation de la défense

Au premier niveau, la fragmentation de la défense consiste à la sectionner en morceaux maniables, notamment pour obtenir des préformes. Trois procédés sont employés principalement pour obtenir cette fragmentation :

- l'éclatement par percussion directe (sur enclume ou non) est attestée sur les objets archéologiques. Cependant, l'expérimentation a montré qu'elle n'est réellement efficace que sur un ivoire en cours de délitage. Sur un ivoire frais, la percussion directe à l'aide d'un percuteur de bois ou de pierre (sans enclume) est pratiquement inefficace ; sur enclume elle provoque une fracturation anarchique et incontrôlée.
- le fendage. Il est attesté archéologiquement sur des pièces portant des traces de rainurage et d'enfoncement de coins. Nos expériences ont montré que cette opération est facile sur un ivoire délité présentant des fissurations exploitables. Sur un ivoire frais, elle est beaucoup plus difficile à réaliser, à moins d'insérer les coins dans des rainures créées à cet effet ; mais cette préparation nécessite l'emploi de nombreuses pièces intermédiaires en silex qui cassent fréquemment et dont les fragments restent coincés dans la pièce ; dans tous les cas la fracture est mal contrôlée. Ce n'est qu'en posant le morceau d'ivoire sur une enclume à arête et en procédant par percussion directe que l'on a pu le fendre.
- le tronçonnage d'un segment de défense par façonnage d'une gorge par martelage, raclage ou sciage/rainurage. Tous ces procédés ont été observés sur des tronçons archéologiques. Nos expériences ont montré qu'elles étaient parfaitement réalisables, mais beaucoup plus facilement sur de l'ivoire sub-fossile que sur de l'ivoire frais, pour une simple raison de dureté. Pour façonner une gorge par martelage, une bonne force de la frappe est nécessaire et ne peut être obtenue que par l'usage d'outils tranchants assez lourds, généralement

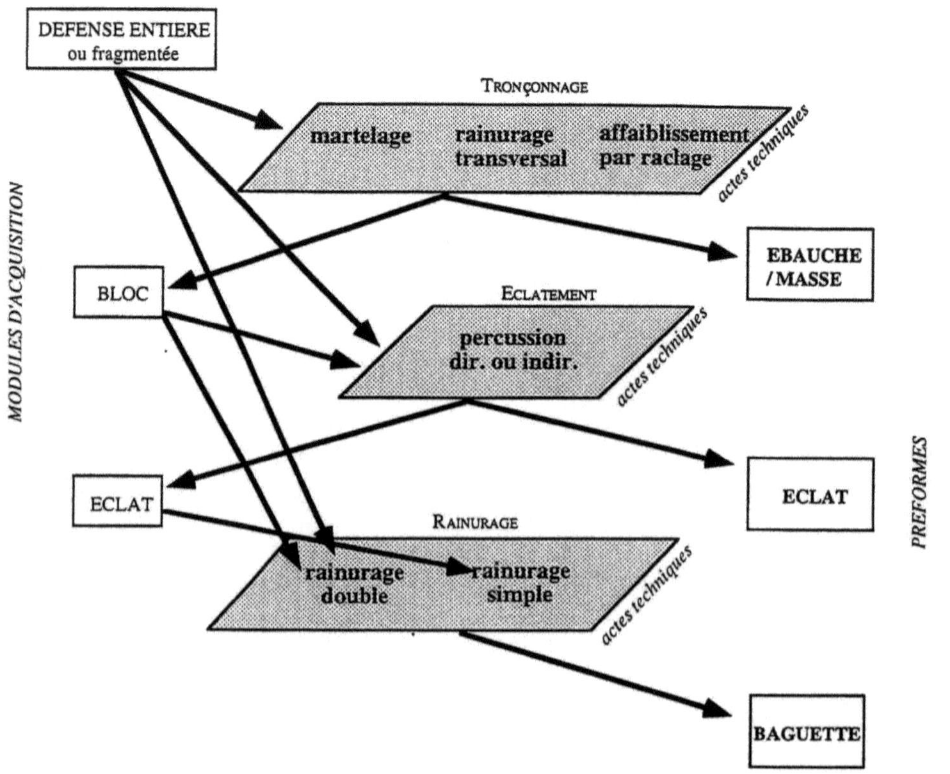

Figure 89 - Deuxième étape : l'ébauchage.

sur masse centrale (comme des grosses pièces bifaciales). Pour la percussion indirecte, on a besoin de percuteurs et de pièces intermédiaires en silex (lames ou éclats que nous retrouverons après leur utilisation sous forme de pièces esquillées). La préparation d'une gorge par raclage (enlèvement de copeaux) ne peut être obtenue qu'avec de grandes lames tenues à deux mains permettant d'exercer une certaine force lors de l'action ; cette action suppose que la défense ou le tronçon soit immobilisé par une deuxième personne, ou par un quelconque moyen technique de blocage. Enfin pour le rainurage, les outils doivent présenter des bords résistants sans être trop épais afin de pouvoir pénétrer profondément dans la matière sans trop s'esquiller. Le rainurage nécessite un outil avec une partie distale résistante comme le biseau d'un burin, la pointe d'un bec, le trièdre d'une lame cassée... La fracture de la défense est ensuite obtenue par flexion ou par percussion.

Dans le premier cas (l'éclatement) la fragmentation de la défense est pratiquement incontrôlée. Dans le second cas, (le fendage), elle dépend de fissures préexistantes ; elle est donc prévisible mais inévitable on peut toutefois tenter de la guider longitudinalement par le creusement d'une rainure. Enfin, dans le troisième cas (le tronçonnage), on peut déterminer à l'avance la longueur du segment désiré.
Les hommes préhistoriques ont pu parfois faire l'économie de cette première étape de fragmentation de la défense dans l'hypothèse où ils avaient pu ramasser sur le sol des éclats d'ivoire.

III.2.2 - DÉBITAGE DES PRÉFORMES

L'obtention de supports (blocs, plaquettes ou éclats) préformés en fonction de l'objet final souhaité met en oeuvre des techniques similaires aux précédentes mais qui tendent vers un meilleur contrôle de la matière.
Deux procédés peuvent être employés :
- la percussion (directe ou indirecte) sur un bloc brut qui fournira des éclats (ou des plaquettes), soit aléatoires sur ivoire frais, soit prévisibles en fonction des fissures (mais néanmoins incontrôlables) sur ivoire sub-fossile. Parmi les éclats obtenus, on choisira alors celui qui convient.
- le rainurage qui permet de guider la fracture en fonction de la préforme souhaitée. Il peut être effectué au burin ou à l'aide de lames tronquées, becs, ou divers produits de débitage. Il favorise l'obtention de supports allongés mais permet également d'inscrire une forme sur une plaquette d'ivoire délitée. Le rainurage double et parallèle, inscrit radialement dans le bloc, est une méthode dont on a de nombreux témoignages archéologiques et qui s'est révélée expérimentalement très efficace. Il permet l'extraction d'une baguette de section triangulaire, de forme bien prédéterminée qu'il est facile d'extraire en faisant levier au moyen de coins insérés dans les rainures.

L'obtention des préformes peut donc se faire de manière imprévisible et anarchique par percussion (peut-on alors parler de préformes ?), plus prévisible mais néanmoins incontrôlé par exploitation des lignes de faiblesse naturelles de l'ivoire, ou de façon guidée par rainurage. Seul le double rainurage parallèle permet de maîtriser du début à la fin l'extraction de préformes allongées (baguettes).

III.3 - TROISIÈME ÉTAPE : LE FAÇONNAGE

Dans les étapes précédentes, les techniques de travail ont été plus fortement influencées par les contraintes de la matière première que par les contraintes culturelles. Au contraire, dans le façonnage, la part de ces dernières devient plus forte que celles imposées par la matière première. Ainsi, pour les perles aurignaciennes, les modes d'extraction de la baguette seront *grosso-modo* les mêmes pour l'ensemble de cette culture, mais la forme définitive de la perle dépendra du groupe ou de la région concernée : perles en forme de panier dans l'Aurignacien français, perles à double perforation dans l'Aurignacien allemand...

Dans les opérations de façonnage se retrouvent les techniques de base (raclage, sciage...) mais enrichies de nombreuses autres : gravure, incision, perforation, coloration, polissage... (Fig. 90).

Dès l'ébauchage, l'artisan travaille en fonction de la morphologie de l'objet final voulu : allongée, plate, massive ... sélectionnant l'ébauche qui convient le mieux ou, s'il n'a pas le choix, s'adaptant à la forme du bloc qu'il possède. Mais dans

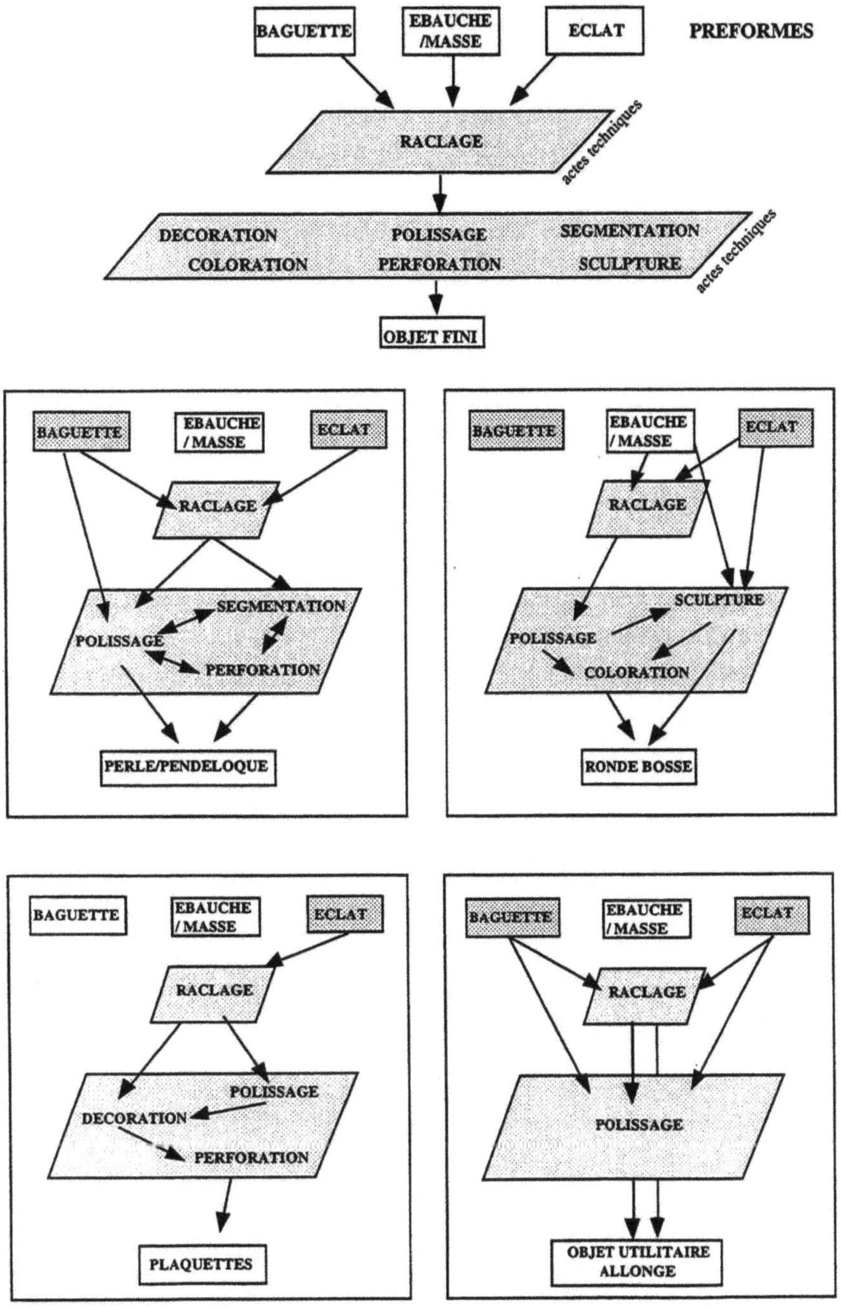

Figure 90 - Troisième étape : le façonnage.

Le schéma présente les différentes actions de façonnage de l'ivoire.

presque tous les cas, un raclage s'impose ensuite afin d'amincir le support ou de supprimer les aspérités, arêtes, et inégalités dues à la grossièreté du stade d'ébauchage ; puis les autres moyens d'actions interviennent successivement, avec de nombreuses alternances et répétitions d'actions, sans ordre strict et imposé.

Les principales chaînes opératoires ou fragments de chaînes opératoires connues concernent les objets à fonction utilitaire, souvent allongés (sagaies, aiguilles, pointes...), et les objets de parure ou à fonction votive (statuettes humaines ou animales, perles, pendeloques, bracelets...).

- Dans le cas d'objets utilitaires allongés (sagaies, aiguilles, pointes...), l'ébauche était généralement sur baguette ou sur éclat allongé. Cette préforme était travaillée par raclage afin de supprimer les bords anguleux dus à l'extraction, d'obtenir grossièrement la section voulue, et d'appointer la ou les extrémités. N'importe quel outil lithique présentant un bord résistant pouvait être utilisé pour ce raclage ; cependant un bord trop fin a tendance à s'esquiller trop vite, tout en laissant dans le support des marques profondes, difficiles à supprimer ensuite. La préforme pouvait ensuite être polie de plus en plus finement, à l'aide d'une pierre granuleuse, ou encore avec du sable ou de l'ocre, voire de la peau... Les sagaies ne sont en général pas polies, mais uniquement raclées ou lissées. Dans le cas des aiguilles, une opération supplémentaire intervient : la perforation du chas ; dans le cas des sagaies : une éventuelle rainure longitudinale...
- les statuettes sont des objets en ronde-bosse dont le façonnage à partir de blocs prédéterminés était constitué de trois étapes principales : sculpture des formes (tête, corps, membres), gravure des détails (chevelures, bouche, nez, sexe...), puis éventuellement polissage et coloration.
- les perles étaient la plupart du temps fabriquées en série. Une préforme allongée était tout d'abord régularisée par raclage de façon à déterminer la forme générale des perles, puis éventuellement polie. Une segmentation des différentes perles était alors préparée par rainurage, sciage transversal ou raclage (entaillage) avant que la baguette ne soit cassée par flexion. Chaque perle obtenue était ensuite perforée à l'aide d'un perçoir ou d'un outil fin et pointu. Dans certains cas, la perforation pouvait être amorcée avant le sectionnement de la baguette et achevée ensuite. La forme finale de la perle était généralement obtenue par un nouveau polissage.

Le même schéma général : mise en forme par raclage et éventuellement polissage — perforation — polissage fin guidait le façonnage des perles et des pendeloques individuelles.

Les bracelets et diadèmes des sites russes et allemands représentent un cas à part. Découpés sur un bandeau plat provenant du délitage d'un morceau d'ivoire sub-fossile, ils ont été ensuite polis, puis décorés avant d'être mis en forme circulaire par ramollissement du fragment (sans doute par trempage).

Les outils intervenant dans le stade du façonnage semblent plus spécialisés que lors de l'ébauchage : les morphologies des parties actives sont plus variées (pointue, anguleuse, arrondie, droite...) en réponse à la diversification des actions effectuées et des effets voulus. Il peut parfois s'agir d'outils également utilisés lors de l'ébauchage, mais les outils intervenant en fin de chaîne présentent alors des zones d'utilisation plus précises témoignant d'actions plus contrôlées. Les archéologues évoquent souvent l'utilisation du burin dans le façonnage des matières dures animales en raison de la multiplicité des formes de ses parties actives (biseau, trièdre et flanc) qui répondent au principal critère nécessaire pour travailler un matériau dur : la robustesse. Mais l'intervention d'outils dits "de fortune" n'est pas à exclure, nous l'avons vu lors de nos expérimentations, car ils présentent souvent, directement ou au prix de légères modifications, des morphologies aussi efficaces que le burin.

III.4 - DISCUSSION SUR LES CHAÎNES OPÉRATOIRES PROPOSÉES

Les études sur la matière dure animale (*cf.* 2° partie, I.4) se limitent souvent aux chaînes d'ébauchage et de façonnage, qui sont les plus accessibles grâce aux objets finis. Concernant l'acquisition et le tronçonnage, les données sont d'accès difficile. Nous avons tenté, d'après différents éléments (études faunistiques actuelles, paléontologiques et archéologiques, parallèles ethnologiques) de proposer des possibles modalités d'acquisition, ce qui permettrait ainsi de reconstituer les premiers maillons souvent absents dans les chaînes opératoires de l'exploitation de l'ivoire. Les actions de transformation de l'ivoire semblent au premier abord moins contraignantes que celles que l'on connaît sur matériau lithique qui répondent à des lois physiques plus strictes. On pourrait donc imaginer qu'il existe une plus grande liberté dans les chaînes opératoires de travail de l'ivoire. Mais, on se rend rapidement compte que la structure de ce matériau est également très contraignante et nécessite une adaptation particulière, notamment lors des actions de tronçonnage et d'ébauchage. Les débuts des chaînes opératoires du travail de l'ivoire au Paléolithique sont ainsi peu diversifiés et présentent peu de souplesse. D'un point de vue chronologique, la percussion — directe ou indirecte — domine dans les actions de tronçonnage et d'ébauchage au début du Paléolithique. L'intention technique est alors fortement soumise aux contraintes de la matière première et le résultat est l'obtention d'ébauches de formes "aléatoires". L'apparition, au cours du

Paléolithique, du double rainurage rend l'ébauchage plus prévisible : les formes des supports sont mieux adaptées à la finalité du produit voulu ; le temps du travail de façonnage en est ainsi réduit.
Au stade du façonnage, la diversité des choix techniques augmente : rainurage, raclage, incision, percussion et abrasion. De ce fait, l'intention technique est marquée par une liberté plus grande dans le choix des actions. Toutes ces actions ont en commun un enlèvement de matière contrôlé. Le résultat est plus facilement prévisible et moins soumis aux contraintes naturelles de la matière première (mise à part la dureté) que lors des travaux d'ébauchage.

Quoique les objets façonnés sur ivoire au Paléolithique soient nombreux et variés, peu de gisements offrent les éléments nécessaires pour reconstituer en détail des chaînes opératoires entières. Notre but n'était donc ici que de résumer leurs principales étapes pour les objets archéologiques les plus fréquents afin de mieux appréhender l'intention technique des artisans et par là mieux situer la fonction de leurs outils et l'origine des traces d'usure qu'ils portaient.
Les hypothèses parfois élaborées par les archéologues à partir des objets archéologiques n'ont pas toujours été confirmées par nos expérimentations.
Ainsi, par exemple la percussion sur ivoire frais s'est révélée très peu efficace. Il est pratiquement impossible de débiter de manière contrôlée un morceau d'ivoire comme un nucléus de silex. Seule une percussion extrêmement violente pourra permettre d'obtenir l'éclatement d'une défense : son résultat sera totalement anarchique, les fragments obtenus seront très fissurés et de morphologie totalement aléatoire. Cette technique ne peut donc être opérationnelle qu'au prix d'une grande perte de matière première.
Le tronçonnage, quant à lui, a montré qu'il était très difficile d'entamer la circonférence de la défense par sciage, ce moyen technique étant très peu adapté à de gros volumes. La lame en silex se bloque rapidement dans le sillon et il est obligatoire d'élargir celui-ci pour continuer le sciage. On est donc contraint d'abandonner alors le sciage pour passer au rainurage.
L'emploi, souvent proposé — par exemple par Poplin (1976) à Gönnersdorf — de pièces intermédiaires en silex pour extraire des éclats d'un bloc (pour l'épanneler ou pour le fractionner), est également peu adéquat, car la dureté de l'ivoire les fait rapidement éclater. Même en utilisant des pièces bien préparées et consolidées par des retouches, le tranchant s'esquille presque immédiatement. Par contre l'utilisation de coins en ivoire au lieu de silex s'est révélée très efficace.

Dès le début du Paléolithique supérieur les objets en ivoire étaient très élaborés, comme en témoigne les statuettes ou les parures aurignaciennes. L'évolution postérieure des techniques, plus complexes, plus précises (comme le double rainurage) permet, moins d'améliorer le résultat final, que d'obtenir une meilleure économie de la matière première. Ceci devait être important surtout en Europe occidentale où le mammouth commençait à se raréfier mais correspond de toutes façons à l'évolution générale des techniques de travail des matières dures animales.
Enfin, une question importante revient incessamment : quel était l'état de conservation de la matière première travaillée par les hommes préhistoriques ? ivoire frais ? ivoire sub-fossile ? L'ivoire sub-fossile est incontestablement beaucoup plus facile à travailler : son éclatement peut fournir de gros éclats, il peut se fendre facilement dans le sens de sa longueur en suivant les fissures, le rainurage, sciage... sont des opérations plus aisées car la matière est plus tendre...
L'analyse des objets en ivoire qui ont séjourné plusieurs milliers d'années dans le sol révèle difficilement l'état de la matière au moment de la fabrication. Mais nous disposons de quelques éléments qui nous permettent d'estimer qu'au moins dans certains cas l'ivoire travaillé par les hommes paléolithiques était déjà en cours de desquamation (par exemple, la présence à Geissenklösterle de copeaux semblables à ceux produits expérimentalement par le travail d'un ivoire subfossile; ou encore le façonage de bracelets ou diadèmes sur bandeaux d'ivoire délité).
Si les objets finis ne permettent pas toujours de faire la distinction entre un travail effectué sur ivoire frais ou ivoire subfossile, les traces d'utilisation sur les outils lithiques sont alors fondamentales car elles expriment une variation entre ces deux états de matière.

TROISIÈME PARTIE
APPLICATIONS ARCHÉOLOGIQUES

Dans cette partie consacrée à l'étude du matériel archéologique, les traces d'utilisation observées sur les pièces expérimentales sont utilisées comme références pour interpréter les traces observées sur les outils archéologiques. Les stigmates directionnels ou la localisation du poli permettent par exemple d'interpréter les gestes qui ont animé les outils. L'analyse de la composition des polis de matières dures animales sert à déterminer s'il s'agit d'un travail de l'ivoire ou de l'os et/ou du bois de cervidé. L'objectif de ce travail est plus spécifiquement d'identifier les outils qui ont servi au travail de l'ivoire (et de la dentine) et d'essayer de les situer dans les différentes chaînes opératoires de ce matériau pour chacun des sites étudiés. Toutefois les processus propres à l'ivoire ne se comprennent que par rapport aux autres matières animales. C'est pourquoi seront présentés l'ensemble des résultats obtenus lors de l'analyse tracéologique des outils.

Leur répartition spatiale dans les différents niveaux d'occupation des gisements concernés sera ensuite analysée afin de mesurer l'apport de ces informations sur la compréhension générale du travail des matières dures animales, et surtout de l'ivoire, dans ces campements.

CHAPITRE I - LE CORPUS ARCHÉOLOGIQUE

Pour choisir les gisements adaptés à notre étude, il a fallu tout d'abord répertorier ceux où l'utilisation de l'ivoire de mammouth était attestée.

Le territoire du mammouth était très vaste vers la fin du Paléolithique moyen (*cf.* Introduction). Mais, c'est surtout au Paléolithique supérieur que l'on commence à retrouver ses traces dans les gisements archéologiques sous la forme de l'exploitation des défenses. A cette période, on assiste en effet à une véritable "explosion" du travail des matières dures animales, les Aurignaciens mettant au point les techniques spécifiques d'extraction, de débitage et de façonnage de ces matériaux. Ces techniques vont d'ailleurs perdurer, avec quelques légères améliorations, tout au long du Paléolithique supérieur. Pendant toute cette période, la présence du mammouth est attestée dans l'Europe centrale, l'Europe occidentale (exceptées les régions méditerranéennes), les grandes plaines russes, et localement sur le continent américain. Les gisements de la grande Plaine russe ou en général des pays de l'Est comme la République tchèque ou la Slovaquie sont souvent très riches en vestiges de mammouth. Dans ces régions, où le climat à l'époque paléolithique était peu favorable au développement de la végétation, l'ivoire de mammouth semble avoir pu jouer un rôle de remplacement du bois végétal. Il fut alors non seulement travaillé afin d'obtenir des statuettes, des outils, des parures mais aussi utilisé dans la construction des habitations.

Le travail de l'ivoire est bien représenté dans l'Aurignacien et le Gravettien d'Europe centrale et occidentale, et dans les plaines russes. Au Gravettien ou à l'Épigravettien, on le retrouve essentiellement dans les plaines russes. L'étude a été centrée sur ces cultures dans les régions mentionnées.En France, les plus fortes concentrations se situent dans le Vallon de Castel-Merle. Plusieurs gisements avaient été sélectionnés et des tests ont été effectués sur deux d'entre eux (Laugerie-Haute-Est et Le Fourneau du Diable) : leur état de conservation ne permettait pas une analyse tracéologique approfondie. Il en était de même pour la grotte de Pair-non-Pair (Gironde). Un autre gisement a été écarté en raison de la patine qui affectait les surfaces lithiques : il s'agit de Brassempouy (Landes).

Notre choix a été de privilégier tout d'abord les sites présentant des traces d'un véritable travail de l'ivoire *in situ*, c'est-à-dire ceux où l'on retrouvait des copeaux, des restes de matière brute en cours de façonnage, des éléments permettant de reconstituer des fragments de chaîne opératoire de l'ivoire. En second lieu ont été sélectionnés les sites qui contenaient un nombre important d'objets finis en ivoire, qu'on ait ou non les témoignages de leur fabrication sur place. Les sites ne présentant que quelques objets en ivoire anecdotiques ont été éliminés, la fabrication sur place de ceux-ci restant très incertaine.

I.1 - LES FOUILLES ANCIENNES ET LEURS INCONVÉNIENTS

Une partie des collections du Vallon de Castel Merle est conservée au Musée des Eyzies de Tayac. Malheureusement elles proviennent de fouilles anciennes, très partielles. La plupart du matériel était parfois resté chez les propriétaires (perdu ou difficile d'accès) ou encore vendu à l'étranger. On en trouve actuellement, notamment, dans différents musées des États-Unis (R. White, 1988).

Nous avons entrepris en collaboration avec S. Madeleine le recensement de l'ensemble des pièces en ivoire de toutes provenances, contenues dans les collections du Musée National de Préhistoire des Eyzies : elles étaient particulièrement nombreuses pour les sites de Laugerie-Haute-Est (Dordogne), le Fourneau du Diable (Dordogne) et les Abeilles (Haute Garonne). Pour chacun de ces sites ont été retrouvés, outre les objets finis (sagaies, pelles...) plusieurs fragments d'ivoire portant des traces de débitage. N'ayant pu obtenir l'accord du responsable de la collection des Abeilles pour étudier celle-ci, nous avons choisi de commencer nos analyses sur le site du Fourneau du Diable. Les collections d'objets en ivoire des niveaux solutréens (fragments de débitage, sagaies, baguettes, divers fragments travaillés) étaient très variées. Mais cette collection était très patinée, et sur une centaine d'outils en silex observés, aucun ne montrait une surface lisible au microscope optique. Par conséquent, l'étude de ce gisement a été abandonnée.

Nous avons ensuite tenté l'étude de la collection de Laugerie-Haute-Est. Face à un nombre très impressionnant de vestiges en silex, nous avons choisi d'observer dans un premier temps les burins : un premier test a été effectué sur 200 pièces. Les problèmes rencontrés ont été nombreux : les anciennes collections rangées depuis des dizaines d'années dans des caisses présentent un état de surface médiocre; les pièces sont souvent esquillées, le tranchant ébréché, précisément dans des zones actives susceptibles de présenter des traces d'usures. En outre, les cahiers de fouille ne permettent pas de reconstituer la répartition spatiale des pièces et il est ainsi difficile, ne pouvant pas fonder notre tri sur les macrotraces, de sélectionner les zones où un éventuel travail d'ivoire aurait pu avoir lieu. Ces facteurs jouent une rôle important particulièrement pour un site aussi riche. Devant les maigres résultats obtenus, nous avons donc décidé de limiter nos recherches aux collections issues de fouilles plus minutieuses et d'éliminer celles qui, comme Laugerie-Haute, ne présentaient pas de bonnes conditions de conservation des pièces ou peu d'indications spatiales pouvant guider notre étude.

Un autre gisement français a été testé : la grotte de Pair-Non-Pair (Gironde, France) fouillé par F. Daleau à la fin du siècle dernier. Les fouilles, malgré leur ancienneté, avaient été assez minutieuses, les pièces étant relevées par couches stratigraphiques. Les cahiers de fouille ont été repris et publiés par le Dr. A. Cheynier (1963). Dans sa publication, A. Cheynier mentionne, dans la couche châtelperronienne/aurignacienne, une cachette d'ivoire contenant plusieurs outils et fragments en ivoire; en outre une quarantaine d'outils en silex, dont une majorité de grattoirs, était associée à cet ensemble. La collection est conservée au musée d'Aquitaine à Bordeaux où le conservateur, A. Roussot, nous a permis de consulter les cahiers manuscrits de F. Daleau. Nous n'avons pu y retrouver la moindre allusion à une cachette d'ivoire mais l'auteur y fait état d'un effondrement de paroi qui aurait simplement isolé une partie du matériel. Selon ces cahiers et l'avis d'A. Roussot, ce gisement présenterait des problèmes de mélange de couches plus importants que ne le laisse supposer la publication. De plus, la collection déposée au musée est incomplète et limitée seulement aux objets considérés comme ayant de la valeur, H. Breuil, en 1940, ayant jeté une série de silex jugés inutiles (Cheynier, 1963). Ce gisement a donc été éliminé du corpus d'étude.

I.2 - LES FOUILLES RÉCENTES

Brassempouy (Landes, France), fouillé par H. Delporte, présente un niveau aurignacien relativement riche en ivoire comme en témoignent les Vénus, de nombreuses perles mais aussi des déchets. Un test tracéologique a été réalisé sur le matériel lithique : environ 200 pièces ont été analysées provenant des couches aurignaciennes. Son résultat a été très décevant; la patine, très présente sur les outils, masque pratiquement les éventuelles traces d'usure. Quatre outils seulement parmi ces 200 ont montré des polis dont deux provenaient d'un travail de matières dures animales. Aucune analyse au MEB n'a été effectuée sur ces deux polis car la valeur de cette analyse chimique serait restée anecdotique. Cinquante burins de Noailles du niveau gravettien ont ensuite été testés ; de nouveau les mêmes problèmes de patine sont apparus. Ce gisement a donc été provisoirement abandonné. Un nouveau test pourra peut-être être tenté, ultérieurement, sur place avec le matériel sorti directement de la fouille.

Une première approche des collections gravettiennes de Dolni Vestonice et de Pavlov I, en accord avec M. Oliva, conservateur au musée de Moravie à Brno (République tchèque), a montré des problèmes similaires à ceux rencontrés dans l'étude des anciennes collections françaises et de celle de Kostenki. Il a donc été décidé de ne pas entreprendre leur étude dans l'immédiat.

Lors de notre séjour a Saint Petersbourg, l'étude du gisement de Kostenki 1 nous a été proposée par N. D. Praslov (responsable de la section Paléolithique à l'Institut de la Culture Matérielle). Malheureusement, les anciennes collections des années 1920-1930 déposées au Musée Anthropologique et Ethnographique de Saint Petersbourg comportaient des milliers de pièces sans indication de répartition spatiale pouvant guider notre étude. En outre il n'était pas envisageable de les faire venir en France pour analyse chimique. Quant au matériel lithique issu des fouilles récentes, il était entreposé dans un dépôt à Kostenki même à 1200 km de Saint Petersbourg, et donc inaccessible dans l'immédiat. Cette étude a donc été reportée à une période ultérieure.

Z. Abramova (chercheur à l'Institut de la Culture Matérielle de Saint Petersbourg) nous a alors permis de faire l'analyse du matériel lithique provenant de son gisement de Yudinovo (Plaine russe). L'étude du matériel lithique au microscope optique a été effectuée sur place à Saint Petersbourg. La totalité du matériel (outils et restes de débitage) a été étudiée, mais seules 650 pièces (≈ 50 % de l'ensemble) ont été sélectionnées pour l'étude tracéologique, le reste étant malheureusement trop patiné.

Geissenklösterle (Jura souabe, Allemagne), fouillé par J. Hahn avec des méthodes modernes, semblait particulièrement intéressant. Les niveaux aurignaciens et gravettiens avaient déjà été étudiés; des ateliers de travail de l'ivoire y avaient été mis en évidence. Deux études tracéologiques avaient été réalisées sur une partie du matériel (provenant des premières années de fouille) par N. Symens (1988) et L. Owen (1988). Conseillée par J. Hahn, nous avons concentré notre étude sur les niveaux aurignaciens, mieux conservés que le Gravettien : 180 pièces aurignaciennes ont ainsi été sélectionnées, provenant de secteurs où le travail de l'ivoire semblait le plus représenté.

Cette étude reposera donc essentiellement sur les collections provenant de deux gisements : Geissenklösterle et Yudinovo, et une partie de celle de Laugerie-Haute-Est (Fig. 91). Nous espérons que ce premier travail permettra de mieux définir, dans le futur, une problématique de recherche sur l'ivoire incluant jusqu'aux plus petits copeaux, dans les sites où ce matériau est bien représenté. Ces sites sont rares en Europe mais une telle recherche devrait être possible dans les sites de Kostenki et Yudinovo où les fouilles continuent et où des indications spatiales pourraient peut-être permettre de mieux cerner les ateliers d'ivoire. Ce sera également possible, nous l'espérons, sur le site de Castanet (Dordogne) dont J. Pelegrin et R. White ont repris la fouille et où existent encore des couches en place (comm. pers. R. White).

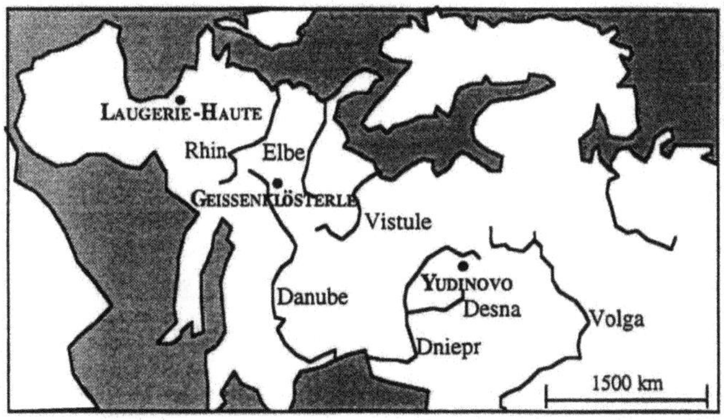

Figure 91 - Situation des gisements étudiés.

Nous avons choisi tout d'abord de présenter brièvement les sites étudiés, les principaux objets en ivoire qui y furent découverts et les technologies que leur fabrication a impliquées. Puis après avoir exposé les résultats de l'analyse tracéologique, le lien est établi entre les types d'outils portant des traces de travail sur ivoire et les objets en ivoire fabriqués sur chaque gisement. Enfin, la distribution spatiale des outils qui ont servi dans le travail de la dentine est analysée afin de replacer l'activité qu'ils représentaient parmi les autres activités effectuées.

I.3 - DE L'EXPÉRIMENTATION À UNE RÉALITÉ ARCHÉOLOGIQUE

La similitude de la composition chimique entre les différentes matières brutes et leur polis ayant été établie, nous avons démontré qu'il est possible de diviser les matières dures animales en deux groupes : l'os/bois de cervidé et la dentine. Nous avons donc appliqué cette méthode sur les collections archéologiques, avec l'objectif d'affiner les déterminations des polis attestant d'un travail des matières dures animales. Lors de nos expérimentations nous avions constaté que n'importe quel support lithique pouvait être aussi efficace qu'un burin à condition de présenter des tranchants résistants et des angles taillants ouvert ou des trièdres. Ces observations vont-elles se confirmer sur les collections archéologiques ?
Les polis obtenus lors du travail d'un ivoire frais sont de manière générale plus striés qu'un poli issu d'un ivoire subfossile préalablement trempé dans l'eau. Les polis archéologiques peuvent-ils nous aider à savoir si les hommes préhistoriques des gisements étudiés ont travaillé un ivoire frais ou sub-fossile ?

Notre expérimentation a concerné aussi bien des actions d'ébauchage que de façonnage. Nous avons donc créé un référentiel de traces d'utilisation qui devrait permettre, lors de l'analyse de pièces archéologiques, de distinguer entre ces deux types d'actions. Ceci permettra de comprendre les activités effectuées dans les différents sites étudiés.

Nous avons déjà présenté globalement notre protocole d'analyse dans la partie méthodologique, mais il est nécessaire, avant d'entamer l'étude archéologique, de résumer ici les différentes étapes d'analyse en amont de la présentation de nos résultats des collections archéologiques.

1) Les ZUP (zones d'utilisation potentielle) sont localisées à l'œil nu et à l'aide de la loupe binoculaire sur les tranchants des outils. Ces zones repérées sont ensuite analysées au microscope optique, afin de localiser des éventuels polis. La matière travaillée est déterminée selon la texture du poli et la cinématique de l'outil reconstituée grâce à l'orientation des stries et du poli (Fig. 92) ; le tout étant estimé par analogie avec des outils expérimentaux selon les critères d'analyse exposés précédemment (*cf.* Annexe) ;

2) Les outils présentant un poli de matière dure animale sont sélectionnés pour l'analyse au MEB. Les zones où le poli est le plus développé, ou au contraire, des spots de poli provenant apparemment de ces matériaux mais dont la détermination n'est pas certaine, sont précisément localisés sur le tranchant par rapport aux changements de relief, aux ébréchures, ou à d'autres éléments facilement reconnaissables. Ce stade est

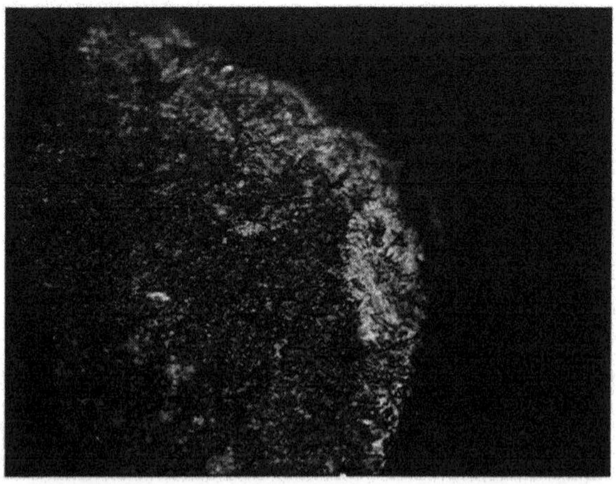

a : Détail d'un poli expérimental de matière dure animale : raclage d'os (200x).

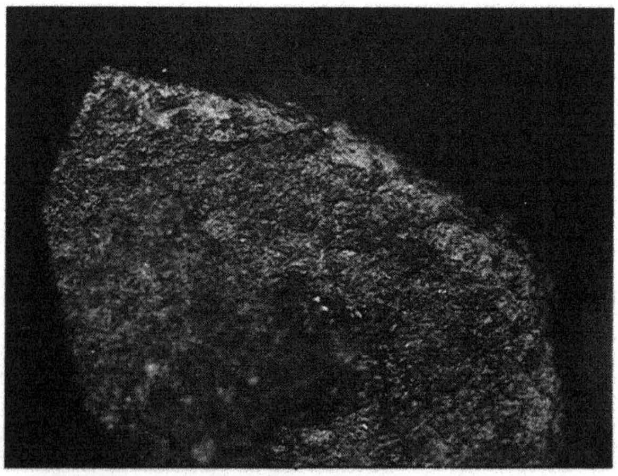

b : Détail d'un poli archéologique de matière dure animale, pièce n° G79 IIb/III 741 (200x).

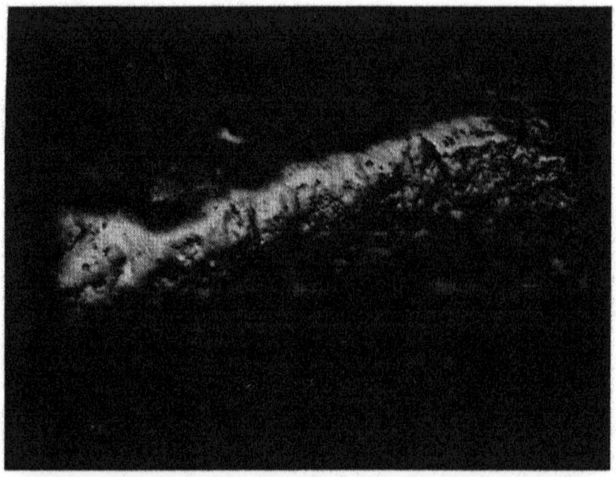

c : Détail d'un poli expérimental de matière dure animale : raclage de bois de cervidé (400x).

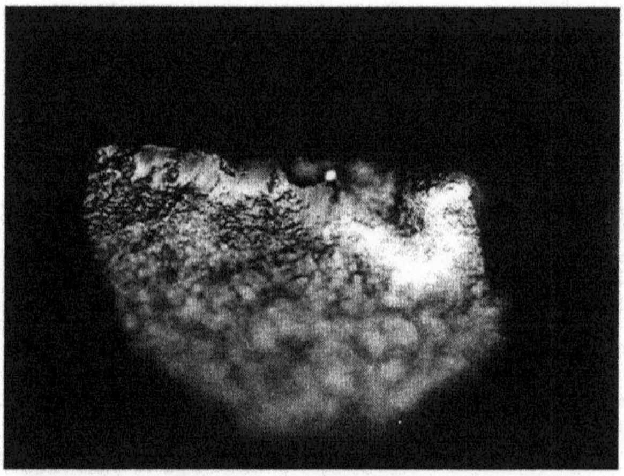

d : Détail d'un poli archéologique de matière dure animale, pièce n° YU K56 5 586 (400x).

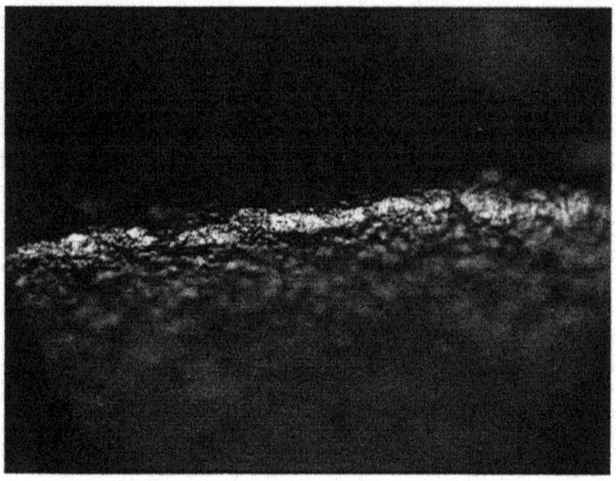

e : Détail d'un poli expérimental de matière dure animale : raclage d'ivoire (200x).

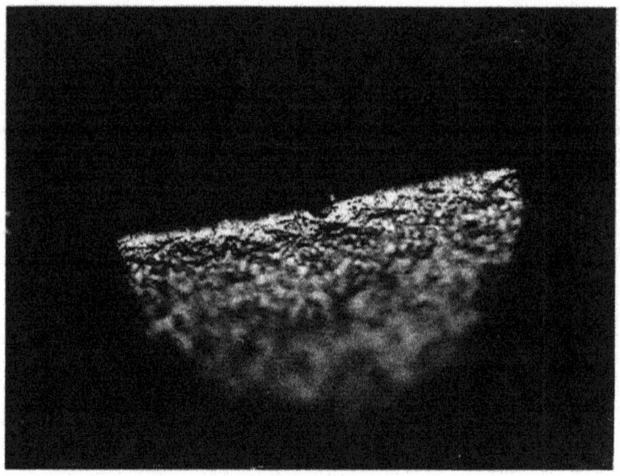

f : Détail d'un poli archéologique de matière dure animale, pièce n° YU D58 48 1723 (200x).

Figure 92 - Comparaisons au microscope optique entre polis expérimentaux et archéologiques.

très important car l'image en électrons secondaires que fournit le MEB, est totalement différente de celle du microscope optique : l'observation au MEB est en quelque sorte une redécouverte de la surface;

3) L'outil est ensuite nettoyé selon notre protocole (*cf.* chap. I, I.1.3.3);

4) La pièce est recouverte d'une feuille d'aluminium exceptées deux zones sélectionnées pour l'analyse qui sont en général de l'ordre de quelques mm^2 : l'une concerne la zone polie et l'autre est située plus loin sur une surface vierge du silex.

5) La partie de la surface non polie est analysée afin d'obtenir la composition du silex et ainsi connaître la nature des éléments présents qui peuvent se trouver par exemple dans les inclusions à la surface du silex, en dehors du silicium et de l'oxygène constituants mêmes de ce dernier. Ensuite la ou les zones sélectionnées sont observées pour localiser précisément le poli qui se présente en général sous forme de spots plus sombres que la surface du silex (Fig. 93). Elles sont ensuite analysées en plusieurs endroits afin de confirmer leur homogénéité. Lorsque le même résultat a été obtenu plusieurs fois, on procède à la cartographie d'une zone sélectionnée. Cette carte de répartition spatiale des éléments présents permet de vérifier l'association des éléments constituants du poli et donc de la matière travaillée, dans notre cas Ca, P pour l'os et le bois de cervidé et Ca, P et Mg pour la dentine.

Notons toutefois que nous avons choisi de traiter l'os et le bois de cervidé ensemble, malgré les quelques indices énoncés précédemment pour distinguer leurs polis sur les outils (*cf.* II.2.2 - Analyse des polis). Notre expérimentation préalable étant surtout orientée vers l'ivoire, nos critères de différenciation de l'os et du bois de cervidé ne semblent pas suffisamment développés pour établir une séparation fiable entre ces deux derniers matériaux, sauf dans quelques cas particuliers.

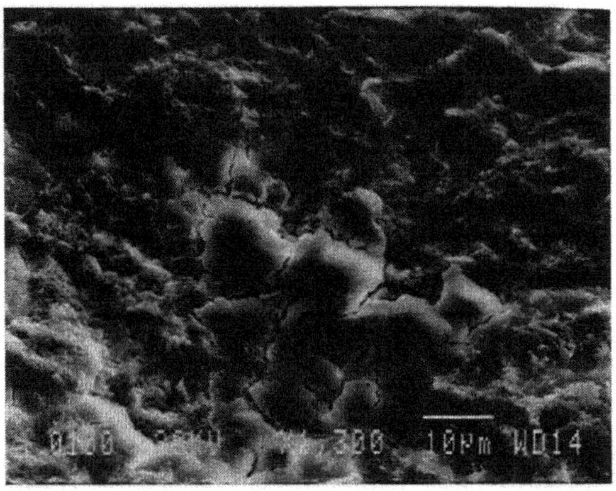

a : Poli expérimental de matière dure animale (x 1300); il apparaît sous forme de petits amas de matière.

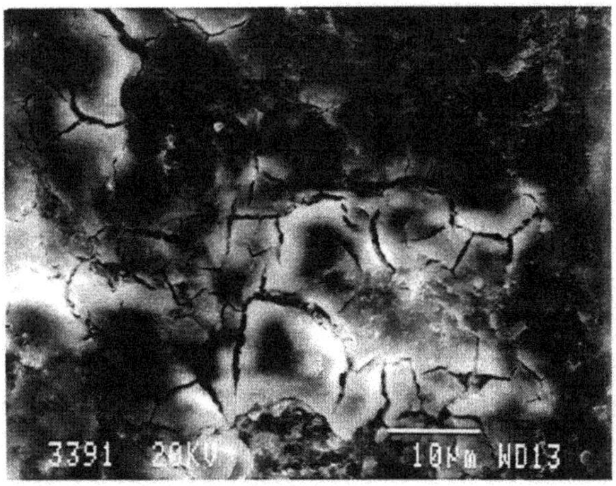

b : Poli archéologique de matière dure animale (x 1700); il apparaît sous forme depetits amas de matière.

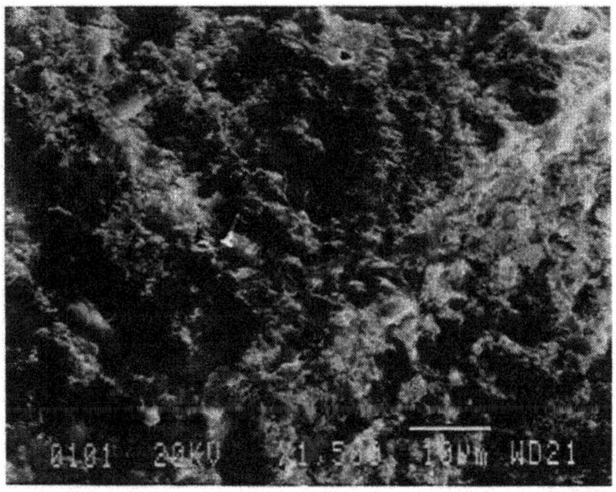

c : Poli expérimental de matière dure animale (x 1500); il apparaît sous forme de taches sombres dans les creux de la surface de la pièce.

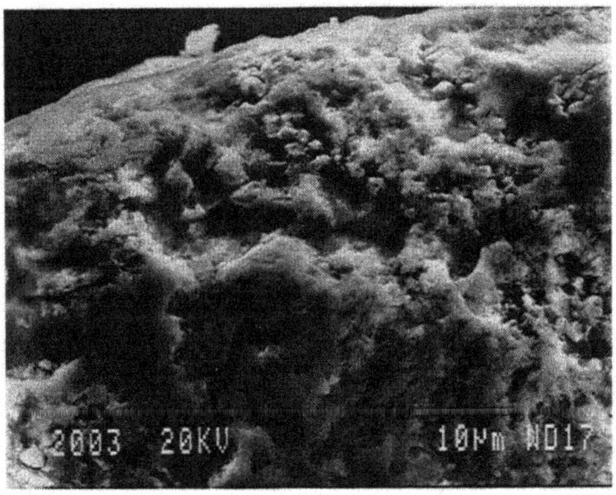

d : Poli archéologique de matière dure animale (x 1600); il apparaît sous forme de taches sombres dans les creux de la surface de la pièce.

Figure 93 - Comparaisons au MEB de polis de matières dures animales, d'origine expérimentale et archéologique.

CHAPITRE II - LAUGERIE-HAUTE-EST

II.1 - PRÉSENTATION DU SITE

L'abri de Laugerie-Haute est situé sur la rive droite de la Vézère (Dordogne). Il a été découvert en 1862 par E. Lartet, qui y entrepris des fouilles dans les niveaux solutréens ; à sa suite d'autres fouilles, généralement en tranchées, y furent effectuées par plusieurs préhistoriens. Mais les premières fouilles méthodiques commencèrent en 1921 et furent dirigées par D. et E. Peyrony (Peyrony, 1938). Elles mirent en évidence une stratigraphie assez complexe qui commence au Périgordien supérieur (Gravettien) pour se terminer au Magdalénien (fouillé par F. Bordes). Les collections provenant de ces fouilles sont conservées au Musée National de Préhistoire aux Eyzies de Tayac.

II.2 - LA TECHNOLOGIE DE L'IVOIRE A LAUGERIE-HAUTE-EST

Il est difficile de parler de la technologie de l'ivoire à Laugerie-Haute-Est, car les données publiées à ce sujet sont rares et les objets d'ivoire contenus dans les collections sont limités à des sagaies et des fragments de sagaies (39 objets). Certaines d'entre elles présentent des traces nettes de façonnage par raclage. La majorité a une extrémité biseautée, le pan portant de nombreuses stries fines et régulières, suggérant une technique par abrasion contre une pierre.

II.3 - L'ÉTUDE TRACÉOLOGIQUE

II.3.1 - L'ÉCHANTILLONNAGE

Après avoir effectué, en collaboration avec S. Madeleine, le recensement de l'ensemble des pièces en ivoire provenant de Laugerie-Haute-Est, il nous est apparu que le niveau Périgordien III (1 et 2) était le plus riche en ivoire: les 39 objets précédents en proviennent. Face à un nombre très impressionnant de vestiges en silex appartenant à ce niveau, classés d'après les différents groupes typologiques, nous avons choisi de commencer par l'étude des burins : un premier test a été effectué sur environ 200 pièces.

Les problèmes rencontrés ont été nombreux : ces anciennes collections rangées depuis des dizaines d'années dans des caisses présentent un état de surface médiocre ; les pièces sont souvent esquillées, le tranchant ébréché, précisément dans des parties actives susceptibles de présenter des traces d'usure. Nous avons alors orienté notre étude vers d'autres outils lithiques, mais les mêmes constats ont été faits. Nous avons donc du renoncer à fonder notre tri sur les macrotraces ; en outre il était très difficile de reconstituer, dans les cahiers de fouille, la répartition spatiale des pièces : il était donc impossible de sélectionner des outils provenant d'une éventuelle aire de travail de l'ivoire. Les résultats de ce premier test étaient si peu fructueux que nous avons renoncé à poursuivre plus loin notre étude de Laugerie-Haute-Est, nous contentant de quelques résultats préliminaires.

II.3.2 - LE TRAVAIL DE LA DENTINE

Nous avons analysé deux fragments de sagaie en ivoire de Laugerie-Haute Est, afin d'observer leur composition chimique et la comparer à celle des échantillons expérimentaux. Un seul des fragments présentait la composition caractéristique de l'ivoire : phosphate de magnésium et phosphate de calcium (Fig. 94).

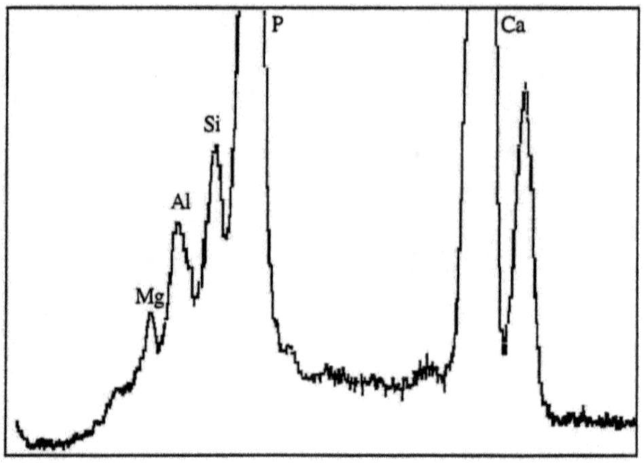

Figure 94 - Spectre d'analyse des fragments d'ivoire de Laugerie-Haute-Est

La composition de l'autre fragment, quoique présentant la structure spécifique d'un ivoire qui se délite, ne comportait pas de magnésium (Fig. 95). Cette absence étonnante pourrait peut-être s'expliquer par des phénomènes de migrations et/ou de substitutions d'éléments chimiquement proches, lors du séjour dans le sol de l'abri. Seule l'analyse d'un nombre plus élevé de fragments d'ivoire de Laugerie-Haute-Est pourrait permettre éventuellement de vérifier si ce phénomène relève d'un cas d'espèce, ou s'il est constant dans ce gisement.

Nous avons quand même procédé aux analyses des polis de matière dure animale sur les 26 burins sélectionnés parmi les 200 observés au microscope optique.

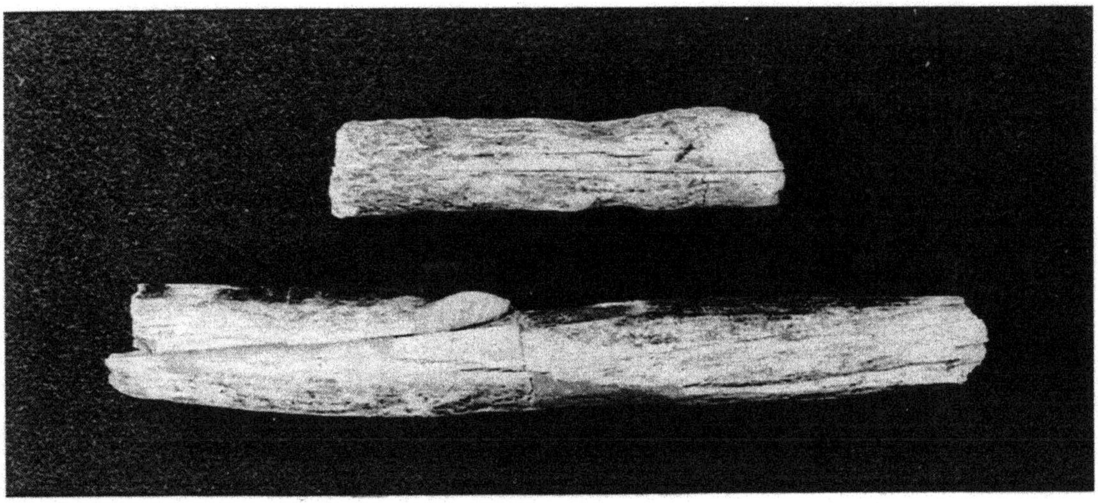

Figure 95 - Fragments de sagaies de Laugerie-Haute-Est.

(Cl. LRMF, D. Vigears).

II.3.3 - LES BURINS ET LE TRAVAIL DE LA DENTINE

Sur les 200 burins observés, 26 présentaient des polis de travail de matières dures animales. Parmi ces 26 burins doubles, deux ont montré des traces de magnésium lors de l'analyse de composition élémentaire (Fig. 96). Les autres ne présentaient que des traces de calcium et de phosphore. Il y a donc bien eu un travail de l'ivoire à Laugerie-Haute Est, puisqu'il nous en reste deux témoins; mais l'analyse des autres burins ne nous permet pas, dans l'état actuel de cette recherche, de trancher sur la nature de la matière osseuse travaillée.

En conclusion, nous n'avons pour l'instant analysé que les burins de Laugerie-Haute-Est. Le seul point positif observé est la preuve d'un travail des matières dures animales attestée sur 13% des burins analysés et le témoignage qu'au moins une partie des objets en ivoire découverts sur ce site avait été travaillée sur place. Mais devant le problème que pose la disparition du magnésium dans certains fragments d'ivoire lui-même, il semble qu'une analyse plus poussée des outils de ce gisement soit pour l'instant inutile puisque la recherche de cet élément est en ce cas très problématique. Une étude préalable des conditions de conservation de l'ivoire sur ce site serait nécessaire avant toute autre recherche.

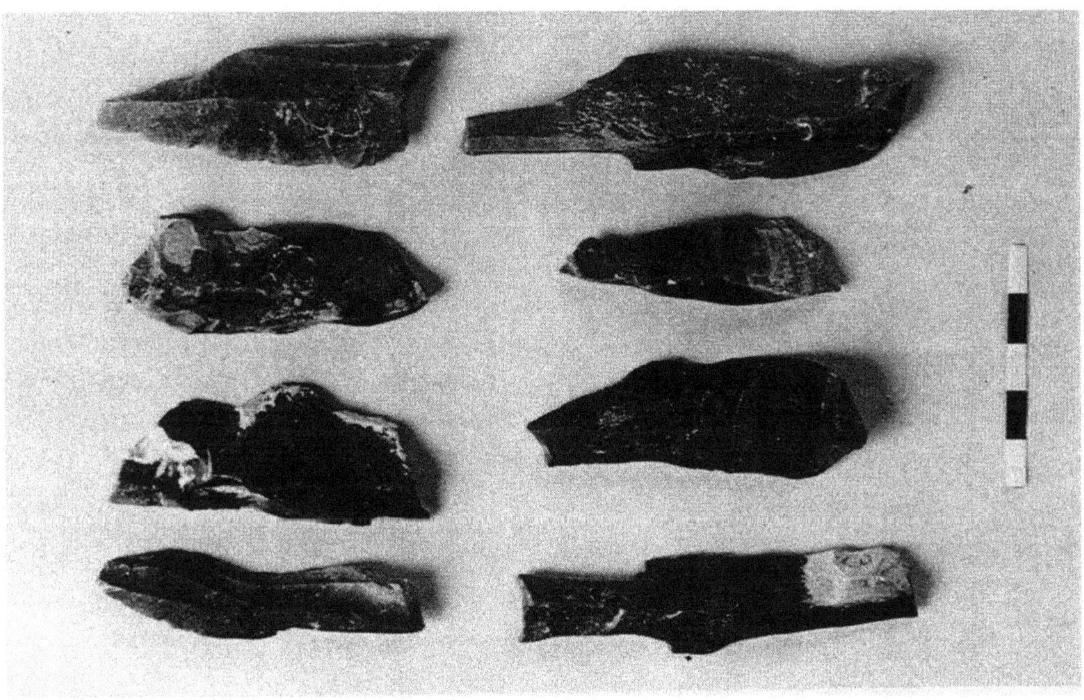

Figure 96 - Burins de Laugerie-Haute-Est présentant des polis de matières dures animales.
(Cl. LRMF, D. Vigears).

CHAPITRE III - YUDINOVO

III.1 - PRÉSENTATION DU SITE

Le gisement de Yudinovo se trouve dans le bassin du Dniepr dans la région de Briansk, à 400 km de Moscou. Il est situé sur la première terrasse fluviatile de la rivière Sudost', affluent de la Desna, à une dizaine de mètres au-dessus du niveau actuel du cours d'eau, entre des gisements bien connus dont Eliseevich et Mezine (Fig. 97).

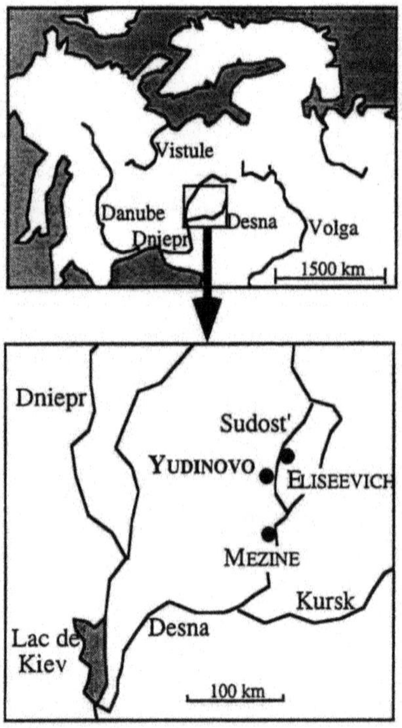

Figure 97 - Localisation du gisement de Yudinovo

Découvert en 1934 par K. M. Polikarpovitch, le site a été fouillé de 1947 à 1961. Un premier habitat, construit en ossements de mammouth fut alors mis au jour. Puis, au début des années 1960, V. D. Boud'ko a effectué quatre campagnes de fouilles pendant lesquelles il continuait le dégagement d'un deuxième habitat découvert par K. M. Polikarpovitch. Les publications concernant cette période traitent principalement des structures d'habitat (Abramova, 1993)

Il faut attendre les années 1980 pour que la fouille soit reprise par Z. Abramova (Institut de la Culture Matérielle, St. Petersbourg). Deux autres cabanes sont ainsi retrouvées en 1981 et 1983 et fouillées jusqu'en 1989 ; de nombreux restes de faune et vestiges lithiques sont mis au jour. De 1989 à 1991 est fouillée une vaste zone de 55 m^2, extérieure aux cabanes et présentant des taches cendreuses (Abramova & Grigorieva, 1992). Dans la zone située entre les habitations n° 1 et 2 dégagées par K. M. Polikarpovitch et V. D. Boud'ko, et dans les deux dernières n° 3 et 4, les vestiges trouvés comprennent uniquement des ossements de mammouth (fragments de côtes, vertèbres et phalanges). Plus au sud, à environ 15 m, se situe le sol d'occupation qui comprend un seul niveau archéologique (Abramova, 1987).

Une surface totale de 300 m^2 a donc été fouillée depuis 1947. Elle présente un seul niveau archéologique en léger pendage vers la rivière, situé entre un dépôt supérieur d'argile sableuse et une couche de loess épaisse de deux mètres. Un total de quatre cabanes en os de mammouths a été mis au jour. L'ensemble du site (cabanes et espace extérieur) a été daté par différents laboratoires de St. Petersbourg (7 datations), Oxford (2), Arizona (2) et Portugal (2). Ces datations ont été faites par dosage de C^{14} sur l'os, les dents de mammouth o u le charbon d'os. Les résultats situent principalement l'occupation entre 14 000 - 16 000 BP (LU 127, 103, 153 ; LE 3301, 3303 ; OxA 696 ; ISGS 2084, 2085 ; AA 4801, 4802). Deux datations sont plus anciennes 17 800 ± 810 BP et 18 630 ± 320 BP (LE 3302, 3401) ; une est plus récente 12 300 ± 200 BP (OxA 696) (Svezhentsev, tabl. 2, p. 27, 1993). L'occupation de Yudinovo se situe donc pendant l'amélioration climatique qui s'installe après le maximum glaciaire de Valdai (Würm) vers 20 000 - 18 000 BP à la fin du Pléniglaciaire et au début du Tardiglaciaire. La culture représentée à Yudinovo est celle de Eliseevich (Épigravettien), principalement connue dans le bassin supérieur du Dniepr (Desbrosse & Koslowski, 1988). Pendant cette période, se poursuivait en Europe de l'Est la culture gravettienne, influencée toutefois par les traditions locales.

Parmi la faune trouvée sur le gisement, le mammouth et le renard polaire dominent largement sur les autres espèces (ours brun, loup, renne, cerf élaphe, cheval et boeuf musqué). Plus de 60 crânes de mammouths faisaient partie des structures d'habitations (Abramova, 1993).

Les outils lithiques analysés dans ce travail proviennent des deux cabanes (n° 3 et 4), trouvées lors des fouilles récentes de Z. Abramova. Il s'agit de deux constructions voisines séparées par un couloir étroit d'un mètre de large, vide de vestiges (Fig. 98). Ces deux habitations ont été datées de 13 000 à 14 000 BP. Une datation de la fosse, sur charbon d'os, est plus ancienne ; 17 800 ± 810 BP et une autre, toujours sur charbon d'os, provenant de la zone entre les deux habitations est de 18 630 ± 320 BP. Ces datations anciennes indiquent-elles que certains ossements proviennent d'animaux morts depuis un certain temps ? dans ce cas cet élément pourra favoriser l'hypothèse d'une récupération d'ossements plutôt que la chasse.

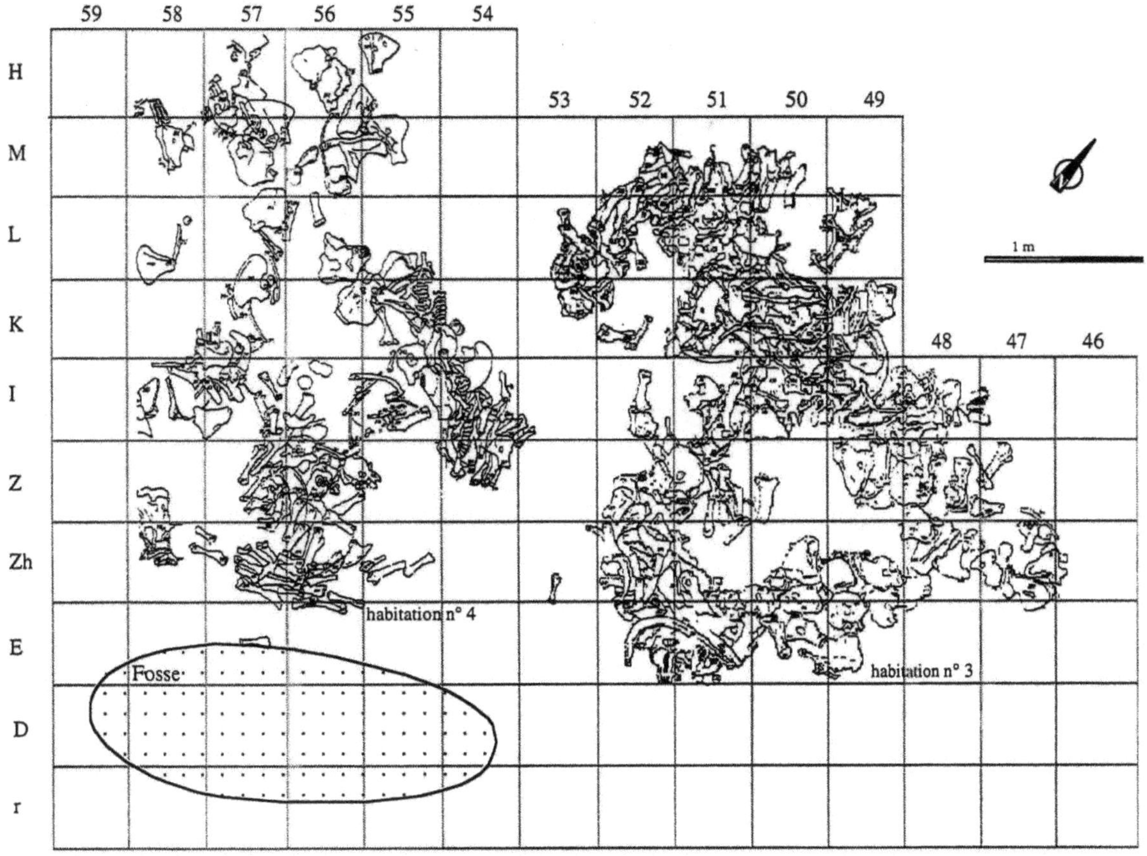

Figure 98 - Plan des habitations n° 3 et 4 de Yudinovo (d'après Abramova, 1993).

III.1.1 - La cabane n° 3

La cabane n°3 est globalement circulaire ; elle présente un diamètre de 5 m ; la base des parois est constituée de 32 crânes, 12 mandibules, 12 défenses, 23 omoplates perforées, 13 gros fragments de bassin et 24 os des membres de mammouth (Fig. 99). Il s'agit principalement d'animaux adultes. Cette habitation est la seule à posséder une paroi épaisse d'un mètre. Les défenses sont extraites des mandibules alors que les molaires sont restées en place. Cette habitation se distingue des autres par la présence de huit défenses entrelacées formant ainsi un pan de mur (Fig. 100). A côté de cet amas de défenses, au sud-est, la limite de la cabane est formée par trois crânes de mammouth renversés et superposés. Il semblerait qu'un petit espace annexe ouvert vers le sud existait à l'ouest de la cabane (*cf*. Fig. 98, m^2 : K-M 50-53) ; le petit nombre de vestiges à cet endroit ne permet pas de se prononcer sur sa fonction (sas d'entrée ?, lieu de stockage ? amoncellement accidentel ?). Juste à côté de cette annexe, le long de la paroi ouest, se trouve une nappe de cendre d'os de 130 cm de diamètre, mais aucun ossement de la structure ne porte de traces de chauffe ; s'agit-t-il d'une vidange ou d'un amoncellement de braises ? Le centre de la cabane est creusé d'environ 50 à 60 cm de profondeur ; le remplissage de cette concavité contient quelques lentilles cendreuses, et la partie inférieure est riche en ossements de renards. (Abramova, 1987 ; 1992 ; 1993).

III.1.2 - La cabane n° 4

La cabane n° 4 n'a pas pu être entièrement fouillée, en raison de la construction d'un musée de site qui tronque sa partie ouest. Cette habitation est de taille plus petite que la précédente située à un mètre de distance. Elle présente un sas d'entrée bordé par des crânes de mammouth formant un passage d'environ 2 m de long sur 60 à 70 cm de large. Les murs de la cabane sont formés de crânes et de vertèbres en connexion doublés à l'extérieur d'os provenant des extrémités des membres qui s'appuyaient sur une armature d'os longs et d'omoplates en position verticale ou oblique, solidement enfoncés dans le sol. La partie centrale était occupée par une nappe de cendres, mais il n'existe pas de véritable foyer d'après Z. Abramova. Dans cette nappe ont été retrouvés trois crânes de mammouth renversés. A l'extérieur, se situe une grande fosse de 6 m de long. Elle est remplie de vestiges façonnés, de cendres et d'os (Abramova, 1987 ; 1992 ; 1993). De nombreuses omoplates perforées sont présentes dans les

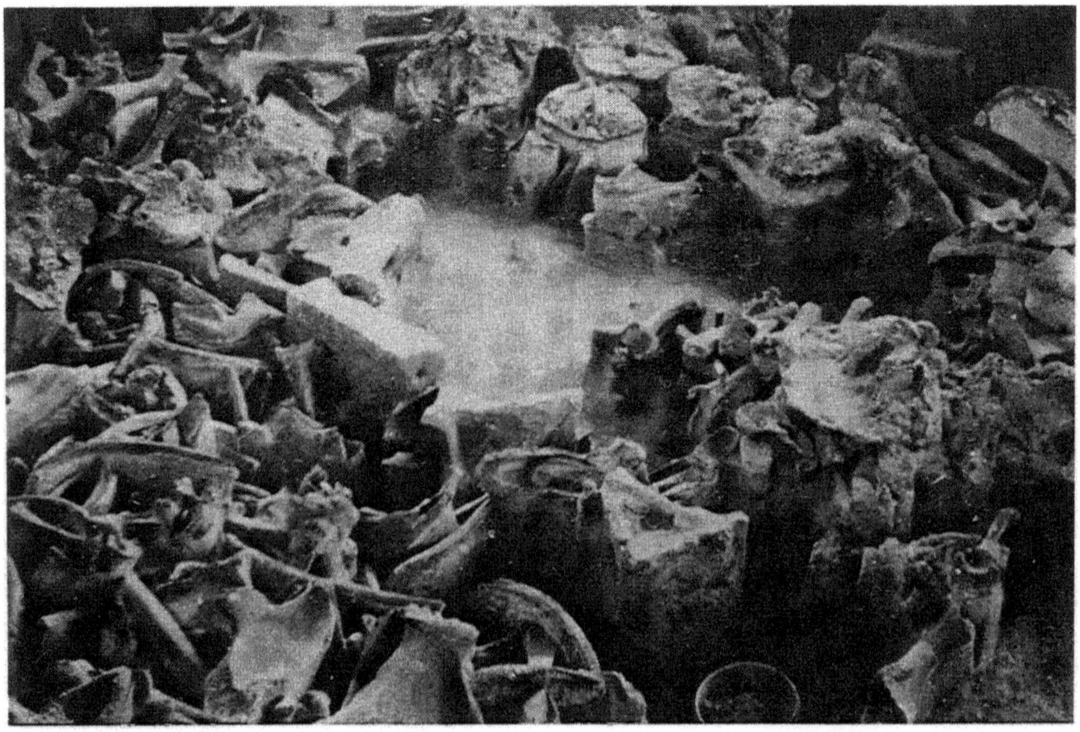

Figure 99 - L'habitation n° 3. *(cliché Abramova, 1993)*

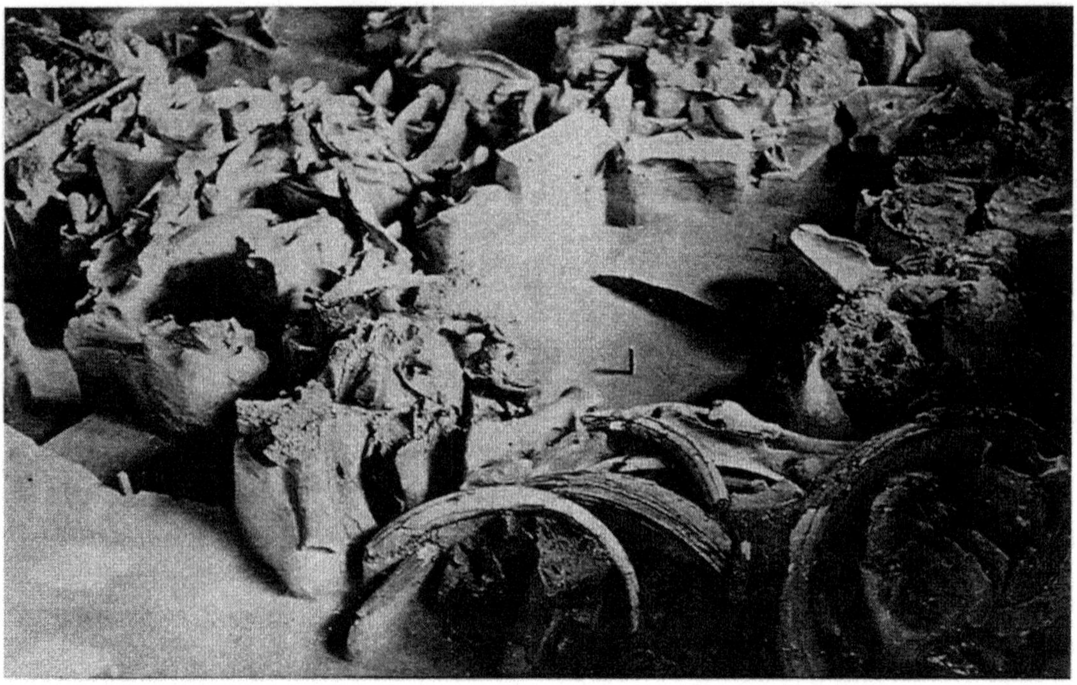

Figure 100 - Le pan de mur formé de défenses entrelacées de l'habitation n° 3 de Yudinovo. *(cliché Abramova, 1995)*.

deux habitations ; il semblerait qu'elles aient pu jouer un rôle dans le soutien des murs ou la couverture des habitations ; les perforations étaient probablement destinées à recevoir des perches de la superstructure (Abramova, 1984).

A l'intérieur des deux cabanes se trouvaient de nombreux vestiges : des ossements de renard polaire, dont certains os longs avaient eu leurs épiphyses sectionnées pour être utilisés comme des tubes ou des petits contenants, des outils en silex (grattoirs, burins, lamelles à dos, pointes, pièces esquillées), des outils en matière dure animale (sagaies, baguettes, pointes, aiguilles dont une à chas), et des éléments de parure (ivoire, coquillages). Cet assemblage d'outil est proche de celui des cultures magdaléniennes d'Europe occidentale (Abramova, 1984 ; 1992). Il est intéressant de noter que les coquillages proviennent des rives de la mer Noire, à une distance d'environ 500 à 600 km.

Les vestiges de mammouth sont nombreux à l'extérieur des constructions, ils sont dispersés et quelques éléments sont en

connexion anatomique. Complètement à l'ouest de l'habitation n° 3, on remarque la présence de quelques taches de cendres associées à des outils en silex ou des produits de débitage mais elles ne semblent pas correspondre à une action sur place. Il est possible qu'elles résultent plutôt de phénomènes d'inondations de la rivière qui ont pu avoir lieu dans ce secteur de l'occupation (comm. pers. Abramova).
A part les unités d'habitation, aucune zone d'activité particulière n'a été mise en évidence. Il n'existe pas, ni à l'intérieur, ni à l'extérieur, de concentrations d'outils en silex pouvant être interprétées comme des postes de débitage ou de travail. Aucune concentration d'outils n'a été observée en association avec des objets en matière dure animale (comm. pers. Abramova).

Ces constructions lourdes de Yudinovo parlent en faveur d'une occupation de longue durée, mais dans l'état actuel des recherches il n'est pas possible de se prononcer sur la contemporanéité des quatre cabanes. Les réponses à cette question peuvent se trouver par la mise en évidence d'échanges entre les habitations, comme l'utilisation d'ossements provenant d'un même animal dans les constructions ou la récupération d'ossements d'une cabane à l'autre... Les informations existantes sur les deux premières cabanes sont actuellement insuffisantes pour pouvoir répondre à cette question, mais peut-être que la fouille en cours des cabanes n° 3 et 4, pourra apporter des informations supplémentaires pour répondre à ce problème (Abramova, 1992).

III.2 - LA TECHNOLOGIE ÉPIGRAVETTIENNE DE L'IVOIRE

Les informations sur le travail de l'ivoire à Yudinovo sont limitées. Deux articles en langue occidentale portent, l'un sur les objets en ivoire (Abramova & Grigorieva, 1995), l'autre sur le décor géométrique fréquent sur les objets en matière dure animale (Sorokina, 1993). Parallèlement à notre étude tracéologique sur les outils lithiques, nous avons eu l'occasion d'étudier le matériel en ivoire conservé à l'Institut de la Culture Matérielle, afin de nous rendre compte des principaux processus de transformation de cette matière à Yudinovo. Environ 120 objets et produits en cours de transformation ont été étudiés, la moitié était des baguettes et des sagaies.

Les objets en ivoire sont nombreux et très variés. Ce sont principalement des objets utilitaires (sagaies, baguettes à section plano-convexe, lissoirs, aiguilles à chas, pointes...) et des objets de parure (perles, pendeloques, bandeaux, épingles...).
La plupart des étapes de travail de l'ivoire sont représentées, à l'exception de l'extraction de la défense sur l'animal mort. Les techniques employées par les occupants de Yudinovo sont attestées par de nombreux fragments de défenses, d'ébauches en cours de transformation et les objets eux-mêmes : tronçonnage, ébauchage, rainurage, éclatement, raclage, polissage, perforation, gravure... La chaîne opératoire de la fabrication des perles est particulièrement complète ; il semblerait qu'un atelier ait existé sur place.
Aucune défense entière n'a été retrouvée sur le site de Yudinovo (comm. pers. Abramova). La partie proximale creuse de la cavité pulpaire, solidement ancrée dans l'alvéole dentaire (que l'animal soit mort récemment ou depuis quelques temps), manque toujours. Ceci pourrait être en relation avec l'extraction de la défense : aussi bien dans le cas d'une extraction en force (par percussion) que d'une segmentation plus contrôlée comme en attestent quelques défenses presque entières portant des traces de tronçonnage.

III.2.1 - Le tronçonnage et le fendage

Plusieurs défenses témoignent de sectionnements transversaux et longitudinaux. Transversalement, deux moyens ont été utilisés : la percussion et l'enlèvement de matière suivi d'une cassure par flexion. Certaines défenses ont été entamées sur plus de la moitié du diamètre avant la cassure par un martelage en percussion directe au moyen d'un outil tranchant, probablement une masse centrale (Fig. 101a). D'autres ont reçu une préparation par rainurage ou par sciage transversal : elle peut être assez conséquente et entamer la pièce en profondeur sur un minimum d'un tiers du diamètre, ou presque superficielle (moins d'un dixième du diamètre) ; puis la défense est cassée par flexion comme en témoignent les cassures en languettes. L'incision préalable superficielle sert uniquement à créer une zone de faiblesse sur la défense et la cassure se produit à proximité de l'incision. Par contre, l'entame en profondeur permet d'imposer l'endroit exact de la cassure (Fig. 101b). Certains fragments ont été cassés par flexion sans préparation (Fig. 101c) ; on imagine que la défense a été lancée contre une pierre servant d'enclume ; la cassure se fait alors en dents de scie. Dans ce cas le sectionnement est totalement aléatoire et il est peu probable qu'on ait pu contrôler quoi que ce soit.
Certains tronçons ont été divisés longitudinalement par rainurage opposé, mais le moyen employé ensuite pour fendre l'objet en deux n'est pas précisé (Abramova & Grigorieva, 1995). Nous avons observé ce procédé sur un tronçon distal de défense : il présentait sur la face de fendage quelques stries perpendiculaires parfois profondes qui pourraient laisser supposer l'insertion de coins. Mais il n'est pas du tout certain que ces quelques marques aient suffi pour fendre le tronçon en deux.

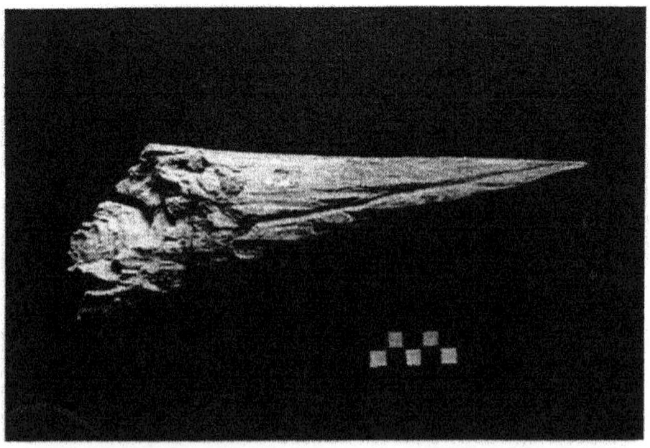

a : Bloc d'ivoire tronçonné par percussion directe, et cassé par flexion

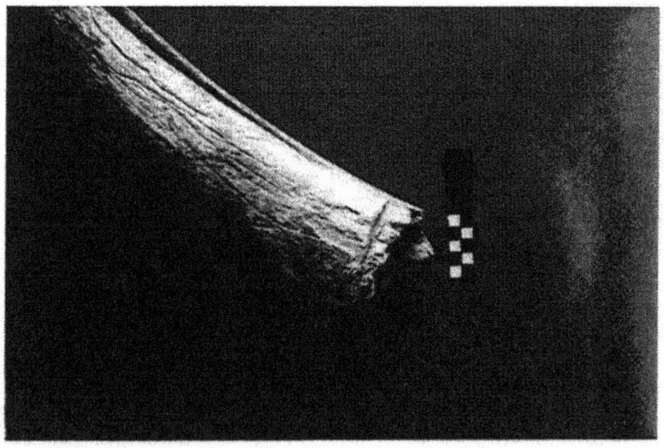

b : Bloc d'ivoire avec préparation d'incision , et cassure par flexion

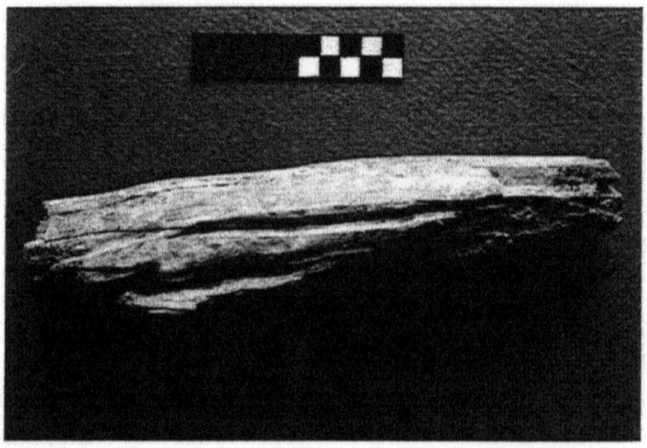

c : Bloc d'ivoire sectionné par flexion sans préparation

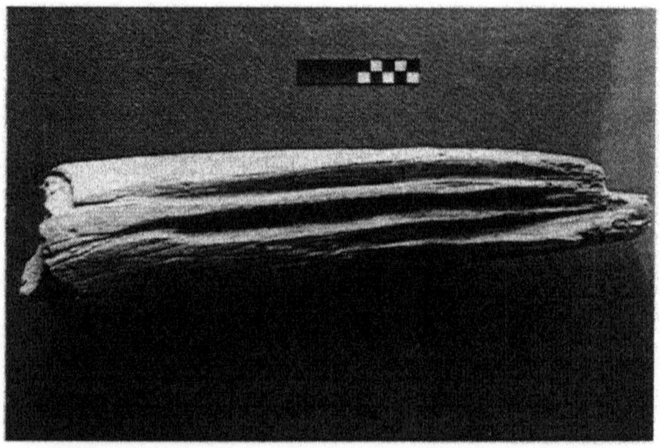

d : Bloc d'ivoire avec une baguette ébauchée par double rainurage.

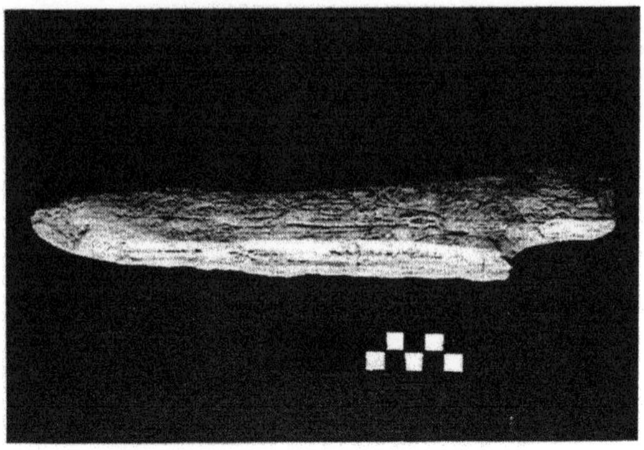

e : Lame d'ivoire obtenue par extraction directe sans rainurage

Figure 101 - Fragments d'ivoire présentant des stigmates d'ébauchage.

(cl. Christensen).

III.2.2 - L'ÉBAUCHAGE

Ces tronçons ont ensuite servi pour l'extraction d'ébauches. La technique la plus fréquente est le double rainurage et plusieurs témoins présentent des baguettes en cours d'extraction (Fig. 101d). Le rainurage est assez avancé, les rainures sont profondes, parfois un centimètre ou plus, sur des longueurs de 14 à 15 cm ; il semble qu'à ce stade il ne reste pas beaucoup de travail avant de pouvoir extraire une baguette. La question se pose de savoir s'il ne s'agit pas de préparation de réserves facilement disponibles. La plupart de ces supports sont ensuite transformés en sagaies ou en pointes.

Une autre technique d'ébauchage est le détachement de lames d'ivoire d'épaisseur variable, obtenues par des entailles longitudinales permettant d'extraire des supports dont certains sont très minces (quelques millimètres). Certaines de ces lames étaient probablement destinées à devenir des bandeaux ou des diadèmes (Abramova & Grigorieva, 1995). D'autres ébauches semblent avoir été travaillées dans un objectif plus utilitaire de manière à obtenir des grandes lames de couteau, mais elles sont alors plus épaisses (Fig. 101e). Il est fort probable que ce type de support ait été obtenu sur une défense légèrement délitée. Quelques plaques d'ivoire rectangulaires et convexes semblent avoir été récupérées de la même manière sur un ivoire déjà vieilli. Certaines présentent une rainure médiane profonde (Abramova & Grigorieva, 1995), comme si elles étaient destinées à être sectionnées longitudinalement en deux.

Quelques éclats présentent des lignes d'arrachement caractéristiques de l'éclatement en percussion directe, mais la partie proximale est cassée et il n'existe plus de traces du cône de percussion et du bulbe.

III.2.3 - LE FAÇONNAGE

La technique de façonnage la plus courante est le raclage, permettant de régulariser les fûts de sagaies (Fig. 102a), les surfaces des objets destinés à recevoir des décorations ; elle est également utilisée pour préparer les surfaces à perforer et appointer des baguettes...

Certains supports à section arrondie (sagaies) ou plate sont segmentés en un ou plusieurs fragments : un travail d'affaiblissement par raclage est alors souvent utilisé pour amorcer la segmentation ; ils sont cassés par une flexion (Fig. 102b).

Certaines sagaies présentent une gorge profonde : ces sillons semblent avoir été destinés à l'insertion de lamelles à dos, très nombreuses sur le site (Fig. 102c). D'autres sagaies présentent une ou plusieurs rainures/incisions légères (d'origine décorative ou fonctionnelle ?) (*cf.* fig 102a).

Les techniques de perforation sont nombreuses : rotation alternative, rainurage en boutonnière, grattage. Elles peuvent être exécutées à partir d'une face ou des deux faces de l'objet. Parfois la zone à perforer a été préparée par un raclage (Fig. 102d) ou par enlèvement de petits copeaux avant perforation.

Le polissage intervient au stade final des opérations de façonnage, notamment sur quelques fragments de pointes de sagaies ou de bipointes et sur plusieurs baguettes demi-rondes (Fig. 102e), alors que ces objets sont souvent au Paléolithique supérieur simplement raclés. Il existe sur le gisement plusieurs fragments de grès qui présentent des zones entièrement lissées. Des analyses au MEB d'un petit fragment de grès (Fig. 102f et 103), ont montré que des petits résidus d'os sont restés incrustés dans la surface ; il est donc tout à fait possible que le grès ait été utilisé également pour polir les objets en ivoire. Mais la plupart des sagaies et des pointes de Yudinovo ont simplement été terminées par un raclage fin.

III.2.4 - CHAÎNE OPÉRATOIRE DE FABRICATION DES PERLES

De nombreuses petites perles minces ont été découvertes. D'après Z. Abramova et G. Grigorieva (1995), elles correspondraient à plusieurs types : carrées, ovales, circulaires, rectangulaires (Fig. 104a). Après observation de ces vestiges et expérimentation, il nous a semblé que ces diverses formes témoignaient plutôt de stades différents de la chaîne opératoire.

Un support a été découvert à l'extérieur des habitations. Il était constitué d'un éclat d'ivoire sur lequel un quadrillage avait été incisé ; chaque petit carré présentait une entame de perforation (Fig. 104b et c). L'éclat est cassé en quatre longitudinalement et transversalement, et il présente quelques légères traces de délitage. Mais il est difficile de se prononcer sur l'état de délitage de cet éclat à l'époque de l'occupation de Yudinovo.

Afin de mieux comprendre cette technique de fabrication, nous avons entrepris de refaire une série des perles expérimentales sur la base de cette ébauche et des différentes formes de perles connues dans le gisement. Un fragment d'ivoire sub-fossile a été incisé avec un outil pointu afin de créer un quadrillage similaire à celui observé sur la pièce archéologique. Les perforations ont été amorcées par percussion indirecte avec un silex pointu, comme semblaient l'indiquer les enfoncements de matière observés dans les fonds de trous du support archéologique. Le fragment a été ensuite immergé plusieurs heures dans l'eau afin d'en faciliter le délitage. Le dégagement de bandes a été amorcé avec une lame puis effectué à la main par arrachement. Une fois séchée, la bande qui portait les incisions pouvait être cassée à la main selon les lignes de faiblesse représentées par celles-ci : on obtenait ainsi des ébauches de perles plates, de forme carrée ou rectangulaire selon les régularités des incisions. La forme

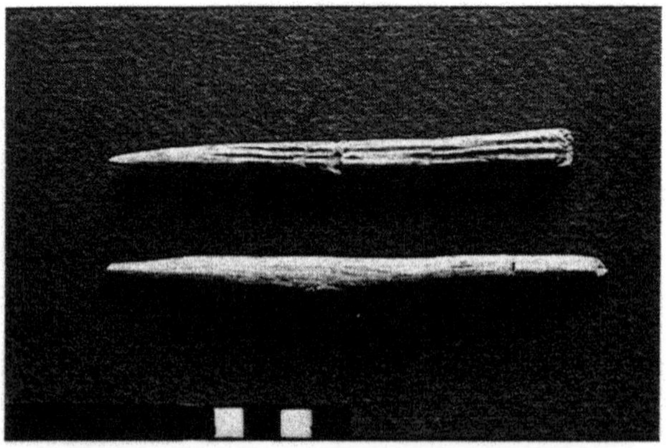

a : Sagaie incisée (en haut) et fût de sagaie présentant des stigmates de raclage (en bas).

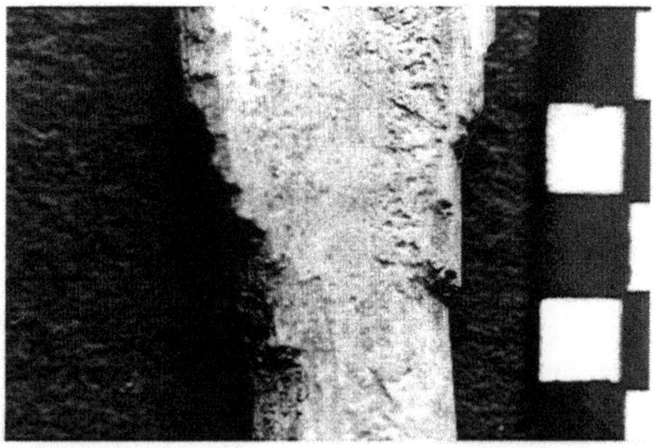

b : Préparation de sectionnement de baguette par affaiblissement.

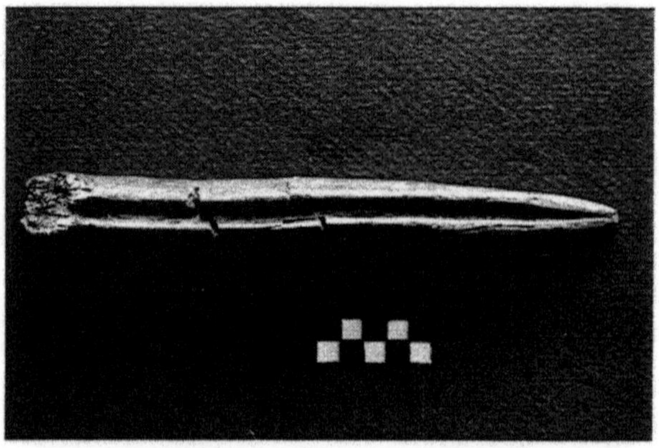

c : Sagaie présentant une rainure profonde.

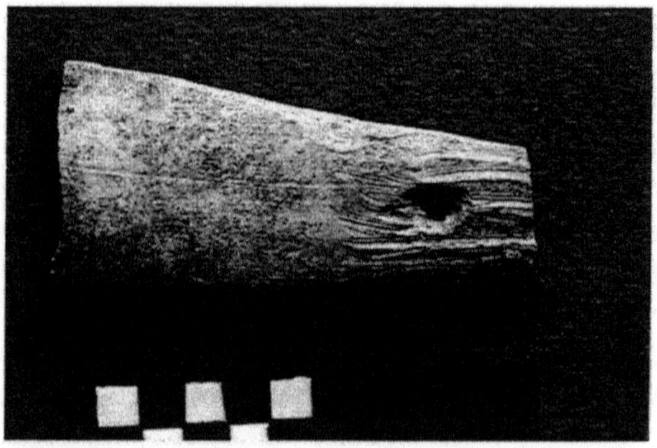

d : Fragment d'ivoire présentant une préparation de la surface avant perforation.

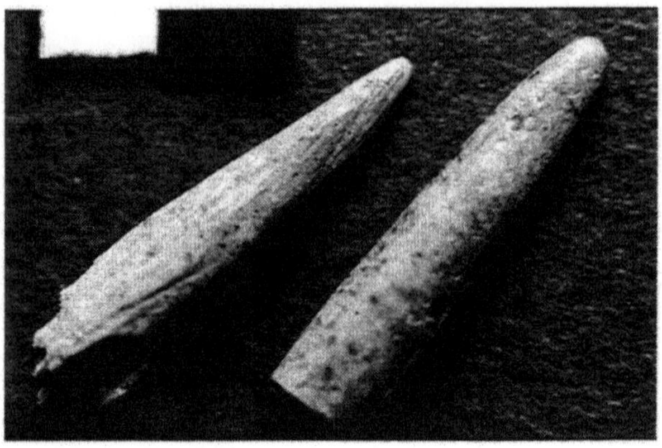

e : Pointes de sagaie présentant des traces de raclage (à gauche) et polissage (à droite).

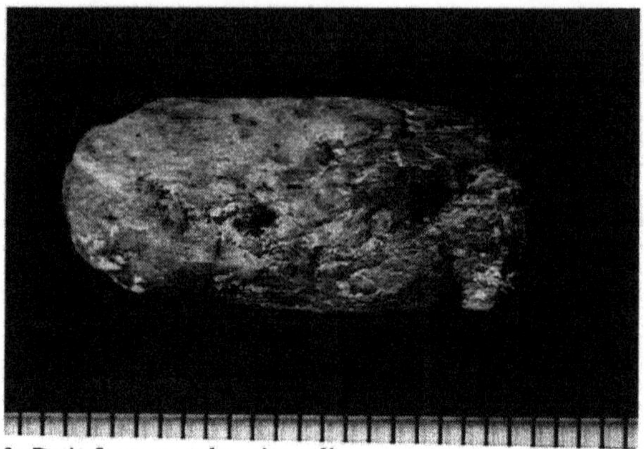

f : Petit fragment de grès poli.

Figure 102 - Fragments d'ivoire présentant des stigmates de façonnage (a à e) et fragment de grès portant des traces de polissage (f).
(cl. Christensen)

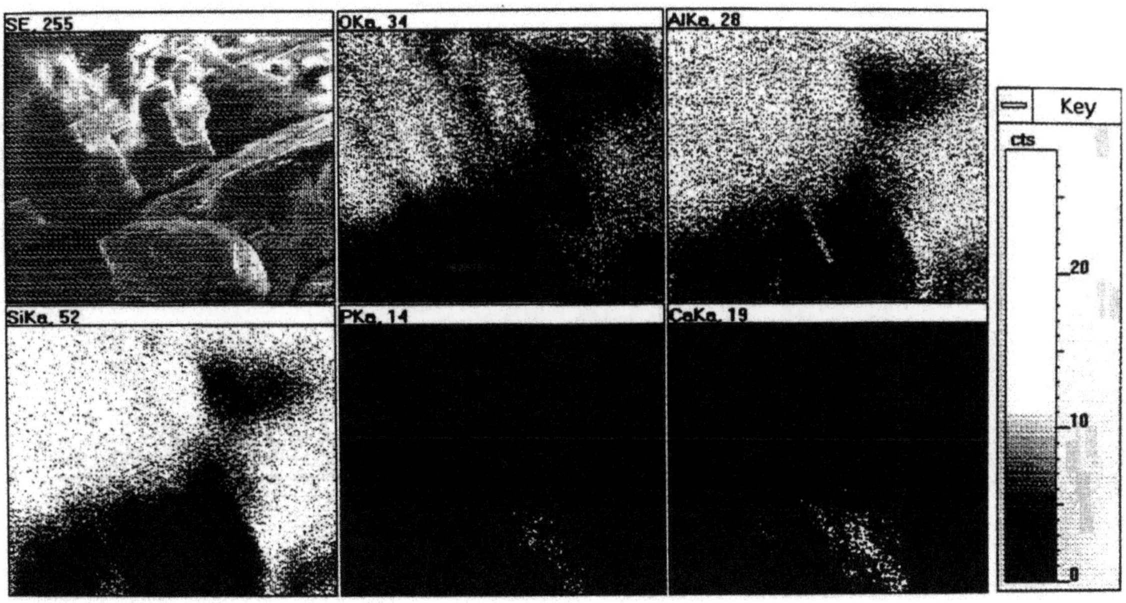

Figure. 103 - Cartographies de l'analyse d'un fragment de grès (MEB x 1300).

On observe la présence de microfragments d'os à la surface.

plus ou moins circulaire était ensuite imposée par abrasion contre un grès et c'est l'emplacement de la perforation par rapport au bord de l'ébauche qui déterminait la forme de la perle, semi-circulaire ou ovale (Fig. 104d). L'ensemble de la pièce était ensuite polie comme en témoignent les traces observées sur les pièces archéologiques (Fig. 104e)

Il est à noter que notre expérimentation a été effectuée sur un ivoire sub-fossile ce qui facilitait considérablement l'extraction d'une bande très fine correspondant à l'épaisseur des perles archéologiques. Nous n'avons pas réussi à extraire une couche aussi fine sur un ivoire frais. Nous n'avons pas de preuve mais néanmoins une forte présomption que les occupants de Yudinovo avaient fabriqué leurs perles sur un ivoire sub-fossile ; à moins qu'ils n'aient découvert un moyen efficace, que nous n'imaginons pas, d'extraire des bandes fines sur un ivoire frais.

III.2.5 - Décoration

De nombreux objets sont décorés à Yudinovo, il s'agit aussi bien d'objets finis que de fragments de défenses. La plupart du temps le décor est le même : des incisions en losanges (Abramova & Grigorieva, 1995). Ce décor géométrique est réservé aux objets allongés comme des baguettes ou l'épingle (Fig. 104f). Une des techniques d'exécution proposée par G. Sokorina (1993) consiste à inciser de longues entailles en diagonale sur la baguette en la faisant rouler sous la pression d'un outil tranchant. Cette technique est proche de celle des décors en spirale décrite par A. K. Filippov (*in* Sokorina, 1993).

D'autres objets comme les bandeaux ou les diadèmes ont été décorés par des incisions en dents de scie qui entament le bord. Elles semblent avoir été effectuées par sciage.

III.3 - L'ÉTUDE TRACÉOLOGIQUE

III.3.1 - L'échantillonnage

L'outillage lithique est en majorité taillé dans un silex local, les blocs de matière première sont probablement des galets trouvés au bord de la rivière. Les quelques silex "exogènes", d'une qualité nettement supérieure, proviennent d'une cinquantaine de kilomètres en amont du gisement (comm. pers. Abramova).

Les nucleus trouvés lors de la fouille sont de petite taille et totalement épuisés ; ils comportent souvent de nombreux réfléchissements ; certains ont été réutilisés comme percuteur ; les arêtes sont totalement émoussées et certaines zones portent des stigmates de percussion. De manière générale, les outils sont de petite taille ; la moyenne est situé autour de 30 mm de long. Les silex exogènes semblent présenter une qualité très exceptionnelle et ils ont souvent été réservés à la production d'éléments destinés à être emmanchés. L'ensemble des outils est fait sur support laminaire. Les burins et les grattoirs dominent largement, mais on note aussi la présence de lames, de perçoirs, de lamelles, de lamelles à dos, de pièces esquillées et d'outils composites burins/grattoirs. L'industrie lithique n'a pas encore été étudiée et il n'en existe aucun décompte. Notre étude a reposé sur environ 1400 outils et produits de débitage dont 200 proviennent de la zone fouillée hors du secteur des cabanes. Malheureusement, il n'y a pas eu de relevés précis des produits lithiques lors de la fouille, et il est uniquement possible de les situer par m^2.

Parmi ces 1400 pièces un tri macroscopique a été effectué. La qualité de lecture de la surface est moyenne, beaucoup de silex sont très patinés et ils se sont avérés totalement inaptes à l'analyse au microscope optique. Environ la moitié des

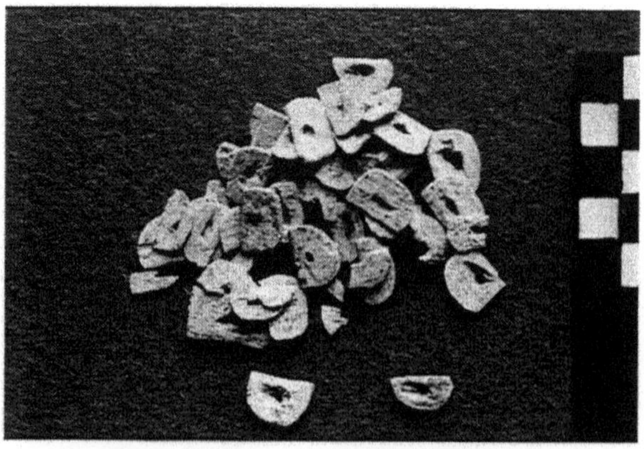

a : Les différentes formes de perles plates

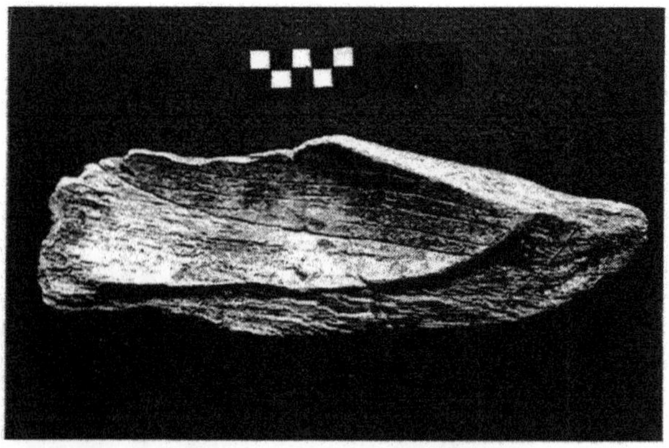

b : Eclat d'ivoire incisé par un quadrillage.

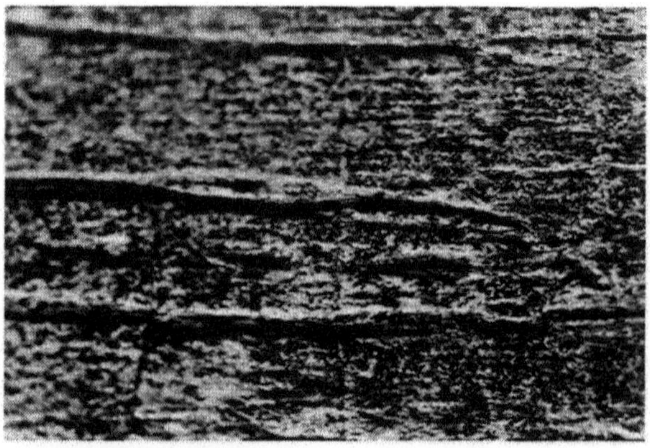

c : Détail de quadrillage.

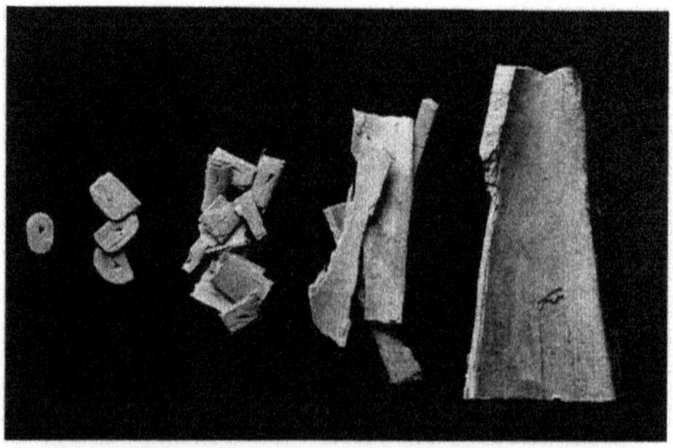

d : Reconstitution expérimentale de la chaîne opératoire des perles plates circulaires.

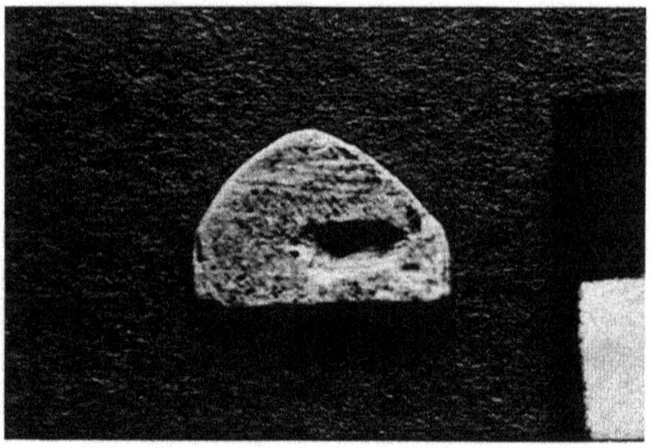

e : Traces de polissage sur la face d'une perle.

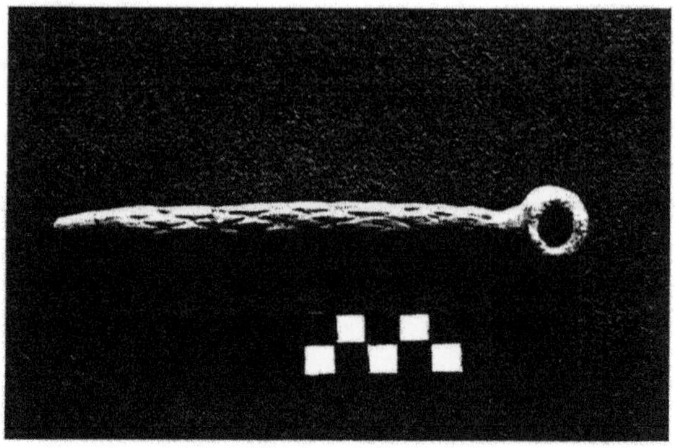

f : Epingle ornée d'un décor géométrique en losange.

Figure 104 - La fabrication de perles plates et production du décor en losange d'une épingle à Yudinovo.

(Cl. Christensen)

pièces a ainsi dû être éliminé.

Notre première sélection a concerné environ 650 outils ou produits de débitage que nous avons ensuite observés au microscope optique en insistant sur les pièces susceptibles d'avoir travaillé l'ivoire : celles qui présentaient des bords résistants bruts, retouchés, ébréchés, des dièdres, des trièdres, caractères qui nous ont semblé essentiels lors du travail d'un matériau dur comme l'ivoire.

Un ensemble composé de 73 silex témoignant du travail de matière dure animale, de peau, de matière végétale et de tissu carné a été enfin sélectionné. Il présente, typologiquement, une série dominée par les burins : 22 burins, 6 grattoirs, 10 chutes de burins, 1 microburin, 9 éclats, 20 lames, 1 pointe et 4 lamelles. Ces 73 outils ont été rapportés en France pour faire l'analyse physico-chimique de leurs polis et ainsi affiner les déterminations des matières travaillées. Parmi eux nous avons par la suite écarté 8 pièces qui ne portaient pas de stigmates assez prononcés pour être caractéristiques d'un matériau et dont même l'analyse ultérieure au MEB n'a pas permis de déterminer la matière travaillée. L'effectif final sur lequel repose notre étude est donc de 65 pièces.

III.3.2 - Les témoins du travail des matières dures animale

Le travail des matières dures animales domine largement parmi ces 65 outils portant des traces d'usures ; elle est présente sur 47 d'entre eux (72 %). L'analyse au MEB des polis va nous permettre de séparer ceux qui ont été utilisés pour travailler la dentine/ivoire, de ceux qui avaient servi sur l'os/bois de cervidé.

III.3.2.1 - Le travail de la dentine

Rappelons ici que le terme dentine recouvre aussi bien les défenses de Proboscidiens (véritable ivoire) que l'ensemble des dents animales. A Yudinovo le travail de la dentine concerne essentiellement l'ivoire vrai, et très secondairement quelques dents d'ours.

La première étape de notre travail a consisté à vérifier la composition de l'ivoire brut de Yudinovo pour le comparer aux résultats de l'analyse des polis archéologiques. Deux fragments bruts ont été analysés au MEB et leur composition correspondait bien à la composition classique de l'ivoire (phosphate de magnésium et phosphate de calcium) (Fig. 105). Sur un des deux fragments nous avons découvert une concentration forte en fer qui n'a pas été retrouvée dans la composition des polis de dentine. Il nous semble possible que la présence de cet élément puisse s'expliquer soit par une pollution du sol, soit par un contact avec des éléments ferrugineux autres. Le fragment provient de la fosse, près de la cabane n° 4, à l'intérieur de laquelle se trouvaient quelques outils portant des traces d'hématite rouge.

Les analyses des polis sur les outils nous ont permis de déterminer un travail de dentine sur 17 outils c'est à dire 43 % des outils qui ont travaillé la matière dure animale. Le poli de dentine est caractérisé par la présence de phosphate de magnésium et de phosphate de calcium (Fig. 106). Tout comme dans les analyses de polis de Geissenklösterle, des traces de potassium ont été également repérées. Il semble que, pour cet élément, l'hypothèse d'une pollution par le sol se confirme dans le cas du site de Yudinovo.

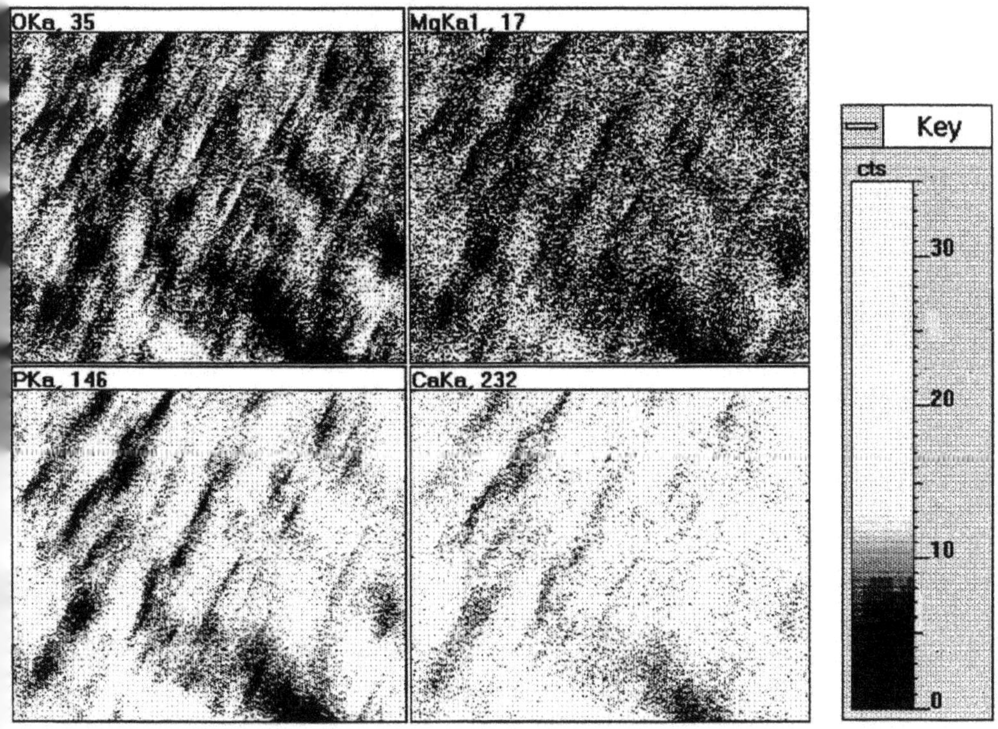

Figure 105 - Analyse d'un fragment d'ivoire brut de Yudinovo (MEB x 1300).

Les cartographies élémentaires montrent l'association de phosphate de magnésium et de phosphate de calcium caractéristiques de la dentine.

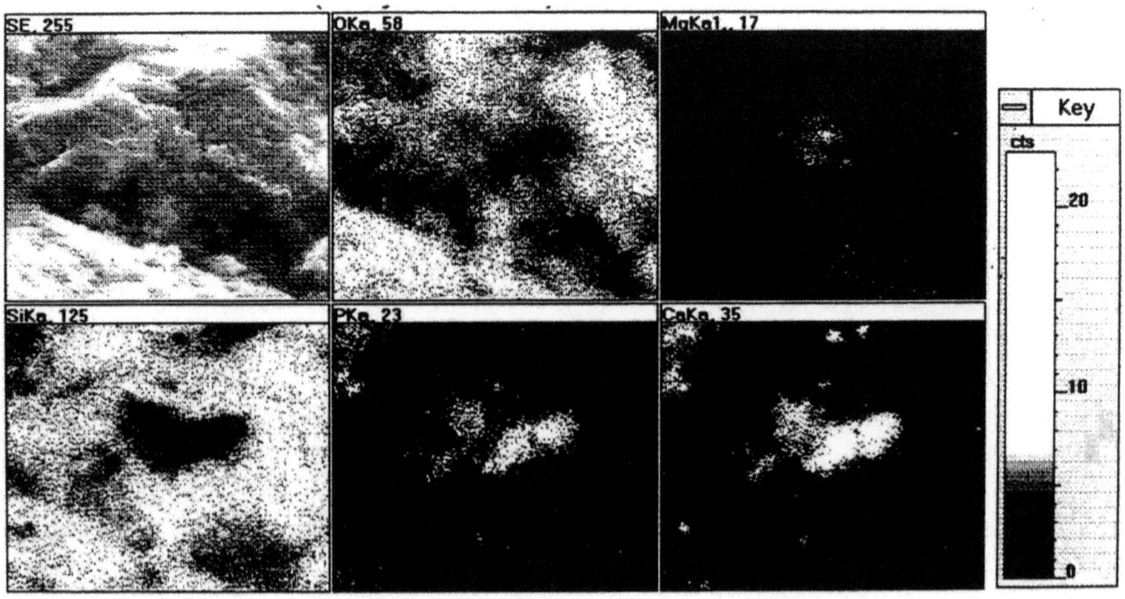

Figure 106 - Cartographies élémentaires d'un poli de matière dure animale, Yudinovo, pièce n° D57 335 (MEB x 5000).

Les associations entre les différents éléments chimiques (phosphate de magnésium et phosphate de calcium) mettent en évidence qu'il s'agit d'un poli de dentine.

Les outils utilisés pour le travail de la dentine

Parmi les 17 outils utilisés pour travailler la dentine se trouvent différents types : notamment des burins sur lame tronquée (deux doubles, trois simples), trois chutes de burin dont une retouchée, un grattoir, trois fragments de lames brutes, deux fragments de lames retouchées, une lamelle, un éclat retouché, un fragment non déterminé mais probablement issu d'un burin (Fig. 107 et 108).

Une chute de burin retouchée témoigne d'une utilisation du support avant d'être transformé en burin (D57 335). Cet outil a servi à racler la dentine, il porte en outre des traces de colorant rouge et l'analyse chimique du poli montre des traces de fer associées aux composant de la dentine. Il est possible qu'il y ait eu une adjonction de matière abrasive (poudre d'hématite) pendant le raclage. Le poli présente d'ailleurs de nombreuses stries perpendiculaires au tranchant.

Deux burins attestent d'actions de raclage sur un des deux dièdres de leur flanc (D58 43 1718, Z59 31 2185). Il s'agit d'un poli peu développé et il est possible qu'ils aient été utilisés dans une action de lissage/doucissage plutôt que lors d'un raclage vigoureux.

Un burin (A58 1496) a participé à une action longitudinale d'incision, le poli est assez envahissant et affecte une grande partie du flanc ainsi que le biseau.

Le flanc d'un burin double (E54 58 476) a été utilisé pour un raclage ponctuel affectant un petite zone du tranchant. Un des trièdres du biseau opposé est affecté par le poli, il semble avoir servi à faire des incisions de faible profondeur.

Le tranchant d'un burin a été utilisé pour racler de la dentine (Z55 1034) ; l'emplacement du poli ne permet pas de déduire si l'utilisation est antérieure à la transformation du support en burin ou postérieure. Son biseau est cassé, mais il a été repris transversalement et ensuite utilisé dans une opération de rainurage.

Une chute de burin atteste d'actions de raclage et de sciage (D57 339), le poli présente des stries transversales et longitudinales et il est impossible d'établir une chronologie entre ces deux actions. Elle porte des reliquats de colorant rouge et jaune à sa surface, mais ils ne sont pas associés au poli.

Une chute de burin (DE 57 N1666) porte des traces de travail de dentine sur le dièdre droit de son flanc ; le poli est coupé par l'enlèvement d'une petit chute, et il ne reste pas de stigmates directionnels visibles. Un des trièdres du nouveau biseau a participé à une action d'incision.

Un front de grattoir assez reculé semble avoir été réaffûté plusieurs fois (D58 N1822) ; il a servi à racler de la dentine.

Un fragment proximal de lame atteste respectivement d'actions de lissage/doucissage et de sciage (Z51 520). Le silex est brûlé et son poli est coupé par une fracture due à l'action du feu. Les traces de ces deux actions sont superposées et les stigmates directionnels ne présentent pas de chronologie évidente.

Deux fragments de lames différentes portent des stigmates de deux actions distinctes : sur un fragment proximal (M52 1931) le raclage est attesté sur son tranchant et le trièdre créé par la cassure a probablement servi pour faire une incision ou pour scier ; le poli est présent sur le trièdre lui-même et sur l'arête de la face revers ; l'autre fragment est un mésial (N55 1338) qui a successivement raclé et incisé. Les deux bords tranchants d'un autre fragment (D57 23 292) mésial ont été utilisés pour scier ; les angles taillants sont fermés (30°) et ils ont tous les deux reçu une retouche inverse, destinée probablement à le renforcer.

Un fragment proximal de lame a aussi rainuré la dentine (Z58 1131) ; les traces d'usure affectent le trièdre et une partie du tranchant. Sur le tranchant opposé, nous avons observé des résidus noirs, un peu gras. Ils sont composés de manganèse et

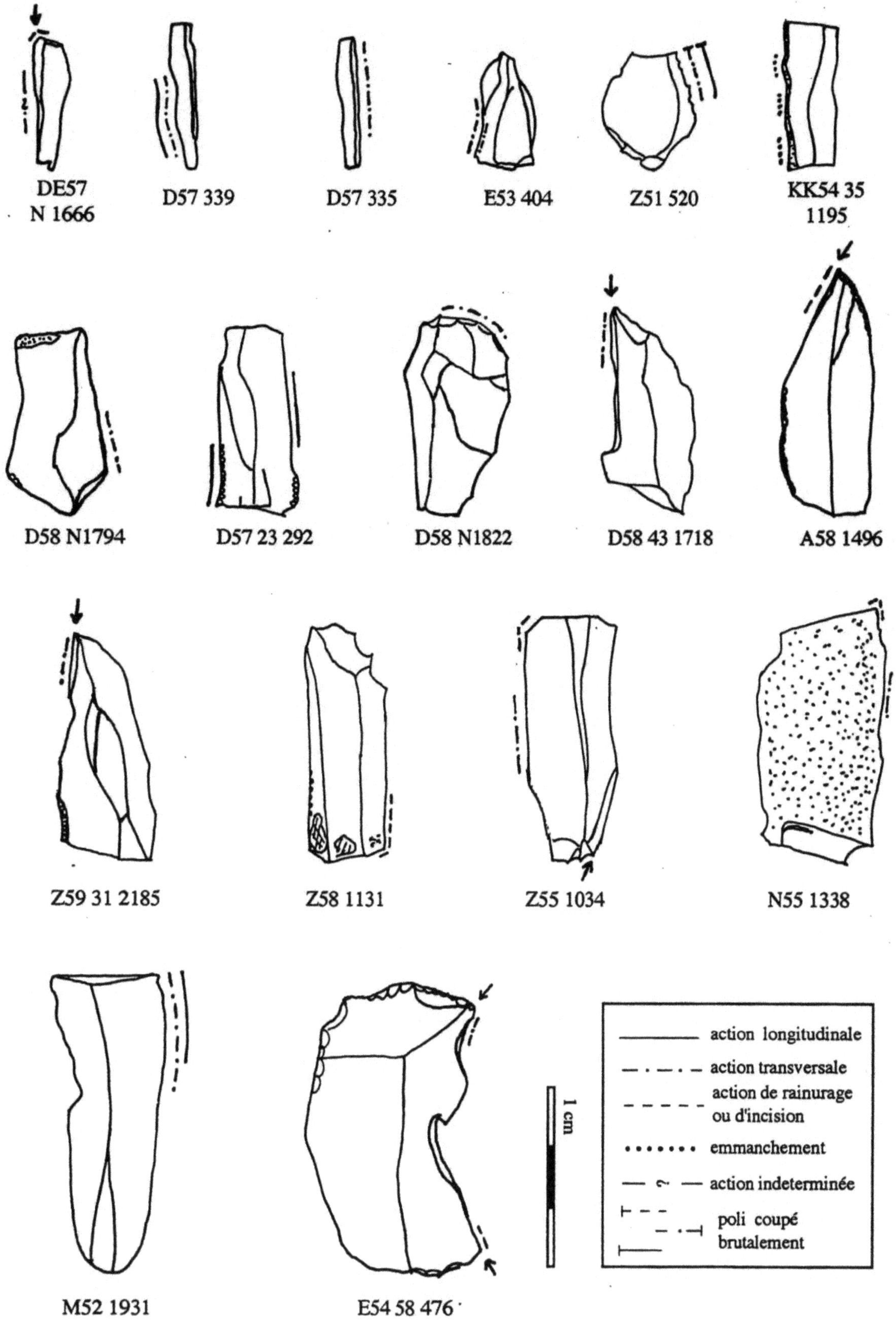

Figure 107 - Outils de Yudinovo ayant travaillé la dentine ; localisation de leurs traces d'utilisation.

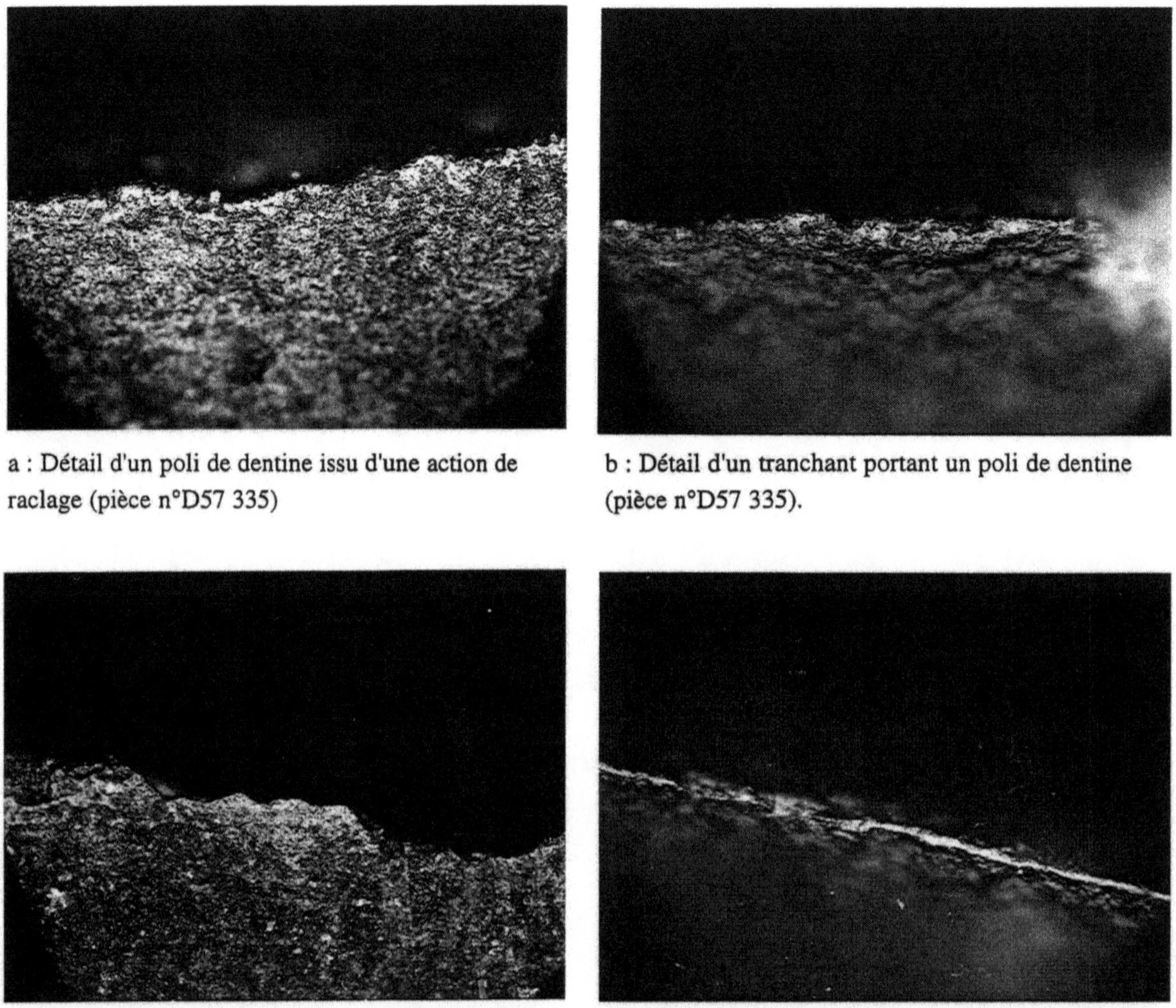

a : Détail d'un poli de dentine issu d'une action de raclage (pièce n°D57 335)

b : Détail d'un tranchant portant un poli de dentine (pièce n°D57 335).

c : Détail d'un poli de dentine issu d'une action de sciage et d'une action de lissage/doucissage (pièce n°Z51 520)

d : Détail d'un tranchant portant un poli de dentine, issu d'une action de lissage/doucissage (pièce n°D58 43 1718)

Figure 108 - Détail au microscope optique des polis de dentine observés sur les outils de Yudinovo (x 200).

de fer (Fig. 109) ; il est probable qu'il s'agit de résidus d'emmanchement.

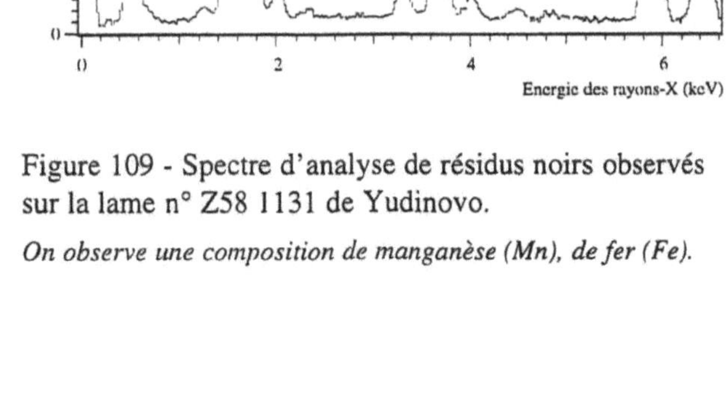

Figure 109 - Spectre d'analyse de résidus noirs observés sur la lame n° Z58 1131 de Yudinovo.

On observe une composition de manganèse (Mn), de fer (Fe).

Un dernier fragment mésial de lamelle ne semble pas avoir été utilisé mais son dos, à surface naturelle, présente des spots de poli distribués sur les aspérités (KK54 35 1195). Il s'agit peut-être des traces laissées par un emmanchement de la lame dans un réceptacle en ivoire.

Un éclat outrepassé témoigne d'une action transversale, le poli marque peu le tranchant, cet outil semble avoir participé à une action de lissage/doucissage (D58 N1794).

Un dernier fragment d'outil a reçu de nombreux aménagements, il est probablement issu initialement d'un burin (E53 404). En tout cas, l'outil a été cassé volontairement comme en témoignent les étoilures (percussion dure) sur son revers. Le poli, coupé, atteste d'une action de raclage.

Synthèse des résultats

L'ensemble des 17 outils portant des traces de travail de dentine présente 29 zones d'utilisation potentielle (ZUP) dont 26 seulement se sont avérées réellement utilisés (*cf.* Fig. 107).

Les actions perpendiculaires et parallèles au tranchant sont représentées *grosso modo* de la même façon. Treize actions perpendiculaires ont été décomptées : neuf zones d'utilisation effectives (ZU) présentent des stigmates de raclage et quatre de lissage/doucissage. Onze présentent des actions longitudinales, donc parallèles au tranchant : de sciage (5), d'incision (3) et de rainurage (3). Une seule zone utilisée intervient lors d'un emmanchement et une autre reste indéterminée. Ce sont les actions de façonnage qui dominent (raclage, lissage/doucissage, incision) et celles d'ébauchage (rainurage et sciage) sont moins nombreuses.

Il est intéressant de noter que malgré une extraction de support très contrôlée par rainurage, à la différence de celle par éclatement que nous avons observée au début du Paléolithique supérieur sur le site de Geissenklösterle, le façonnage reste encore une étape importante et très développée, tout au moins d'après les traces d'utilisation présentes sur les outils analysés.

Peu de différences apparaissent dans le nombre de zones utilisées entre les outils typiques (burins, grattoirs...) et les produits laminaires utilisés. Les burins et leur chutes présentent treize ZU, les lames suivent immédiatement avec dix ZU, et en dernier, les éclats et les grattoirs avec respectivement une ZU chacun. Tous les supports sont très fragmentés ; sur dix-sept outils seulement deux sont entiers : deux cassures présentent des stigmates d'accident de taille (petite languette, double onde de choc), quatre des cassures en "S" (réaffûtage du burin, reprise de troncature), deux des cassures intentionnelles (étoilures de percussion) ; s'y ajoutent une cassure rectiligne, une en languette (flexion), une due à l'action du feu ; quatre cassures restent indéterminées. Parmi les cassures déterminées, celles qui semblent avoir été occasionnées par l'utilisation de l'outil (une rectiligne et une par flexion) sont peu nombreuses. Les cassures ont plutôt été provoquées par le souci constant de vouloir exploiter au maximum la matière première ou par des gestes maladroits.

Les angles taillants des outils utilisés pour travailler la dentine se situent entre 30° et 90° (Fig. 110). Une comparaison entre les angles taillants des outils fait apparaître deux groupes. Les actions de raclage se trouvent sur des outils présentant des angles de 30° à 90° ; le rainurage à 45° ; les incisions à 90° ; le sciage à 30° et dans un seul cas à 90° ; les actions de lissage/doucissage se divisent en deux groupes l'un à 30° et l'autre à 90°.

Les angles relativement fermés à 30°, qui correspondent aux actions de sciage, de lissage/doucissage et de raclage, sont étonnants. Un angle aussi fermé supposent une certaine fragilité du tranchant, mais elle est compensée par une série de retouches empêchant un esquillement trop important du bord. Les actions de rainurage sont observées sur des angles à 45°, pas trop ouverts afin de pouvoir pénétrer dans la matière, et qui en même temps présentent une certaine résistance des parties actives. Les angles de 80° à 90° se situent dans 9 cas sur 10 sur des burins.

Les outils choisis pour travailler la dentine à Yudinovo présentent donc soit des angles fermés (30° à 45°) sur lames ou sur éclats, soit des angles un peu plus ouverts (80° à 90°) sur burins. Le burin domine dans les actions de raclage, d'incision et les autres produits l'emportent lors du sciage et du rainurage. C'est systématiquement le burin qui intervient dans des actions d'incision superficielle et la partie active se situe dans tous les cas sur un des trièdres créés par l'enlèvement de la chute, sauf dans un cas où il s'agit d'une incision plus profonde et où le poli s'étend sur le dièdre du biseau. Le procédé, qui consiste à inciser de longues entailles en diagonale sur la baguette en la faisant rouler sous la pression d'un outil tranchant, proposé par G. Sokorina (1993), ne semble pas d'après les traces d'utilisation être la technique la plus employée à Yudinovo pour tracer le décor géométrique.

Certains outils portent des traces de sciage de dentine qui ont pu intervenir dans la préparation d'un tronçonnage, mais en général la portion du tranchant est petite, ne dépassant que rarement le centimètre. Il semble que ces outils ont plutôt été utilisés sur des supports de plus petite taille qu'une défense entière. Un mouvement de va et vient sur des tronçons à grand diamètre devrait, en effet, obligatoirement affecter une zone plus grande sur le tranchant de l'outil.

Aucun outil n'a participé comme pièce intermédiaire à l'extraction de couches d'ivoire ou de baguettes dégagées par rainurage. Mais il est possible que la solution à ce problème se

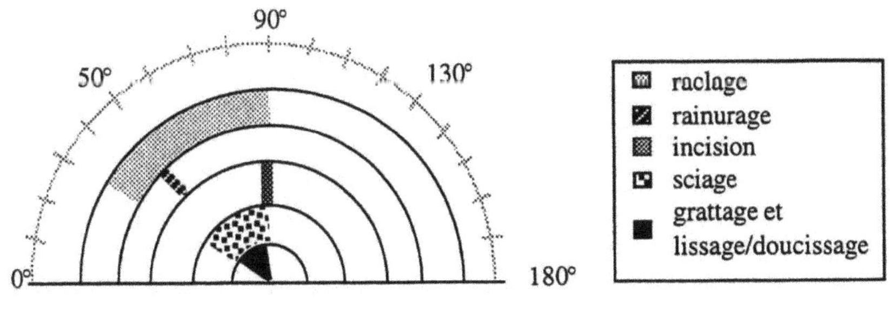

Figure 110 - Les angles taillants des outils de Yudinovo ayant travaillé la dentine.

trouve parmi les fragments d'ivoire eux-mêmes. D'après notre expérimentation, et comme proposé pour le site de Geissenklösterle où l'absence de pièces intermédiaires marque aussi les collections, une extraction à l'aide de coins en ivoire doit être envisagé. D'après nos expérimentations, après un tel usage, de tels objets sont très peu abîmés aussi bien sur la partie percutée que sur la partie active. Il est possible que ce soit des objets de longue durée, régulièrement entretenus et qui font partie de la trousse de voyage lors de chaque déplacement, un peu comme les percuteurs en bois de renne.

Un seul des outils ayant servi dans des actions transversales (raclage) semble avoir travaillé en coupe positive. Le poli affecte les deux faces de l'outil ; la face d'attaque présente un poli plus développé que la face de dépouille. Cet outil a probablement participé à un d'affaiblissement par raclage afin de préparer le sectionnement d'une baguette.

Seuls trois outils témoignent d'actions de rainurage alors qu'il s'agit, d'après les observations sur l'ivoire, de la principale technique d'extraction de supports. Cette sous-représentation pourrait s'expliquer de deux façons :

- de nombreux outils et produits de débitage affectés par la patine n'ont pas pu être analysés ;
- le rainurage a eu lieu hors des habitations n° 3 et 4 étudiées.

Il faudrait examiner maintenant les outils trouvés dans les habitations n° 1 et 2 provenant des fouilles anciennes. En effet, si la contemporanéité des quatre cabanes pouvait être mise en évidence, il serait peut-être possible d'observer que des activités spécialisées s'y étaient déroulées — dont éventuellement le rainurage. Malheureusement les données obtenues lors des toutes premières fouilles, en dehors de la description des constructions elles-mêmes, sont très incomplètes.

Il n'est pas possible dans le cas du site de Yudinovo de se prononcer sur le type de dentine travaillée par les outils : la grande majorité de la matière travaillée provient des défenses de mammouth, mais des dent d'ours et de renard polaire ont aussi subi des modifications importantes. En particulier, l'incision, le sciage et le raclage ont été observés sur des dents d'ours.

Il est difficile de se prononcer sur l'état de conservation des défenses travaillées. La fouille a mis en évidence quelques copeaux dans l'habitation n° 3, mais nous n'avons pas pu les voir lors de notre étude. Nous ne savons pas s'ils ont été collectés systématiquement sur toute la surface fouillée. Les tronçons d'ivoire semblent assez bien conservés et montrent peu de traces de délitage, ce qui laisse supposer un état initial assez bon. Cependant certains objets (lames, bandeaux, diadèmes et perles) semblent faciles à réaliser sur un ivoire subfossile, tendre à travailler juste après sa sortie du sol, même lorsque le délitage n'est pas trop avancé (comm. pers. A. Filippov) mais difficilement réalisables sur un ivoire frais non délité. Toutefois l'expérimentation n'a jamais été effectuée sur un ivoire de mammouth très frais, juste après la mort de l'animal (l'ivoire de mammouth présente une structure différente de celle de l'éléphant sur lequel nous avons effectué nos expériences).

III.3.2.1 - Le travail de l'os et du bois de cervidé

La composition chimique des polis, obtenue au MEB, nous a permis de distinguer un autre groupe de matières travaillées, celui de l'os et du bois de cervidé. Leur polis sur les outils se caractérisent par une association de calcium et de phosphore.

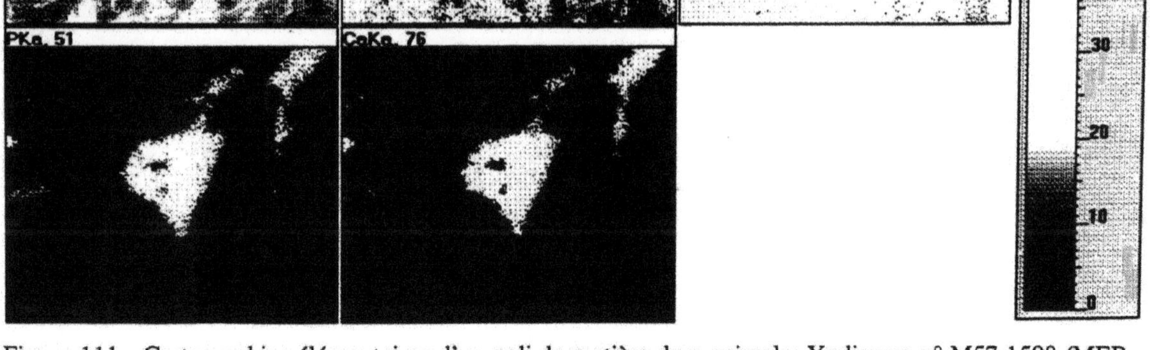

Figure 111 - Cartographies élémentaires d'un poli de matière dure animale; Yudinovo n° M57 1598 (MEB x 1700).

Les cartographies d'analyse élémentaire au MEB montrent que ces deux composants sont intimement mêlés pour former du phosphate de calcium. Dans ce cas il n'y a pas eu de détection de magnésium (Fig. 111).

Les outils utilisés dans le travail de l'os et du bois de cervidé
Vingt-trois outils ont travaillé l'os et le bois de cervidé, ce qui correspond à 57 % de la totalité de ceux qui ont été utilisés sur la matière dure animale. Ce sont 12 burins (1 dièdre sur éclat et 11 sur lame dont 9 troncaturées -parmi lesquels 2 doubles), 4 chutes de burin (dont 2 retouchées), 5 fragments de lame (dont 1 retouchée) et 2 éclats (dont 1 retouché) (Fig. 112 et 113).

Un fragment distal de lame a participé à une action de sciage (E53 72) ; son poli évoque plutôt le travail de l'os que du bois de renne.
Un autre proximal de lame a été utilisé pour racler l'os ou le bois de cervidé (D53 161).
Un fragment mésial de lame atteste d'une action d'incision avec un poli sur un des trièdres (K51 3 41). La surface polie est peu développée et par conséquent l'incision a dû être de faible profondeur.
Un fragment de néo-crête a été utilisé pour racler et pour scier (Z60 2372). La chronologie de ces deux actions n'a pas pu être établie. Des traces de manganèse et de fer sont apparues lors de son analyse au MEB, mais aucune trace de colorant n'est visible à l'œil nu.
Un fragment latéral de lame présente des spots de poli sur son bord droit (KK54 19 1210). Il s'agit d'une surface naturelle. La présence de fer a été détectée au MEB, associée aux éléments constituants du poli (Fig. 114). Selon l'emplacement de celui-ci, il est probable qu'il s'agit de traces occasionnées par un emmanchement.
Un éclat présente deux parties actives sur ses tranchants (DE57 N1614). Elles ont toutes les deux raclé de l'os ou du bois de cervidé. Un autre éclat (E54 58 476 bis), avec une pointe dégagée, semble avoir participé à une action d'incision profonde ou d'entame de rainure. La pointe est affectée par le poli qui s'étend sur les deux dièdres.
Une chute de burin a participé à une action de rainurage ou d'élargissement de rainure (N55 1660). Son poli situé sur le flanc droit témoigne d'une action transversale ; le biseau cassé a emporté une partie du poli qui se trouve coupé brusquement.
Un burin a servi dans des actions de raclage et la chute a été ensuite enlevée par réaffûtage. C'est elle qui nous reste (D58 N1786). Son extrémité était retouchée afin de former un petit front de grattoir étroit ; il a été utilisé dans une action de grattage ponctuel.
Une chute de burin a un poli peu développé, situé près du tranchant ; elle a été utilisée pour lisser une surface d'os ou de bois de cervidé (D57 340).
Deux flancs de burin ont participé dans des actions de raclage (E52 554, DE 57 1662), les polis sont très épais par endroit et témoignent en faveur d'une utilisation intense.

Deux burins ont leurs parties burinantes et une portion des flancs cassées (E53 N465, D58 48 1723). Ils témoignent d'actions transversales ; le poli est situé sur la face revers et il est brusquement coupé dans les deux cas. Il est possible qu'ils aient participé à des actions de rainurage. Un des burins, sur un fragment mésial de lame, présente un petit poli sur le trièdre gauche, opposé au flanc, témoin d'une action d'incision. L'autre burin porte des traces de manganèse et fer sur son flanc.
Deux burins ont leurs flancs gauches affectés par un poli distribué transversalement et un poli parallèle au biseau (D57 27 296) ; ils ont tous les deux rainuré de l'os ou du bois de cervidé. Un des deux burins présente des reliquats de colorant rouge (fer) sur une partie corticale voisine du flanc (M57 1598).
Un fragment de flanc de burin présente un poli très développé : sur le flanc, mais aussi sur le biseau et la troncature (D57 319). Il nous semble d'après les stigmates directionnels, qu'il a servi dans le sillon d'une rainure. Il est possible que sa cassure soit intervenue pendant son utilisation.
Un burin dièdre atteste d'une action de rainurage (D57 31 300) ; les deux dièdres d'un flanc (face revers) ainsi que le biseau sont affectés par le poli. Il a pu, lui aussi, travailler dans le fond d'un sillon.
Une chute de burin témoigne de plusieurs temps d'utilisation (DE57 N1659). Elle a d'abord été utilisée dans une action de raclage, lorsqu'elle faisait partie intégrante d'un support laminaire ; ensuite une première petite chute de burin a été enlevée, le poli situé sur le flanc est coupé et trop peu développé pour permettre de se prononcer sur l'action effectuée. Puis la deuxième chute est utilisée, non pas en tant que partie active sur le burin, mais comme une chute individuelle. Le bord gauche est retouché et il a été utilisé dans une action de raclage.
Un flanc d'un burin double semble avoir servi dans une action de rainurage, et la cassure du biseau a coupé net le poli (D58 N1805). L'extrémité opposée, cassée juste au-dessus de la base du flanc, présente un poli sur le trièdre droit, témoin d'une action probable d'incision postérieure à la cassure.
Un burin présente deux phases d'utilisation : une action de raclage antérieure à l'enlèvement de la chute ; le poli est ensuite coupé par la transformation du support en burin, lui-même alors utilisé pour faire une rainure fine ou des incisions (D56 16 255).
Les flancs d'un burin double ont été utilisés respectivement pour rainurer et pour scier / inciser (N51 27 1687).
Un seul burin a sa partie active située sur le tranchant opposé

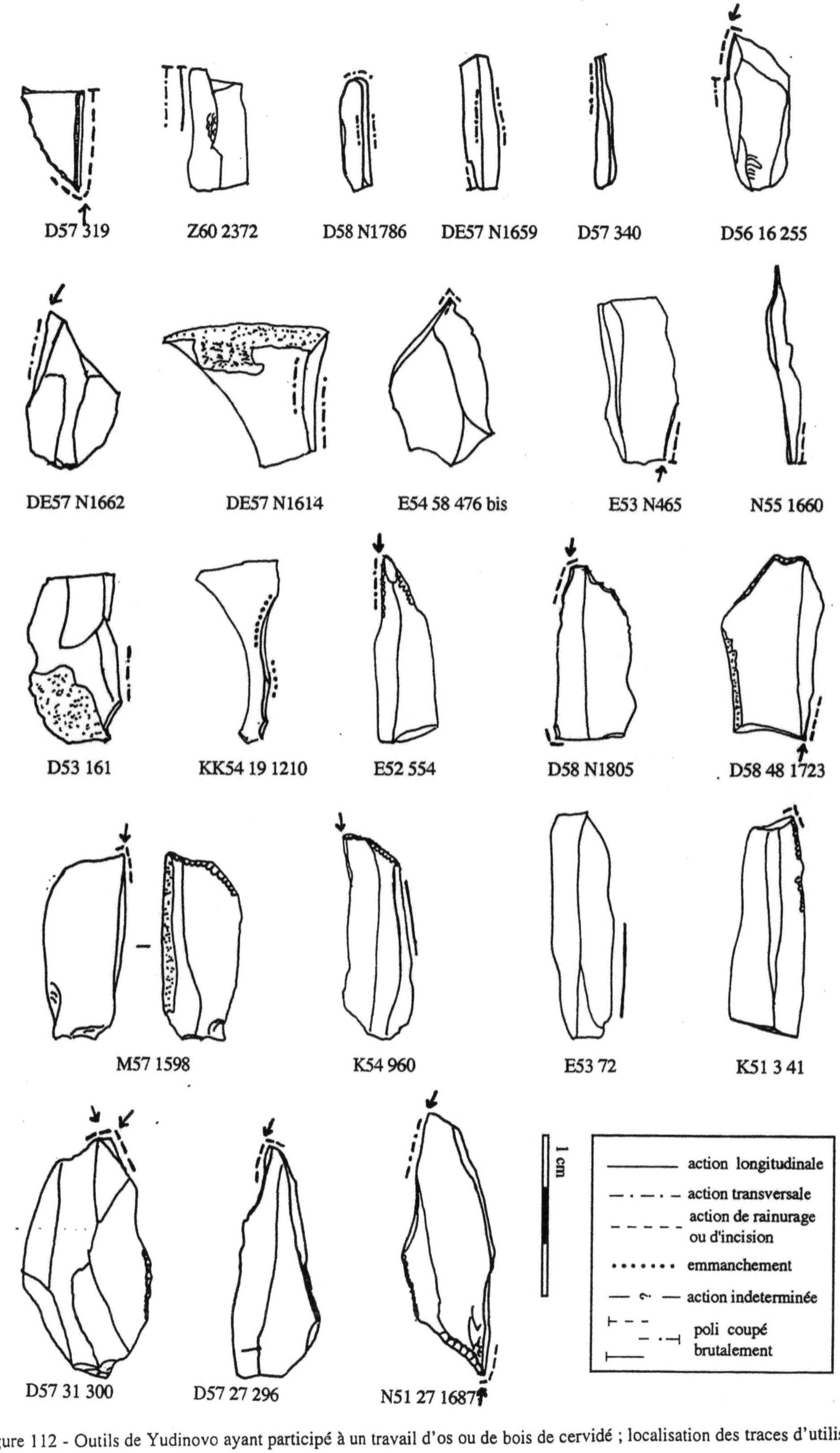

Figure 112 - Outils de Yudinovo ayant participé à un travail d'os ou de bois de cervidé ; localisation des traces d'utilisation.

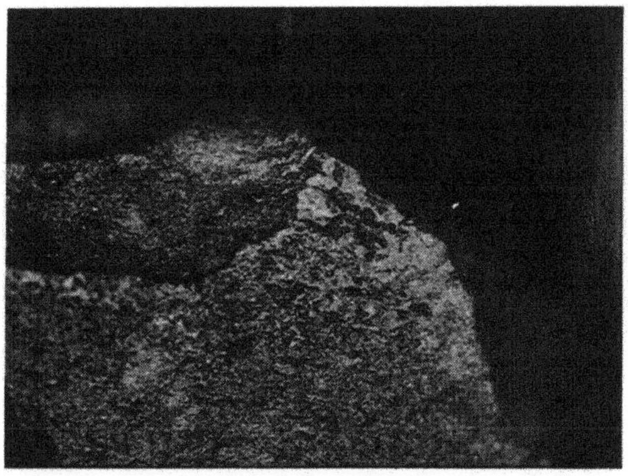

a : Détail d'un poli d'os/bois de cervidé issu d'un travail de raclage (pièce n° N57 27 1687).

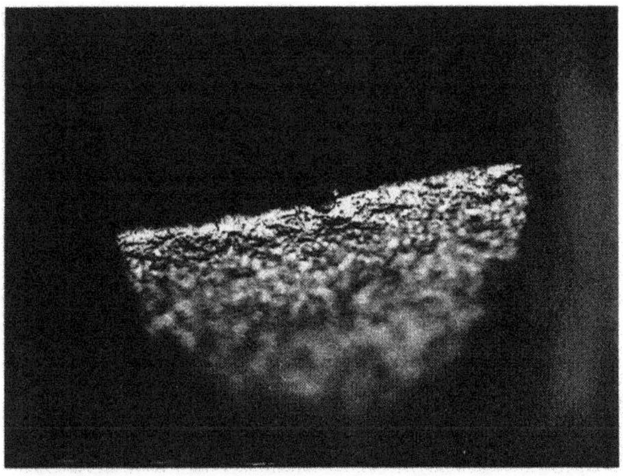

b : Détail d'un poli d'os/bois de cervidé sur un flanc de burin qui a participé à une action de rainurage (pièce n° D58 48 1723).

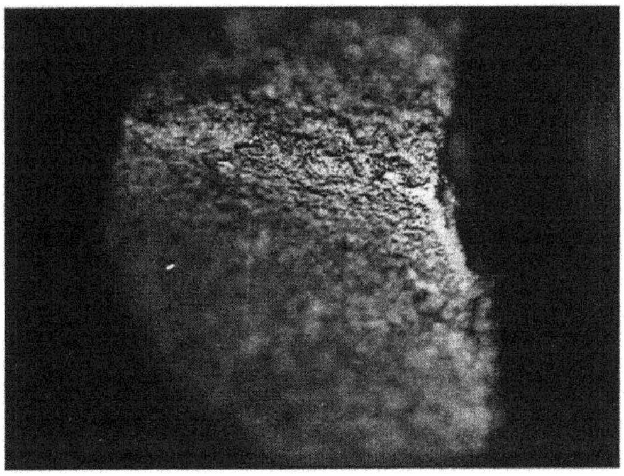

c : Détail d'un poli de os/bois de cervidé issu d'un travail d'incision (pièce n° E54 176 bis).

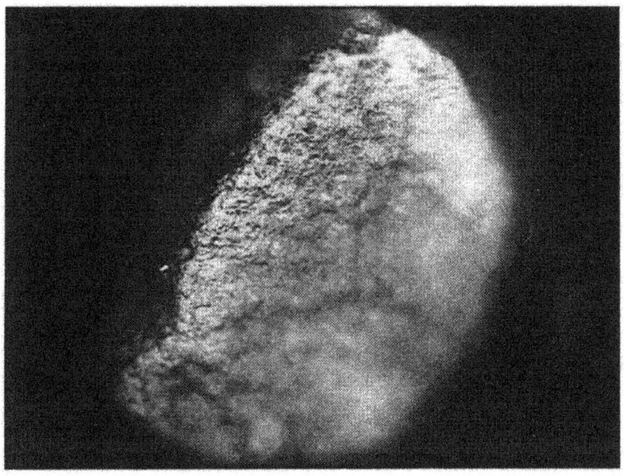

d : Détail d'un poli de os/bois de cervidé issu d'un travail de rainurage (pièce n° E53 N465).

Figure 113 - Détails au microscope optique de polis d'outils de Yudinovo ayant travaillé l'os ou le bois de cervidé (x 200).

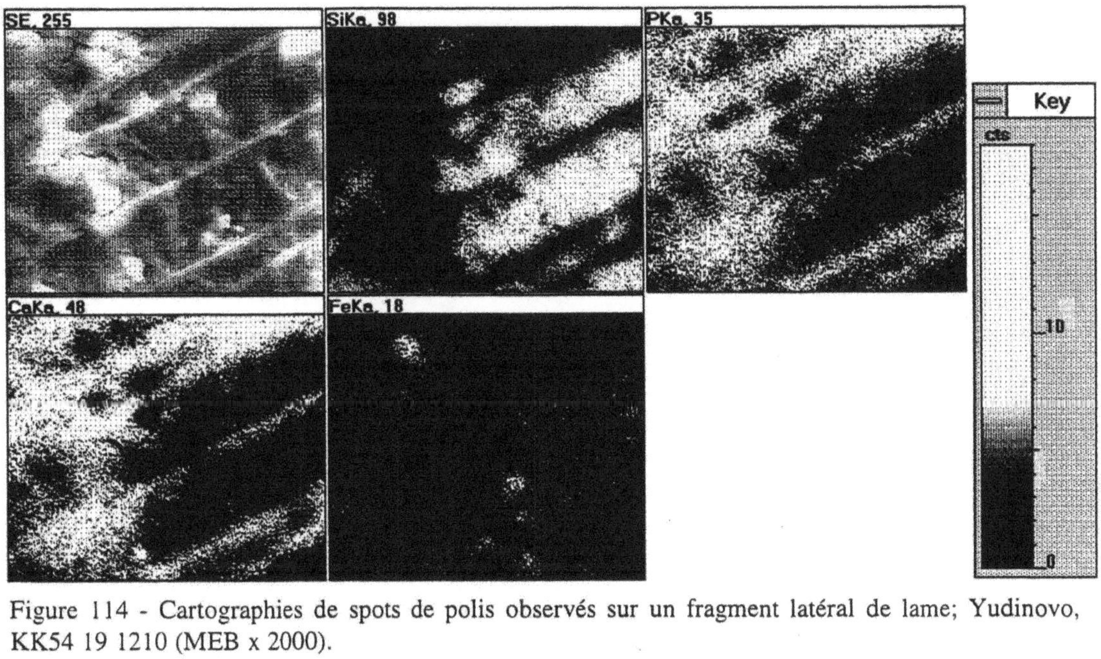

Figure 114 - Cartographies de spots de polis observés sur un fragment latéral de lame; Yudinovo, KK54 19 1210 (MEB x 2000).

au flanc. Son poli atteste d'une action de sciage. Il présente en outre des traces de manganèse et de fer, mais ces éléments ne sont pas associés au poli (K54 960).

Synthèse des résultats

Ces 23 outils possèdent 45 ZUP dont 32 ont été utilisées. La majorité des outils (14) présente une seule zone utilisée (ZU), 7 outils en présentent deux, et un seul outil, trois. Les actions de raclage sont attestées par 11 ZU, ensuite interviennent celles de rainurage qui sont au nombre de 9. L'incision et le sciage ne sont représentées respectivement que par 5 et 3 ZU ; les actions de lissage/doucissage, de grattage par une ZU chacune. Une ZU est due à un emmanchement et une autre reste indéterminée.

Le travail de l'os et du bois de cervidé est donc mieux représenté, d'après les outils, que celui de la dentine. Il est à noter que les objets en bois de cervidé sont de manière générale très peu nombreux dans ces deux habitations : 5 objets seulement ont été retrouvés dans l'une et 2, dans l'autre. Aucun ne montre de traces de rainurage. Il est par conséquent possible que la majorité des outils portant des traces d'os/bois de cervidé, résultent en fait du travail de l'os.

Les activités de façonnage (raclage, incision, lissage/doucissage, grattage) sont représentées par 18 ZU alors que celles d'ébauchage (rainurage, sciage) sont présent avec 12 ZU. Il semble donc que ces deux activités ne soient pas dissociées mais qu'elles aient eu lieu dans le même secteur. Comme pour la dentine, aucun outil lithique n'est susceptible d'avoir servi de coin pour l'extraction des baguettes après double rainurage. Il nous semble de plus en plus probable que cette action a été effectuée avec des outils en matières dure animale ou végétale.

Parmi les supports, le burin et les chutes de burin dominent largement avec 18 zones utilisées, alors que les lames ne présentent que 11 ZU et les éclats, 3.

Les angles taillant des outils qui interviennent dans les différentes actions se situent entre 40° et 100° (Fig. 115). Lors du raclage, l'angle dominant de 90° est jugé très résistant, mais il est parfois plus ouvert (100°) ou plus fermé (40° ou 45°). Dans ce dernier cas, les tranchants utilisés à angle taillant fermé sont systématiquement renforcés par une retouche de leur partie active. Lors du rainurage, l'angle taillant est systématiquement proche de 90°, il est ainsi très résistant. Cet angle, dans le cas de Yudinovo, se retrouve uniquement sur des burins. Les incisions sont effectuées généralement avec des angles fermés (45°) ; toutefois, deux burins ayant servi à inciser, montrent des angles de 80° et 90°, ce qui semble un peu trop ouvert pour donner une efficacité maximale à l'action : ils pourraient avoir servi pour élargir l'incision existante. Le sciage est effectué avec des outils à angle taillant situé entre 40° et 70° ; enfin un bord d'outil à 45° a servi dans une opération de grattage et un autre, à 90°, dans une opération de lissage/doucissage.

Le degré de fragmentation est extrême sur l'ensemble des outils ayant travaillé l'os ou le bois de cervidé ; seuls, sept sont entiers. Il s'agit principalement de burins, cassés en "S" lors du réaffûtage, ou de lames fragmentées pendant le débitage. Le nombre de pièces cassées au cours du travail est très faible : une lame et un burin. Ce taux important de cassures sur des burins peut-il être lié avec la recherche un angle taillant précis (la totalité des burins présente un angle proche de 90°) ou la cause en est-elle purement technique ? Les tailleurs se sont-ils trouvés face à une matière première difficile et peut-être peu abondante (de petits galets de silex charriés par la rivière) qu'ils ont exploitée à l'extrême (les nucleus abandonnés sont petits — 7 à 8 cm de long — et réutilisés en percuteurs). Nous avons aussi observé les cassures systématiquement sur des supports minces d'une épaisseur inférieure à 5 mm. Mais avant pouvoir se prononcer sur ces questions il faudrait que soit faite l'étude technologique de l'ensemble de l'industrie lithique. Mais cette recherche d'angle taillant précis issu des résultats d'étude de notre échantillon est intéressante, en particulier si l'on fait le parallèle avec le travail des matières dures animales.

En dehors des outils mentionnés ci-dessus, 7 outils (3 burins, 3 éclats et un microburin) présentaient au microscope optique des polis caractéristiques des matières dures animales non analysés au MEB (Fig. 116 et 117a, b).

Dans deux cas l'analyse n'a pas pu être effectuée car les outils

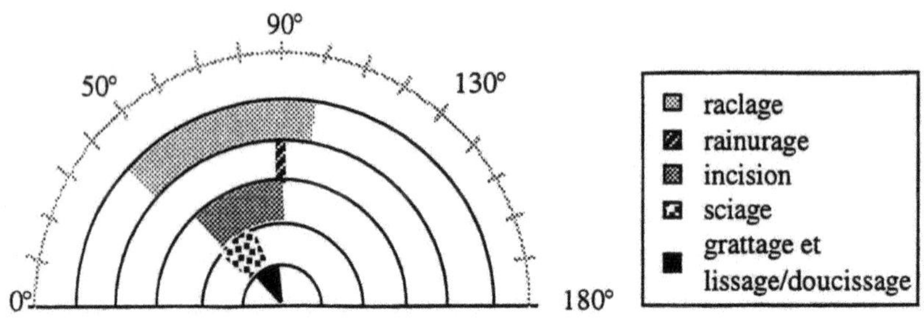

Figure 115 - Les angles taillants des outils ayant travaillé l'os ou le bois de cervidé à Yudinovo.

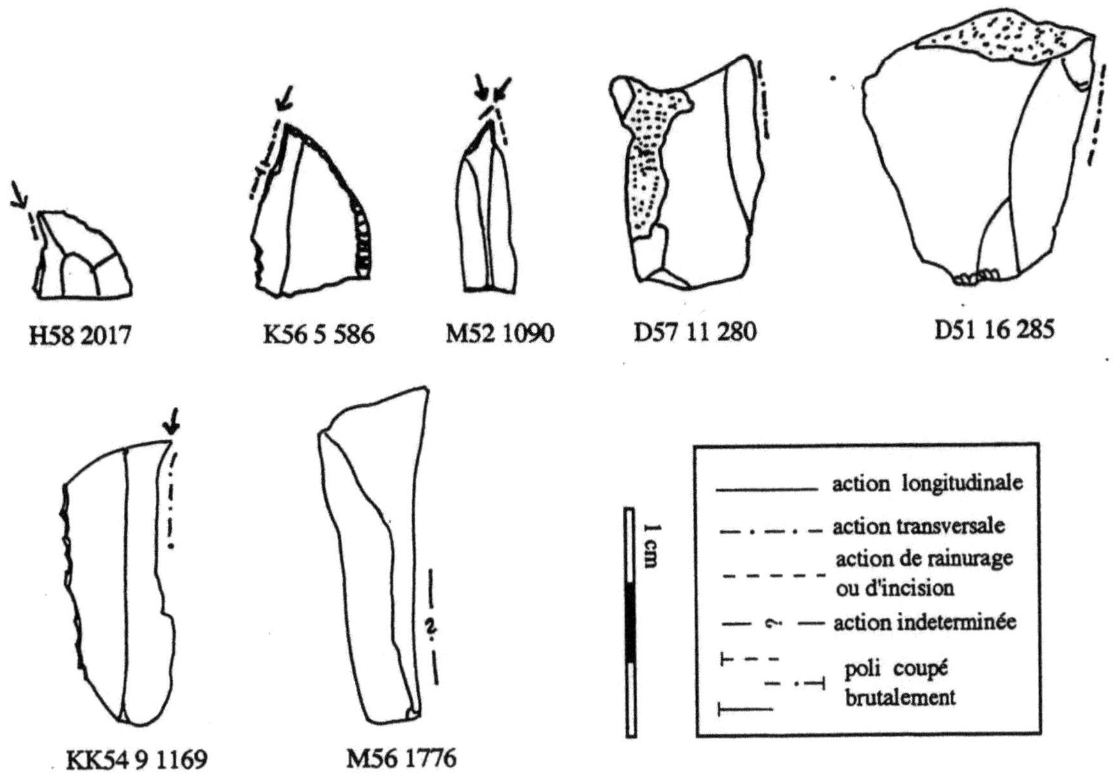

Figure 116 - Outils de Yudinovo ayant travaillé des matières dures animales ; localisation des traces d'utilisation.

ont été brûlés et la déshydratation du silex occasionne des phénomènes de charge importants lorsque la surface est frappée par le faisceau d'électrons. Par conséquent, la surface est inobservable et l'analyse impossible. Pour les autres outils le manque de lisibilité est dû probablement à l'angle sous lequel le faisceau d'électrons arrive sur le silex ; plusieurs essais différents sont restés sans résultats. Ainsi, ces pièces seront prises en compte uniquement comme témoins du travail de matières dures animales en général, sans précision entre dentine et os/bois de cervidé. Notons toutefois que le poli sur le burin K56 5 586 semble, étant donné sa brillance et sa faible étendue, avoir travaillé de l'os.

III.3.3 - Les témoins du travail de matières animales tendres

La matière carnée (peau, viande, tissu composite) est attestée sur 15 % des outils (10 sur 65) ; elle intervient donc en deuxième position de fréquence des matières travaillées. Les outils concernés sont 3 grattoirs, 4 lames ou fragments de lames, 1 éclat, 1 chute de burin et 1 fragment de lamelle (Fig. 118 et *cf.* 117c).

Certains outils ont été analysés au MEB afin de vérifier leur composition ; nous avons obtenu des spectres qui ressemblent à ceux des pièces expérimentales ayant été utilisées pour travailler la peau ou la matière carnée (Fig. 119). Ces analyses n'ont pas été systématiquement effectuées, mais nous avons pour des questions de méthodologie voulu vérifier les résultats obtenus sur d'autres matières que les matières dures animales. Notre objectif était ainsi de confronter les résultats issus de différents gisements archéologiques et de tester les possibilités de la caractérisation chimique de polis.

III.3.3.1 - Le travail de la peau

Les 3 grattoirs ont tous servi à racler de la peau ; dans deux cas, il semble s'agir de peau sèche (Z55 66 1302, E58 11 1034) ; dans un cas, elle semblait plus fraîche (D48 243).

Une chute de burin présente un poli coupé brusquement dans sa partie distale (KK55 1013) : elle a été utilisée alors qu'elle faisait partie intégrante du support laminaire. Son poli très strié et son tranchant émoussé témoignent d'une découpe de peau sèche.

Une lame entière présente des traces de découpe, le poli est très strié et le tranchant émoussé (KK53 175). Elle doit avoir également travaillé une peau sèche.

Deux fragments proximaux de lame sont intervenus dans une action transversale de raclage (A40 124, KK54 90 1254) ; le poli du plus petit des deux est coupé par une cassure.

Un petit éclat laminaire présente un tranchant fortement émoussé (E53 259 22661), le poli ne montre pas de stigmates directionnels évidents et l'action qu'il a effectuée est difficile

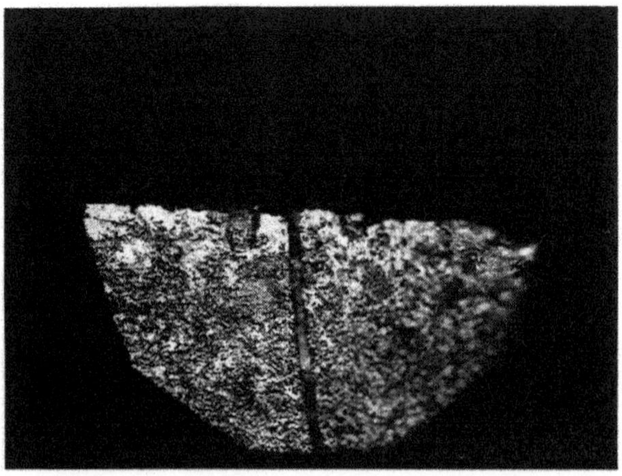

a : Détail d'un poli de matière dure animale issu d'un travail de raclage (pièce n° K56 5 586, x 200).

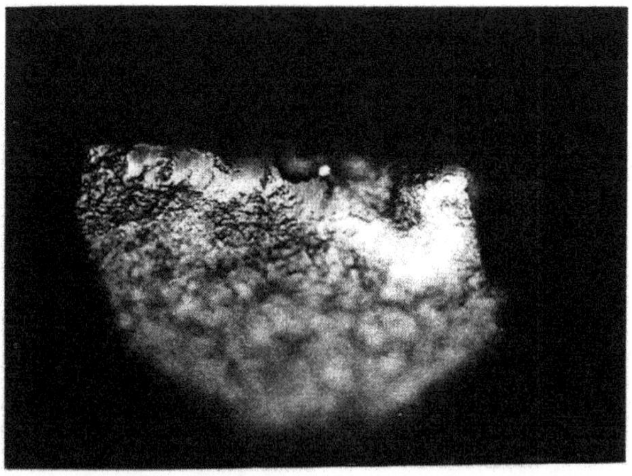

b : Détail d'un poli de matière dure animale sur le fil du tranchant (pièce n° K56 5 586, x 400).

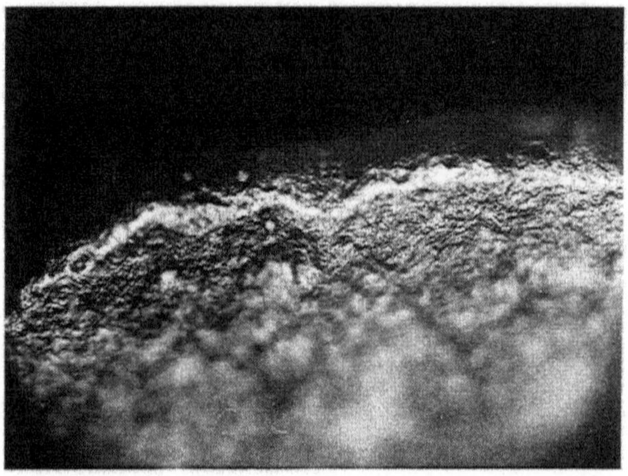

c : Détail d'un poli de peau issu d'un travail raclage (pièce n° Z55 66 1302, x 200).

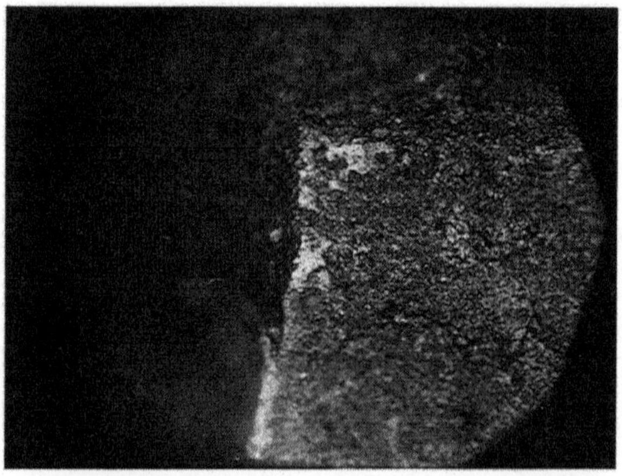

d : Détail d'un poli d'os/bois de cervidé issu d'un emmanchement de la pointe de projectile (pièce n° E54 487 680, x 200).

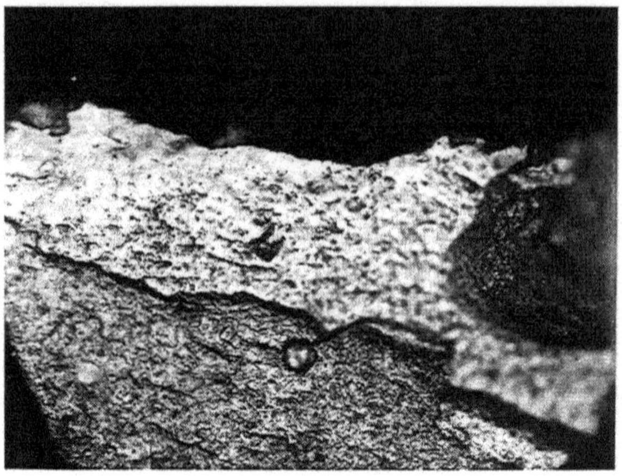

e : Détail d'un poli de bois issu d'un travail de raclage (pièce n° D57 93 1565, x 200).

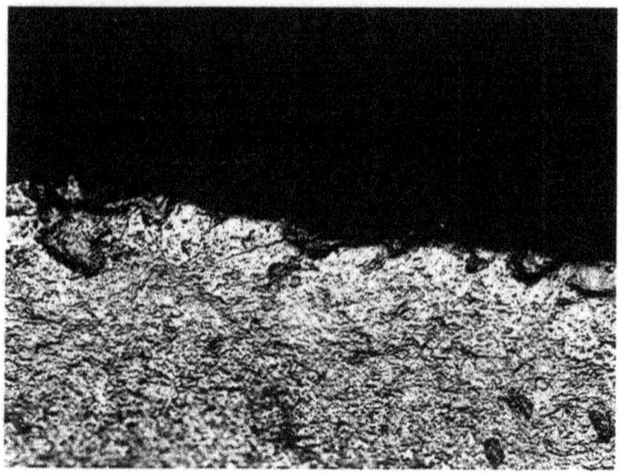

f : Détail d'un poli de plantes issu d'un travail raclage (pièce n° D54 254 486, x 200).

Figure 117 - Détails au microscope optique des polis de peaux et de matières végétales et animales observés sur les outils de Yudinovo.

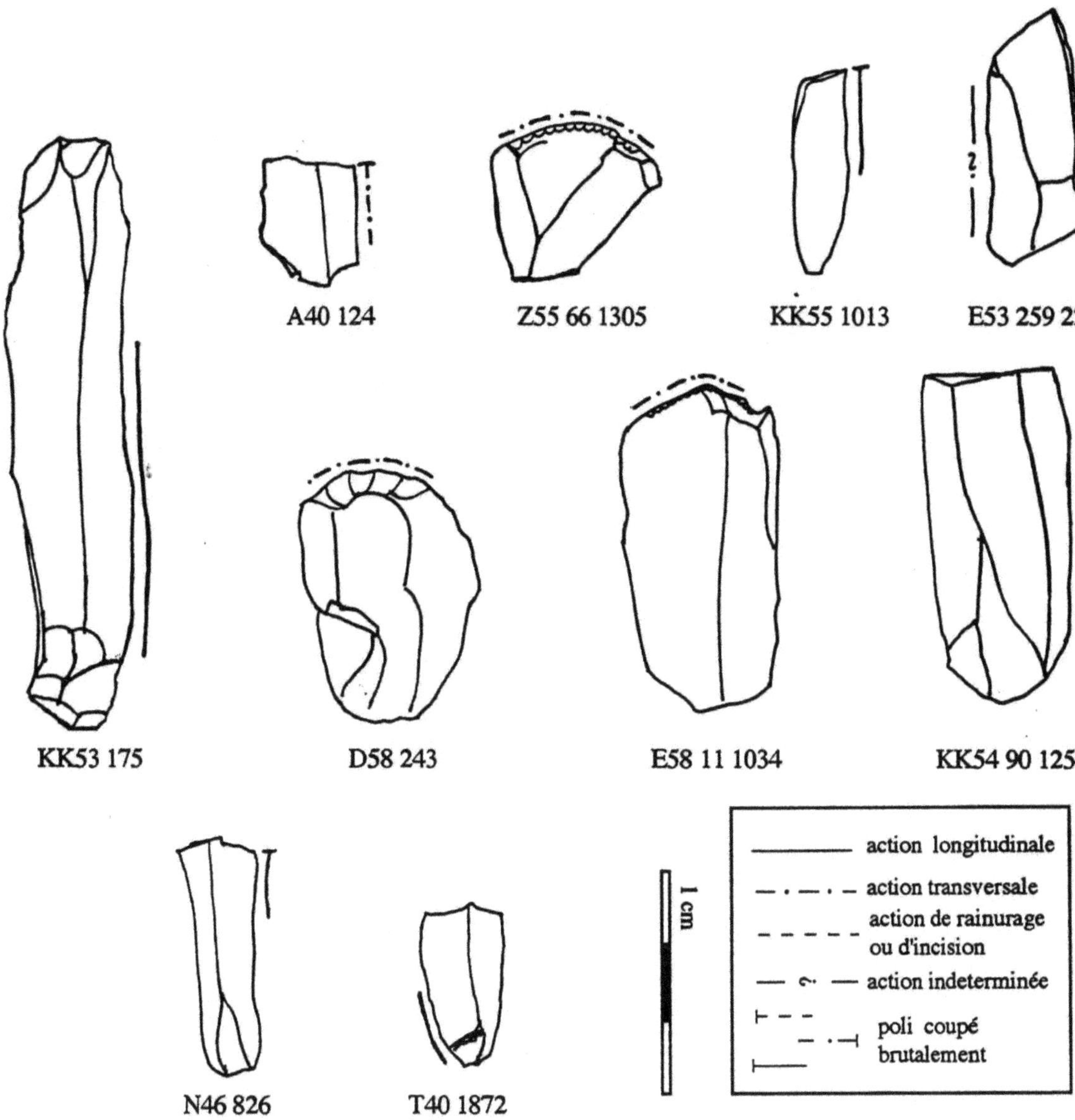

Figure 118 - Outils de Yudinovo ayant travaillé la peau (en haut) et du tissu carné (en bas) ; localisation de leurs traces d'utilisation.

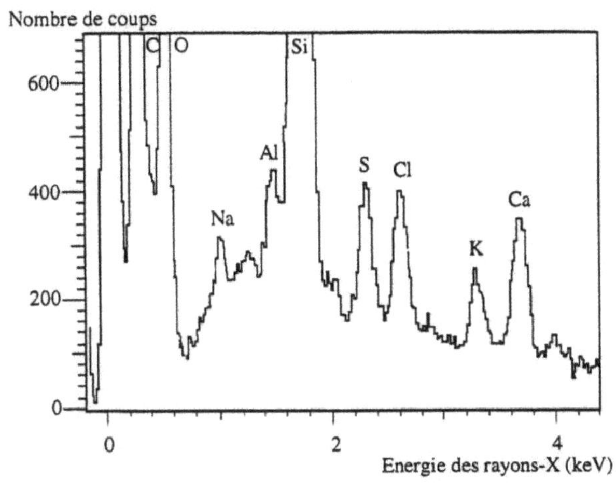

Figure 119 - Spectre obtenus lors d'analyses d'outils sur des polis de matières tendres animales.

La composition (carbone, soufre, chlore, potassium et calcium) est similaire à celle obtenue sur des pièces expérimentales.

à déceler. Le tranchant gauche opposé, présente des traces noirâtres composées de manganèse et de fer ainsi qu'un peu de carbone (matière organique ?). Nous avons supposé qu'il peut s'agir de résidus d'emmanchement, mais il sera nécessaire de procéder à des analyses plus précises de ces dépôts pour en déterminer l'origine exacte.

III.3.3.2 - Le travail des matières carnées

Un fragment proximal de lame (T40 1872) semble avoir servi dans une action de découpe de tissu carné (peau, viande, tendons ... ?), de même qu'un fragment proximal de lamelle (N46 826). L'analyse au MEB de ce dernier a permis de mettre en évidence des points de poli d'os le long du tranchant (Fig. 120) : il est possible que cette lamelle ait été utilisée dans une activité de boucherie.

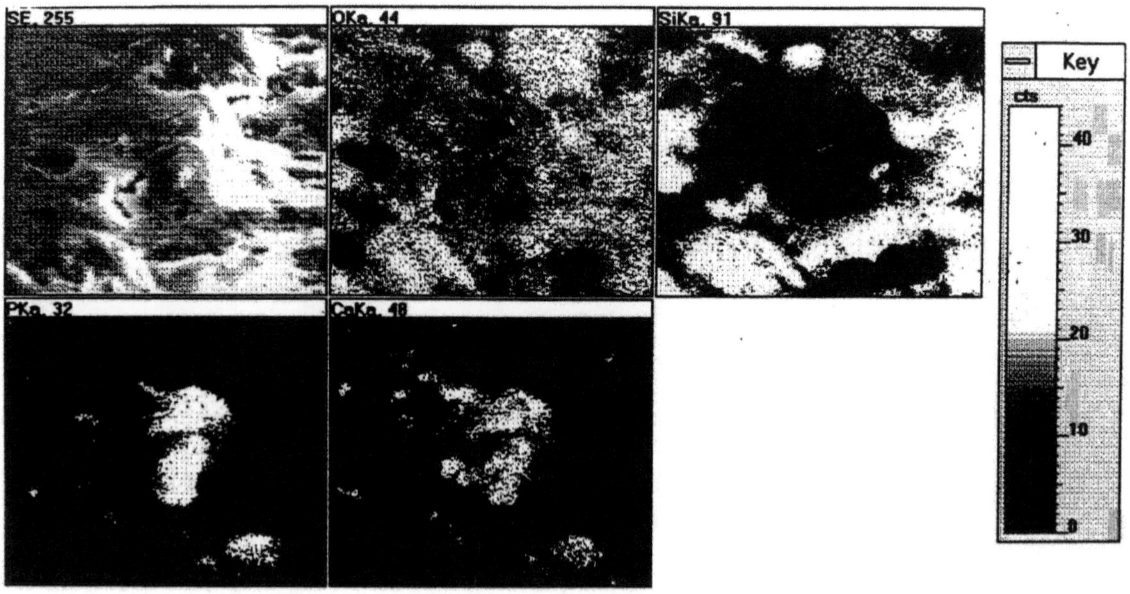

Figure 120 - Cartographies montrant des spots d'os associés à un poli de tissu carné, sur un fragment proximal de lame (Yudinovo, n° N46826, MEB 2500).

En conclusion les 10 outils ayant travaillé des matières animales tendres présentent 17 zones d'utilisation potentielles dont 10 se sont avérés réellement utilisées. Parmi celles-ci, 2 avaient servi dans des actions de découpe de matières carnées non précisées, et 8 spécifiquement au travail de la peau : ces dernières avaient participé à des actions de découpe (2 ZU) et de raclage (5 ZU), une seule restant indéterminée. Dans quatre cas il s'agit d'un travail sur peau sèche ; la peau fraîche a été retrouvée une fois et dans les trois cas restants l'état de fraîcheur reste indéterminé.

Parmi les grattoirs se trouve un fragment et deux objets entiers ; ces derniers présentent un front assez reculé (angles taillants 80° et 90°) témoignant d'au moins un, voire plusieurs réaffûtages. En revanche, le fragment présente un angle taillant très fermé (45°) et ne semble pas avoir été réaffûté.

Les actions de découpe sont effectuées avec des angles de 30° à 60°, donc suffisamment fermés pour être efficaces au niveau du pouvoir de pénétration dans la matière. En revanche, les outils sont tous esquillés ou ébréchés sur leur parties actives, montrant la faible résistance du fil tranchant dans le cas des angles fermés.

III.3.4 - Les témoins de travail des matières végétales

Le travail des matières végétales est peu représenté, il concerne cinq outils soit 8 % de la totalité des outils portant des traces d'utilisation. Il s'agit de deux fragments de lame, un fragment d'éclat, une chute de burin et un casson (Fig. 121 et *cf.* 117 d et e). Ces polis n'ont pas été analysés au MEB car, faute de collection de référence pour ce type de matériaux, nous n'aurions pas pu en interpréter les résultats.

III.3.4.1 - Le travail du bois

Une chute de burin (D54 294 486) et un fragment de lame (D57 93 1565) ont été utilisées pour travailler du bois probablement vert. Le poli est souvent situé loin du bord, il n'atteint pas certaines zones proches du tranchant et de son fil, comme si une présence de fibres arrachées à la matière travaillée avait protégé la surface. Les deux outils ont travaillé en coupe positive. La chute a été utilisée lorsqu'elle faisait partie intégrante du burin et semble avoir participé à un raclage vigoureux, alors que la lame a servi dans une action plus contrôlée comme un lissage/doucissage. Ces deux derniers outils présentent des angles taillants correspondant à la vigueur de l'action exercée : celui de la chute est ouvert (80°), donc très résistant, et celui de la lame fermé (45°) donc plus fragile.

III.3.4.2 - Le travail des plantes non ligneuses

Trois outils ont servi au travail de plantes non ligneuses, l'un transversalement (un distal de lame), les autres longitudinalement (un casson et un proximal de lame ; KK39 39 75).

Le fragment distal de lame (D57 103 1595) présente un poli qui affecte de manière continue et transversale une partie assez large du tranchant (3 cm) ; il est interrompu par la cassure. Cette largeur semble indiquer que l'action a été effectuée sur une botte de plusieurs tiges car, effectuée de manière répétitive sur une seule, elle n'aurait pas pu affecter le tranchant de manière aussi régulière.

Le poli du casson (E55 1193) présente de nombreuses stries parallèles au tranchant, ce qui pourrait indiquer qu'il y a eu présence de particules abrasives. Des plantes auraient-elles

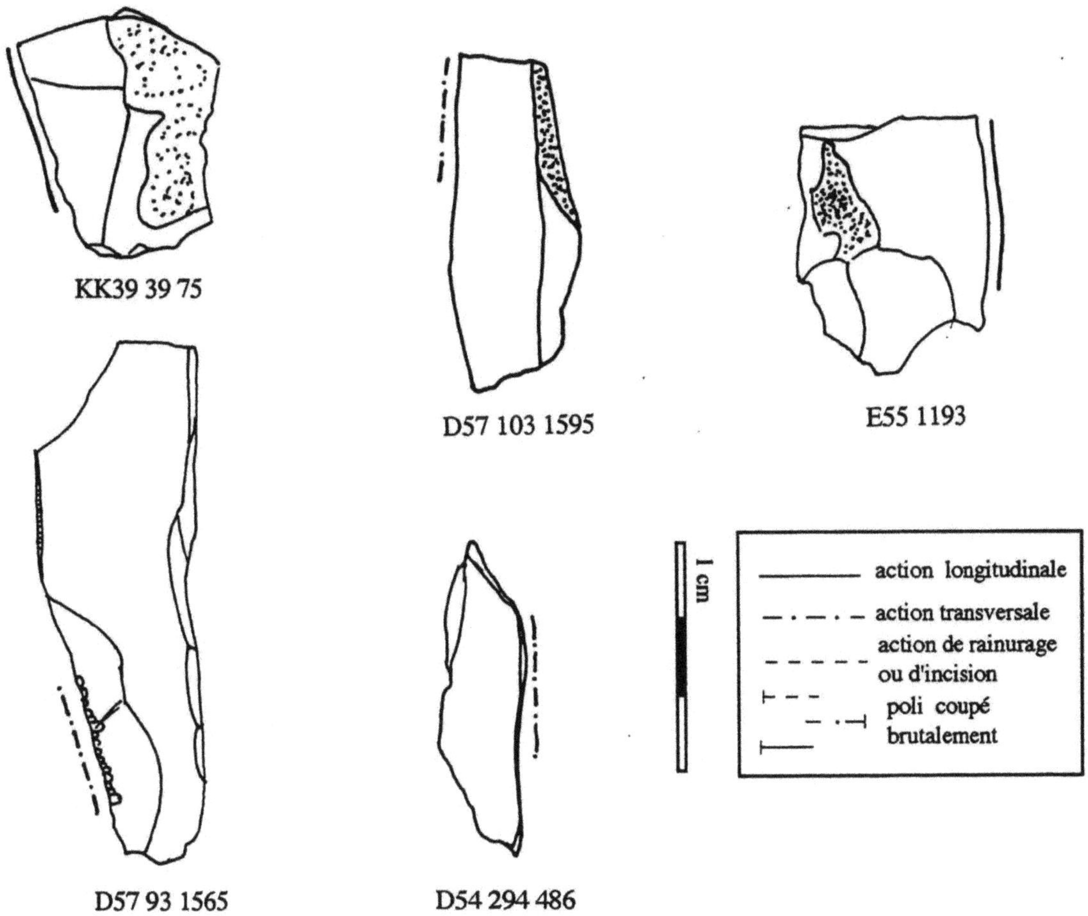

Figure 121 - Outils de Yudinovo ayant travaillé des matières végétales (plantes ; en haut et bois ; en bas) ; localisation des traces d'utilisation.

été coupées à ras du sol, des particules de sédiment s'y mêlant ?

Il est intéressant de noter cette présence de travail de matières végétales dans un gisement comme Yudinovo situé dans une région périglaciaire de steppe froide et de toundra où la forêt devait être, au Paléolithique, encore assez parsemée avec un début de végétation graminée (Desbrosse & Koslowski, 1988).
Le seul combustible utilisé à Yudinovo est la matière dure animale ; et il semble que les hommes aient préféré utiliser le peu de bois disponible pour fabriquer des outils, des manches... plutôt que dans un objectif plus éphémère.

III.3.5 - Les témoins du travail de matériaux durs non identifiés

Deux outils présentent des stigmates de matières dures non déterminées : il s'agit d'un grattoir sur lame cassée (D54 231 761) et un fragment mésial de lame (Fig. 122). Les deux pièces présentent un poli issu d'une action transversale, leur tranchant est ébréché et le poli est dur et plat ; il semblerait

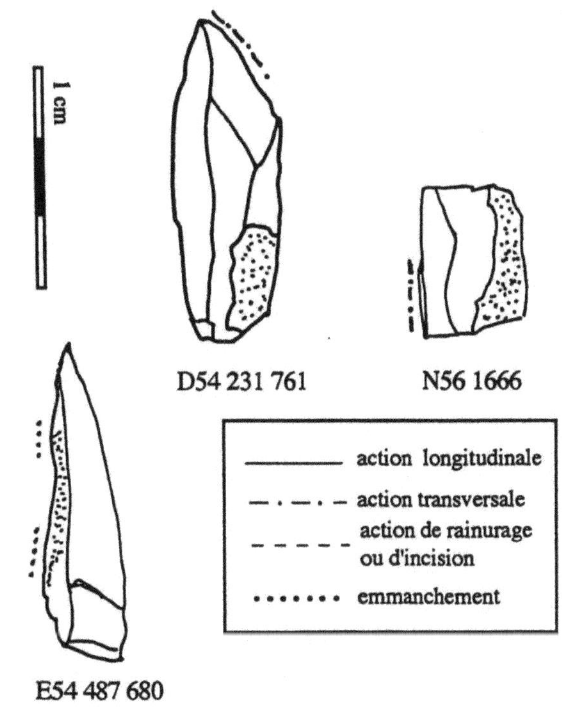

Figure 122 - En haut : outils de Yudinovo ayant travaillé des matières dures non identifiées et localisation des traces d'utilisation. En bas : pointe projectile avec traces d'emmanchement.

qu'il est dû à un contact avec un matériau dur. Le fragment de lame (N56 1666) présente en outre des traces de colorant rouge dans les ébréchures et de nombreuses stries perpendiculaires au tranchant ; il pourrait s'agir d'hématite.

III.3.6 - Un témoin d'emmanchement

Une pointe faite sur un fragment distal de lame présente de petits ébréchures conchoïdales situées sur la face inférieure juste sous la pointe (E54 487 680). Ces types de stigmates se créent, en général, lors de l'impact avec une matière dure (de l'os, par exemple). On remarque en outre des spots de poli d'os ou de bois de cervidé sur son dos : ils auraient pu être produit par un emmanchement. Il nous semble donc que cet outil a pu servir comme pointe d'armature (*cf.* Fig. 117f et *cf.* Fig. 122) .

III.4 - LA DISTRIBUTION SPATIALE DES ACTIVITÉS DANS LES HABITATIONS 3 ET 4

Il est difficile de se prononcer sur la répartition spatiale des outils en silex, car il n'existe pas de coordonnées précises pour ces pièces qui n'ont été relevées qu'au mètre carré. De la même façon le plan de répartition des objets en ivoire, en os et en bois de cervidé n'est pas encore établi au moment où nous terminons ce travail. Le relevé en deux dimensions ne concerne que les ossements de mammouth et quelques cas exceptionnels de lithique et quelques vestiges en matière dure animale. D'après Z. Abramova aucun cas d'association entre les outils en silex et les objets en matière dure animale n'a été observé ; il n'apparaît pas non plus de concentrations évidentes d'ivoire façonné ni d'os ou de bois de cervidé. La majeure partie des outils semble être en place, hors d'atteinte de la zone d'inondation de la rivière.

Les lieux d'activité sont-ils à l'intérieur des cabanes ou à l'extérieur ? Environ un tiers des outils portant des traces d'usure (23) se trouvait dans la fosse au sud de l'habitation n° 4 (Fig. 123) ; la seconde concentration importante (15 outils) se trouvait entre cette fosse et les deux habitations ; enfin 13 outils (soit 20%) étaient à l'intérieur de l'habitation n°4 tandis qu'ils se faisaient très rares dans l'habitation n°3 (4 outils). Seule la cabane n° 4 aurait donc pu éventuellement abriter un petit travail de l'ivoire. Pourtant, les restes de matières dures animales sont très abondants dans ces deux habitations (Abramova, 1992). Le décompte des objets de l'habitation n° 3 montre une large dominance de l'ivoire avec 1700 objets parmi lesquels des tronçons de défenses portant

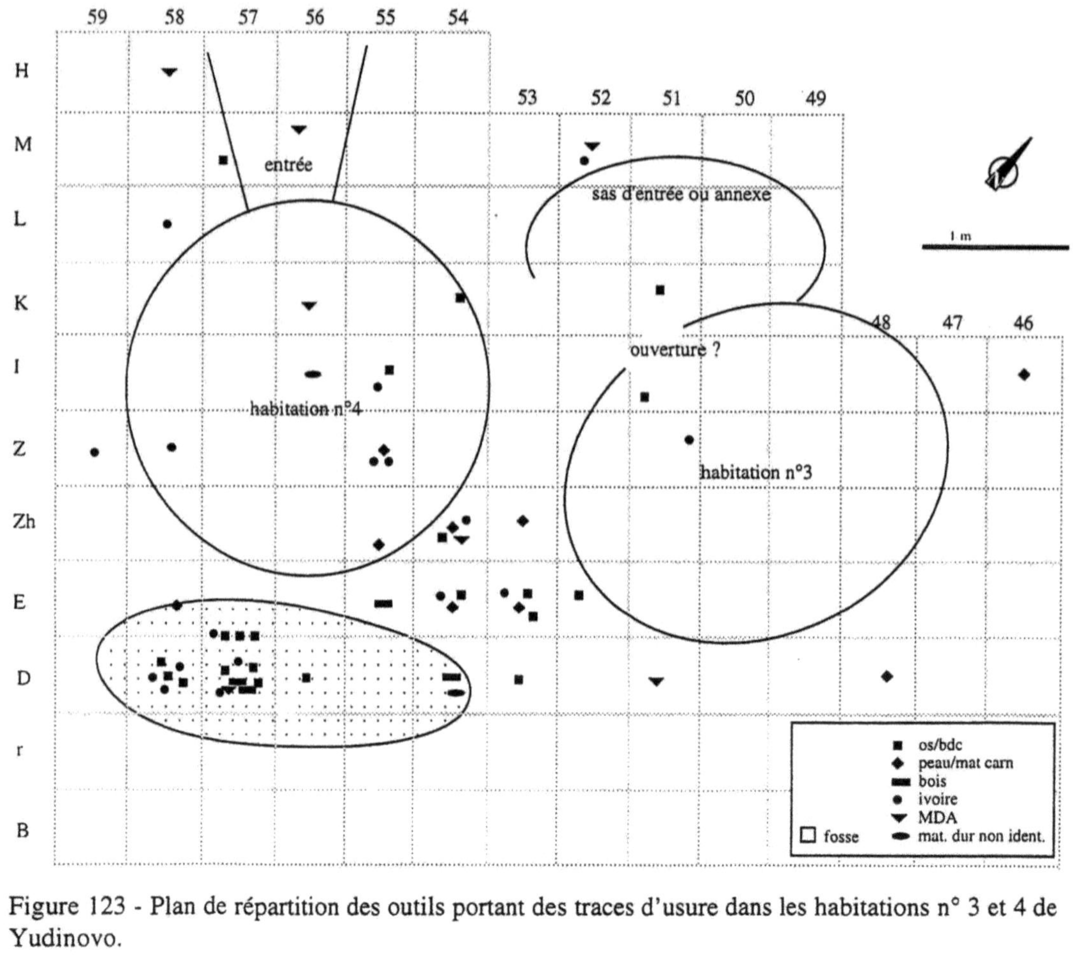

Figure 123 - Plan de répartition des outils portant des traces d'usure dans les habitations n° 3 et 4 de Yudinovo.

des traces d'extraction de longues lames et des copeaux ; l'os était représenté par 350 pièces et le bois de renne par 5 ; cette même représentation se retrouve dans l'habitation n° 4 avec plus de 2000 objets en ivoire, 480 en os et 2 en bois de renne (Abramova, comm. pers.). Le petit nombre d'outils utilisés dans ces espaces (et plus particulièrement dans l'habitation n °3) est donc assez étonnant.

En fait, la plupart des outils utilisés sont à l'extérieur : les deux concentrations (dans la fosse et entre les deux habitations) correspondent-elles à des amas d'évacuations, à des ateliers de travail ou à des lieux de stockage ? Il est probable que la fosse soit un lieu d'évacuation (éventuellement de stockage) mais seule son étude globale pourrait le dire. Quant à la concentration d'outils situés entre les deux cabanes, elle pourrait représenter une petite aire d'activité extérieure. On y trouve en effet regroupé un travail de l'ensemble des matières animales : ivoire, peau, mais surtout os et bois de cervidé.

Les témoins de travail des matières animales tendres (peau, tissu carné) sont rares et éparpillés. Une petite lame, qui a participé à des activités de boucherie, se trouve au nord des habitations ; au sud-ouest de l'habitation n° 3, un grattoir semble avoir raclé une peau fraîche ; ces deux outils faisaient peut-être partie d'une aire d'activités extérieure dont il ne reste plus de traces car ces zones ont été inondées par la rivière.

Le travail de la peau semble avoir concerné principalement des matériaux secs, probablement des finitions dans la chaîne de traitement des peaux. Aucun regroupement d'outils n'a été mis en évidence permettant de retrouver véritablement les zones de travail. On a retrouvé trois outils ayant servi à la découpe, dans la concentration d'outils qui se trouve entre les deux habitations ; toutefois, ils sont dispersés dans trois mètres carrés voisins ; en outre nous ne connaissons pas les objets qui leur sont associés : il est donc difficile d'interpréter véritablement cette zone comme un atelier de travail de la peau.

Les outils qui ont travaillé les matières végétales sont tous dans la fosse ou à proximité.

III.5 - CONCLUSION

Notre d'étude sur Yudinovo a concerné 650 pièces provenant des habitations n° 3 et n°4. Nous avons trouvé des traces sur 65 d'entre elles (10 %), dont certaines présentent deux zones utilisées et jusqu'à trois (un cas). Le total des zones utilisées s'élève à 84. Ceci nous parait être un nombre très faible en particulier par rapport à l'importance de l'industrie en matière dure animale.

Il est possible que l'explication de ce faible pourcentage d'outils utilisés résulte au moins en partie de la patine trop importante qui nous a contraint à éliminer d'emblée environ 50 % des restes lithiques. Mais au-delà on peut s'interroger sur l'importance de l'artisanat dans ce gisement.

L'artisanat le plus représenté concerne la matière dure animale (72 % des outils porteurs de traces), alors que le travail de la matière tendre animales (peau, tissu carné...) n'est attesté que sur 15 % des outils, la matière végétale sur 8 %, 5 % des matières restant non identifiées. Cette dominance du travail de la matière dure animale sur les autres matériaux est nettement confirmée par le calcul d'intervalles de confiance parfaitement fiables (Fig. 124a).

Parmi les matières dures animales, le travail de l'os/bois de cervidé était le mieux représenté (49 %) alors que l'ivoire n'intervenait qu'en seconde position (36 %) ; 15 % des outils avaient travaillé des matières dures animales non déterminées. Toutefois les effectifs considérés (une cinquantaine d'objets) sont trop réduits et les intervalles de confiance (Fig. 124b) insuffisants pour considérer comme un fait acquis cette prépondérance du travail de l'os/bois de cervidé sur celui de la dentine. Il est plus prudent de considérer pour l'instant que

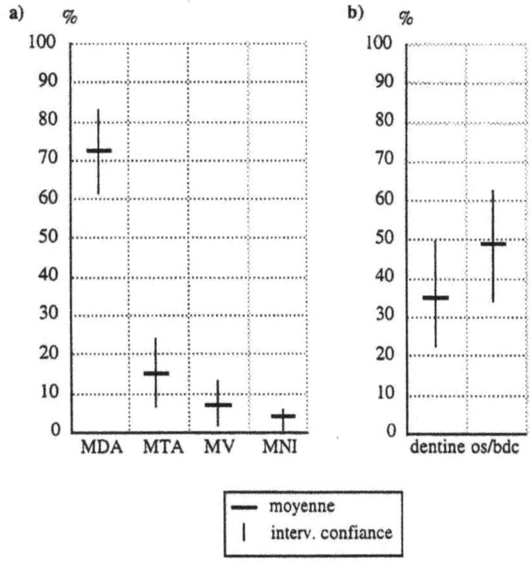

Figure 124 - Pourcentage des matières travaillées dans le site de Yudinovo, à partir de l'observation des traces d'utilisation sur outils en silex.

a) Matières dures animales (MDA), matières tendres animales (MTA), matières végétales (M V), matières non identifiées (MNI);
b) Les matières dures animales.

ces deux artisanats sont relativement équivalents, avec simplement une tendance plus importante pour le travail de l'os et du bois de cervidé. Seule l'étude des cabanes 1 et 2 pourrait peut-être permettre de vérifier cette hypothèse en renforçant nos effectifs.

Ces matériaux sont travaillés au moyen des mêmes techniques, mais les outils témoignent d'une utilisation plus fréquente du double rainurage pour l'os et le bois de cervidé. Les actions d'ébauchage et de façonnage de ces deux matières sont associées dans l'espace occupé par les habitants de Yudinovo. Par contre, les transformations effectuées sur l'ivoire dans ce même espace concernent principalement les étapes de façonnage ; l'ébauchage, d'après nos informations (outils et matière première), s'est déroulé ailleurs. Si la contemporanéité de l'ensemble des habitations de Yudinovo pouvait être établie, il serait instructif d'étudier les activités effectuées dans les habitations n° 1 et n° 2 : serait-ce là qu'était effectué l'ébauchage des tronçons de défenses de mammouth ? Les mêmes questions se posent concernant le tronçonnage. Quelques segments de défenses présentent des stigmates de sectionnement produits par une percussion directe. Mais il n'existe aucun outil assez massif pour effectuer un tel travail, ni dans les habitations n° 3 et n° 4 ni dans les zones extérieures fouillées. Ce travail a-t-il eu lieu ailleurs ou près d'un des deux autres habitats ?

Plusieurs outils présentent des traces de colorant (jaune, noir et rouge), alors qu'il n'existe pas de zones colorées au sol et que peu d'objets en matière dure animale portent des traces de couleur. Par contre, quelques petits blocs d'ocre jaune ont été trouvés sur le site, mais ils n'ont pas été analysés, et il n'est pas possible de savoir s'il s'agit d'une transformation d'hématite par la chauffe ou bien si l'ocre était jaune à l'origine. Sur le bord opposé aux traces d'usure d'une lame nous avons trouvé des traces de manganèse sous forme de taches noires ; elles contenaient également du carbone, indice de matière organique ; ces traces pourraient être liées à un emmanchement. Dans d'autres cas des traces de fer ou de manganèse sont associées au poli, mais celui-ci n'est pas particulièrement abrasé comme on l'observe sur des outils expérimentaux qui ont travaillé des matières dures animales avec une adjonction d'ocre. Il est intéressant de noter qu'aucun de ces colorants n'est présent dans l'environnement proche du gisement, ce qui signifie que les occupants de Yudinovo les ont apportés avec eux ou bien qu'ils sont allés les chercher ailleurs.

Les silex choisis pour le travail de la dentine sont les mêmes que ceux qui servaient pour l'os et le bois de cervidé ; ils ne témoignent pas d'un soin particulier. Il existe un silex exogène tricolore d'une très bonne qualité, mais il paraît avoir été utilisé essentiellement pour la production de lamelles ou de petites lames qui ont ensuite servi pour des éléments d'armature. Dans un cas nous avons trouvé des traces de dentine sur une de ces petites lames, mais c'était des traces d'emmanchement situées sur le dos.

Le burin est plus fréquent dans le travail de l'os et du bois de cervidé puisqu'il représente les 3/4 des outils (16 burins sur 23 outils avec 18 ZU) alors qu'il n'y en a que la moitié dans le cas de la dentine (9 sur 17 outils avec 13 ZU).

Quelle que soit la matière travaillée, les burins sont plus spécialisés que les autres outils : ils ne portent en moyenne qu'une zone utilisée, le flanc/biseau (exactement 1, 2) alors que les autres outils, principalement des lames, en portent en moyenne près de deux (1, 7).

Ces burins ont systématiquement des angles taillants proches de 90° ce qui semble correspondre à une recherche intentionnelle d'angle particulièrement efficace et résistant.

Les angles taillants des outils utilisés pour travailler l'os et le bois de cervidé sont situés entre 40° et 100° ; ceux de la dentine sont plus fermés et ils se situent entre 30° et 90°. La marge de variabilité est de 60° pour les deux groupes de matériaux, mais globalement les outils qui ont travaillé la dentine sont plus fermés que les autres outils (de 10°).

Les actions pour lesquelles nous avons observé des différences signifiantes d'angle taillant sont le rainurage et le sciage. Pour le rainurage sur l'os ou le bois de cervidé l'angle taillant est toujours de 90°, alors que sur la dentine il est de 45°. Cette différence peut peut-être s'expliquer par la capacité de l'outil à pénétrer en profondeur : les sillons d'un rainurage de défense sont plus profonds que ceux d'un os ou d'un bois de cervidé donc, à moins d'élargir considérablement la rainure, on a besoin pour en atteindre le fond, d'un outil présentant un angle plus fermé. Dans le cas du sciage, l'angle taillant des outils ayant travaillé la dentine est fermé à 30° tandis que, pour ceux qui ont scié l'os et le bois de cervidé, il varie entre 45° et 90°. Le fil du tranchant des outils à angle fermé est souvent renforcé par une retouche inverse.

Donc, tout comme nous le verrons, pour le site de Geissenklösterle, les parties actives des outils utilisés pour travailler la dentine répondent aux contraintes naturelles de structure et de volume de l'ivoire, plutôt qu'à des choix culturels. Il est à noter que, techniquement, les supports laminaires semblent mieux répondre aux contraintes imposées par l'ivoire tandis que le burin reste plus employé pour travailler l'os et le bois de cervidé.

Une fragmentation importante a été observée sur le matériel lithique : 70% des pièces ayant travaillé l'os et le bois de cervidé, 89% de celles qui avaient travaillé la dentine, étaient cassées. Il serait tentant d'imputer ce pourcentage plus important à la dureté de ce dernier matériau mais la plupart des cassures sont intervenues en réalité lors du réaffûtage des outils et de leur débitage. L'épaisseur de la majeure partie des supports se situe entre 4 et 7 mm, ce qui traduit un choix de faire des supports minces, dont le débitage comme le réaffûtage sont particulièrement délicats à réaliser. Dans tous les cas il nous semble que les forts taux de fragmentation expriment probablement une simple volonté d'exploiter au maximum la matière première, quel que soit le matériau que les outils travaillent. Il est possible toutefois que le choix d'utiliser pour l'ivoire des outils au tranchant plus fin (à angle taillant plus aigu) soit à l'origine de cette légère supériorité de leur taux de fragmentation.

Spatialement, le travail de la dentine semble être plus structuré que celui de l'os et du bois de cervidé. Seule une partie de la chaîne technique du travail de la dentine a été retrouvée ici, essentiellement celle du façonnage. Pourtant l'extraction de baguettes par double rainurage y est bien attestée par les objets en ivoire mais aussi par les tronçons de défense retrouvés ; mais les outils correspondant à ce travail manquent (on n'en a retrouvé que deux). Cette activité doit donc avoir eu lieu ailleurs. Nous supposons qu'elle a pu se dérouler dans une des cabanes n° 1 ou n° 2 ou dans leurs espaces extérieurs ; mais les données connues sur ces deux premières habitations sont trop lacunaires, pour confirmer pour l'instant cette hypothèse.

En revanche, la chaîne technique du travail de l'os et du bois de cervidé est beaucoup plus complète : ébauchage et façonnage y sont bien représentés.

CHAPITRE IV - GEISSENKLÖSTERLE

IV.1 PRÉSENTATION DU SITE

La grotte de Geissenklösterle, située dans la Vallée de l'Ach au sud de Blaubeuren dans le Jura souabe, a été découverte en 1957 par G. Riek, alors qu'il fouillait à Brillenhöhle (Fig. 125). Il effectua un petit sondage à l'entrée de la grotte qui ne fut jamais publié. Il fallut attendre 1973 pour que E. Wagner entreprenne un élargissement vers l'est de l'ancien sondage suivi, en 1974, de la fouille de la grotte par J. Hahn et son équipe. Ces fouilles se sont poursuivies jusqu'en 1991 avec quelques années d'interruption à la fin des années 1980. Les résultats en ont été en grande partie publiés par J. Hahn (Hahn, 1987 ; 1988 ; 1990 ; 1991).

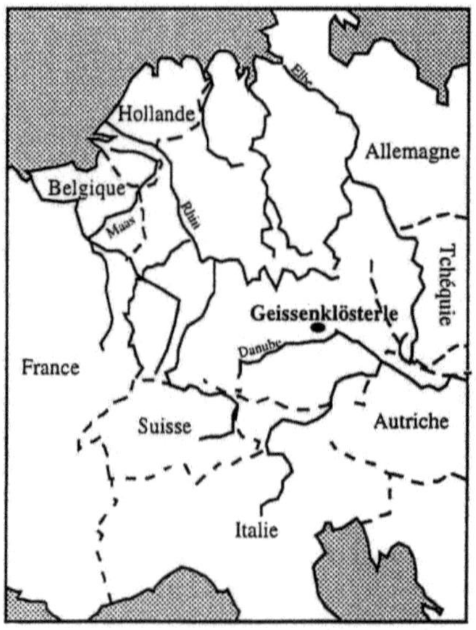

Figure 125 - Carte de situation du site de Geissenklösterle.

La grotte est située à 60 m au dessus du thalweg actuel qui était pendant la dernière glaciation de 10 à 20 mètres plus bas. La stratigraphie trouvée dans la grotte montre une succession des cultures mésolithique, magdalénienne, gravettienne, aurignacienne et du Paléolithique moyen.

Les vestiges en ivoire sont attestés au Gravettien et à l'Aurignacien ; ces périodes correspondent également aux occupations les plus longues et les plus intenses. J. Hahn a observé des remaniements dans les dépôts dus aux fluctuations climatiques et à leurs effets sur un milieu karstique. Les couches gravettiennes et aurignaciennes sont ainsi affectées par ces mouvements qui se sont déroulés en général verticalement : quelques pièces sont descendues, mais surtout on a constaté la remontée d'environ un tiers du matériel ; les deux tiers restant sont *grosso modo* en place. Les déplacements ont davantage affecté les outils du niveau gravettien (cassures, lustrés) que ceux de l'aurignacien (Symens, 1988). Par conséquent, nous avons choisi d'effectuer notre étude tracéologique sur ces derniers niveaux.

Dans l'état actuel des recherches sur Geissenklösterle, il est possible de distinguer deux couches aurignaciennes ; un Aurignacien moyen (couche II, 33 000 - 36 000 BP) et un Protoaurignacien (couche III, 37 000 - 40 000 BP). Les nouvelles datations C^{14}, obtenues par accélérateur de particules, ont vieilli l'Aurignacien de cette région de quelques milliers d'années (comm. pers. J. Hahn).

D'après les analyses de faune, les Aurignaciens auraient vécu dans un paysage découvert de steppe froide. Ceci est confirmé par les analyses polliniques qui montrent un paysage de steppe avec peu d'arbustes et qui mettent aussi en évidence des fluctuations importantes à l'intérieur de cette période (Münzel *et al.*, 1994).

La couche protoaurignacienne se caractérise par une production de lames, de grattoirs carénés et à museau et de pointes de sagaies en ivoire.

Le silex est taillé sur place dans une matière première locale. Plus de trente nucléus ont été retrouvés, les remontages ont mis en évidence l'absence de plus de cent lames probablement emportées ou disparues. La matière dure animale utilisée est principalement l'ivoire (sagaies et pendeloques) et les dents de renard (pendeloques). Spatialement deux zones de travail ont été mises en évidence, l'une près de l'entrée de la grotte au sud et l'autre, de loin la plus riche, au nord, autour d'un foyer. La présence de jeunes rennes parmi la faune plaide en faveur d'une occupation d'automne. On ne possède pas l'intégralité de ce niveau dont quelques mètres carrés restent à fouiller.

Le niveau aurignacien moyen est caractérisé par la présence de sagaies à base fendue en ivoire et en os, de lames retouchées ou appointées et de pièces esquillées.

Les outils en silex sont façonnés sur des lames ou des éclats apportés ; il existe peu d'évidence de taille de silex sur place. Les outils sont en général très utilisés et certains ont été transformés en pièces esquillées. La matière dure animale (os, bois de renne, ivoire et dents) a servi à réaliser des sagaies, poinçons, lissoirs, retouchoirs, objets de parure (production en série de pendeloques), bandeaux, objets d'art mobilier, ainsi qu'un bâton percé et une flûte. L'occupation est matérialisée par une vaste nappe de cendre d'os qui traverse la grotte en diagonale alors qu'il n'existe pas de véritable foyer. Des taches de colorant rouge ont été observées sur le sol ainsi que sur des blocs calcaires. D'après les analyses de faune (restes de poissons et de coquilles d'œufs), la saison d'occupation est située au printemps.

IV.2 - LA TECHNOLOGIE AURIGNACIENNE DE L'IVOIRE

Dans les niveaux protoaurignaciens et aurignaciens de Geissenklösterle, J. Hahn a reconstitué l'essentiel des chaînes de travail de l'ivoire, à partir des objets finis et des déchets de fabrication (Hahn, 1988 ; 1995).
Les objets concernés sont essentiellement des pendeloques, des sagaies et des statuettes.
Les techniques utilisées (tronçonnage, ébauchage et façonnage) sont surtout reconstituables dans le cas des pendeloques et des sagaies pour lesquelles on dispose de l'ensemble des déchets de fabrication grâce aux fouilles de J. Hahn. Pour les statuettes, retrouvées au cours de sondages plus anciens et moins exhaustifs, on ne dispose pratiquement que des objets finis.

Il existe peu d'informations sur l'extraction de la matière première et le tronçonnage des défenses. Les vestiges d'ivoire ont en effet principalement été trouvés sous forme de fragments, à l'exception de deux défenses de mammouth juvénile encore attachées à la mâchoire et non travaillées. Ces restes ne nous fournissent aucune indication sur le tronçonnage des défenses (Hahn, 1988 ; 1995).
Par contre, trois processus d'ébauchage ont pu être mis en évidence à partir du matériel et des déchets d'ivoire :
1) Un éclatement par percussion indirecte avec des ciseaux en pierre sur enclume, produisant des esquilles ou des fragment allongés caractérisés par leurs extrémités écrasées. Les baguettes ainsi obtenues possèdent des faces d'arrachement reconnaissables à la présence de stries ou de rainures.
2) Un éclatement où la percussion indirecte est précédée par un rainurage simple, servant de ligne d'arrachement ; la baguette est ensuite extraite à l'aide de pièces intermédiaires. Cette technique, plus contrôlable que la précédente, permet d'obtenir des supports plus longs, les plus grands mesurant 26 cm.
3) Un éclatement par percussion directe permettait d'obtenir des petits éclats allongés ou larges selon le sens de l'extraction ; leur taille maximale atteint 10 cm.

La grande dimension d'un fragment mésial de sagaie exclut qu'il ait pu être fabriqué selon l'une des trois catégories d'ébauchage citées. En effet, sa taille est de 35,1 cm de long, ce qui signifie que l'objet entier devait atteindre une longueur totale de 50 à 100 cm. Or, l'extraction par percussion directe ou indirecte d'objets de cette taille semble irréalisable, la plus grosse ébauche ne dépassant pas 26 cm. On imagine peut-être dans ce cas une extraction par double rainurage, mais aucun témoignage parmi les vestiges ne suggère l'emploi d'un tel procédé sur le site à cette période.

Le rôle capital de l'ébauchage est démontré par la découverte, dans les niveaux protoaurignaciens, d'une préforme de sagaie de longueur pratiquement égale à celle d'une sagaie finie. Seule lui manquait l'opération finale de façonnage : un vigoureux raclage pour en régulariser la section.

Le façonnage des ébauches en objets finis a été reconstitué à partir des préformes et des déchets de travail. Il s'agit essentiellement de déchets de raclage : des copeaux, qui sont au nombre de 409 pour l'ensemble des couches aurignaciennes. Le polissage, quant à lui, ne pouvait être analysé que sur les objets finis eux-mêmes (Hahn, 1995).

Les techniques de raclage sont révélées essentiellement par l'observation des copeaux.
Ceux-ci, d'une forme générale recourbée, se subdivisent en trois groupes :
- le premier type présente deux faces irrégulières, brutes ; les copeaux sont larges au niveau du point de détachement, puis ils s'amincissent vers la partie distale ; leur section est triangulaire. Ce type de copeau provient d'un arrachement de matière, qui peut correspondre à un premier travail grossier d'équarrissage ou décorticage ;
- les deux autres types sont caractérisés par la présence d'une ou deux faces lisses, en général la face supérieure : ils sont produits lors des stades finaux de façonnage ou bien lors des réaffûtages et résultent d'une seconde étape de raclage, plus contrôlée que la première.

Les mêmes chaînes opératoires simples ont été employées pour fabriquer les sagaies et les pendeloques en série, comme en atteste la découverte de la réutilisation de supports de sagaies en support de pendeloques, à l'Aurignacien moyen. Les pendeloques sont fabriquées en série à partir de baguettes à section ovalaire, encochées par enlèvement de copeaux larges des deux côtés opposés (entaillage) ; puis un sciage transversal dans l'encoche permet d'approfondir l'entaille qui sert alors de guide lors du sectionnement. Chaque préforme est perforée par grattage puis les extrémités sont arrondies et polies (Fig. 126). Une chaîne différente permettait d'obtenir des perles cylindriques à section ronde, obtenues à partir de baguettes subdivisées en segments courts puis perforés.

IV.3 - L'ÉTUDE TRACÉOLOGIQUE

IV.3.1 - L'ÉCHANTILLONNAGE DANS LES COUCHES AURIGNACIENNES

Lors de la fouille, les vestiges de Geissenklösterle avaient été localisés dans les trois dimensions et le tamisage des déblais

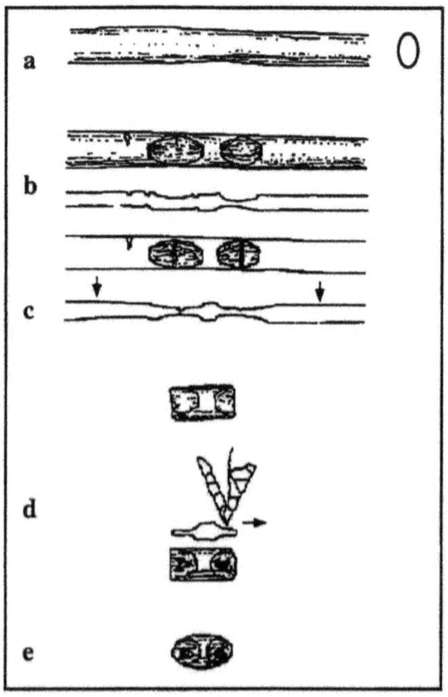

Figure 126 - La fabrication des perles à deux trous (Hahn, 1995, fig. 9).

a) bâton; b) entaille; c) découpe transversale; d) perforation ; e) façonnage et polissage.

a permis une récolte systématique des copeaux d'ivoire, qui ont ensuite pu être placés par quart de m^2. L'ensemble des collections aurignaciennes comprend plusieurs milliers de pièces lithiques parmi lesquelles il nous a donc fallu effectuer un tri. Nous avons examiné pratiquement tous les outils mis à notre disposition, à l'exception de certaines pièces exposées au musée de Stuttgart. Dans un second temps nous avons plus généralement observé des pièces lithiques plus variées (produits bruts), particulièrement dans les zones qui avaient servi lors du travail de l'ivoire, c'est-à-dire dans toute la partie centrale de la grotte. Nous avons choisi les pièces lithiques qui présentaient des bords résistants, des dièdres et des trièdres, caractères qui nous paraissaient essentiels pour un travail efficace de façonnage. Au total 180 pièces ont ainsi été sélectionnées (Fig. 127a et b), réparties entre le Protoaurignacien (88) et l'Aurignacien moyen (86) ; quelques outils étaient situés entre les deux couches (6). La matière première est locale, il s'agit principalement d'un silex de couleur jaune ou grise d'une granulométrie moyenne à fine.

Notre sélection provient de l'ensemble des fouilles de 1974 à 1990.

Une analyse tracéologique classique avait déjà été effectué sur un échantillonnage de vestiges provenant des fouilles de 1974 à 1983 (Symens, 1988). Nous avons été dispensée des tests préliminaires déjà effectués par N. Symens sur 177 pièces dont elle avait vérifié l'état de surface. De manière générale, les outils de Geissenklösterle portent de nombreuses traces naturelles, dont les plus fréquentes sont les ébréchures ;

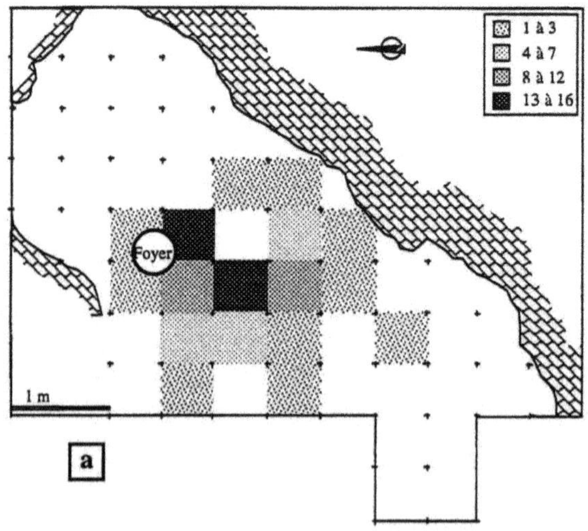

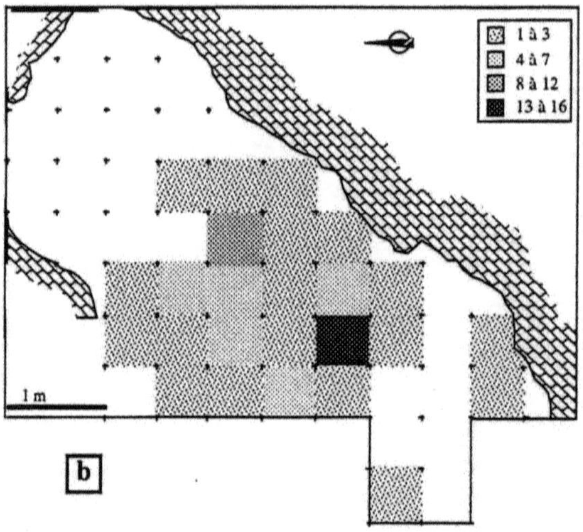

Figure 127 - Les niveaux protoaurignacien et aurignacien moyen de Geissenklösterle

a) Le niveau aurignacien moyen de Geissenklösterle : plan de répartition des outils et produits bruts de débitage en silex.
b) Le niveau protoaurignacien de Geissenklösterle : plan de répartition des outils et produits bruts de débitage en silex.

ils portent aussi des patines de deux types : lustré de sol et patine blanche. Le lustré de sol se présente sous forme de spots de poli brillant, plat, parfois strié, et sous forme de poli un peu côtelé.

Nous avons, lors de notre analyse, rencontré les deux cas. Les outils du Protoaurignacien sont dans l'ensemble mieux conservés que ceux de l'Aurignacien moyen, et la patine blanche n'est pas assez importante pour empêcher leur analyse comme l'avait déjà observé N. Symens (*op. cit.*).

Nous n'avons pas pu retrouver exactement les pièces qui avaient déjà été étudiées, et nous avons dû effectuer notre sélection complètement indépendamment de cette première analyse. N. Symens a analysé 163 pièces dont 52 éclats ou lames bruts ; sur 105 provenant de l'Aurignacien moyen, 44 portaient des traces d'usures et dans le Protoaurignacien 15 pièces sur 58 ont été utilisées (*op. cit.*). Les burins ont été employés sur la matière dure animale (13), la peau (2), une matière dure indéterminée (1) et une matière non identifiée (7). Les grattoirs montrent des traces de travail de matière dure animale (4), de peau (4), de bois (4) de plantes (1) de matière dure indéterminée (3) et matière non identifiée (2). Les produits laminaires ont été utilisés sur la matière dure animale (2), la peau/matière carnée (7), le bois (1), la matière dure indéterminée (2) et la matière non identifiée (2). La distinction entre les matières dures animales n'était pas effectuée lors de ces analyses et par conséquent nous n'avons pas pu réutiliser ces résultats concernant le travail de l'ivoire. Par contre, les déterminations de travail de peau, de bois et de plantes ont été incluses dans nos résultats et dans les répartitions spatiales des outils dans les deux niveaux aurignaciens.

IV.3.2 - Les témoins du travail des matières dures animales

Le matériau le mieux représenté par les traces d'usure des outils en silex est la matière dure animale. Elle est attestée sur 65 % des outils que nous avons analysés (32 sur 49 outils portant des traces d'utilisation) : burins (10) et chutes de burin (2), supports laminaires, entiers, fragmentés ou retouchés (13), grattoirs (4), perçoir (1) et éclats bruts (2).

L'analyse au MEB a permis d'affiner les déterminations à l'intérieur du groupe de matières dures animales et ainsi de distinguer les outils qui ont servi à travailler la dentine de ceux qui ont travaillé l'os et le bois de cervidé.

IV.3.2.1 - Le travail de la dentine

Avant toute analyse d'outils au MEB, nous avons commencé par effectuer plusieurs analyses de composition chimique de quelques fragments bruts d'ivoire du site de Geissenklösterle, provenant de trois endroits différents de la grotte. L'objectif de cette recherche était de vérifier que sa composition correspondait bien aux résultats obtenus sur nos échantillons expérimentaux et de repérer d'éventuelles modifications dans sa composition dues au séjour dans le sol. Les spectres obtenus montrent la présence de calcium, de phosphore, de magnésium, de soufre et d'oxygène ; nous retrouvons donc bien les éléments constituants de l'ivoire. Seul le soufre semble être un élément de pollution extérieure, mais comme nous l'avons trouvé systématiquement dans les trois fragments analysés, aussi bien à la surface des fragments qu'au centre, nous avons supposé qu'il provient du séjour de ces pièces dans le sol. Nous avons ensuite effectué des cartographies de distribution spatiale des éléments afin de vérifier leur corrélation. Les résultats montrent de grandes concentrations de phosphate de calcium et de plus petites concentrations de phosphate de magnésium (Fig. 128).

Une fois établie la composition de l'ivoire brut du site, nous avons commencé les analyses des polis de matière dure animale sur les outils en silex. Nos analyses au MEB ont mis en évidence une association de calcium, de phosphore et de magnésium sur 14 outils, soit la moitié des outils où la matière dure animale a pu être déterminée avec précision (Fig. 129). En outre, sur ces outils nous avons régulièrement trouvé des traces de soufre (S) et de potassium (K), éléments constituants courants des sédiments ; il nous semble donc que

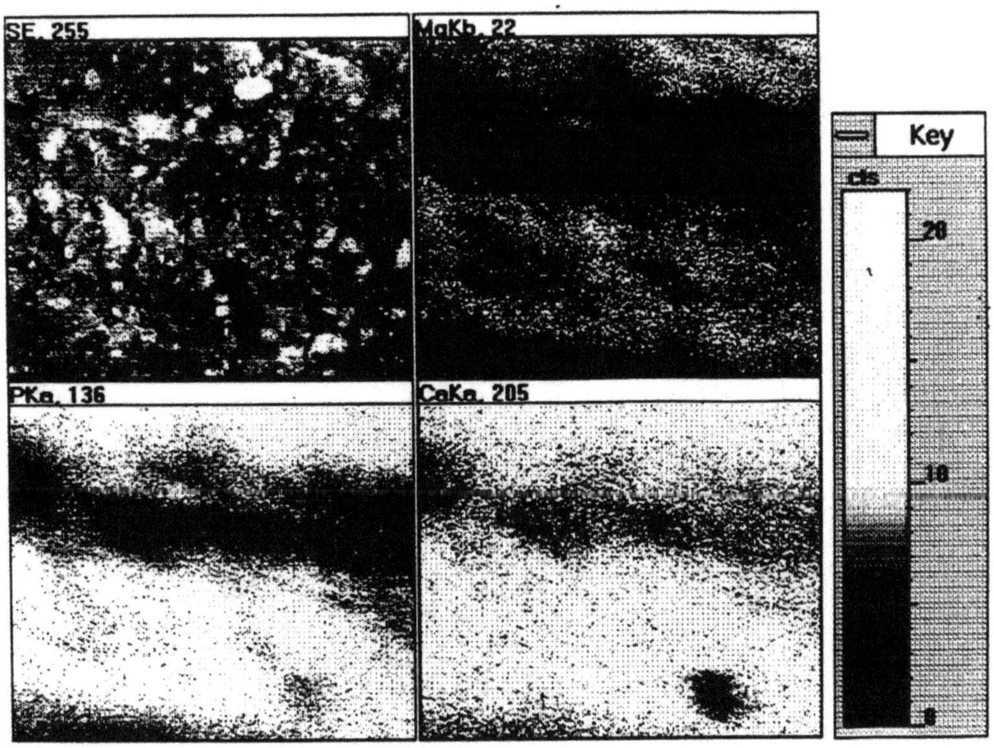

Figure 128 - Analyse d'un fragment d'ivoire brut de Geissenklösterle (MEB x 1400).

Les cartographies élémentaires montrent l'association de phosphate de magnésium et de phosphate de calcium caractéristique de la dentine (ivoire et dents).

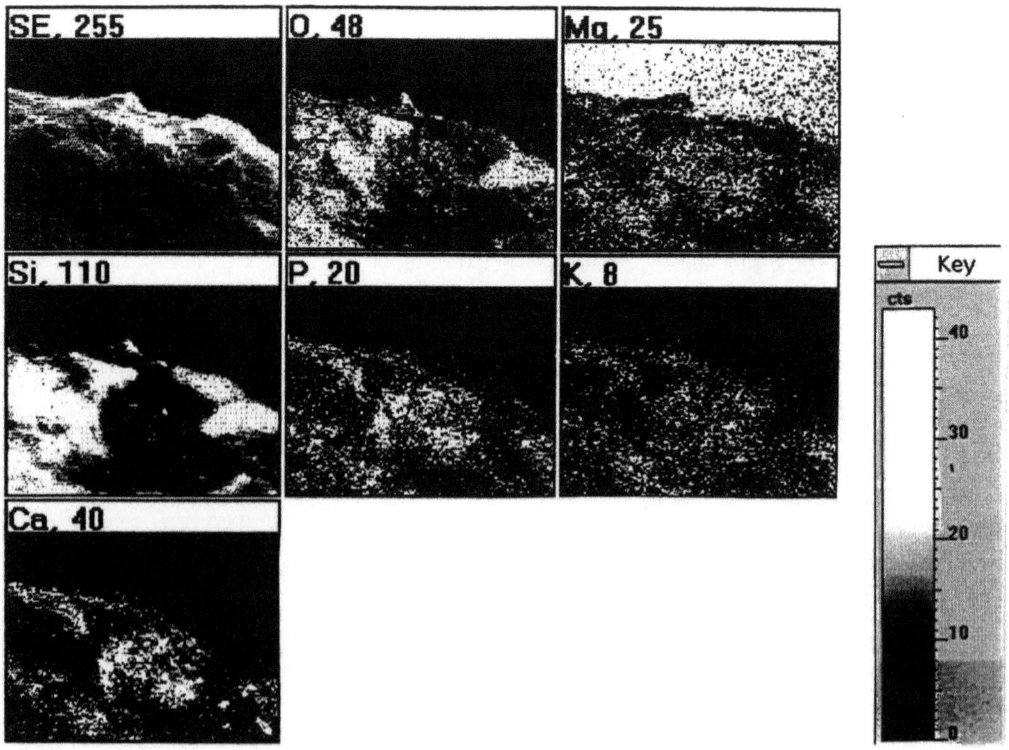

Figure 129 - Cartographies d'un poli de matière dure animale ; pièce G7815 IIIa 783 (MEB x 1000).

Les associations entre les différents éléments chimiques (phosphate de magnésium et de phosphate de calcium) sont caractéristiques d'un poli de dentine.

leur présence s'explique par une pollution post-enfouissement.

Les outils utilisés pour travailler la dentine

Parmi les 14 outils utilisés pour travailler la dentine se trouvent différents types : des burins (un sur éclat et deux sur lame, dont un plan et un troncaturé), une chute de burin, un grattoir à museau, une lame retouchée (à utilisation mixte puisqu'elle a également travaillé l'os et le bois de cervidé), trois fragments de lames retouchées, deux fragments de lames brutes, deux lames à encoche et un éclat (Fig. 130 et 131).

Les deux burins (sur éclat et sur lame) montrent une utilisation du support antérieure à leur transformation en burin : l'un a effectué une action de raclage, l'autre une action de sciage de dentine. Une fois transformés en burins, ils ont été de nouveau utilisés. Le burin sur éclat (G56 IId 630) présente trois négatifs de chutes de burin, deux du côté gauche et un du côté droit. Les flancs ont été utilisés pour racler la dentine, le flanc droit a été réaffûté une fois mais le nouveau flanc ne porte pas de stigmates d'usure. Le burin sur lame (G76 III 528) présente des traces de raclage sur les deux dièdres de son flanc droit. Un fragment mésial d'une chute de burin (G46 147 prof) porte des traces de raclage qui sont coupées par la cassure. Ni le burin sur lequel il remonte, ni le fragment distal de la chute ne portent de traces d'utilisation.

Le burin plan présente des traces d'une action longitudinale (G57 III 992). Les emplacements des stigmates qui affectent légèrement le biseau et le premier tiers du flanc permettent de penser qu'il s'agit qu'une action de sciage le long des fibres, peut-être destinée à entamer une rainure. Le poli ressemble à celui que l'on peut obtenir lors du sciage d'un bois de cervidé (*cf.* Fig. 131e), mais les analyses au MEB mettent en évidence une association de Ca, de P et de Mg (Fig. 132) ; nous en avons par conséquent déduit qu'il s'agit d'un travail de dentine.

Le front du grattoir à museau présente des stigmates de raclage (G58 IIIb 583) ; la zone proche du bord est marquée par un poli de dentine ; cet emplacement indique un angle de dépouille ouvert.

La lame entière (G67 IIb 1091) retouchée présente deux zones utilisées distinctes sur un même tranchant, l'une légèrement concave a servi à racler de la dentine et l'autre a servi à scier de l'os. Deux fragments d'autres lames retouchées ont servi dans des actions de raclage de dentine (G66c IIIa 640, G67 IIb 1007).

Un autre fragment mésial semble porter des stigmates de percussion sur le côté opposé au bord affecté par le poli (G68 IIa 333). Ce dernier se présente sous forme de traînées perpendiculaires au bord (*cf.* Fig. 131d) ; il est possible que cette pièce esquillée ait servi de coin lors d'une extraction de baguettes d'ivoire.

Deux fragments de lames (G58 IIb 45, et G68 IIIa) ont servi dans des actions transversales assez ponctuelles (lissage/doucissage).

Deux lames (dont une cassée) présentent des encoches situées sur le tranchant à proximité de l'extrémité distale (G7815 III 783, G76 IIIa 579) ; elles portent des petites surfaces polies sur la moitié de l'encoche ainsi que sur le trièdre créé entre l'encoche et le distal de lame. Elles montrent toutes les deux des traces d'un grattage ponctuel. Cette morphologie particulière de la partie active semble très adaptée pour creuser des

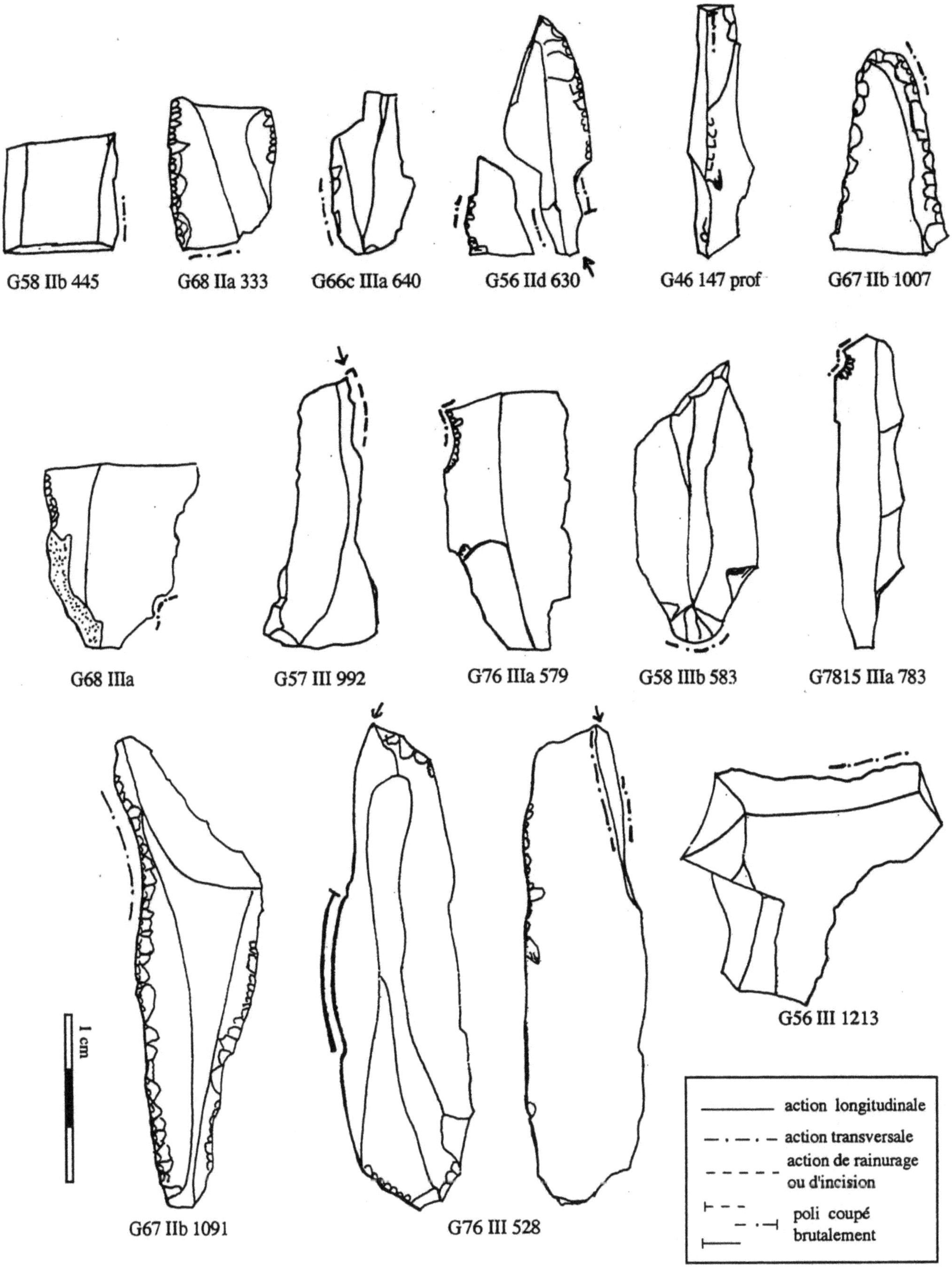

Figure 130 - Outils provenant de Geissenklösterle ayant servi à travailler la dentine.

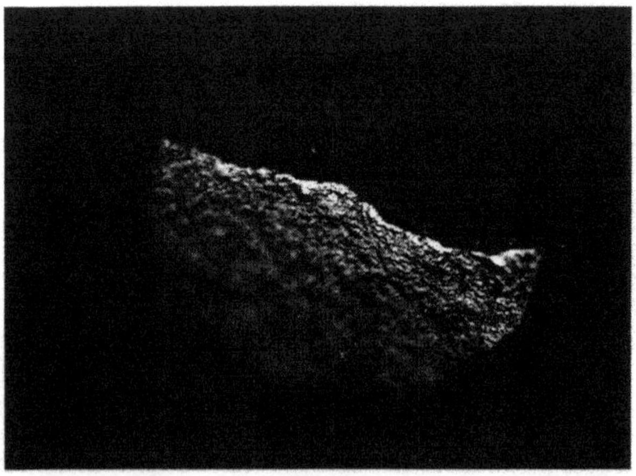

a : Détail d'un poli de dentine issu d'une action de raclage (pièce n°G67 IIb 1091).

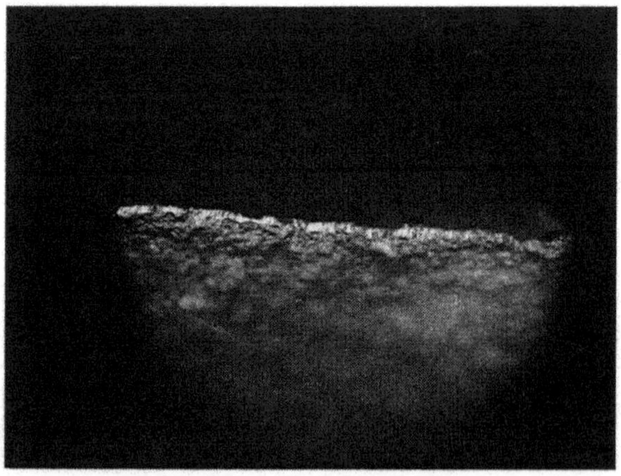

b : Détail d'un poli de dentine issu d'une action de raclage (pièce n°G56 IId 630).

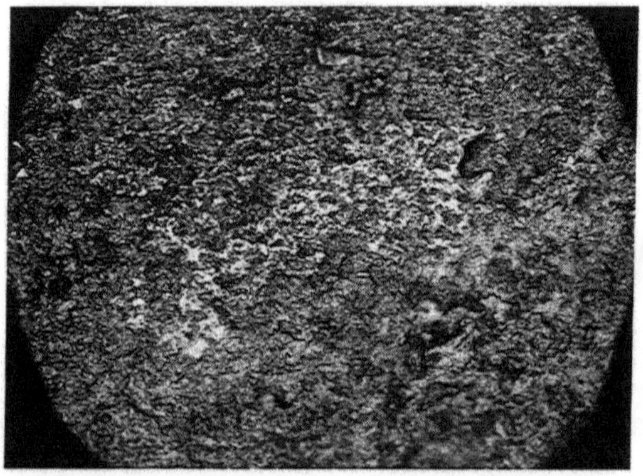

c : Détail d'un poli de dentine, à la surface d'un outil qui a participé à une action de fendage (pièce n°G68 IIa 333).

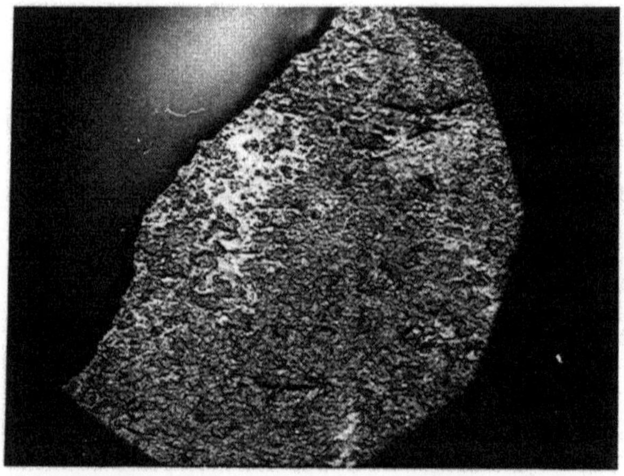

d : Détail d'un poli de dentine issu d'une action de fendage (pièce n°G68 IIa 333).

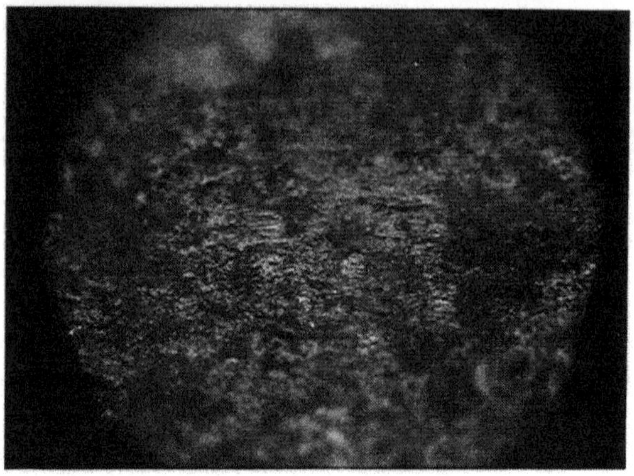

e : Détail d'un poli de dentine issu d'un travail de sciage (pièce n°G57 III 992).

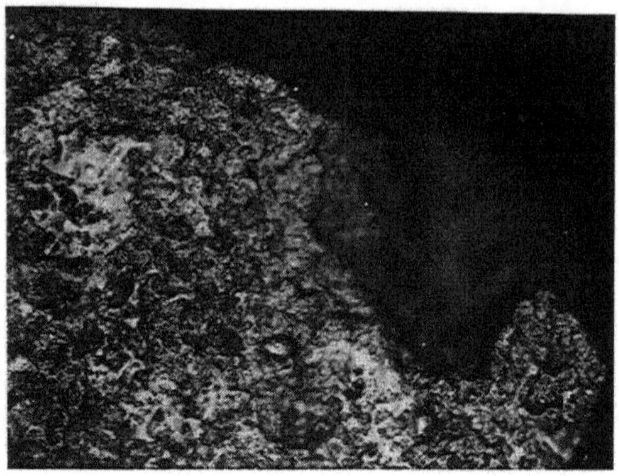

f : Détail d'un poli de dentine issu d'une action de raclage(pièce n°G67 IIb 1007).

Figure 131 - Détails au microscope optique (x 200) des polis de dentine observés sur les outils de Geissenklösterle (*cf.* fig. 130).

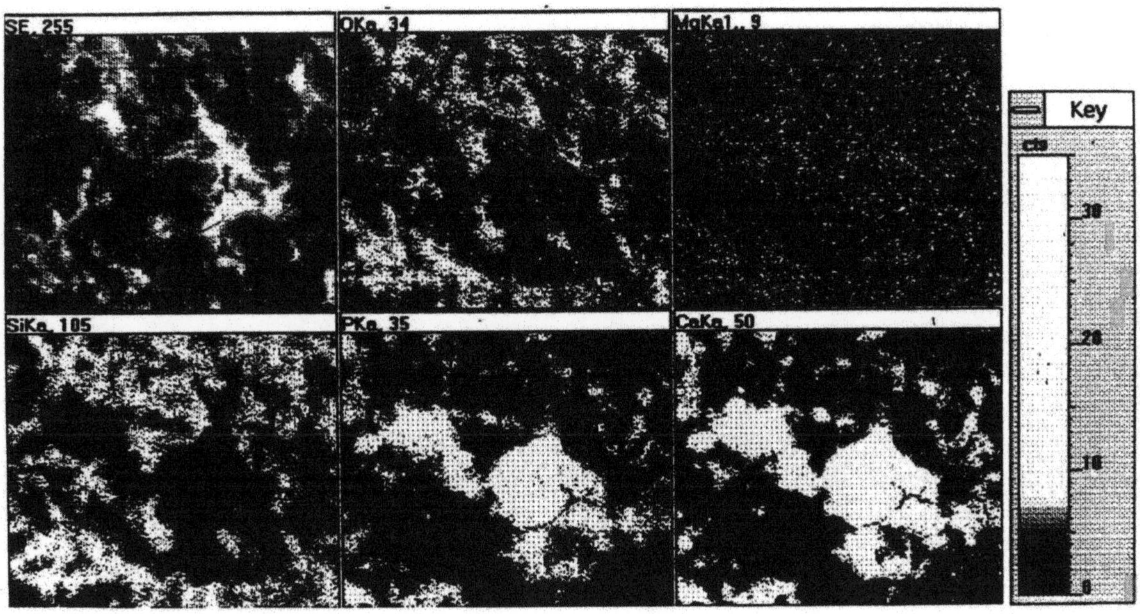

Figure 132 - Analyse d'un poli sur burin plan de Geissenklösterle ; pièce n° G 57 III 992 (x 1100).

Il est très semblable à celui qui a été obtenu lors du sciage d'un bois de cervidé.

perforations par enlèvement de petits copeaux.

Un éclat (G56 III 1213) de forme irrégulière a servi à un raclage assez grossier ; le poli est relativement envahissant.

Synthèse des résultats

Ces 14 outils présentent 22 zones d'utilisation potentielle (ZUP) dont 18 seulement se sont avérées réellement utilisées. L'action dominante est perpendiculaire au tranchant : onze zones d'utilisation effectives (ZU) montrent des stigmates de raclage, deux de lissage/doucissage et deux autres ont servi au grattage. Une seule ZU intervient lors d'une action d'éclatement par fendage. Deux ZU présentent des actions longitudinales donc parallèles au tranchant : de sciage et d'entame de rainure.

Cette domination du raclage semble découler de la fabrication de supports secondaires par les Aurignaciens de Geissenklösterle ; la quasi totalité de ces supports est extraite par des procédés d'éclatement en percussion directe ou indirecte comme on l'a vu plus haut. Les fragments d'ivoire obtenus, de forme allongée, plus ou moins irrégulière, ont d'abord subi une grossière mise en forme par rabotage (raclage vigoureux) (Hahn, 1995). Le raclage intervient dans le stade final de la production des pointes de sagaie ou comme étape intermédiaire pour des baguettes destinées à la fabrication de pendeloques.

Il est intéressant de noter que l'outil le plus représenté est la lame, entière ou fragmentée (10 ZU), suivie du burin (6 ZU), des éclats bruts (1 ZU) et un grattoir (1 ZU). Ceci correspond aux résultats obtenus lors de notre expérimentation. Mais pour d'autres expérimentateurs, le burin reste l'outil par excellence destiné au travail d'un matériau dur comme la matière osseuse (*cf.* Clark et Thomson, 1953 ; Movius, 1968 ; Crabtree et Davis, 1968 ; Rigaud, 1972...). A Geissenklösterle, lorsque le burin est utilisé, c'est le flanc qui a servi et non pas le biseau qui ne porte pas de traces sauf dans un cas, lorsqu'il est utilisé pour entamer une rainure .

Lorsqu'on examine les angles taillants des outils utilisés pour travailler la dentine, on observe qu'ils présentent une large fourchette de valeurs situées entre 40° et 120° (Fig. 133). Une comparaison entre les actions effectuées et les angles taillants des outils correspondant permet de voir apparaître deux groupes.

Un premier groupe présente des angles relativement fermés à 40-45°, qui correspondent aux actions de grattage et de lissage/doucissage, c'est-à-dire à des actions contrôlées effectuées avec plus de délicatesse que de force. Ces actions ne nécessitent donc pas de tranchants très résistants.

Le deuxième groupe présente des angles de 60° à 90° et un seul à 120° ; l'action correspond cette fois-ci principalement au raclage dont l'objectif est de mettre en forme des

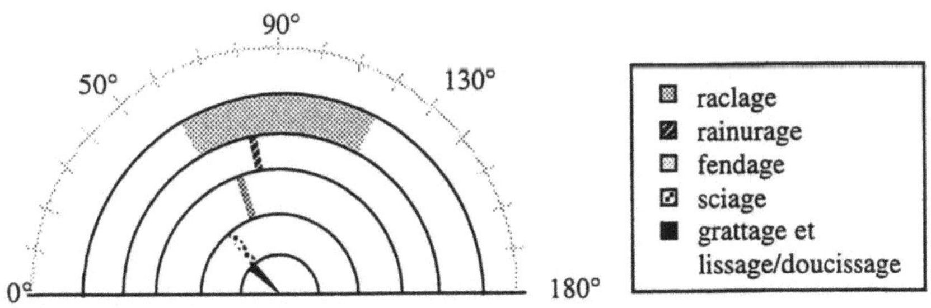

Figure 133 - Schéma montrant les angles taillants des outils utilisés lors du travail de la dentine.

ébauches ; cette action nécessite un outil avec un bord actif résistant, ce qui explique cet angle ouvert.
Les actions de sciage sont observées sur des angles à 50°, pas trop ouverts afin de pouvoir pénétrer dans la matière, et qui en même temps présentent une certaine résistance afin de pas s'esquiller trop rapidement.

Nous voyons donc apparaître des résultats qui avaient été déjà obtenus lors de notre expérimentation sur l'ivoire : il n'est pas obligatoire de travailler l'ivoire avec des burins ; d'autres artefacts (lames, éclats) présentant des angles résistants sont tout aussi efficaces. Dans certaines actions délicates, comme lors de l'exécution de perforations par enlèvement de petits copeaux, il est nécessaire d'avoir recours à des parties actives fines présentant une morphologie adaptée au creusement ; le burin, avec sa partie active robuste et épaisse, est dans ce cas peu adéquat. L'outil est donc choisi essentiellement pour la morphologie de son tranchant sans considération de type ou de support.
Notons que les zones marquées par les traces d'usure sont dans l'ensemble peu étendues le long du tranchant, ce qui indique un travail contrôlé et d'une ampleur restreinte. Les outils semblent alors avoir participé à des actions de façonnage. Nous n'avons pas trouvé d'outils susceptibles d'avoir servi dans des actions de tronçonnage afin de segmenter la défense en morceaux maniables. Il semblerait que ce travail ait été effectué ailleurs que dans la grotte et que la matière ait été apportée sous forme de tronçons sur le site à l'exception des deux défenses de lait retrouvées entières dans la grotte (Hahn, 1991).

Ayant déterminé les actions effectuées en général sur la dentine par les outils aurignaciens de Geissenklösterle, il nous a semblé possible de nous prononcer plus précisément sur le type de dentine concerné. Sur le site, la dentine était représentée par des dents de renards et des fragments de défenses de mammouths. Or les dents de renards, transformées en pendeloque, ne présentent comme unique façonnage que des perforations par rotation, et aucune modification de leur forme initiale par raclage. Il est donc exclu qu'elles aient été travaillées au moyen des outils sur lesquels nous avons observé des traces de raclage. Cela nous fait supposer que toutes les actions observées sur ces outils concernant le raclage, le lissage/doucissage, le sciage, l'entame de rainure, la perforation par grattage ou le fendage ont été plutôt effectuées sur ivoire de mammouth. Il semble donc que tous les outils analysés qui portent des traces de dentine ont travaillé l'ivoire de mammouth.

Le nombre d'outils utilisés pour travailler l'ivoire semble peu élevé par rapport à la totalité des outils du gisement et à la quantité de fragments d'ivoire retrouvés. En effet, dans les deux couches aurignaciennes étudiées, on a décompté 381 fragments d'ivoire et 299 copeaux (Hahn, 1995, tabl.1, p. 120). Parmi les fragments, seuls 104 étaient façonnés (8 fragments, 70 baguettes, 4 sagaies, 1 ébauche de sagaie, 1 baguette encoché, 7 objets gravés ou encochés, 1 bâton percé, 17 pendeloques et 4 objets d'art mobilier (Hahn, 1995, tabl. 2, p. 125). Parmi les 287 fragments bruts restants se trouvaient 81 baguettes, 6 éclats et 200 fragments divers.
Concernant les produits en ivoire, et en particulier la fabrication des 81 baguettes, l'analyse tracéologique ne permet pas pour l'instant de se prononcer sur les trois chaînes d'éclatement proposé par J. Hahn : percussion indirecte, percussion directe et percussion directe avec rainurage préalable. Nous avons bien retrouvé une pièce esquillée en silex susceptible d'avoir joué un rôle dans une percussion indirecte ; mais le témoignage d'une seule pièce ne nous permet pas de nous prononcer en faveur d'une extraction de support sur les défenses par percussion indirecte plutôt que directe. Il serait nécessaire d'élargir l'étude à tous les produits de débitage bruts, afin de chercher parmi eux des lames ou des éclats qui auraient pu avoir servi comme pièce intermédiaire. Mais il est aussi possible que la solution de ce problème se trouve parmi les fragments en ivoire : nous avons vu lors de notre expérimentation que les coins en ivoire sont très efficaces pour extraire des supports sur des tronçons d'ivoire un peu délité. Après un tel usage, ils sont très peu abîmés aussi bien sur la partie percutée que sur la partie active ; il est possible que ce soit des objets de longue durée, régulièrement entretenus et qui font partie de la trousse de voyage lors de chaque déplacement, un peu comme les percuteurs en bois de renne.
Les objets en ivoire façonnés sont au nombre de 104. Pour un travail aussi important, la présence de seulement 14 outils en silex (soit 1 outil pour 8 objets) paraît faible. Nous avons constaté, lors de nos expérimentation, une usure très minime des tranchants des outils ayant travaillé l'ivoire sub-fossile trempé, ce qui entraîne une diminution importante du nombre d'outils nécessaires lors du façonnage d'un objet en ivoire. De ce fait, si les Aurignaciens de Geissenklösterle ont travaillé un ivoire sub-fossile, trempé dans l'eau, il est resté très tendre, ce qui pourrait justifier que le nombre d'outils en silex utilisés pour ce travail soit resté relativement limité. Mais nous avons analysé essentiellement les outils et les produits de débitage retouchés, retrouvés dans les principales zones de travail de l'ivoire (180 pièces). Toutefois,s quelques artefacts conservés au musée de Stuttgart, mais aussi les produits bruts, des milliers de pièces, que le temps d'analyse au MEB (environ 1h à 1h30 par pièce) rendait impossible à moins d'effectuer un tri très arbitraire. Notre expérimentation a montré que l'ivoire peut très bien se travailler avec des produits bruts, à partir du moment où ils présentent une morphologie favorable et un angle taillant ouvert afin de résister à la dureté de la matière d'œuvre. Seul l'examen de ces pièces brutes pourrait

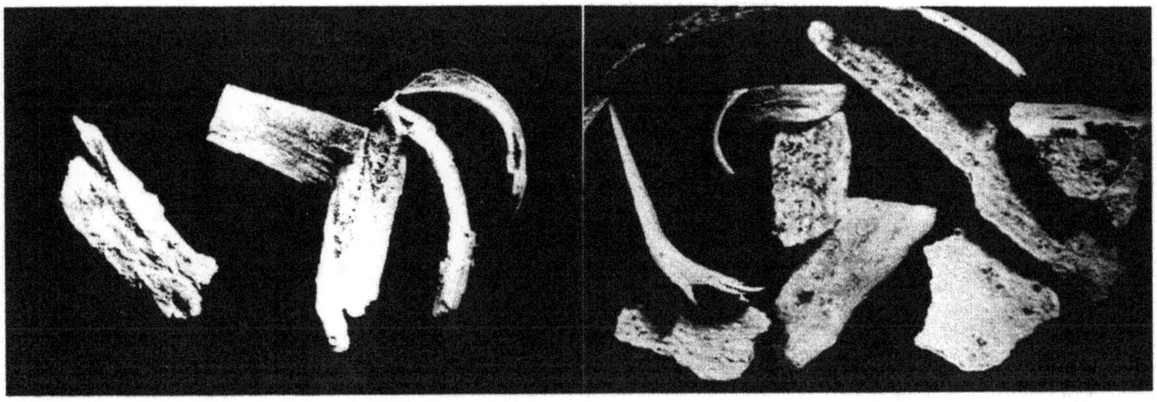

Figure 134 - Copeaux d'ivoire de Geissenklösterle.
(Cl. Christensen).

peut-être nous apporter des éclaircissements supplémentaires sur ce point.

L'hypothèse du travail d'un ivoire fossile ou sub-fossile semble être conforté par la présence de copeaux, parfois de grande taille, sur le site de Geissenklösterle (Fig. 134). Lors de notre expérimentation, nous n'avons jamais réussi à produire des copeaux qui ne soient pas pulvérulents, lors d'un travail de l'ivoire frais, même lorsque celui-ci avait été trempé préalablement dans l'eau ou traité par des solutions d'acide organique. Par contre, le travail d'un ivoire sub-fossile trempé préalablement dans l'eau produit systématiquement des copeaux de taille différentes selon l'action effectuée et la force exercée (Fig. 135 et 136). En trempant l'ivoire sub-fossile dans l'eau, il reprend en effet l'état qu'il avait, enfoui dans un milieu humide. Par exemple, un fragment de défense de Sibérie, qui a séjourné dans le sol un certain temps, reste très tendre à travailler pendant environ deux à trois semaines avant que la matière s'assèche à l'air (comm. pers. A. Filippov). S'il est stocké dans une grotte humide, comme par exemple celle de Geissenklösterle, la durée de cette période doit être encore plus longue. Donc, malgré le manque de preuve véritable sur les objets permettant d'attester qu'ils ont été façonnés sur un ivoire sub-fossile, cette hypothèse nous semble plausible et la présence de copeaux est un indice dans ce sens ainsi que les procédés d'ébauchage, qui ne semblent pas réalisables sur un ivoire frais.

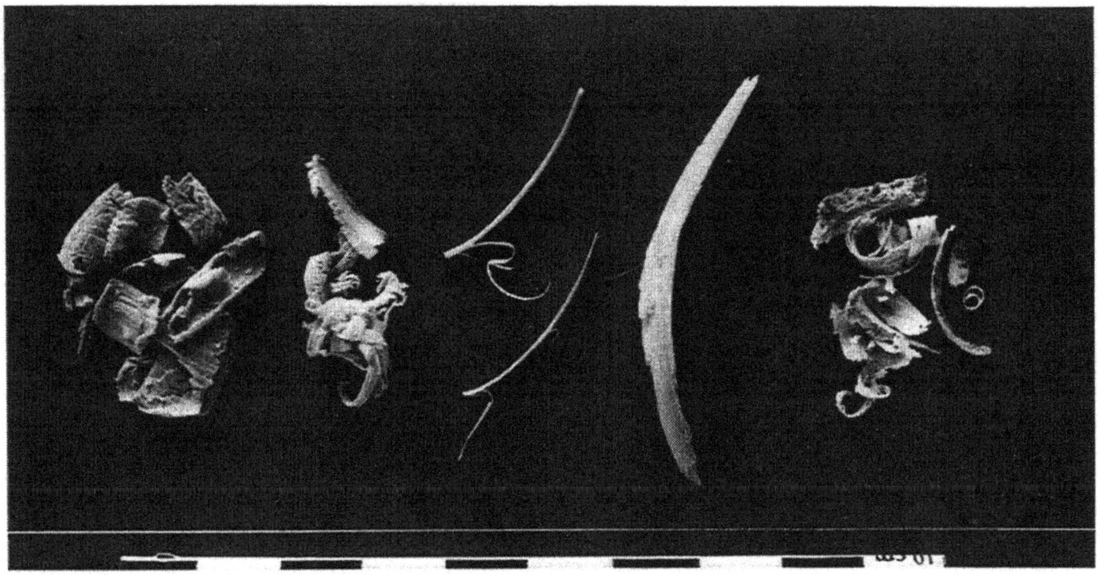

Figure 135 - Les résidus en copeaux obtenus par expérimentation sur ivoire.

Les copeaux ont été obtenus sur de l'ivoire sub-fossile trempé. De gauche à droite, deux types de copeaux issus d'une percussion indirecte, de lissage/doucissage, d'arrachement à la main, et de raclage.
(Cl. LRMF, D. Vigears)

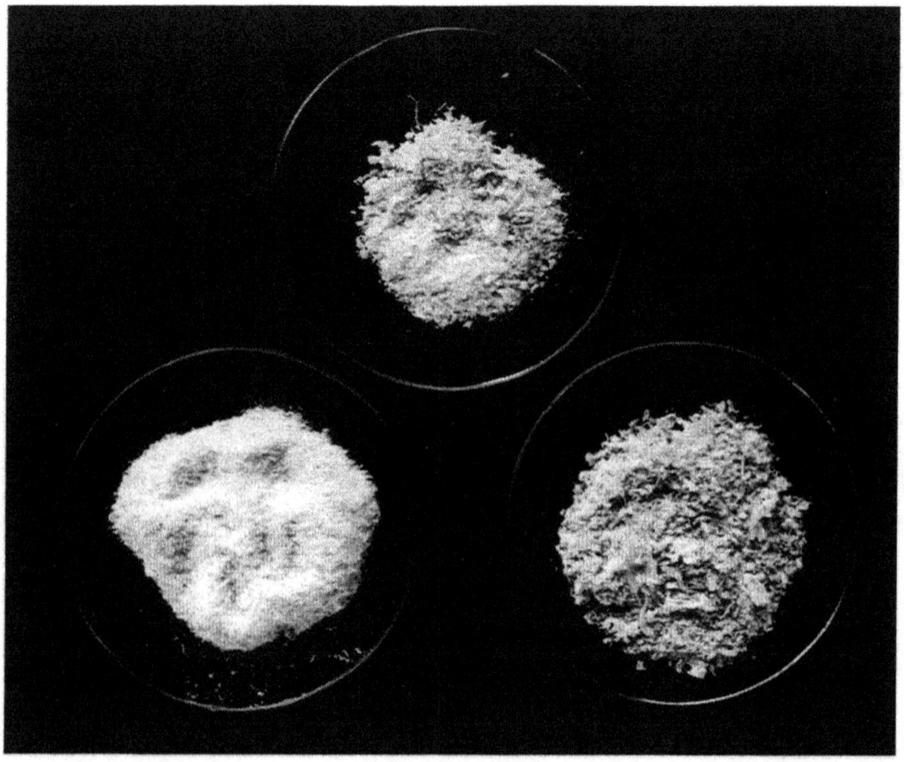

Figure 136 -Les résidus pulvérulents d'expérimentation sur ivoire.

La poudre provient d'un raclage d'ivoire d'éléphant trempé (en haut), d'un raclage d'ivorei d'éléphant frais (en bas à gauche) et d'un raclage d'ivoire sub-fossile sans traces de délitage et trempé (en bas à droite).
(Cl. LRMF, D. Vigears)

IV.3.2.2 - Le travail de l'os et du bois de cervidé

L'analyse au MEB nous a donc permis de retrouver les outils qui ont servi lors du travail de la dentine. Simultanément, la composition chimique des polis nous a permis de distinguer un autre groupe, celui des outils qui ont servi au travail de l'os et du bois de cervidé. Comme l'analyse sur les outils expérimentaux l'a montrée, les polis de l'os et du bois de cervidé se caractérisent par une composition chimique de phosphate de calcium. Lorsque les cartographies élémentaires montrent une association de calcium et de phosphore sans présence de magnésium ou d'autres éléments, les polis sont issus soit de l'os, soit du bois de cervidé (Fig. 137).

Les outils utilisés dans le travail de l'os et du bois de cervidé
Quatorze outils ont servi à travailler l'os et le bois de cervidé, ce qui correspond à peu près à la moitié de la totalité de ceux qui ont été utilisés sur la matière dure animale dont l'origine a pu être déterminée. Ce sont 4 burins (2 sur éclat et 2 sur lame), 1 éclat avec un enlèvement burinant, 1 chute de burin, 3 grattoirs dont un à museau, 1 lame aurignacienne, 1 lame avec un enlèvement burinant, 2 fragments mésiaux de lames

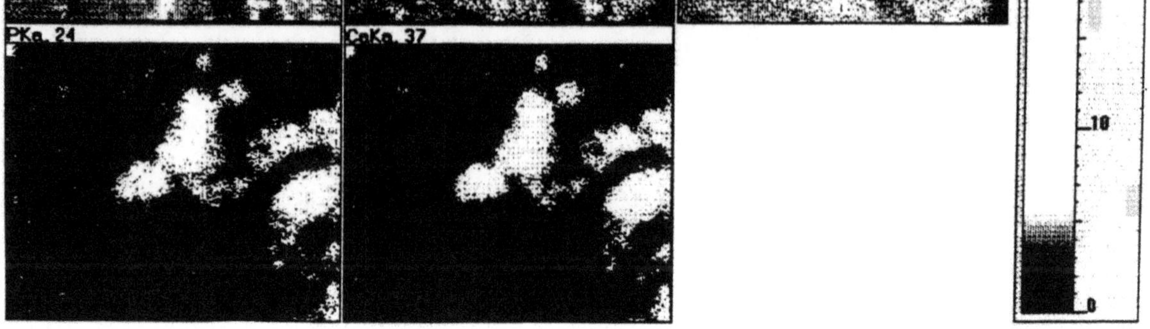

Fig. 137 - Cartographies élémentaires d'un poli de matière dure animale, Geissenklösterle n°G67 IIIa 1393 (MEB x 1200).

Les associations entres les différents éléments chimiques mettent en évidence qu'il s'agit d'un poli d'os/bois de cervidé.

retouchées et une lame retouchée à fonction mixte (elle a travaillé à la fois l'ivoire et l'os et/ou le bois de cervidé) (Fig. 138 et 139).

Un burin sur lame présente des traces de raclage le long de son flanc (G67 IIIa 2000). Il s'agit principalement d'une série de spots de poli situés à environ 100 µm du dièdre, ce qui semble indiquer un faible angle de dépouille ; ce poli pourrait résulter d'une action de lissage/doucissage.
Un burin sur éclat montre un poli d'os ou de bois de cervidé très abrasé avec de nombreuses stries (G79 IIb/III 740). Il a été utilisé pour racler avec probablement une application d'abrasif. On n'a pas observé de traces résiduelles macroscopiques de celui-ci ; toutefois les analyses au MEB ont mis en évidence des traces de fer, dont nous n'avons pas pu déterminer l'origine : abrasif à base d'hématite ou impuretés provenant de la matière première du support (qui contient aussi du fer).
Un burin sur proximal de lame possède, sur son tranchant, des traces de sciage antérieures au coup de burin (G68 IIIb 639). Le flanc présente des stigmates d'action de raclage et d'une action longitudinale, probablement une action dans un sillon (élargissement d'une rainure) puisque le poli se situe des deux côtés du flanc. Le biseau est cassé et la surface d'enlèvement ne porte pas de traces, il est donc difficile de préciser s'il s'agit d'un sciage transversal au support travaillé, ou parallèle, par exemple pour approfondir une rainure. Nous n'avons pas pu établir de chronologie entre ces deux actions.
Une chute de burin outrepassée porte des traces de raclage (G46 IIb 498).
Une lame aurignacienne (G76 II 489) a été utilisée pour des actions de raclage. La partie active est située en bout de lame un peu comme s'il s'agissait d'un grattoir. Toute la convexité est polie. Nous en avons déduit une utilisation en deux temps, de part et d'autre de l'axe central du support, car nous nous imaginons difficilement, d'après la morphologie des objets en os ou en bois de cervidé, qu'elle ait pu être utilisée dans une action unique entraînant la formation d'une zone d'usure aussi large.
Un fragment mésial de lame étroite retouchée porte les traces d'une action transversale sur sa cassure proximale (G56 IIn). Le poli est distribué perpendiculairement au tranchant sur la face revers puis il suit l'arête proéminente d'un enlèvement d'ébréchure sur une distance de 4 mm. La question s'est posée de savoir si ce fragment n'avait pas servi comme coin pour fendre ou pour extraire un support osseux, mais cette hypothèse est peu probable en raison de l'absence de trace de percussion sur le bord opposé. Nous avons comptabilisé cette partie active parmi les actions de raclage.
Un autre fragment mésial de lame retouchée a servi à racler de l'os ou du bois de cervidé (G68 IIIb 644). Le poli est coupé à chaque extrémité par des gros enlèvements en demi-lune qui en ont probablement emporté une partie. Ces ébréchures semblent être intervenues après l'utilisation de l'outil par des processus de piétinement ou de dépôt.
Une lame retouchée a été utilisée dans une actions de sciage (G67 IIIa 1091) et un fragment de lame (G69 IIc 521) a participer à une actions de raclage.
Deux grattoirs simples sur lame ont leurs parties actives situées sur le tranchant ; les fronts sont vierges de trace d'utilisation. Le premier grattoir (G37 IIb 177)présente des traces transversales et longitudinales sur un de ses bords retouchés ; il n'est pas possible de préciser si le raclage a eu lieu avant le sciage ou bien après. Le second grattoir (G33 IIa 91) a plutôt participé dans une action d'incision, visible par le poli du trièdre.
Un burin sur éclat (G67 IIIa 1393) et un éclat (G36 IIa 416), les deux derniers porteurs d'un enlèvement burinant, ont tous été utilisés pour des actions d'incision ou d'entame de rainure.
Un grattoir à museau (G67 IIIa 2138) porte des traces de travail de peau ; en outre, dans la concavité droite, nous avons observé quelques spots de poli d'os ou de bois de cervidé mais ils sont trop peu développés pour révéler la nature de l'action effectuée. Toutefois, cet emplacement indique plutôt une action de raclage.

Synthèse des résultats

Ces 14 outils possèdent 30 ZUP dont 17 ont été effectivement utilisées (ZU). La majorité des outils présente donc une seule partie active. L'action transversale (raclage et lissage/doucissage) domine avec 9 ZU, puis 3 ZU présentent des stigmates d'une action longitudinale (sciage), 4 ZU semblent avoir participé à des actions d'incision ou des entames de rainurage, enfin, une ZUP présente des stigmates directionnels trop faibles pour qu'on puisse se prononcer sur l'action effectuée.
Comme dans le cas précédent de l'ivoire, la domination du raclage s'explique encore une fois par les modes d'obtention des préformes : l'éclatement, même contrôlé, demande un effort de façonnage important par raclage pour supprimer les défauts et aspérités obtenus à la percussion.
Les lames présentent le plus grand nombre de parties actives (9), puis viennent les burins et les "pseudo-burins" (7) et enfin les grattoirs (1).
Les angles taillants utilisés pour le raclage sont assez ouverts comme on pouvait s'y attendre (Fig. 140). Ils se situent entre 70° et 95°. Lors du sciage, le degré d'ouverture de l'angle taillant est plus faible (60° et 70° sur les deux outils concernés) : cet angle semble ainsi un peu trop ouvert pour obtenir une efficacité maximale, en particulier pour la pénétration dans la matière, mais il est possible que ces outils n'aient

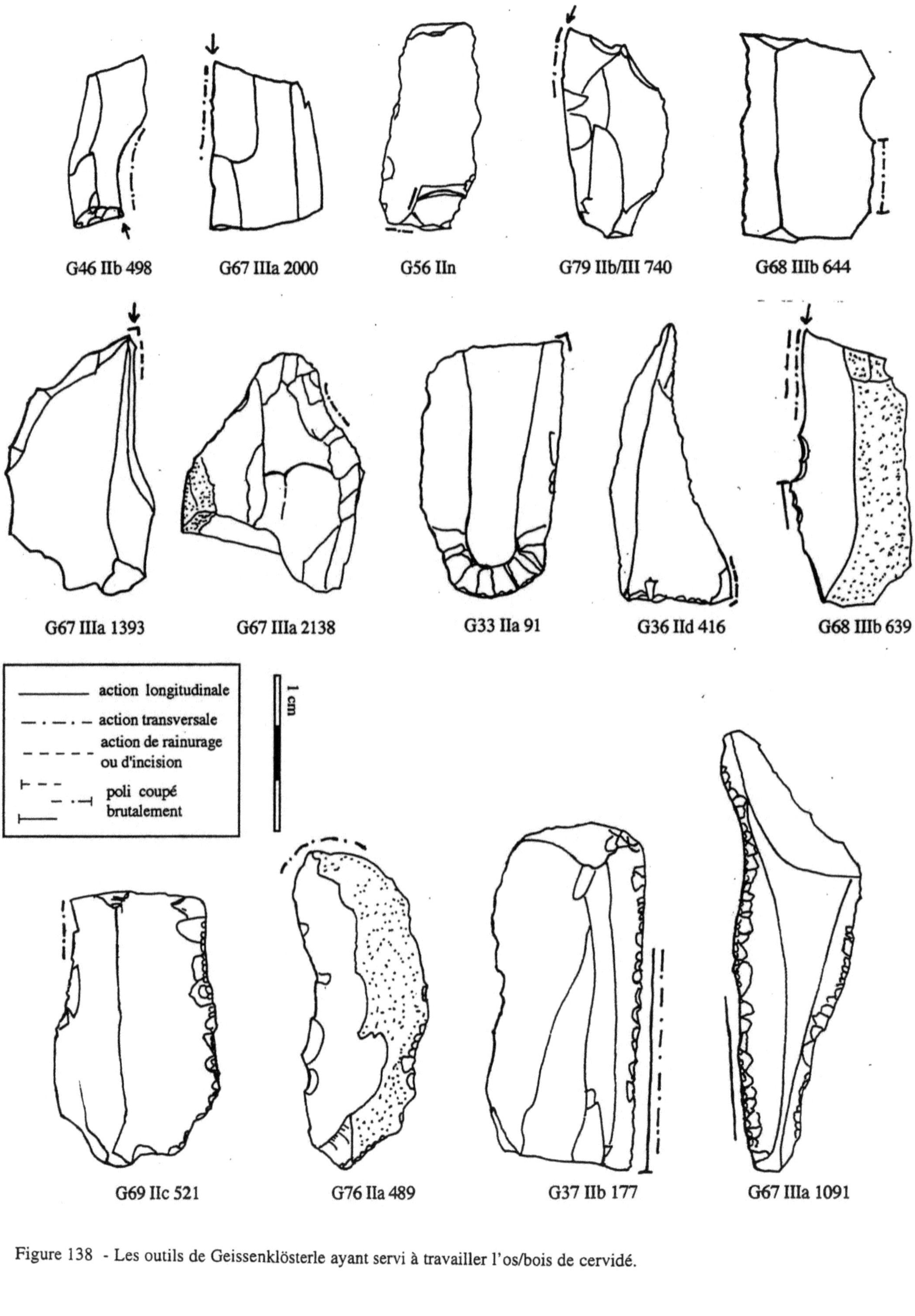

Figure 138 - Les outils de Geissenklösterle ayant servi à travailler l'os/bois de cervidé.

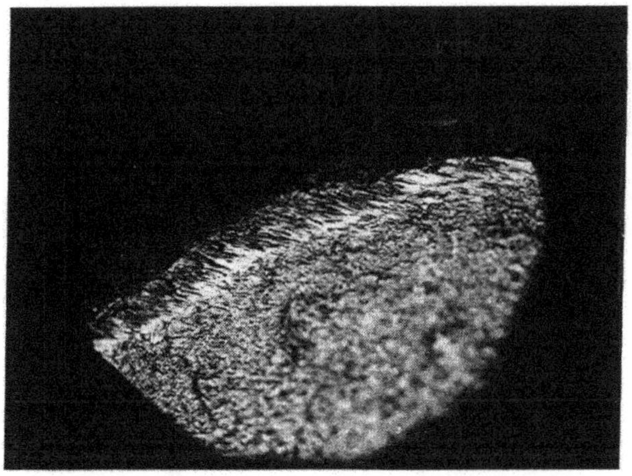

a : Détail d'un poli d'os/bois de cervidé issu d'une action de raclage (pièce n°G76 IIa 489).

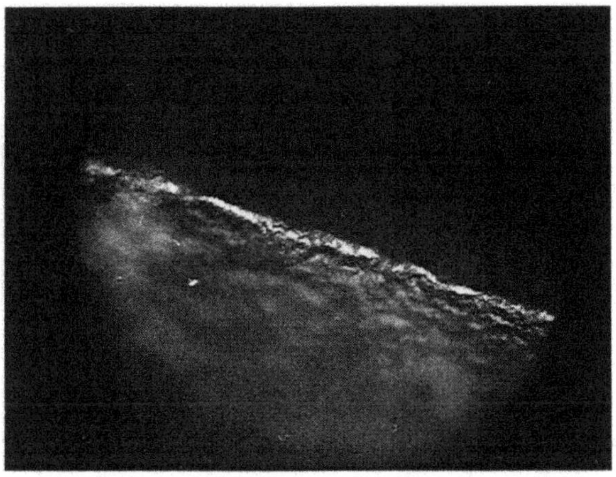

b : Détail d'un poli d'os/bois de cervidé sur le fil d'un tranchant issu d'une action de raclage (pièce n°G46 IIb 498).

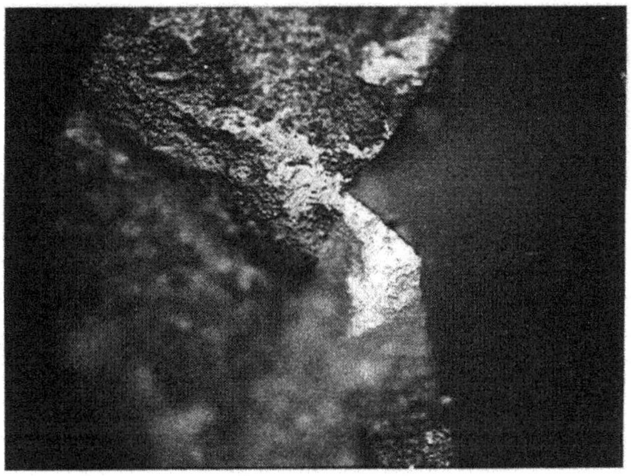

c : Détail d'un poli d'os/bois de cervidé issu d'un travail d'incision (pièce n°G33 IIa 91).

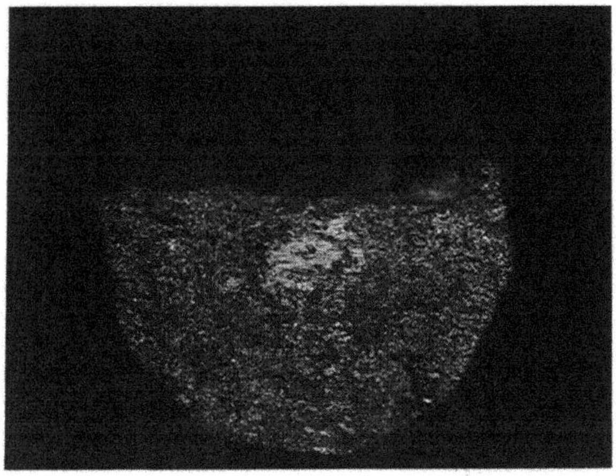

d : Détail d'un poli d'os/bois de cervidé issu d'une action de sciage (pièce n°G68 IIIb 639).

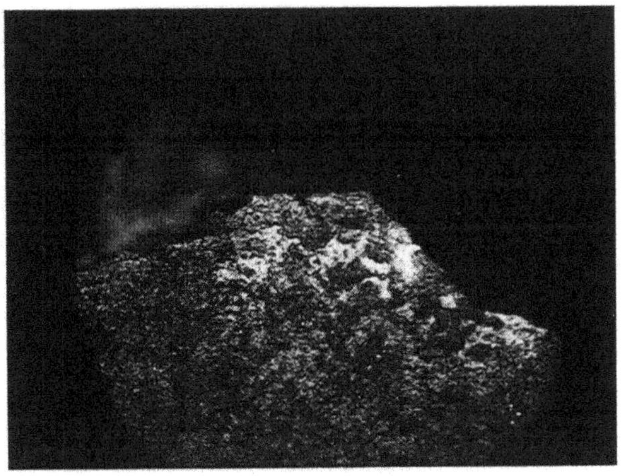

e : Détail d'un poli d'os/bois de cervidé issu d'un travail de raclage, situé sur un grattoir ayant travaillé la peau (pièce n°G67 IIIa).

Figure 139 - Détails au microscope optique des polis d'os et de bois de cervidé, observés sur les outils (x 200).

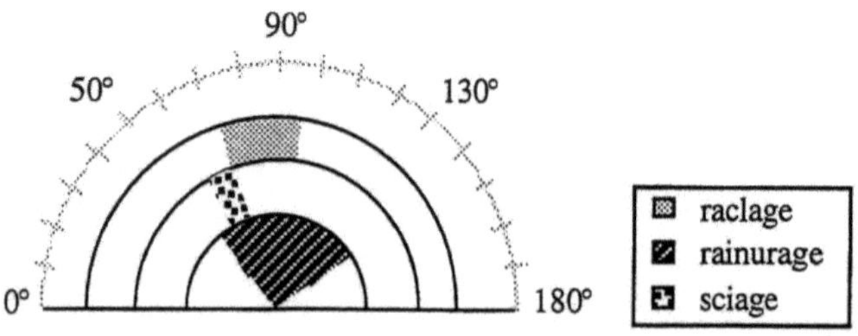

Figure 140 - Les angles taillants des outils utilisés lors du travail de l'os/bois de cervidé.

servi que pour le sciage d'un support peu épais. Les parties actives qui ont servi lors des incisions, des entames ou des élargissements de rainure, ont des angles taillants très variés 50°, 80° et 140°. Il semble que les angles plus fermés soient plus efficaces lors des incisions et de la préparation d'une rainure où la précision du geste l'emporte sur la force appliquée et par conséquent où la résistance exigée de la partie active est moins importante. L'élargissement d'une rainure est effectuée avec plus de force, car l'objectif est d'enlever de la matière. De ce fait, un outil avec des bords résistants est nécessaire.

A Geissenklösterle, les objets façonnés en bois de cervidé et en os sont essentiellement des pointes de sagaies, des poinçons et des retouchoirs, et quelques éléments de parures comme des pendeloques et des bandeaux. Parmi l'ensemble des matières dures animales façonnées dans les deux couches aurignaciennes, les quantités d'os et de bois de cervidés utilisées sont identiques et bien inférieures à celles de l'ivoire (environ 17 % chacun contre 66% pour l'ivoire, selon Hahn, 1995, fig. 11). Mais les objets en bois de cervidé, principalement des sagaies à base fendue, sont nettement plus nombreux que ceux en os (retouchoirs et poinçons). Il est donc possible que les 14 outils aient majoritairement servi au façonnage du bois de cervidé, et secondairement de l'os. Mais nous tenons à préciser que, dans l'état actuel de cette recherche sur les matières dures animales, nous n'avons pas encore de moyens scientifiques d'établir la distinction entre poli d'os et poli de bois de cervidé.

En dehors des outils mentionnés ci-dessus, cinq outils (3 burins, un éclat et un perçoir) présentaient au microscope optique des polis caractéristiques des matières dures animales non visibles au MEB (Fig. 141 et *cf.* Fig. 144 a). Il est probable que ce manque de lisibilité est dû à l'angle sous lequel le faisceau d'électrons arrive sur le silex ; plusieurs essais différents sont restés sans résultats. Par conséquent, pour le site de Geissenklösterle ces pièces ne seront prises en compte que comme témoins du travail de matières dures animales en général, sans précision entre ivoire et os/bois de cervidé.

IV.3.3 - Les témoins du travail de matières animales tendres

La matière carnée (peau, viande, tissu composite) est la mieux représentée après la matière dure animale. Elle est attestée par 22 % de l'ensemble des outils portant des traces d'utilisation (11 sur 49). Il s'agit principalement de grattoirs (3 simples, 1 double et 2 museaux). Les autres outils sont trois lames, dont deux fragments retouchés, un fragment de lame appointé et un perçoir. Ces outils ont été analysés au MEB afin de vérifier leur composition ; nous avons dans chaque cas obtenu des spectres qui ressemblent à ceux obtenus sur des pièces expérimentales ayant été utilisées pour travailler la peau ou la matière carnée (Fig. 142).
Un des grattoirs présente des traces d'utilisation antérieures ou postérieures d'un travail d'os/bois de cervidé (Fig. 143).

IV.3.3.1 - Le travail de la peau

Les grattoirs sont tous intervenus lors du travail de la peau, leurs fronts montrent un émoussé assez prononcé, une bande de poli caractéristique et relativement peu de stries (Fig.144b, c). L'état de la peau travaillée (fraîche, mouillée ou sèche) est délicat à observer : le poli observé sur deux fronts de grattoirs a une allure plus grasse : il est possible qu'il s'agisse d'un travail sur une peau fraîche (G45 IIa 37, G56 IIb 570) ; les quatre autres semblent avoir été utilisés sur une peau sèche (G38 IIa 122, G36 IIb 325, G67 IIIa 2138, G77 IIIa 783).
Un fragment de lame retouché sur la cassure dans sa partie distale porte des traces de grattage de peau (G58 III 603).
Une grande lame (G77 IIa 486) a été utilisée pour la découpe de peau sèche sur son bord droit, ainsi qu'un fragment distal de lame appointée (G67 IIb 921) sur le côté gauche de la pointe. Le poli est coupé par la cassure de la lame et il est interrompu dans son milieu par deux enlèvements scalariformes, qui sont postérieurs à l'utilisation.
Un perçoir sur éclat a été utilisé pour perforer la peau sèche, la partie pointue est cassée, ce qui a pu être la cause de son abandon (G46 IIn).

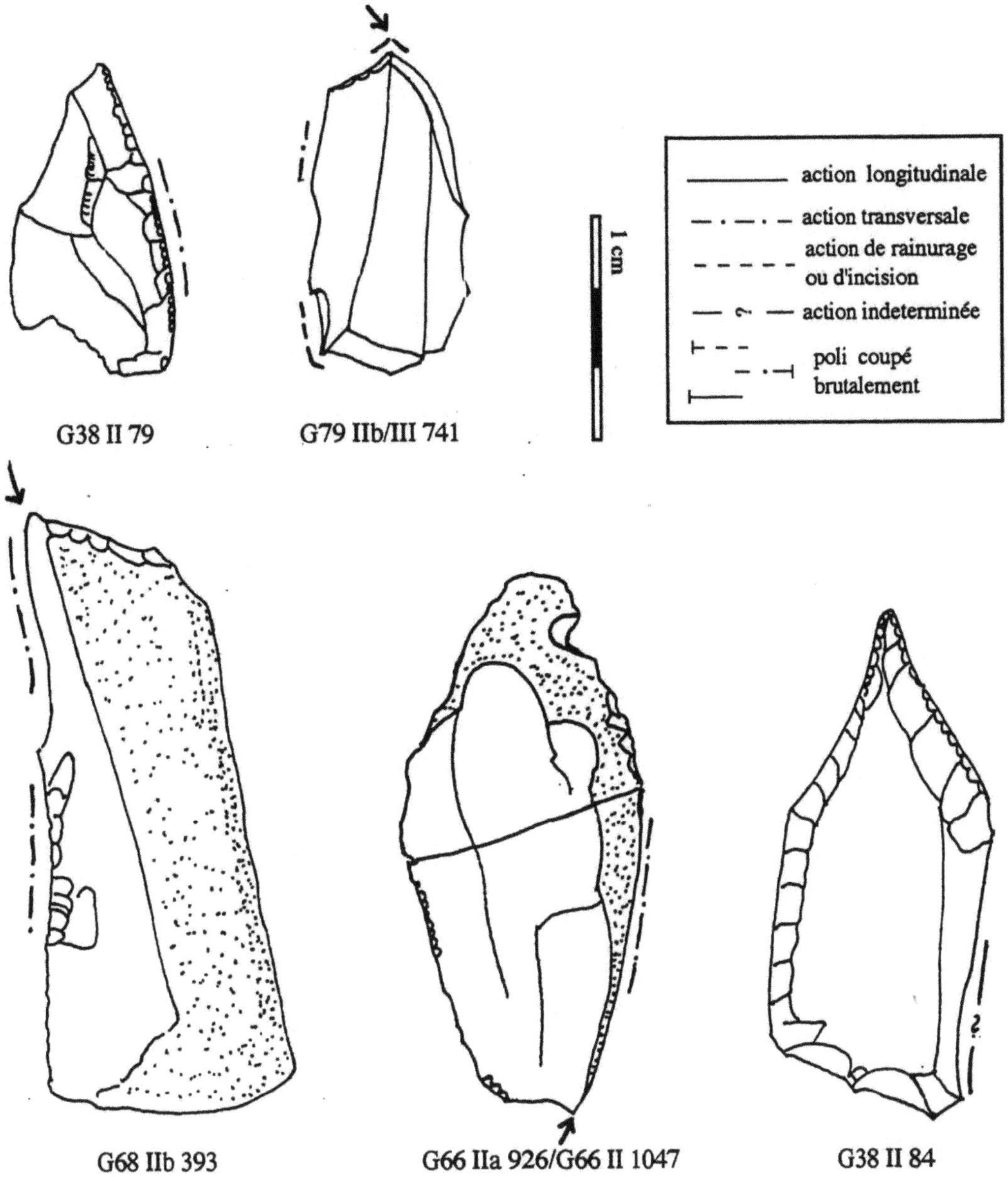

Figure 141 - Les outils ayant travaillés des matières dures animales ; localisation de leurs traces d'utilisations.

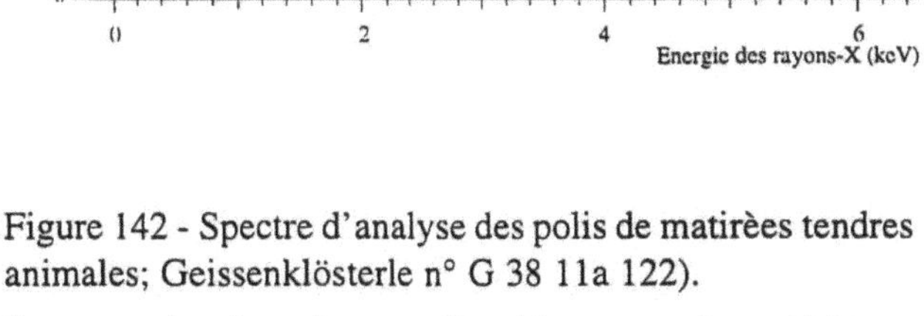

Figure 142 - Spectre d'analyse des polis de matirèes tendres animales; Geissenklösterle n° G 38 11a 122).

La compostion de carbone, soufre, chlore, potassium, calcium et fer est similaire à celle obtenue sur des pièces expérimentales.

IV.3.3.2 - Le travail des matières carnées

Une seule pièce a servi à cet usage : un fragment mésial de lame qui ressemble à une pièce esquillée (G58 IIb 361). Les deux extrémités semblent avoir été percutées et ne portent pas de traces d'usure. Par contre sur les deux bords tranchants, un poli non identifié est présent longitudinalement au tranchant : lors de son analyse de composition au MEB nous avons obtenu un spectre qui ressemble à celui des matières carnées.

En conclusion, les outils ayant servi au travail des matières animales tendres sont essentiellement les grattoirs (6 sur 11 objets). Dans leur ensemble, les 11 outils présentent 15 ZUP dont 11 ont été réellement utilisées : 7 ZU dans des actions de raclage ou grattage, trois dans des actions de découpe, une dans une action de perforation.

Les lames utilisées dans des actions de découpe ont des angles taillants de faible acuité alors que les grattoirs présen-

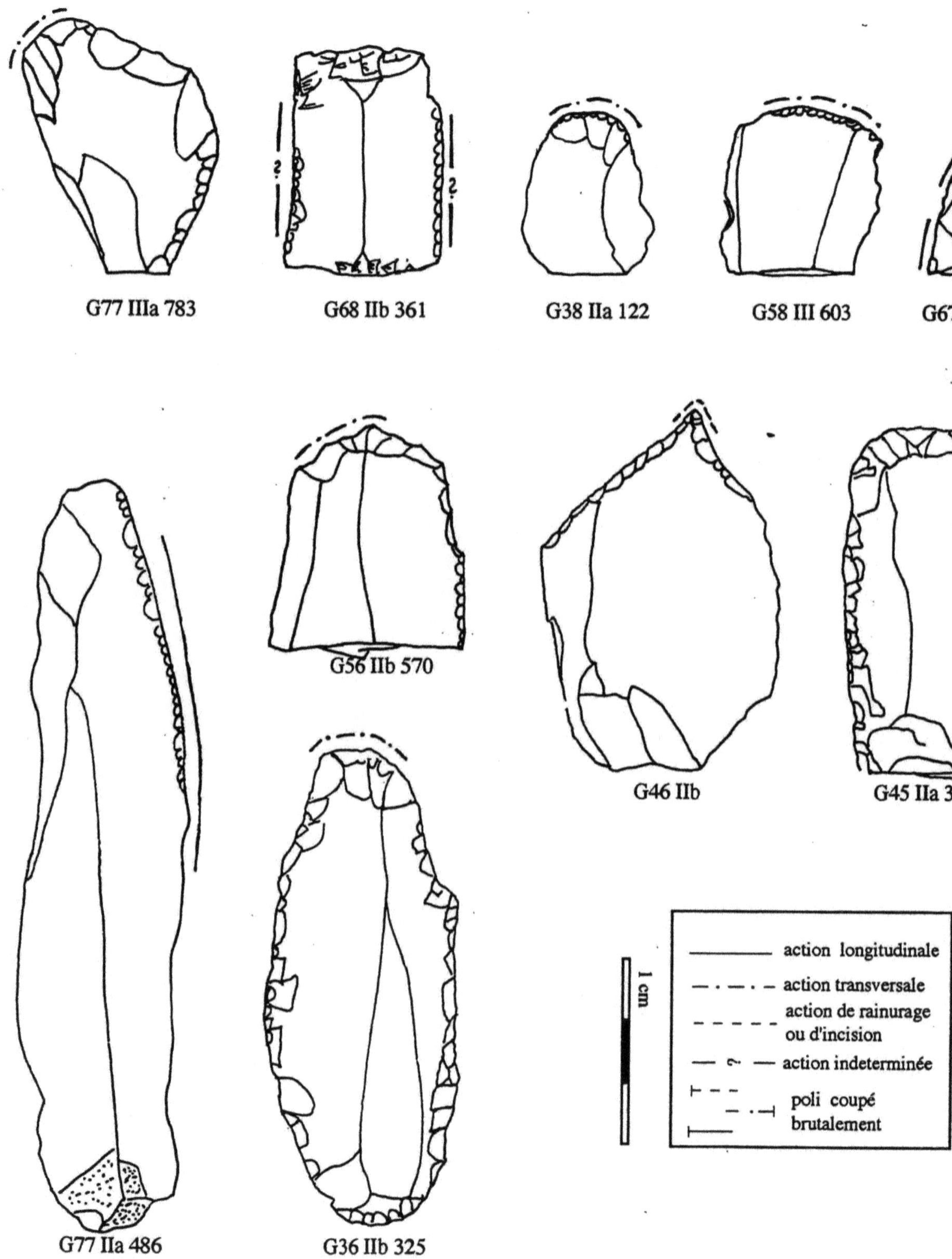

Figure 143 - Les outils de Geissenklösterle ayant travaillé la peau et le tissu carné ; localisation de leurs traces d'utilisation.

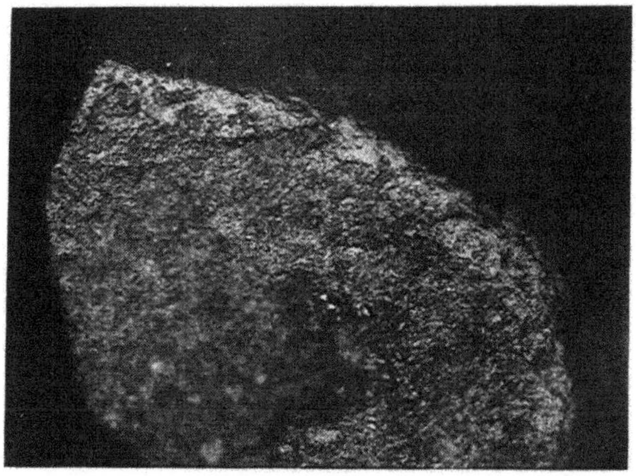

a : Détail d'un poli de matière dure animale issu d'une action de raclage (pièce n°G79 IIb/III 741).

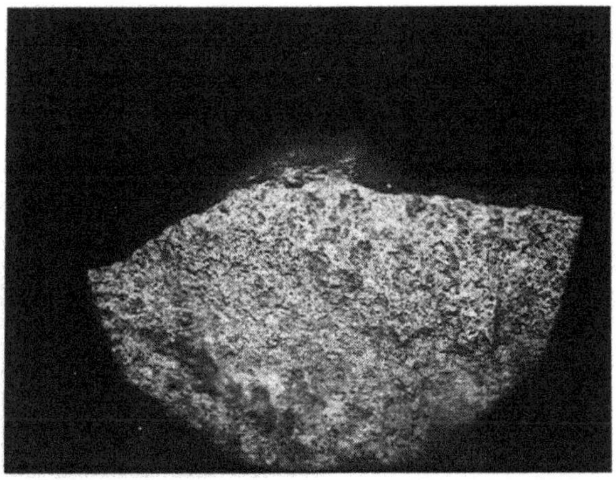

b : Détail d'un poli peau issu d'une action de raclage (pièce n°G58 III 603).

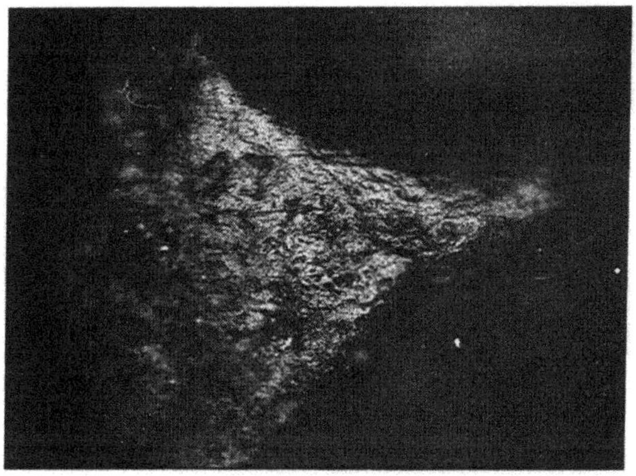

c : Détail d'un poli de tissu carné issu d'un travail de découpe (pièce n°G67 IIb 921).

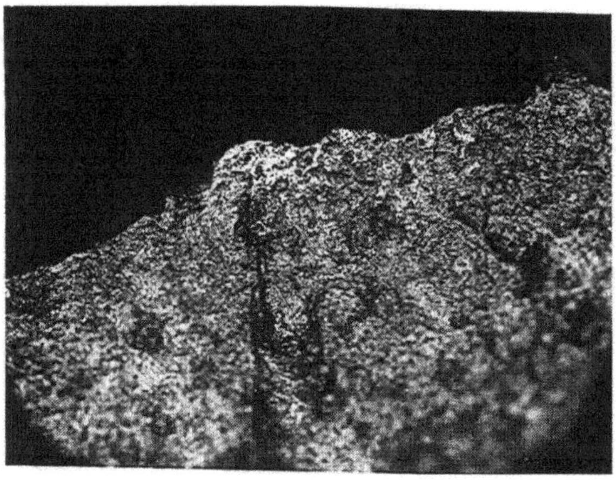

d : Détail d'un poli de bois issu d'une action de raclage (pièce n°G45 IIb 188).

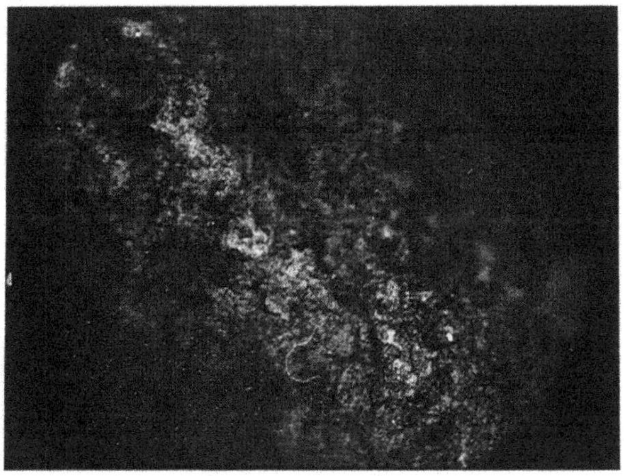

e : Détail d'un poli matière minérale dure issu d'un travail de raclage/abrasion (pièce n°G67 IIb 117).

Figure 144 - Détails au microscope optique des polis de peau, de matières végétales, animales et de matières dures abrasives, observés sur des outils de Geissenklösterle (x 200).

tent des angles plus ouverts. La majorité de ces derniers ont des fronts reculés ce qui indique au moins un, sinon plusieurs réaffûtages.
Nos témoins présentent en majorité des traces de peau sèche : il semblerait que le travail effectué dans la grotte faisait partie de la fabrication d'objets en peaux ou de finitions. Le nettoyage des peaux fraîches a eu lieu ailleurs.

IV.3.4 - Le témoin du travail du bois végétal

N. Symens (1988), lors de ses analyses, avait également repéré les traces d'un petit travail du bois : six outils (3 grattoirs, 1 éclat retouché, 1 lame retouchée et 1 chute de burin) ont travaillé le bois, essentiellement en raclage et en sciage.
L'un de ces outils appartenait à notre échantillon : il s'agit d'un grattoir à museau (G45 IIb 188) dont l'angle taillant (60°) se situe parmi les valeurs que nous avons observées dans des actions de raclage (Fig. 145a et *cf.* Fig. 144d). En absence d'un référentiel expérimental conséquent, nous n'avons pas analysé cet outil au MEB.
Le travail de bois végétal est peu représenté au Paléolithique supérieur parmi les analyses tracéologiques, à l'exception du site magdalénien de Cassegros (Vaughan selon Juel Jensen, 1988). Une explication est fournie par E. H. Moss (1983) qui interprète cette absence par le mode de sélection des outils pour l'analyse fonctionnelle : celle-ci est en effet souvent limitée aux zones domestiques, alors que le bois (utilisé pour fabriquer des perches, des cadres pour faire sécher les peaux, et dans la préparation de combustibles...) a probablement été travaillé ailleurs, dans des zones plus ouvertes. Les outils portant des traces de bois retrouvés près des foyers résulteraient sans doute de travaux de finition de façonnage.
L'outil de Geissenklösterle appartient l'Aurignacien moyen, où le sol est couvert d'une nappe de cendres d'os qui a représenté le principal combustible utilisé. Les analyses de pollen confirment cette rareté du bois végétal en mettant en évidence un environnement immédiat de steppe peu boisé (comm. pers. J. Hahn).

IV.3.5 - Les témoins du travail de divers matériaux durs

Six outils présentent des stigmates de matières dures non déterminées ou des traces de colorants. Il s'agit principalement de lames ou de fragments de lames et d'un grattoir à museau (Fig. 145b). Nous avons tenté, par les analyses de composition au MEB, de déterminer l'origine de ces polis d'utilisation et des taches colorées.
Un fragment de lame est utilisé sur son extrémité proximale du côté avers du support (G77 IIb 1117). Le poli se présente

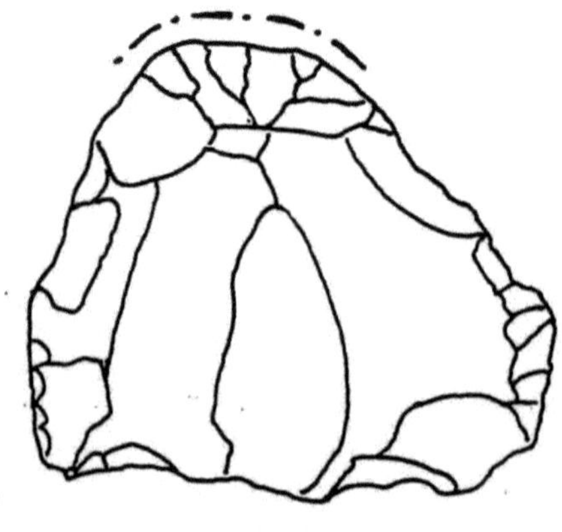

G45 IIb 188

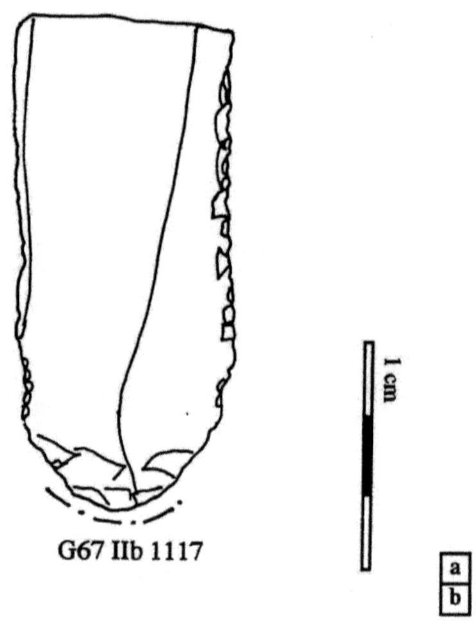

G67 IIb 1117

Figure 145 - Les outils de Geissenklösterle utilisés dans un travail du bois (a) et d'un matériau dur (b).

sous forme de spots d'une coalescence dure, plate, la trame est unie, de nombreuse stries courtes sont perpendiculaires au talon et aux ébréchures, et le bord est fortement émoussé (*cf.* Fig. 144e). La matière dont le travail a créé ces traces devait être dure et abrasive. L'analyse au MEB n'a mis en évidence qu'une présence de silice, les traces sont présentes uniquement sur le côté avers et nous les interprétons comme issues d'une préparation du talon avant le détachement de la lame avec une pierre tendre. N. Symens (1988) a observé une présence de reliquats rouges lors de l'analyse de cet outil, mais plus rien n'en subsiste actuellement.
Une lame porte les stigmates d'une matière dure dans le creux d'une encoche (G67 IIIa 2225). L'orientation des stries suggère une action de raclage. La face revers montre des traces de colorant rouge, alors que nous n'en avons pas trouvé de traces au niveau de la partie active. Une présence de fer

importante dans le colorant rouge indique une couleur à base d'hématite, mais le lien entre le poli et le colorant n'est pas certain.

Deux fragments de lame présentent des petites taches de couleur noire sur leurs tranchants (G67 IIIa 2134, G66 IIb 677), et un autre outil des taches de couleur rouge (G16 IIa 82/G15 IIb-d 285), mais sans qu'aucun poli observable ne leur soit associé. L'analyse de ces colorants au MEB a montré que le noir est composé de manganèse et que le rouge est riche en fer. Un autre éclat présentait également des traces de manganèse sous forme d'une grosse tache grasse, au centre de la face revers (Fig. 146). Outre le manganèse, l'analyse a montré une présence de calcium et de phosphore qui pourrait provenir d'un ajout de poudre d'os. Il existe à Geissenklösterle des pierres calcaires, intentionnellement colorées partiellement en noir (Hahn, 1988). Leur analyse au MEB, effectuée, il y a quelques années dans un laboratoire en Allemagne, a mis en évidence un mélange de cendre d'os brûlé et de limon (comm. pers. J. Hahn). Il n'existe pas de dépôt de manganèse dans la grotte et il est donc étonnant que nous en ayons trouvé des traces sur nos outils. Mais plusieurs matières colorantes noires ont pu être employées. Cet éclat est également couvert de colorant rouge ; il a des portions de tranchant abrasées : nous avons essayé de les analyser au MEB afin de voir si l'outil avait servi à racler cette matière pour la transformer en poudre. Mais la présence de sédiments et de colorants mélangés a provoqué des phénomènes de charges importants qui ont entravé cette analyse. Nous n'avons pas voulu nettoyer ce tranchant avant que d'autres analyses de colorants (Christensen et Walter, en cours) aient été réalisées.

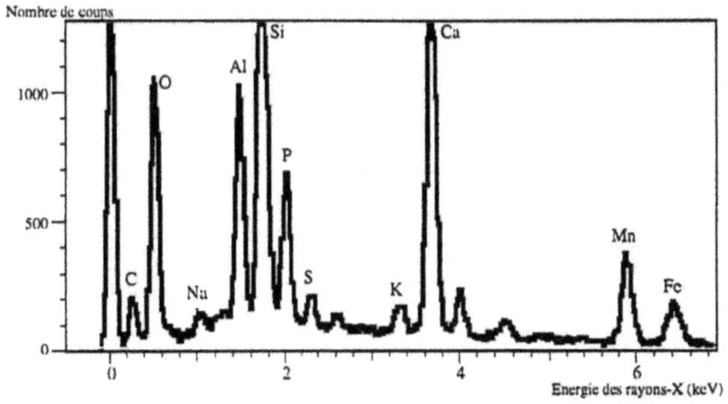

Figure 146 - Spectre d'analyse des colorants noirs composés de manganèse (Mn), de fer (Fe) et de poudre d'os (Ca et P)

La présence de colorant sur plusieurs outils a donc été remarquée, mais actuellement aucun cas de travail de matière colorante n'a pu être mis en évidence sur les outils.

IV.4 - DISTRIBUTION SPATIALE DES ACTIVITÉS EFFECTUÉES À GEISSENKLÖSTERLE

La majorité des outils retrouvés sur le site provient de la partie centrale de la grotte, dont le fond n'a pas été totalement fouillé en ce qui concerne le niveau protoaurignacien. Notre sélection initiale était de 180 pièces dont la plupart se trouvaient dans la zone centrale de la grotte.

Notre analyse spatiale est basée sur 49 outils porteurs de traces d'utilisation issus de cette sélection de 180 pièces. Nous y avons adjoint l'ensemble des outils analysés par N. Symens, à l'exception de ceux qui concernaient le travail des matières dures animales pour lesquels la matière précise n'avait pu être déterminée.

IV.4.1 - Le Protoaurignacien

Dans le Protoaurignacien, nous avons mis en évidence le travail de quatre matières ou groupes de matière : l'ivoire, l'os ou le bois de cervidé, la matière carnée et la peau. Il existe des traces de colorant rouge et/ou de colorant noir sur trois outils ; toutefois ceux-ci ne portent pas vraiment de traces d'usure sur leur parties actives, par conséquent nous ne pouvons pas conclure qu'ils ont servi lors d'une préparation de colorant.

D'après l'analyse spatiale des vestiges réalisée par J. Hahn (1988, fig. 84, p. 211 ; 1995, fig. 5, p. 121 et fig. 7, p. 123), les baguettes brutes d'ivoire se retrouvent principalement à deux endroits voisins ; l'un est situé près du foyer et l'autre à environ un mètre de distance vers l'ouest. Les copeaux se retrouvent entre les deux concentrations de baguettes, et plus à l'est près de la paroi de la grotte ; quelques-uns sont situés au niveau de l'entrée. Dans ces mêmes zones se trouve la totalité des objets façonnés en matière dure animale ; ils sont d'ailleurs peu nombreux dans le niveau Protoaurignacien (Fig. 147). Au sud-ouest du foyer, un poste de débitage lithique a été mis en évidence et la plupart des outils en silex sont dans ce même secteur (Hahn, 1989). Une nappe de déchets s'étend du foyer vers le sud sur quelques mètres carrés, elle contient des produits de débitage et des restes osseux cassés. Au sud-est du foyer, près de la paroi, existe un amas d'ossements concassés, interprété par J. Hahn comme le produit d'une exploitation de la moelle osseuse. En demi-couronne entre la concentration centrale et la paroi, ont été retrouvées des taches d'ocre. Le fond de la grotte vers le nord-est présente peu de vestiges, mais la fouille des niveaux protoaurignaciens n'est pas encore terminée (comm. pers. J. Hahn). La répartition des vestiges du travail de l'ivoire se situe donc dans la concentration centrale de vestiges, au sud-ouest du foyer.

L'ensemble des outils qui ont travaillé l'ivoire (8 parmi notre sélection de 88 pièces de ce niveau) est également situé dans cette concentration centrale (Fig. 148). Les deux outils qui ont servi à perforer par grattage sont près du foyer, dans deux petits amas de copeaux différents. L'un des outils est à côté d'une des deux pendeloques perforées par grattage et l'autre

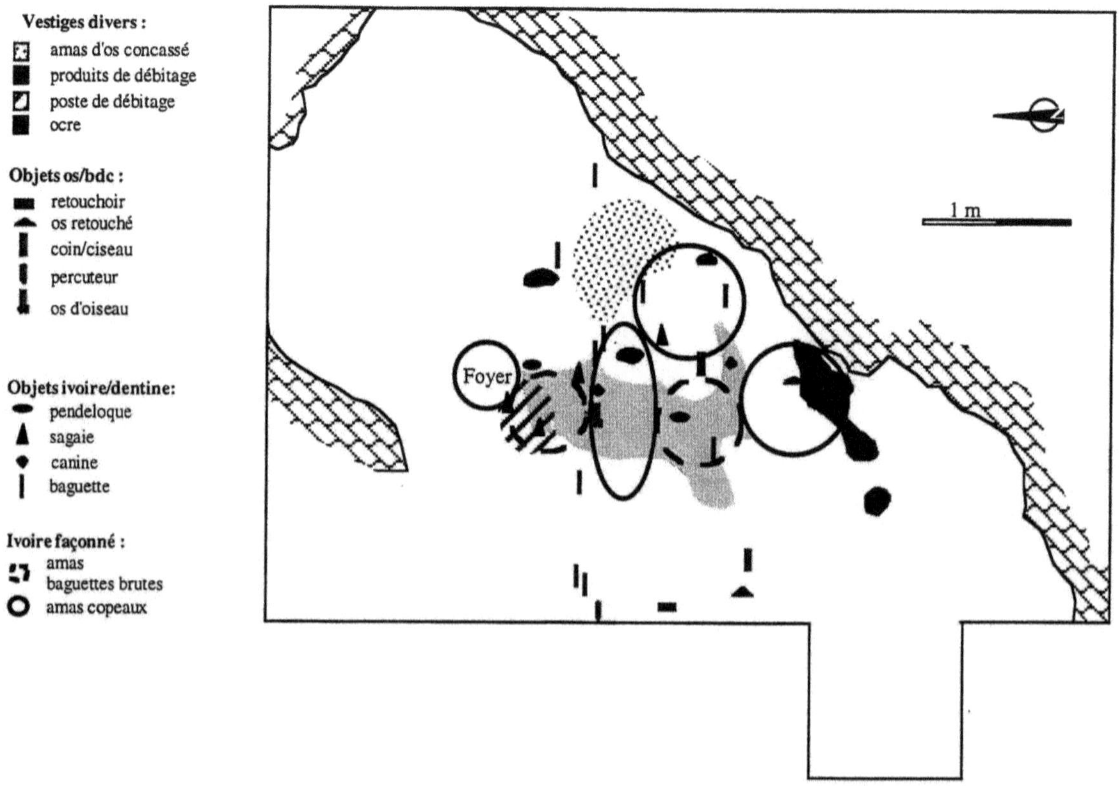

Figure 147 - Le niveau protoaurignacien de Geissenklösterle : répartition des vestiges de matière dure animale (d'après Hahn, 1988 ; 1995)

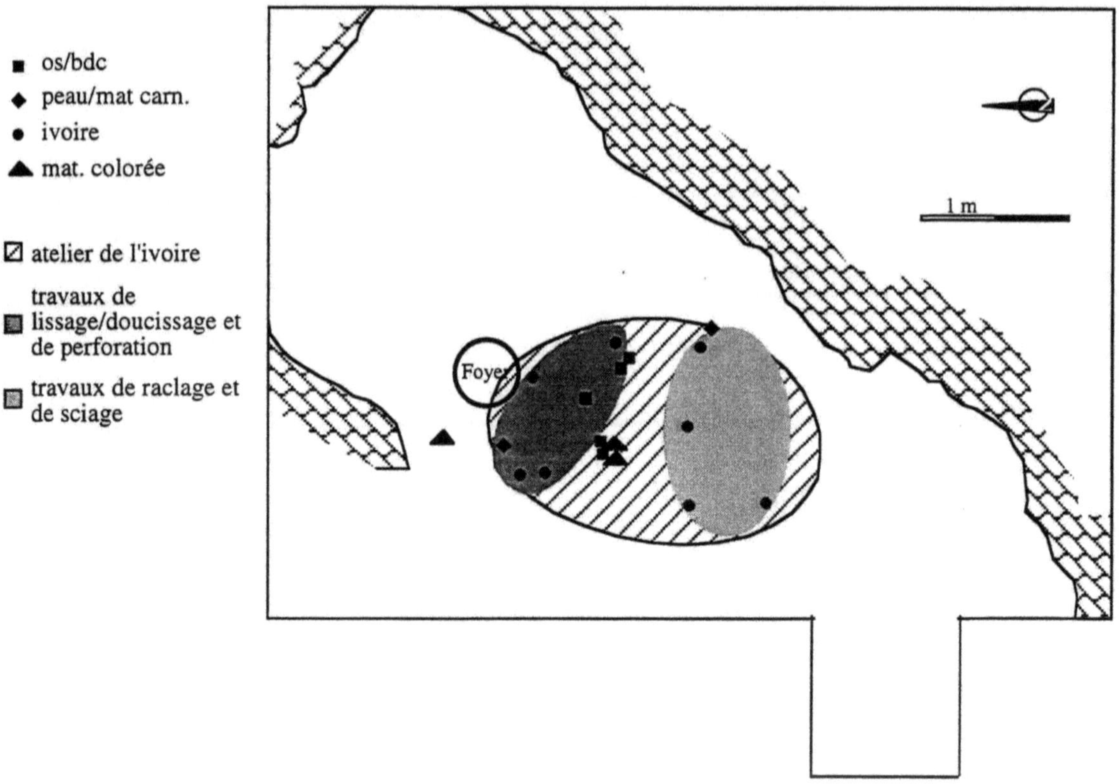

Figure 148 - Le niveau protoaurignacien de Geissenklösterle : répartition des outils portant des traces d'usure (d'après Hahn, 1988 ; 1995).

est à un mètre de distance. Une lame, ayant servi à une opération de lissage/doucissage, est située près d'une des trois sagaies à base simple. Le raclage est l'activité dominante, attestée sur cinq outils; parmi eux, un grattoir se trouve proche d'un fragment de sagaie ; les quatre autres (deux burins, un éclat et une chute de burin) sont situés autour des concentrations de baguettes brutes, proches ou à l'intérieur des concentrations de copeaux qu'ils auraient pu produire lors d'un raclage d'ébauche. Les deux burins ont scié l'ivoire, l'un, avant l'enlèvement de la chute de burin. Ils ont pu servir à sectionner les baguettes, afin obtenir des supports de pendeloques, dont il n'existe pas de trace d'une production en série dans le niveau Protoaurignacien.

Les témoins du travail de l'os sont au nombre de cinq ; ils sont proches les uns des autres (dans deux mètres carrés voisins). Les objets en os ou en bois de cervidé sont également peu nombreux. Un poinçon en os façonné par raclage se situe entre les deux concentrations d'outils en silex qui ont majoritairement servi à racler.
L'un de ces outils a été utilisé pour le sciage, avant d'être transformé en burin et utilisé pour racler : il se trouve à moins de 50 centimètres d'un os d'oiseau portant plusieurs incisions le long de la diaphyse et dont l'une des extrémités est sciée afin de former une sorte d'étui tubulaire. Il est possible que cet outil ait été utilisé pour le façonnage de ce tube avant d'être transformé en burin.
Les autres objets en os/bois de cervidé (un coin, des os retouchés, un retouchoir et un percuteur) sont dispersés dans la zone centrale d'activité et à sa périphérie, alors que les outils en silex qui les ont travaillés sont restés assez bien groupés. On constate donc un déplacement d'une partie des outils finis après leur façonnage.

Les outils présentant des surfaces colorées sont situés loin des taches d'ocre évidentes au sol. Un éclat présente des parties actives abrasées, dont nous n'avons pas pu déterminer l'origine. Deux autres outils colorés sont très proches de deux outils qui ne portent pas de reliquat de matière colorée : il est donc possible que ces objets à surface colorée aient été déplacés, mais dans quel objectif ?
Deux grattoirs attestent d'un travail de la peau : ils sont situés loin l'un de l'autre, en périphérie de la concentration des outils qui portent des traces d'usures.

Compte tenu du fait que notre étude a porté seulement sur un échantillon des artefacts lithiques et que le fond de la grotte n'est pas encore totalement fouillé, nous ne pouvons tirer de cette répartition des objets que des conclusions partielles.
Notre analyse spatiale met en évidence une zone d'activité centrale, qui s'étend du foyer vers le sud sur quatre mètres carrés, en direction de l'entrée de la grotte. Le travail de l'ivoire est l'activité principale attestée sur nos outils. Leur répartition spatiale témoigne en faveur de l'existence d'un seul atelier à l'intérieur duquel les outils s'organisent en deux concentrations distantes d'environ 1m50, l'une à côté du foyer, l'autre un peu plus loin vers le sud. A partir de la répartition des zones de copeaux et de baguettes, J. Hahn (1989) avait supposé l'existence de deux aires de travail, l'une à la lumière du jour et l'autre près du foyer correspondant davantage à un travail "nocturne". Ces deux concentrations d'outils ayant servi au travail de l'ivoire reflètent assez bien cette hypothèse.

Les traces du travail de la peau sont peu nombreuses (2 grattoirs sur 9 examinés et un fragment de lame retouché). On peut y ajouter les deux outils observés par N. Symens : une lame et un grattoir (1988, fig. 75, p. 196). De manière générale le travail de la peau est peu attesté dans ce niveau, mais il est probable que cette activité, qui dans les phases de préparation demande un certain espace, a plutôt été effectuée à l'extérieur. Ainsi les outils retrouvés à l'intérieur pourraient témoigner uniquement de travaux de finition et d'actions liées à l'utilisation des peaux.

IV.4.2 - L'Aurignacien moyen

Dans l'Aurignacien moyen, quatre catégories de matériaux différents ont été travaillés : ivoire, os et/ou bois de cervidé, peau/tissu carné et bois. En outre une pièce est colorée en surface tandis qu'une autre présente des stigmates d'une matière dure non identifiée.

Les vestiges bruts d'ivoire sont répartis en deux zones (Fig. 149). Une concentration de baguettes est située dans la partie antérieure de la grotte à proximité de l'entrée ; elle est interprétée par J. Hahn comme un lieu d'extraction où l'ivoire a été fendu (Hahn 1995, fig. 5, p. 121). Une ligne constituée de plusieurs concentrations de copeaux la jouxte à l'ouest témoignant que la mise en forme finale des baguettes avait eu lieu juste à côté de la zone d'extraction (Hahn 1995, fig. 6, p. 122).
L'Aurignacien moyen est un niveau beaucoup plus riche que le Protoaurignacien en particulier concernant les objets en matière dure animale : 36 sagaies en bois de cervidé, 6 sagaies en ivoire et 60 fragments mésiaux, 11 pendeloques en ivoire fabriquées en série, 5 poinçons en os, 1 lissoir en bois de cervidé, 10 retouchoirs (2 en bois de cervidé et 8 en os), 1 bâton percé en ivoire, 2 bandeaux en ivoire et en bois de cervidé, 5 objets d'art mobilier en ivoire... On n'a pas retrouvé de foyer dans ce niveau ; par contre une vaste nappe de cendre d'os recouvre toute la partie centrale de la grotte et s'étend vers le sud-ouest en direction de l'entrée.

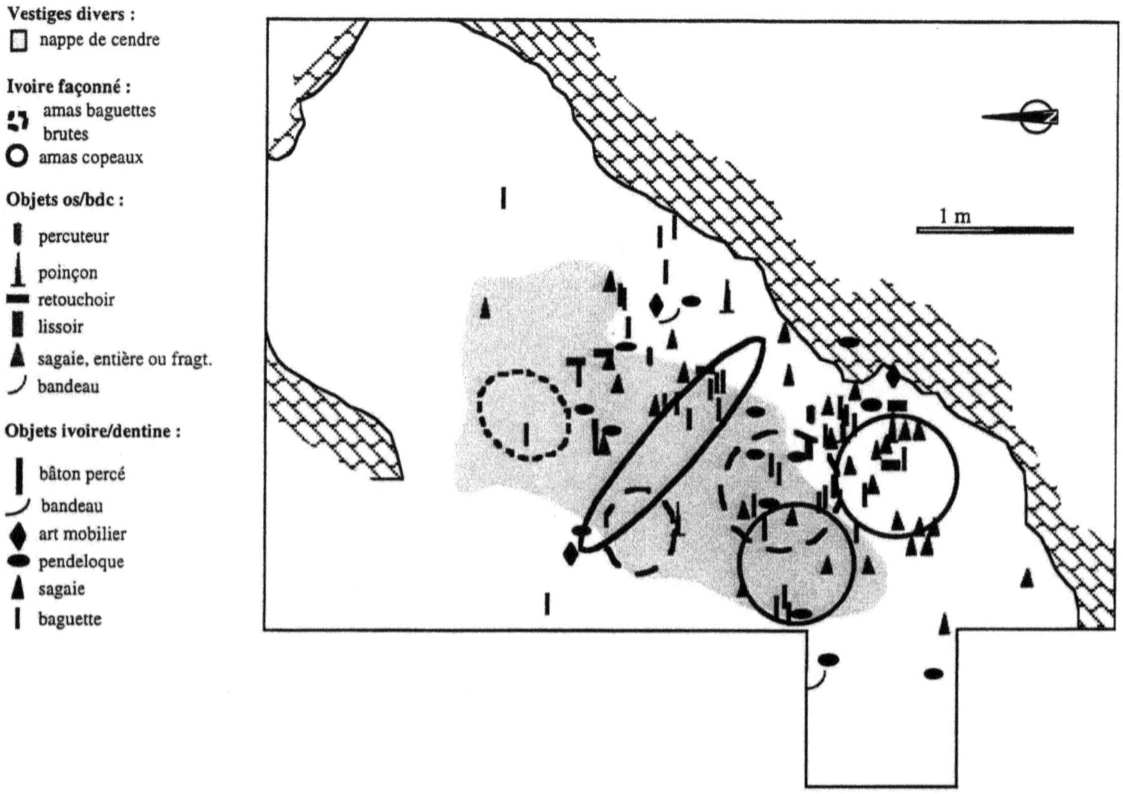

Figure 149 - Le niveau aurignacien moyen de Geissenklösterle : répartition des vestiges en matière dure animale (d'après Hahn, 1988 ; 1995).

Il n'apparaît pas vraiment dans ce niveau de concentrations d'outils qui pourrait indiquer des emplacements d'atelier ou de zones de travail bien délimitées (Fig. 150). L'ensemble des outils portant des traces se trouve dans la nappe de cendres qui correspond en fait à la plus grande accumulation de vestiges. La répartition de nos outils dans cette zone centrale, cendreuse, semble coupée en deux par une ligne qui va, d'est en ouest, de l'entrée de la grotte jusqu'à la paroi ; cette interruption — générale — des vestiges pourrait correspondre à l'emplacement des premiers sondages ou encore à une séparation ultérieure de l'occupation par des phénomènes naturels d'après J. Hahn. Par conséquent nous ne pouvons pas la prendre en compte comme un phénomène archéologique.
Le travail de l'os et du bois de cervidé est le plus représenté (9). Il nous semble qu'une petite concentration d'outils ayant servi à travailler ces matériaux se situe dans la partie sud-ouest près de l'entrée : ces outils ont servi au raclage, au sciage et à l'incision ou à l'entame d'une rainure. Dans cette zone se trouve principalement des sagaies façonnées par raclage, un poinçon et un lissoir. Parmi les sagaies dominent celles à base fendue et les outils qui attestent des actions de sciage, d'incision ou d'entame de rainure qui ont pu servir à façonner la base fendue. C'est aussi dans cette zone que N. Symens (fig. 77, p. 198, 1988) a trouvé la majeure partie des outils qui ont travaillé l'os/bois de cervidé/ ivoire. A défaut d'avoir pu effectuer l'analyse de composition de leurs polis, nous devons nous contenter de constater que cette zone située près de l'entrée semble avoir été utilisée pour le travail de la matière dure animale, principalement l'os et le bois de cervidé.
Les cinq autres outils portant des polis d'os et/ou de bois de cervidé se trouvent en périphérie de la nappe cendreuse ; ils ne sont pas particulièrement associés à des objets en os ou en bois de cervidé.

Le travail de la peau est bien attesté dans le niveau de l'Aurignacien moyen par 23 outils. N. Symens en avait repéré 18 qu'il nous a été impossible d'identifier dans notre stock à l'exception de trois d'entre eux, nos seules indications étant spatiales (fig. 76, p. 197, 1988). Nous y avons donc ajouté 5 outils nouveaux. Les huit outils que nous avons analysés ont principalement servi au raclage et à la découpe. Si l'on met ensemble les résultats des deux analyses, on constate que 13 ont servi à découper, 9 à racler et 1 à perforer la peau. Ces résultats témoignent d'un travail de fabrication ou de finition d'objets en peau, par exemple la confection de vêtement comme J. Hahn l'a proposé. Cette hypothèse est confortée par la présence de lissoirs et de poinçons, ces derniers présentant des parties distales émoussées qui pourraient résulter d'un contact avec la peau (Hahn, 1988).

Six outils ont travaillé l'ivoire, ils sont répartis en demi-cercle dans six mètres carrés à un mètre au nord de la concentration du travail de l'os et du bois de cervidé. Ils sont éloignés de la concentration de baguettes, mais aussi des principales

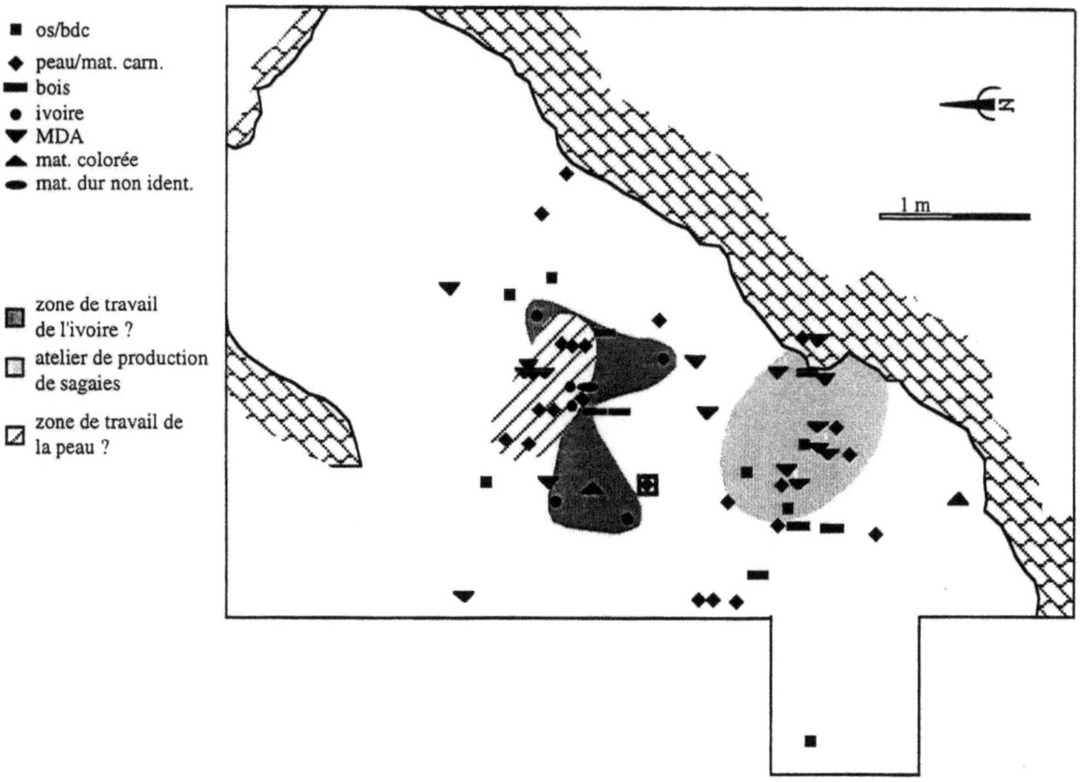

Fig. 150 - Le niveau aurignacien moyen de Geissenklösterle : répartition des outils portant des traces d'usure.

concentrations de copeaux, situées plus au sud-ouest. Deux lames retouchées qui ont servi au raclage se trouvent à côté d'un bâton percé et proches de deux pendeloques ; une lame brute portant des traces de lissage/doucissage se trouve près du bandeau et d'une sagaie à base fendue, tous deux en ivoire ; une lame retouchée et un burin sont loin des concentrations de baguettes brutes, ils ont servi au raclage ; une pièce esquillée attestant d'un fendage d'ivoire se trouve nettement à l'écart des concentrations de baguettes brutes.

Un distal de lame retouchée porte des reliquats de colorant noir (manganèse) et un proximal de lame porte des traces rouges. Dans le même niveau a été retrouvée une pierre calcaire colorée en rouge et en noir. Il n'existe pas de zones colorées dans ce niveau, mais la présence de ces objets semble témoigner d'un travail de colorant dans l'Aurignacien moyen ; il est toutefois moins important que dans le Protoaurignacien.
Une lame présente des traces d'une matière minérale non identifiée. Nous avons suggéré qu'elle pouvait provenir d'une action technique de préparation du plan de frappe ; toutefois les opérations de taille sont peu nombreuses dans le niveau de l'Aurignacien moyen où la plupart des outils sont arrivés sous forme de supports. Cette lame est à proximité de quelques petits fragments de grès qui sont susceptibles d'avoir produit le poli que nous avons observé ; il ferait en ce cas partie des quelques productions lithiques qui ont eu lieu sur place.

Un petit travail du bois est attesté par des traces sur les outils en silex. Cette activité a été mise en évidence par N. Symens sur 7 bords actifs de 6 outils (fig. 77, p. 198, 1988). Nous avons retrouvé l'un d'eux parmi notre échantillon. L'ensemble de ces outils était dispersé dans la zone centrale cendreuse en deux concentrations séparées par la ligne centrale négative. Dans la zone de travail de l'os /bois de cervidé proche de l'entrée de la grotte se trouvaient quatre outils qui ont respectivement raclé ou scié du bois. Nous pouvons émettre l'hypothèse que ces outils ont participé à la préparation de hampes destinées à l'emmanchement des sagaies.

IV.5 - CONCLUSION

Notre étude sur Geissenklösterle a concerné 180 pièces et nous avons trouvé des traces sur 49 d'entre elles (27%). Certains outils présentent plusieurs zones utilisées. Le matériau le plus fréquemment travaillé est la matière dure animale (65 % des outils porteurs de traces), alors que le travail de la peau n'est représentée que sur 22 % des outils et les autres matières (bois, minéraux) sur 13 % (Fig. 151). Parmi les matières dures animales, quand nous avons pu faire la distinction, l'ivoire est représenté sensiblement de la même façon que le groupe formé par l'os et le bois de cervidé (Fig. 151).

Nous avons examiné un nombre à peu près similaire d'artefacts entre les deux niveaux aurignaciens, mais l'Aurignacien moyen présente un nombre d'outils utilisés plus important (28 sur 86) que le Protoaurignacien (18 sur 88) ; pour quelques outils l'attribution à un des deux niveaux n'est par certaine. On peut supposer que l'utilisation de supports apportés a été très exhaustive dans le niveau aurignacien moyen alors que, dans le niveau protoaurignacien, le débitage de support sur place offrait une plus grande disponibilité.

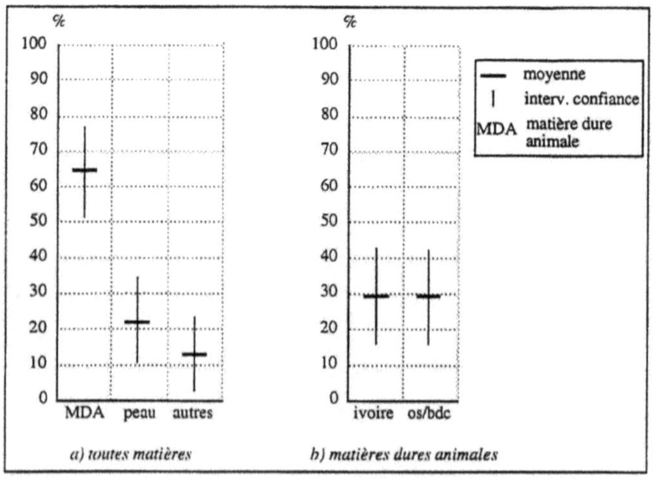

Figure 151 - Proportion de matières travaillées dans les niveaux aurignaciens de Geissenklösterle.

Dans le niveau protoaurignacien, l'activité principale est le travail de l'ivoire présent dans un seul atelier, à l'intérieur duquel deux concentrations d'outils apparaissent. Dans la première, près du foyer, ont été effectués surtout des travaux de finition (lissage/doucissage et perforation), d'après les actions mises en évidence sur les outils. La seconde concentration semble plutôt correspondre à une première mise en forme (raclage et sciage). La répartition de ces outils correspond bien à celle des copeaux. Quelques outils attestent du travail de l'os ou du bois de cervidé : ils ont servi à une mise en forme d'ébauches généralement obtenues par percussion. Si l'on compare nos chiffres aux pourcentages des matériaux représentés (J. Hahn, 1995), on constate que l'ivoire représente 74 % de la matière première façonnée dans ce niveau et que l'os et le bois de cervidé ne représentent ensemble que 26 % ; les résultats de l'analyse tracéologique confirment l'importance relative du travail de ces différents matériaux. Le nombre d'outils de chaque catégorie semble en relation directe avec le nombre de déchets et d'objets de chaque matière travaillée.

Dans le niveau aurignacien moyen, le travail de l'os ou du bois de cervidé domine parmi les traces d'utilisation sur outils en silex, alors que le pourcentage de matière première façonnée est plus grand pour l'ivoire (52 %) que pour l'os ou le bois de cervidé (42 %). Il est possible que certains objets en ivoire n'aient pas été façonnés dans la grotte, mais qu'ils aient été apportés par les Aurignaciens. Une concentration d'outils semble former un atelier de travail de l'os et du bois de cervidé dans la partie sud-ouest de la grotte près de l'entrée : elle pourrait correspondre au façonnage des nombreuses baguettes retrouvées en cet endroit. A la différence du niveau protoaurignacien, les outils utilisés pour travailler l'ivoire du niveau aurignacien moyen ne se retrouvent pas avec les déchets de façonnage. Les principales concentrations de copeaux d'ivoire se trouvent en effet vers la partie sud-ouest de la grotte, assez proche de l'entrée, alors que les outils sont concentrés plus loin vers le centre : il est possible que les amas de copeaux correspondent à une évacuation des déchets du travail d'ivoire à quelques pas de leur zone de production, à moins que ce soient les outils eux-mêmes qui aient été déplacés à l'intérieur de la grotte, après utilisation, à l'emplacement des amas de déchets.

Le travail de la peau est très bien attesté dans l'aurignacien moyen. La découpe domine parmi les actions enregistrées sur les outils, ce qui renforce l'hypothèse de J. Hahn, fondée sur la présence de plusieurs pendeloques, d'un lieu de fabrication de vêtements ornés de parures. Les grattoirs attestent essentiellement du raclage, en particulier sur peaux sèches (et donc déjà en partie nettoyées) ; ils semblent donc indiquer que seul un traitement final a été effectué à l'intérieur : en effet, on imagine difficilement que de grandes peaux aient pu être traitées dans un espace si petit et si encombré. N. Symens (1988) a observé deux outils ayant raclé la peau, un peu à l'écart dans une zone très pauvre du fond de la grotte : peut-être ont-ils servi au travail de grandes peaux étalées dans cette zone. On doit aussi envisager l'hypothèse que les grattoirs retrouvés dispersés dans la zone centrale aient simplement été apportés dans la grotte afin d'être recyclés comme en témoigne un grattoir présentant à la fois de légères traces de peau sur son front et des traces de raclage d'os.

La comparaison des matières les mieux représentées dans les deux niveaux analysés montre que le travail des matières dures animales est largement majoritaire dans le niveau protoaurignacien. Il est représenté sur 72 % des outils, alors que la peau n'est représentée que par 11 %, les intervalles de confiance entre ces deux moyennes étant parfaitement fiables (Fig. 152). Dans l'Aurignacien moyen, le travail de ces deux matériaux est représenté dans des proportions comparables: la matière dure animale est attestés sur 46% des outils et la peau sur 28 %. Mais comme le montre la figure 152, les intervalles de confiance de ces dernières moyennes se chevauchent sur une zone assez importante ; il faudrait donc pouvoir augmen-

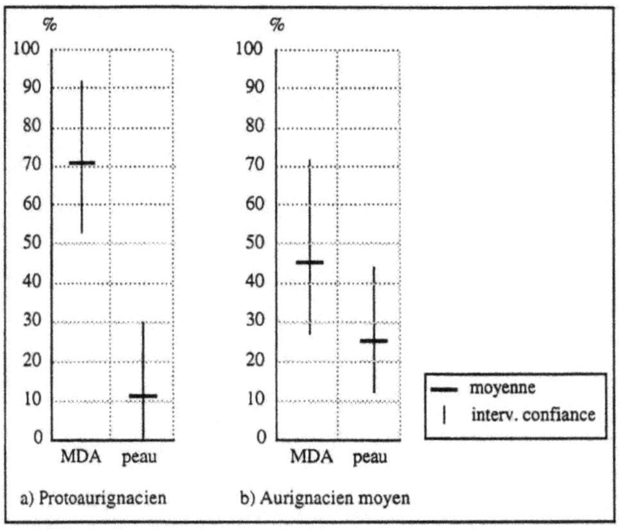

Figure 152 - Proportion de matières travaillées dures animales et de la peau dans les niveaux aurignaciens de Geissenklösterle.

ter l'échantillon étudié afin de pouvoir être plus affirmatif sur l'importance relative du travail de la peau par rapport aux matières dures de ce niveau moyen.

Parmi les matières dures animales (Fig. 153a), le travail de l'ivoire semble avoir été plus important que celui de l'os/bois de cervidé, dans le Protoaurignacien. C'est l'inverse à l'Aurignacien moyen où le travail de l'os/bois de cervidé domine celui de l'ivoire (Fig. 153b). Mais, étant donné le faible nombre d'outils portant des traces, il faut rester prudent lors de l'interprétation de ces résultats, et éviter de dégager des conclusions trop hâtives.

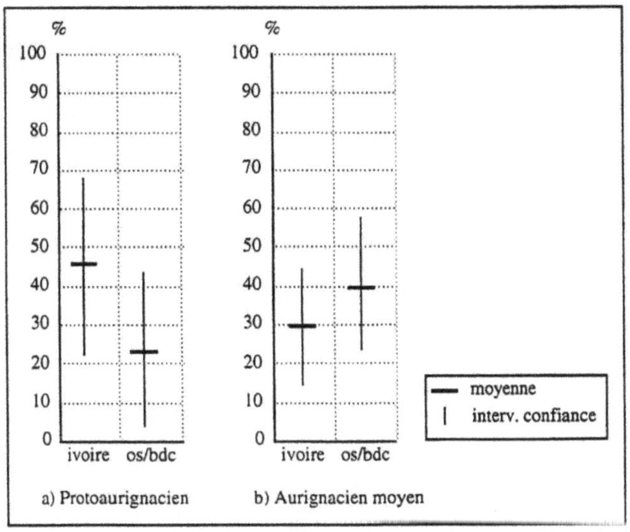

Figure 153 - Proportion des différentes matières dures animales dans les niveaux aurignaciens de Geissenklösterle.

De manière générale, concernant les deux niveaux aurignaciens, nous pouvons dire que le travail de l'ivoire effectué à Geissenklösterle ne concerne que les deux derniers stades des chaînes techniques de l'ivoire : ébauchage et façonnage. Nous n'avons pas trouvé d'évidence d'actions de fragmentation ou de tronçonnage parmi les outils analysés. Il semble que le travail de fragmentation ait eu lieu ailleurs que dans la grotte, probablement sur le lieu de récupération des défenses ou quelque part à l'extérieur de la zone d'occupation, et que la matière première soit arrivée sur place déjà fragmentée. Dans le niveau de l'Aurignacien moyen, deux défenses de lait entière ont été retrouvées ; elles ne portent pas de traces de travail, mais leur taille est largement inférieure à celles des défenses d'un mammouth adulte ce qui les rend beaucoup plus facile à transporter aussi bien qu'à travailler.

L'occupation protoaurignacienne témoigne d'une exploitation très orientée vers les matières dures animales, avec une spécialisation de l'ivoire.

Dans l'occupation de l'Aurignacien moyen, il semble que les activités concernent principalement les matières dures animales (en particulier l'os et le bois de cervidé) et la peau. La présence de quelques outils utilisés pour travailler du bois végétal, les nombreuses pointes de sagaies en bois de cervidé et la nappe de cendres pourraient indiquer des activités liées à la chaleur comme des activités de redressement des sagaies en bois de cervidé ou en ivoire ou l'emmanchement des sagaies avec des résines. Nous avons noté la présence d'hématite ou d'ocre sur certaines surfaces d'outils et il n'est pas exclu que cette matière minérale ait pu intervenir dans la fabrication de colles où l'hématite joue un rôle d'homogénéisant. Notons toutefois que cette hypothèse n'est pas attestée directement parmi les vestiges retrouvés dans la grotte de Geissenklösterle. Il est aussi possible que cette poudre d'hématite ou d'ocre ait pu intervenir dans des actions de polissage des surfaces des objets en matière dure animale ou tout simplement qu'elle ait pu être utilisé comme colorant.

Dans les deux niveaux aurignaciens, les activités domestiques liées à l'alimentation, comme la découpe de viande, ont joué un rôle peu important, voire inexistant. Les analyses de faune semblent le confirmer ; très peu d'individus parmi les animaux chassés sont présents dans la grotte (Münzel *et al.*, 1994). Ceci laisse penser qu'il s'agit d'occupations spécialisées. Les périodes d'occupation suggérées par les vestiges sont l'automne ou le début de l'hiver pour le Protoaurignacien et le printemps et/ou l'automne pour l'Aurignacien moyen (Hahn, 1991). De courtes durées d'occupation sont proposées par J. Hahn, éventuellement pendant des périodes de mauvais temps lors des transitions de saisons. Les activités de subsistance auraient eu lieu ailleurs, peut-être dans des sites de plein air dans la vallée (Hahn, 1987).

Notre étude a été effectuée sur la plus grande partie des outils mais sur un échantillonnage limité parmi la totalité du débitage. Au total 180 pièces ont été sélectionnées pour analyse. Le nombre d'objets qui ont fourni des résultats est relativement faible en absolu (49). Dans le niveau Protoaurignacien le pourcentage moyen des pièces utilisées par rapport au nombre de pièces analysées est de 20 ± 8 %. Pour le niveau de l'Aurignacien moyen, la moyenne est de 32 ± 10 %. Il n'existe pas, à notre connaissance, d'analyses tracéologiques sur des occupations aurignaciens et nous n'avons donc pas d'éléments de comparaison directe à ces chiffres. Mais on peut les comparer aux analyses sur du matériel du Paléolithique supérieur :

- Pont d'Ambon (Azilien, Moss, 1983) : couche 2 : 56%, couche 3a inf. : 17%, couche 4 sup. : 54%.
- Pincevent Habitation n° 1 (Magdalénien, Plisson, 1985) : 23%
- Cassegros (Magdalénien, Vaughan, 1985) : 30 %
- Andernach (Paléolithique final, Plisson, 1985) : 22%
- Niederbieber (Paléolithique final, Plisson, 1985) : 28 %

Il nous donc semble que le taux d'outils utilisés que nous avons trouvé au début du Paléolithique supérieur à Geissenklösterle est comparable aux résultats obtenus dans d'autres gisements un peu plus récents.

Ce ne sont pas les burins qui ont le plus servi, mais d'autres produits de débitage ou de façonnage, et en particulier les lames, cassées ou non, brutes ou retouchées. Parmi les outils employés pour travailler la matière dure animale, nous avons décompté 14 zones utilisées sur burins et 21 utilisées sur d'autres outils (2 grattoirs, 11 lames retouchées, 7 lames brutes et 1 éclat). Concernant plus précisément le travail de l'ivoire, seulement 6 zones d'utilisation sur 18 se situent sur des burins. Pour l'os et le bois de cervidé, 8 sur 17 zones se trouvent sur des burins ou des supports avec un enlèvement burinant. Il nous semble donc important d'insister sur ce résultat obtenu à Geissenklösterle : quoique l'action transversale (raclage, lissage/doucissage, grattage) semble la technique la plus employée pour le travail de l'ivoire, ce n'est pas le burin, pourtant souvent considéré comme l'outil typique de raclage, qui a été dans ce cas le plus utilisé. Par contre son emploi est plus fréquent lors du travail sur os et bois de cervidé. Les angles taillants des supports choisis pour racler l'ivoire sont plus ouverts que ceux des outils qui ont servi pour racler l'os et le bois de cervidé. Le phénomène inverse se produit lors des actions de sciage où les angles ouverts sont retrouvés sur les outils ayant travaillés l'os et le bois de cervidé. Les outils à angle fermé nécessaires lors de la finition des surfaces sont employés uniquement lors du façonnage de l'ivoire ; ils sont absents pour l'os et le bois de cervidé.

Il nous semble donc que, dans la sélection des supports pour le travail de l'ivoire, c'est le choix de la morphologie et de l'angle d'attaque des parties actives qui l'emporte. Ceci en raison des propriétés intrinsèques de l'ivoire : les angles taillants ouverts du raclage peuvent s'expliquer par la densité du matériau ; un raclage vigoureux nécessite un tranchant résistant donc un angle ouvert. Les finitions sont effectuées avec des supports fins bruts non retouchés permettant d'éviter de faire des marques sur la surface de l'ivoire et offrant un meilleur contrôle et une plus grande précision du geste. L'ivoire se travaille généralement dans le sens des fibres, un seul outil atteste d'une action perpendiculaire et donc d'un mouvement qui est plus difficile à contrôler.

En dépit de la haute signification sociale ou symbolique accordée en général à la plupart des objets en ivoire, rien dans leur façonnage ou dans les outils utilisés pour ce travail ne semble relever de facteurs culturels autres que technologiques et fonctionnels. Les variantes observées au niveau des outils nous semblent être simplement une adaptation à la structure particulière du matériau.

Dans la grotte, la répartition spatiale des outils qui ont travaillé l'ivoire semble mieux organisée que celle des outils qui ont travaillé l'os ou le bois de cervidé, en particulier dans le niveau Protoaurignacien. L'atelier d'ivoire est subdivisé en deux parties distinctes présentant des caractéristiques différentes : une aire pour le façonnage et une autre pour les finitions. Selon J. Hahn la première, plus proche de l'entrée de la grotte se serait trouvée exposée à la lumière du jour, alors que la seconde, plus proche du foyer aurait été davantage située dans une semi pénombre. Il est possible aussi que cette division réponde à des habitudes sociales, éloignant des espaces communautaires les opérations de dégrossissage/façonnage, et réservant les travaux de finition à l'espace préférentiel d'activités domestiques que représentent en général les foyers.

CHAPITRE V - LE RÔLE DE L'IVOIRE DANS LES SOCIÉTÉS PRÉHISTORIQUES

Les conclusions sur le travail de l'ivoire concernent essentiellement les gisements de Geissenklösterle et de Yudinovo, puisque nos observations sur Laugerie-Haute-Est sont, pour des raisons expliquées précédemment, restées très parcellaires. Dans cette partie, nous tenterons de rechercher les caractères spécifiques du travail de l'ivoire liés à son acquisition plus particulière que les autres matières dures animales (grande faune, rareté...), à sa structure particulière, aux type d'objets fabriqués... Ces éléments vont-ils permettre de montrer une attention particulières accordée au matériau-ivoire ?

V. 1 - L'UTILISATION D'UN IVOIRE SUB-FOSSILE

La compréhension des techniques de travail de l'ivoire est intimement liée à l'analyse des particularités de la matière travaillée.

L'expérimentation permet de constaté que le travail de l'ivoire frais était beaucoup plus difficile que celui de l'ivoire sub-fossile, plus tendre notamment lorsqu'il est préalablement trempé dans l'eau.

Ces observations se confirment sur les objets comme les perles, les bandeaux, les lames d'ivoire à Yudinovo non pas pu être effectuées sur un ivoire frais et de la même manière les techniques de débitage à Geissenklösterle difficilement réalisable sur l'ivoire frais.

L'examen des polis d'outils archéologiques observés à Geissenklösterle et à Yudinovo a montré que les stries y étaient très rares sauf dans les cas où se remarquait l'application d'un abrasif à base d'hématite, révélé par la présence de fer lors des analyses au MEB. Des expérimentations sur ivoire sub-fossile et sur ivoire frais nous ont permis de constater que le premier laissait effectivement peu de stries sur les polis des outils en silex à l'inverse du second beaucoup plus dur. L'étendue des polis d'utilisation sur les outils en silex traduit également la différence entre l'ivoire frais ou bien conservé et un ivoire en cours de délitage. Les polis issus d'un travail d'ivoire frais s'étendent peu et sont limités le plus souvent au fil du tranchant. Ceci est dû à une faible pénétration de l'outil dans la matière dure même lorsque elle a été préalablement trempée dans l'eau. Au contraire l'outil pénètre largement dans l'ivoire sub-fossile gorgé d'eau, travaillé dans les mêmes conditions que l'ivoire frais ; le poli s'étend alors largement au-delà du fil de l'outil.

De fait, l'étendu des polis archéologiques étaient généralement distribués largement au-delà de la zone immédiate du fil des tranchants.

En outre, d'autres expérimentations nous ont montré que le travail de l'ivoire frais était difficilement réalisable avec des outils de pierre pour façonner des objets très fins comme les perles, les bandeaux ou les aiguilles à chas. Il est par contre beaucoup plus facile sur de l'ivoire fossile ou sub-fossile qui se desquame concentriquement, comme celui que l'on retrouve encore aujourd'hui dans le permafrost de Sibérie.

Ces expériences nous ont également amené à observer que seul le travail de l'ivoire sub-fossile fournit des copeaux comparables à ceux qui ont été découverts à Geissenklösterle (*cf.* Fig. 135), alors que celui de l'ivoire frais ne produit que de très petits copeaux pulvérulents ou plutôt des poudres (*cf.* Fig. 136). En outre, selon les observations de R. White (1996, p. 36), la technique aurignacienne de fendage par insertion de coins et éclatement, attestée dans ce gisement, n'est pas adaptée à la structure d'une défense fraîche ou même légèrement desséchée.

Certains objets ou des techniques utilisés trouvés sur les gisements indiquent aussi une tendance à exploiter l'ivoire sub-fossile.

- A Yudinovo nous avons vu que les perles et les bandeaux semble difficilement réalisable sur un ivoire frais ;
- les techniques d'ébauchage à Geissenklösterle ne sont pas adaptées à un ivoire dense et homogène ;
- R. White (comm. pers.) a observé sur les statuettes du Paléolithique russe que certains détails corporels sont dégagés en exploitant la séparation des couches de dentine sur un ivoire en cours de desquamage ;
- les pendeloques trouvés dans la grotte du Renne à Arcy sur Cure semblent avoir été fabriqués sur de plaques d'ivoire délités (Poplin, 1995).

Le travail de l'ivoire frais ou semi-frais est cependant attesté, notamment dans le cas de statuettes en ronde bosse de Geissenklösterle mais aussi dans d'autres gisement de paléolithique supérieur comme Brassempouy (comm.. pers. R. White). On peut supposer qu'un traitement préalable avait, dans ce cas, favorisé un ramollissement de la matière. Des expérimentations nous ont en effet montré que si aucun traitement chimique n'avait d'effet sur sa dureté (contrairement à certaines hypothèses), néanmoins un simple trempage à l'eau répété très fréquemment pouvait faciliter son travail.

Ces observations se situent au coeur du débat sur l'acquisition de ce matériau : la chasse au mammouth n'est pas prouvée, les témoins de chasse étant peu nombreux et contestés. Quant au ramassage des fragments d'ivoire, on ne peut savoir pour l'instant s'il était fortuit ou organisé.

Les hommes préhistoriques ont donc largement utilisé l'ivoire sub-fossile même si on ne peut exclure une certaine utilisation — dans certaines conditions — de l'ivoire frais. On peut affirmer en toute certitude que ces hommes du

Paléolithique européen ou russe étaient en tous cas des "ramasseurs de défenses", plus ou moins fraîches — ce qui suppose un système d'acquisition de collecteurs (sur les carcasses d'animaux morts) — même si l'on ne peut exclure qu'ils étaient aussi de véritables chasseurs de mammouths, ce qui reste à démontrer.

V.2 - LES OUTILS SONT-ILS SPÉCIFIQUES DU TRAVAIL DE L'IVOIRE ?

Du point de vue de l'industrie lithique, le début du Paléolithique supérieur correspond aussi à l'apparition de nouveaux types d'outils, comme le burin, le bec, le perçoir... Ces outils se caractérisent généralement par la présence d'une partie active, non plus latérale, mais distale ou proximale. Ils sont par conséquent beaucoup plus fins, adaptés à un travail plus délicat. Leur apparition est concomitante au développement de l'industrie sur matières dures animales, d'où l'association fréquente de certains d'entre eux, en particulier le burin, avec le travail de ces matières. L'analyse fonctionnelle de l'outillage utilisé pour le travail de l'ivoire, mais aussi pour les autres matières dures animales (os et bois de cervidé) à Geissenklösterle et Yudinovo, a permis de rechercher les spécificité propres à chaque matière ; elle permet aussi d'observer une éventuelle évolution dans le temps de l'outillage mis en oeuvre pour ce travail.

Le travail de l'ivoire par rapport à celui de l'os/bois de cervidé

Lors du travail de l'ivoire on a remarqué que les Aurignaciens de Geissenklösterle avaient marqué une nette préférence pour les produits laminaires peu ou pas modifiés tandis que les burins n'interviennent que plus accessoirement (2/3 des zones utilisées — ZU — sont sur produits laminaires et 1/3 seulement sur burins). Les Épigravettien de Yudinovo semblent avoir manifesté d'autres choix : les produits laminaires et les burins interviennent presque à égalité (48% des ZU sont sur produits laminaires et 52% sur burins).

En revanche, pour le travail de l'os et du bois de cervidé, le choix des outils est un peu différent à Geissenklösterle, les lames et les burins sont utilisés de manière égale (50%), tandis qu'à Yudinovo l'utilisation des burins domine sur celle des produits laminaires (64%).

Afin de mieux comprendre cette légère préférence des produits laminaires dans le travail de l'ivoire, il est nécessaire d'analyser plus particulièrement les parties actives des outils, leurs angles taillants et la cinématique des gestes enregistrée par les traces d'usure. Dans le travail de l'ivoire, les actions transversales (raclage, lissage/doucissage, grattage, rabotage...) dominent à 83 % chez les Aurignaciens de Geissenklösterle ; par contre, chez les Épigravettien de Yudinovo, elles sont représentées à égalité avec les actions longitudinales, (sciage, rainurage...).

Pour l'os et le bois de cervidé, à Geissenklösterle, la représentation est égale entre les traces transversales et longitudinales, alors qu'à Yudinovo les traces longitudinales dominent (66%).

Ainsi à Geissenklösterle les actions transversales sont prédominantes (ivoire) ou égales (os/bois de cervidé) aux actions longitudinales ; par contre à Yudinovo elles sont, au mieux, égales (os/bois de cervidé) voire minoritaires (ivoire).

Cette tendance à l'action transversale chez les Aurignaciens est peut-être liée à une forte utilisation des produits laminaires. Chez les Épigravettien l'action longitudinale domine sur l'os et le bois de cervidé et en particulier dans des actions de double rainurage. Les burins interviennent souvent dans cette action, faut-il en déduire qu'un lien existe entre le développement du burin et du rainurage ?

Les angles taillants des parties actives des outils qui ont travaillé l'ivoire et os/bois de cervidé ne semblent pas vraiment indiquer des constantes selon les différents matériaux : ils sont plutôt liés à l'action entreprise. Les angles très fermés (30° à 45°) se retrouvent sur des outils ayant participé à des actions peu vigoureuses de lissage/doucissage et de grattage ; ces outils ont presque systématiquement reçu un renforcement par des retouches rasantes. Les outils ayant raclé présentent des angles taillants moyennement ouverts (60° à 95°) ; ceux qui ont été employés pour des incisions sont très variés, probablement suivant l'épaisseur du trait voulu ; mais dans le cas des burins utilisés en général pour le rainurage, ils atteignent systématiquement 90°. En conclusion, les angles taillants sont le reflet d'une contrainte : ils expriment une adaptation au type d'action recherché et à la dureté de la matière travaillée. Plus ouverts, ils sont plus résistants, notamment pour le travail d'une matière très dure comme l'ivoire ; plus fermés, ils sont plus précis mais nécessitent des renforcements par retouches.

Synthèse

L'utilisation des produits laminaires est plus importante que celle des burins à Geissenklösterle, au début du Paléolithique supérieur que plus tard à Yudinovo (Fig. 154). Aux deux époques, dans les deux gisements, les lames sont également un peu plus utilisées dans le travail de l'ivoire que dans celui de l'os et du bois de cervidé, notamment si l'on ne considère plus les lames à enlèvement burinant comme des lames mais bien comme des burins (selon leur rôle fonctionnel et la conception intentionnelle de leur façonnage).

A Geissenklösterle l'outil utilisé pour le travail de l'ivoire est donc souvent un simple tranchant de lame qui semble choisi essentiellement pour la morphologie de son tranchant, sans considération de type ou de support. Des expérimentations

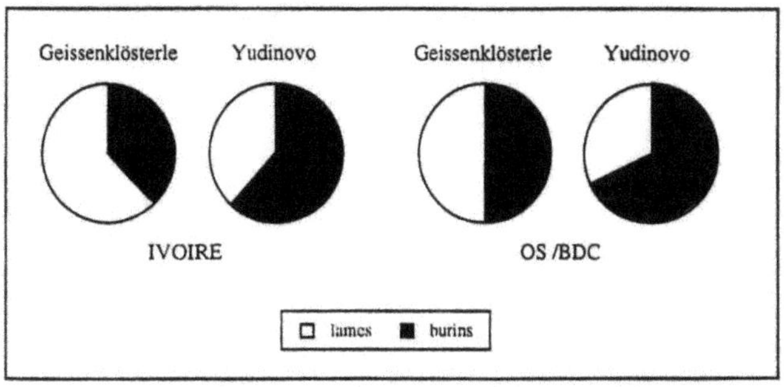

Figure 154 - Pourcentages des burins et des produits laminaires utilisés dans le travail de l'ivoire et dans celui de l'os et du bois de cervidé à Geissenklösterle et à Yudinovo.

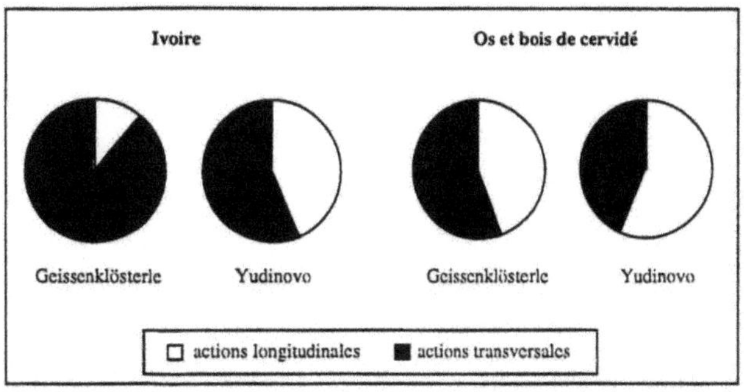

Figure 155 - Pourcentages des actions longitudinales et transversales dans le travail de l'ivoire et dans celui de l'os et du bois de cervidé à Geissenklösterle et à Yudinovo.

ont permis de constater que, étant donné la structure spécifique et la densité de l'ivoire, une lame ou un éclat à tranchant résistant pouvait être tout aussi efficace qu'un burin, voire davantage, particulièrement lorsque la matière était relativement tendre, sub-fossile ou amollie par détrempage à l'eau. En fait, au début du Paléolithique supérieur, à Geissenklösterle, l'outillage lithique présente déjà des caractéristiques fonctionnelles suffisamment efficaces pour travailler l'ensemble des matières dures animales, les caractéristiques morphologiques du burin (biseaux, trièdres, flancs) étant déjà présentes quoique d'une manière plus anarchique, sur les lames cassées.

Toutefois, même dans l'industrie sur ivoire, l'utilisation du burin tend à se développer avec le temps. Si à Geissenklösterle les burins sont dominés par les produits laminaires (37% de burins pour l'ivoire et 50 % pour l'os), à Yudinovo, leur proportion augmente nettement (62 % et 68 %). Le burin s'est donc développé au détriment des produits laminaires, peut-être dans un souci de plus grande précision du travail ou d'économie de matière première, lié au développement de la technique du double rainurage. De fait la technique de débitage des baguettes d'ivoire par percussion, bien attestée à Geissenklösterle, est abandonnée à Yudinovo au profit du rainurage.

Cette évolution se traduit dans la cinématique des gestes par la représentation des actions transversales et longitudinales de l'ensemble des zones utilisées sur l'ivoire (Fig. 155). Les marques d'actions transversales, très fréquentes à Geissenklösterle (88 %), semblent en liaison avec l'extraction de fragments d'ivoire par percussion et la forte utilisation des produits laminaires. L'ébauchage des baguettes est en effet réalisé dans ce gisement par un débitage par percussion, technique qui fournit des fragments allongés grossiers exigeant ensuite un important travail de façonnage, essentiellement par raclage — donc des actions transversales. A Yudinovo, au contraire, l'obtention des baguettes d'ivoire se fait davantage par double rainurage, donc par actions longitudinales ; les baguettes sont de ce fait beaucoup plus régulières et exigent un travail de mise en forme par raclage moins important. En effet les traces transversales n'y sont plus représentées que dans 52 % des cas.

La même tendance (régression des actions transversales) se retrouve sur les outils ayant travaillé l'os et le bois de cervidé mais un peu affaiblie : respectivement 50 % et 41 % d'actions transversales à Geissenklösterle et à Yudinovo.

Les résultats ont permis de mettre en évidence une utilisation différentielle du burin entre l'Aurignacien et l'Épigravettien. Il intervient au début du Paléolithique supérieur principalement dans des actions sur os et le bois de cervidé, dans le travail de l'ivoire son utilisation n'est que très occasionnelle. Ceci a aussi été constaté dans les chaînes opératoires de production des perles aurignaciennes (comm. pers. R. White). A la fin de cette période, le burin est utilisé indifféremment dans le travail de toutes les matières dures animales. Ceci semble signifier que l'utilisation de ce type d'outil est, dans un premier temps, lié plutôt à l'industrie sur os et bois de cervidé. La raison est probablement à trouver dans la structure de l'ivoire et les techniques employées (percussion, raclage...), les besoins en terme d'outil et de partie active pouvant être remplis par d'autres outils (lames, grattoirs...). L'utilisation du burin dans l'industrie en ivoire à l'Épigravettien pourrait en ce cas correspondre à un simple transfert technologique d'un matériau à un autre (de l'os et du bois de cervidé à l'ivoire).

Entre les Aurignaciens de Geissenklösterle et les Épigravettiens de Yudinovo, les outils de travail des matières dures animales et en particulier de l'ivoire semblent donc s'être spécialisés. Les besoins sont les mêmes (recherche de biseaux, trièdres, flancs), alors qu'à Geissenklösterle on les satisfaisait avec des lames cassées (du reste parfaitement opérationnelles), à Yudinovo, on a utilisé davantage un outil spécialisé permettant une meilleure économie de matière première grâce au rainurage : le burin. Cette outil fait d'ailleurs sont apparition dès le gravettien dans le travail de l'ivoire, de nombreux statuettes semblent avoir été façonnés avec des burin en particulier lorsqu'il s'agissait de dégager des détails corporel (comm. pers. R. White)

Le problème du burin
Le burin a souvent été considéré comme l'outil réservé au travail des matières dures animales (Clark et Thompson, 1953 ; Bordes, 1965 ; Movius, 1968 ; Rigaud, 1972...). Il est vrai qu'il intervient souvent dans le travail de ces matières d'après des analyses tracéologiques effectuées sur le matériel lithique provenant des gisements du Paléolithique supérieur : le flanc dans des actions de raclage et le biseau pour le rainurage et l'incision (Audouze et *al*.., 1980 ; Keeley, 1980 ; Moss, 1983 ; Plisson, 1985 ; Symens, 1986). Mais ces analyses mettent en même temps en évidence qu'il n'existe pas de relation unique entre le burin et une seule matière. D'autres matériaux comme la peau (Keeley, 1980 ; Moss, 1983 ; Plisson, 1985 ; Vaughan, 1985), le bois, les coquilles et la matière minérale ont aussi été travaillés avec des burins (Audouze et *al*.., 1980 ; Dauvois, 1986 ; Moss, 1983 ; Christensen ; 1994). De la même manière, la matière dure animale apparaît aussi sur d'autres supports que le burin : lames ébréchées (Moss, 1983), becs (Moss, 1983 ; Keeley, 1980, 1981), grattoirs (Keeley, 1981 ; Plisson, 1985) et perçoirs (Keeley, 1981). Parmi ces outils, le bec semble le plus souvent intervenir dans des actions d'incision et de rainurage, le perçoir dans des actions de perforation et les autres outils sont plutôt réservés au raclage. Les produits de débitage peu modifiés dans le travail des matières dures animales apparaissent plus rarement dans les analyses tracéologiques. Ceci ne signifie pas nécessairement qu'ils n'ont pas été utilisés, car les simples éclats ou lames, plus nombreux que les outils proprement dit, ne font pas toujours partie des analyses fonctionnelles.

Nos observations sur les burins de Geissenklösterle et Yudinovo ont montré que, dans ces gisements, cet outil était bien spécialisé dans le travail des matières dures animales en général. A Yudinovo, les burins et leurs chutes portant des traces d'utilisation (30) ont presque tous travaillé la matière dure animale à l'exception d'une chute qui a travaillé du bois. A Geissenklösterle sur 13 burins et chutes de burins portant des traces, 12 avaient servi sur des matières dures animales, et un seul sur le bois. A l'intérieur du groupe de matières dures animales, l'utilisation du burin domine dans le travail de l'os et du bois de cervidé dans ces deux gisements.

Les Aurignaciens connaissaient de l'efficacité du burin pour certaines actions tout en lui préférant souvent un simple tranchant de lame. De fait, on s'est aperçu lors de nos expérimentations que, étant donné la structure spécifique et la densité de l'ivoire, une lame ou un éclat à tranchant résistant pouvaient être plus efficaces qu'un burin, particulièrement lorsque la matière avait été au préalable amollie par détrempage à l'eau. Ce pourrait être le cas à Geissenklösterle où l'on a supposé que les Aurignaciens avaient travaillé un ivoire subfossile détrempé. Par contre, à Yudinovo, le burin est plus fréquemment utilisé. Serait-ce parce que les Épigravettien ont travaillé un ivoire plus frais ? ou bien par souci d'économie de la matière première lithique, un burin pouvant être réaffuté plusieurs fois ; leurs burins ont en effet subi de nombreuses modifications, parfois ratées, mais les ratages furent toujours rattrapés d'une manière ou d'une autre de façon à permettre l'utilisation de l'outil. Nous avons expliqué ce phénomène par le développement du double rainurage. Toutefois cette interprétation n'est pas confirmée par les analyses tracéologiques d'autres sites de la même période où existe également le double rainurage : on y utilise plus souvent le flanc du burin pour racler que la partie burinante pour inciser ou rainurer.

Conclusion
Finalement on constate que le travail de l'ivoire n'a pas été véritablement réalisé à l'aide d'outils typologiquement très spécialisés. Pour ce travail étaient recherchés surtout des parties actives aux caractères particuliers : angles ouverts et résistants, adaptés à la dureté du matériau, ou angles plus fermés mais dont le tranchant plus fragile était renforcé par des retouches. C'est la résistance du matériau travaillé qui est déterminante dans le choix de l'outil. Les burins étaient au début du Paléolithique supérieur, à Geissenklösterle, moins représentés que les lames ou autres outils dans le travail des matières dures ; ils semblent avoir pris davantage d'importance plus tard, à Yudinovo. Mais dans les deux cas, c'est un outil très utilisé dans le travail de l'ensemble des matières dures animales ; il est toutefois moins employé pour travailler l'ivoire que l'os ou le bois de cervidé.

Les observations faites sur ces deux gisements sont-elles représentatives de l'ensemble du travail de l'ivoire au Paléolithique ? Geissenklösterle est difficilement comparable à d'autres gisements aurignaciens car il n'existe pas à notre connaissance d'analyses tracéologiques sur d'autres sites de cette période. En outre, les études tracéologiques n'ont pas établi de distinction entre les différentes matières dures animales : elles n'offrent donc pas de points de comparaison avec notre étude. Seules des études complémentaires pourront confirmer les tendances observées. Mais certaines de ces observations sont soutenues par celles de R. White à partir des objets eux-mêmes, notamment concernant le faible participation du burin dans le travail de l'ivoire à l'Aurignacien.

V.3 - QU'INDIQUE LA RÉPARTITION SPATIALE ?

La répartition spatiale des outils et des objets peut-elle indiquer un traitement particulier accordé à l'ivoire par rapport aux autres matériaux travaillés ? Notamment concernant le volume que présente une défense de mammouth avant d'avoir été débité en tronçons plus maniables mais aussi face à une éventuelle valeur symbolique accordée au matériau lui-même

ou à l'objet que l'on veut produire.
Dans l'absolu on peut l'imaginer. Mais ce type d'interprétation exige une fouille très minutieuse, une observation de tous les faits concernant cette industrie, de l'outil lithique employé jusqu'au moindre déchet d'ivoire, puis un relevé précis de l'ensemble de ces éléments. Parmi les gisements que nous avons étudiés, seul celui de Geissenklösterle répond à ces critères.
Dans le niveau Protoaurignacien de Geissenklösterle où le travail de l'ivoire domine largement les autres activités (sur os et/ou bois de cervidé, sur la peau) nous avons observé une organisation spatiale rigoureuse. Le travail s'organise dans la partie centrale de la grotte où, dans une zone spécifique, se trouvaient les premiers dégrossissages d'ébauche tandis qu'une autre, à côté du foyer, était plutôt centrée sur le travail de finition des objets. On n'a retrouvé qu'un seul outil susceptible d'avoir participé à l'extraction de baguettes : cette activité a néanmoins pu avoir lieu ailleurs, devant la grotte ou plus loin encore. Il est possible que cette répartition spatiale réponde à des habitudes sociales, éloignant des espaces communautaires les opérations de dégrossissage/nettoyage, et réservant les travaux fins et propres à l'espace préférentiel d'activités domestiques que représentent en général les foyers.
A l'Aurignacien moyen, l'activité principale devient, à Geissenklösterle, le travail de l'os et du bois de cervidé tandis que le travail des peaux et celui de l'ivoire n'interviennent qu'en deuxième position. La zone de travail la plus importante, contenant de nombreux copeaux d'ivoire, est située près de l'entrée. Par contre, les outils utilisés lors du travail de l'ivoire sont situés dans la partie centrale de la grotte, loin de la lumière ; on y retrouve également les outils présentant des traces de travail de peaux : les deux activités semblent être associées dans la production de vêtements décorés (d'après Hahn, 1988). A l'Aurignacien moyen, la fonction de la grotte semble être polyvalente : travail de l'os et/ou du bois de cervidé, de la peau, de l'ivoire et de diverses matières végétales.
L'absence de vestiges alimentaires et d'outils ayant participé aux activités de boucherie ou tout simplement de découpe de viande, semblent plaider à Geissenklösterle en faveur d'occupations spécialisées (Hahn, 1988). Ceci est particulièrement notable dans le niveau Protoaurignacien, où le travail de l'ivoire l'emporte largement sur toutes les autres activités (os et/ou bois de cervidé, peau). Il est pour l'instant omniprésent dans le centre de la grotte, mais il reste quelques lambeaux de cette couche qui n'ont pas encore été fouillés vers le fond. Par contre dans le niveau aurignacien moyen, le travail de l'ivoire a sa place parmi les autres activités. Il n'est pas favorisé (ou il l'est ?), puisqu'il se retrouve à l'endroit où la lumière pénètre le moins. Il n'existe pas de véritable foyer dans ce niveau, une simple nappe de cendre occupant le centre de la grotte ne semble pas avoir pu jouer de rôle important pour l'éclairage. Faut-il accorder une certaine valeur à cet emplacement particulier, un peu à l'écart et dans la pénombre ? Mais dans cette perspective l'emplacement idéal aurait été le fond même de la grotte, vide pratiquement de tout vestige.
A Yudinovo, la répartition spatiale est diffuse, il n'existe pas de véritable concentration d'outils ayant travaillé l'ivoire. Quelques outils se retrouvent autour et dans l'habitation n° 4. L'espace entre les deux habitations est plutôt occupé par des outils qui ont travaillé l'os et/ou le bois de cervidé. La fosse est l'endroit le plus riche en outils présentant des stigmates de travail de l'ivoire, mais ceux qui ont travaillé l'os et/ou le bois de cervidé y restent dominants.

La différence entre ces deux gisements est importante ; il s'agit de deux milieux totalement différents : l'un en grotte, occupant un espace restreint, et l'autre en plein air réunissant quatre habitations sur une grande surface (dont deux seulement ont été étudiées). Parmi ces gisements, seul le niveau Protoaurignacien de Geissenklösterle montre une véritable spécialité du travail de l'ivoire. Elle ne s'exprime pas par un emplacement de choix accordé à cette matière par rapport aux autres activités à l'intérieur de la grotte mais plutôt par le fait même de l'existence d'un campement spécialisé dans le travail de l'ivoire. Les vestiges parlent en faveur de cette spécificité pour les deux occupations (Hahn, 1988) ; mais l'analyse fonctionnelle des outils ne confirme cette interprétation que pour l'installation protoaurignacienne, alors qu'à l'Aurignacien moyen, l'ivoire a simplement sa place parmi d'autres activités.

V.4 - UN SAVOIR-FAIRE SPÉCIFIQUE OU GÉNÉRAL ?

L'existence de campements spécialisés dans le travail de l'ivoire nous amène à la question suivante : les transformations de l'ivoire expriment-elles un savoir-faire spécifique ou général ? Il est tentant dans le cas de Geissenklösterle, d'interpréter l'occupation protoaurignacienne comme un lieu où certains hommes (ou femmes) venaient s'installer loin du camp d'habitation, pour se consacrer à un travail connoté d'une certaine valeur, alors que les activités quotidiennes du groupe se déroulaient par exemple dans la vallée.
D'un point de vue purement technique, les moyens d'action sur l'ivoire sont peu nombreux et *a priori* facilement maîtrisables par tous : percussion, raclage, rainurage, différents types de perforation et d'abrasion ; ce sont d'ailleurs les mêmes que dans le travail de l'os et du bois de cervidé. Il s'agit là de techniques qui peuvent être connues par tous ; mais tous avaient-ils accès à l'ivoire ? ou était-ce un matériau réservé à quelques-uns seulement, chargés de réaliser les

objets très spécifiques souvent représentés dans l'industrie sur ivoire ? En effet, si certains de ces objets sont purement utilitaires et auraient tout aussi bien pu être réalisés en os, d'autres, les plus nombreux, présentent une haute valeur artistique et symbolique. C'est dans cette expression artistique, fusion d'un savoir-faire technique et de connaissances culturelles spécifiques que se révèle l'habileté des artisans.

D'un point de vue technique, la plupart des objets montrent que les techniques étaient parfaitement dominées et donc l'oeuvre de personnes expérimentées. Un exemple est la localisation des objets et en particulier les statuettes dans la défense : elles sont toutes sauf quelques exceptions situées dans le sens de la longueur accordant ainsi une importance à l'exploitation de la structure de l'ivoire (comm. pers. R. White). Les contraintes naturelles de l'ivoire nécessitent justement de bien connaître la structure de ce matériau afin de pouvoir le travailler plus facilement.

D'un point de vue culturel, beaucoup objets en ivoire sont très fortement marqués par les valeurs esthétiques, symboliques, voire rituelles (en particulier en Europe occidentale), caractéristiques de la société considérée, valeurs souvent réservées à des groupes sociaux particuliers (souvent les chamanes dans les sociétés de chasseurs-cueilleurs traditionnelles). Par exemple, les perles de l'époque aurignacienne présentent des formes régionales très caractéristiques : on en connaît des variantes françaises, belges, allemandes, russes..., qui ne peuvent se confondre (White, 1995). Cela signifie que la tradition culturelle joue un rôle important et que les traditions esthétiques et techniques sont transmises d'une génération à une autre et d'un individu à un autre. Un autre exemple est celui des statuettes en ivoire, humaines et animales, appartenant au vaste complexe paléolithique supérieur qui s'étend de l'Europe de l'ouest jusqu'à la Sibérie, subdivisé par H. Delporte (1995) en neuf groupes culturels allant de l'Aurignacien au Magdalénien (avec une exception au Solutréen). Chacun de ces groupes présente des caractères homogènes distinctifs tout en s'inscrivant dans un vaste ensemble stylistique stéréotypé. Les statuettes féminines semblent en particulier fidèles à la tradition culturelle gravettienne (parties sexuelles et hanches hypertrophiées, extrémités simplement esquissées...) tout en présentant des caractéristiques régionales ou chronologiques propres (par exemple la très petite taille et la schématisation des statuettes du Magdalénien représenté de profil, ou l'utilisation de la semi-ronde bosse de l'Aurignacien). On peut dans ces différents cas parler de savoir-faire spécifique lié à l'ivoire non comme matière première mais plutôt comme support artistique, et caractéristique d'une culture.

Quelques rares objets semblent échapper aux traditions culturelles comme aux contraintes du savoir-faire traditionnel. C'est le cas de la "cyprée" de la grotte de Pair-Non-Pair (Dordogne), la fibule de Yudinovo (Russie), et plusieurs objets du site de Soungir (Russie) comme la lance, le cheval plat et certains disques.... Ces vestiges, exceptionnels par leur degré d'élaboration et leur originalité, témoignent de la liberté individuelle de l'artisan et d'une si totale maîtrise de la technique de travail de l'ivoire qu'elle lui permet d'aller au-delà du savoir-faire commun. Ces objets pourraient représenter les jalons marquant les étapes d'avancées technologiques dues aux capacités d'invention de l'Homme.

V.5 - LE RÔLE DE L'IVOIRE

L'ivoire a servi à réaliser aussi bien des objets utilitaires que des objets d'art. Les techniques employées relèvent d'un savoir-faire général, probablement adapté à partir du travail de l'os, voire du bois.

L'analyse tracéologique des outils lithiques utilisés par les artisans, comme nous l'avons exposé précédemment, ne témoigne pas non plus d'un traitement spécifique de l'ivoire, les mêmes outils étant utilisés pour ce travail et pour celui des autres matières dures animales. La structure particulière des matériaux reste la cause principale des variations observées. La répartition spatiale des outils utilisés pour le façonnage de cette matière a permis de confirmer l'hypothèse de J. Hahn de l'existence d'un site spécialisé (composé d'un atelier de travail organisé) dans le niveau protoaurignacien de Geissenklösterle. Mais le traitement réservé aux déchets d'ivoire et aux outils utilisés pour son façonnage ne montre pas d'attention particulière : à Geissenklösterle, ils sont abandonnés sur place ; à Yudinovo, ils sont abandonnés sur place ou évacués dans la fosse tout comme les restes et outils provenant d'autres matériaux.

On est tenté de supposer que la réalisation des objets utilitaires était ainsi à la portée de tous. Par contre, les nombreux objets d'art réalisés sur ce matériau ne l'étaient probablement que par quelques artisans particulièrement habiles, maîtrisant parfaitement la matière et connaissant bien l'ensemble des traditions culturelles du groupe.

C'est le choix de l'ivoire pour réaliser ces objets à valeur culturelle ou symbolique qui révèle l'importance et la valeur accordée à ce matériau. Cette valeur ne semble exister qu'en liaison avec l'objet fini. Dès l'Aurignacien apparaissent les premières parures en ivoire. Or on ne porte pas les bijoux pour soi mais pour son entourage : les parures deviennent significatives d'une certaine position sociale (reconnaissance tribale, situation personnelle au sein d'un groupe...). Leur degré d'élaboration ou leur quantité peuvent témoigner d'une place importante dans la hiérarchie (Taborin, 1995). Une conscience sociale est sous-jacente à certains de ces objets comme c'est le cas pour l'Homme-Lion de Hohlenstein Stadel, où une tête de lion sur un corps d'homme semble transposer l'esprit humain sur un corps animal

(Mithen, 1994) ; le symbolisme visuel et tactile observé sur quelques objets en ivoire exprime également une volonté d'imiter les formes existantes dans la nature : les coquillages (cyprées, cyclopes, sphériques), les insectes (coccinelles) et les dents d'animaux (Taborin, 1995 ; White, 1995).

V.6 - RECONSTRUIRE LE SYSTÈME TECHNIQUE DE L'IVOIRE AU PALÉOLITHIQUE SUPÉRIEUR ?

"Le système est un tout, un ensemble qui est défini par des lois et des relations réciproques" (Pigeot, 1991, p. 43). Un système technique peut se traduire par diverses chaînes opératoires mais toutes obéiront aux mêmes lois et seront structurées de la même façon. Peut-on identifier à partir des chaînes opératoires entières ou fragmentées que nous connaissons pour l'ivoire, un véritable système technique propre à cette matière ?

Dans le cas de l'ivoire, la chaîne technique débute en amont du travail de l'ivoire proprement dit, par l'acquisition de la matière première sur le mammouth lui-même. Elle doit retracer l'histoire de la chasse au mammouth (ou de la récupération d'ivoire sur un animal mort) à l'objet en ivoire et à sa fonction symbolique ou pratique. Nous avons peu de données sur le premier stade concernant l'acquisition de la matière première et sommes réduits le plus souvent aux conjectures. En outre le contexte archéologique des objets, issus pour la plupart de fouilles anciennes, est souvent mal connu : on ignore leurs conditions de fabrication, de fonctionnement mais aussi d'abandon. Il est donc difficile de comprendre le système technique dans sa totalité. Cependant nous avons accès à certains éléments matériels du travail de l'ivoire : les outils employés, les objets finis, parfois culturellement significatifs et qui, joints aux déchets de travail, peuvent dans certains cas permettre de reconstituer les actions effectuées sur la matière, les gestes techniques voire quelques chaînes ou fragments de chaînes opératoires.

C'est le cas par exemple pour la fabrication des perles, objets en ivoire les plus communs dans l'ensemble des gisements du Paléolithique. On connaît la manière de fabriquer différents types de perles : perles/paniers françaises (White, 1995), perles en goutte ou circulaires plates de Belgique (Otte, 1974 et White, 1995), perles à deux trous d'Allemagne (Hahn, 1995), perles circulaires plates de Yudinovo (Abramova et Grigorieva, 1995), etc. A chaque type correspond une chaîne opératoire propre. Tous ces exemples ont en commun d'être fabriqués en série, soit sur des baguettes, soit sur des plaquettes, mais d'autres perles pouvaient être réalisées individuellement. Dans la phase d'ébauchage, les débuts de chaînes sont liés par un même concept qui consiste à rechercher des baguettes d'une certaine forme pour la production en série d'un objet. Parmi les perles façonnées en série se trouvaient deux grandes catégories techniques : celles dont la segmentation était réalisée avant ou après la perforation. La segmentation des baguettes ou des plaquettes pouvait elle-même être réalisée de différentes façons (incisions, amenuisement par enlèvement de copeaux de matière première, flexion...). Le façonnage était effectué (soit avant, soit après segmentation) par raclage, incision, perforation, etc. La perforation pouvait être effectuée soit par creusement (évidement) soit par rotation, soit par amincissement (abrasion) et enfoncement... Tous les objets se caractérisaient généralement par un très bon polissage final.

A chaque type de perles correspondait une chaîne technique différente. Il n'existe donc pas, dans ce cas, une chaîne opératoire-type mais plusieurs qui peuvent parfois présenter des concepts communs (notion de série, préconception de la morphologie de la perle par l'ébauchage, recherche d'un système de suspension par perforation, recherche de brillance par polissage...).

On pourrait retrouver à peu près les mêmes soucis et les mêmes réponses dans la fabrication des pendeloques.

D'autres chaînes opératoires (celles des sagaies ou des aiguilles) présentent des points communs avec la fabrication des perles ; notamment l'idée de préconception de la morphologie de la pièce par l'ébauchage d'une baguette par rainurage simple ou double. Par ailleurs, le polissage semble faire partie intégrante de l'industrie en ivoire à vocation décorative ou rituelle. Les statuettes, les perles, les pendeloques, sont souvent soigneusement et intentionnellement polies.

Il n'existe donc pas un modèle de chaîne opératoire type pour le travail de l'ivoire car elles sont nombreuses et variées. Par contre nous avons pu dresser le bilan des techniques qui interviennent dans son travail et qui peuvent être subdivisées en trois étapes opératoires principales : l'acquisition de la matière première, l'ébauchage et le façonnage de l'objet. Chacune est composée d'actes techniques susceptibles d'intervenir à un moment donné dans les chaînes opératoires de fabrication des objets. Leur agencement et leur succession dans une activité détermine, selon le choix des artisans, les schéma opératoires.

On remarque que la plupart de ces opérations techniques sont communes à l'industrie en os, en bois de cervidé et en ivoire. Il semble que les techniques d'ébauchage, de débitage et de façonnage soient nées simultanément sur les trois matériaux ; certaines par transfert de techniques connues sur le matériel lithique : la percussion, d'autres, apparemment originales (l'incision, le raclage...) mais qu'on peut soupçonner venir de l'industrie sur bois, dont la structure était particulièrement comparable à l'ivoire.

Toutefois, en marge de l'industrie sur matières dures animales, l'ivoire possède bien son propre système technique marqué par les propriétés propres à ce matériau : dureté (qui nécessite une adaptation particulière des angles taillants), volume (adapté à la ronde-bosse), aptitude à la brillance, couleur... Mais il est particulièrement marqué par le pouvoir symbolique que semble avoir acquis toute une catégorie d'objets. L'élément le plus caractéristique de l'ivoire dans les sociétés paléolithiques est en effet son utilisation assez systématique pour réaliser des objets à haute signification rituelle ou sociale (statuettes animales ou humaines, objets décoratifs). Même si les évidences directes de ces significations manquent, elles sont néanmoins incontestables.

Il semble qu'on ait bien dans ces différents éléments quelques indices d'un système technique propre à l'industrie sur ivoire, parfois plus largement englobé dans le système technique du travail des matières dures animales (particulièrement dans le cas du façonnage d'objets fonctionnels).

V.7 - VERS UN MODÈLE TECHNIQUE ET CULTUREL DU TRAVAIL DE L'IVOIRE

Décrire les techniques du travail de l'ivoire au Paléolithique supérieur à travers deux exemples situés à chaque extrémité de l'échelle chronologique peut paraître ambitieux. Nous allons, tout au moins, tenter de dégager quelques grandes tendances qui ne seront peut-être pas immédiatement applicables à l'ensemble des industries en ivoire, mais qui nous permettront de mieux cerner les particularités de ce matériau.

La confrontation des données techno-fonctionnelles de la matière lithique aux propriétés de la matière dure animale et à l'analyse technologique des objets façonnés permet de souligner l'importance de la structure de la matière travaillée dans le choix des outils utilisés pour sa transformation. Elle peut permettre aussi de repérer le décalage qui peut exister entre l'utilisation de techniques connues et l'adaptation de nouvelles techniques plus appropriées à la matière travaillée. Les Aurignaciens de Geissenklösterle se trouvent à l'aube des techniques de travail de la matière dure animale, à un moment où l'industrie lithique est techniquement très développée : on exploite la troisième dimension qui est la notion de volume avec une très forte coordination motrice des gestes et en même temps une anticipation des besoins futurs par une recherche de matière première (Pigeot, 1991). L'étude des objets façonnés sur matières dures animales semblent suivre cette évolution : les Aurignaciens sont les premiers à transférer certaines de leur capacités cognitives de la matière lithique à la matière dure animale et notamment à l'ivoire comme le montre les premières statuettes apparues à cette période et qui sont les témoins directs de la conceptualisation de la notion de volume. Mais les Aurignaciens laissent aussi paraître des décalages de compétence, particulièrement dans le travail de l'ivoire. La conception de l'objet façonné est moderne tandis que les procédés d'exécution restent empreints d'un certain archaïsme face à des matériaux présentant des contraintes physiques importantes. C'est ainsi que la percussion, technique presque unique utilisée auparavant pour le travail de la pierre et parfois de l'os, reste alors encore largement utilisée pour l'obtention des supports en ivoire, malgré sa mauvaise adaptation à cette matière. Toutefois, on peut tenter de suivre les hommes préhistoriques dans leur recherche de la bonne solution aux différences de structure entre matière dure animale et matériau lithique à travers le développement de certaines techniques propres aux structures matières organiques (raclage, sciage, incision, abrasion). Les Aurignaciens de Geissenklösterle cherchent la solution aux différences de structure entre la matière dure animale et le matériau lithique comme cela transparaît dans le développement de certaine techniques (raclage, sciage, incision, abrasion). Plus tard, à la fin du Paléolithique supérieur, les Épigravettiens de Yudinovo ont amélioré leur technique : la percussion n'intervient plus qu'occasionnellement dans les chaînes opératoires de travail de l'ivoire ; elle est remplacée par des inventions techniques spécifiques à leur débitage et à leur façonnage pouvant s'inspirer des techniques de travail de l'ensemble des matières dures animales et sans doute liées aussi au travail d'autres matières organiques.

CONCLUSION

Notre étude de l'industrie en ivoire a été axée sur l'analyse des outils lithiques utilisés pour ce travail. Toutefois l'outillage se situant à la jonction entre matière première et objets façonnés, nous avons dû adopter très vite une approche plus globale et examiner autant les particularités physico-chimiques et culturelles de la matière que la technique révélée par les objets façonnés. C'est ainsi que nous avons tenté d'entrevoir le geste derrière l'outil, puis l'homme et ses intentions derrière les gestes ; et par là, enfin, quelques-uns des caractères spécifiques des cultures paléolithiques révélés par cette activité.

Une phase essentielle de notre étude a consisté à découvrir l'outillage utilisé pour travailler l'ivoire. La tracéologie classique par observation macro et microscopique des traces d'usure laissées sur les tranchants d'outils lithiques s'est révélée, à notre opinion, impuissante à réaliser cette identification fine sur des pièces archéologiques.

La méthode que nous avons adoptée est la caractérisation élémentaire des polis. C'est une application de l'analyse des éléments chimiques d'une matière. Elle reposait sur l'hypothèse préalable que les polis d'utilisation ne résultaient pas simplement d'une abrasion de l'outil mais aussi et surtout d'un dépôt de la matière travaillée.

Notre étude a donc eu pour préalable une réflexion et une proposition d'un modèle de formation des polis sur les outils en silex. Depuis l'apparition de la discipline tracéologique, cette formation du poli a été sujet à de fréquentes polémiques. De nombreuses hypothèses ont été émises pour expliquer ce phénomène (abrasion, dépôt, réaction chimique...). Encore récemment, faute de pouvoir confirmer l'une ou l'autre explication, le poli était simplement décrit comme un phénomène visuel (Juel Jensen, 1994). Nous avons pu, grâce aux analyses effectuées sur l'accélérateur de particules (AGLAE) installé au Laboratoire de Recherche des Musées de France et au microscope électronique à balayage (MEB), mettre en évidence le caractère additionnel du poli. L'abrasion est un facteur secondaire qui ne peut engendrer la formation du poli, et le frottement de l'outil sur la matière travaillée ne peut créer un gel résultant d'une dissolution ponctuelle du silex.

Nous avons pu isoler le poli et démontrer qu'il ne résulte pas uniquement d'un phénomène de modification de surface : c'est un élément étranger, mesurable dans les trois dimensions, déposé à la surface du silex. Ce dépôt est créé par un apport continu de microfragments provenant de la matière travaillée. Si la dureté de cette matière est inférieure à celle du silex, aucun phénomène d'abrasion n'apparaît sur l'outil si aucun élément abrasif n'est ajouté. Dans le cas contraire, le fil du tranchant peut être sujet à un microesquillement emportant de petites portions de silex déjà porteuses de poli. La rapidité de développement du poli est en lien étroit avec la granulométrie du silex : un silex à grains fins développe un poli plus rapidement qu'un silex à gros grains. En effet, plus la granulométrie d'un silex est grossière, plus sa surface est irrégulière et les irrégularités importantes : plus sont grands alors les locus où viennent s'accumuler les microfragments de matière travaillée. L'apport de matière nécessaire pour créer un poli doit être dans ce cas plus important que dans le cas d'un silex à granulométrie fine.

Le poli est donc un dépôt créé par un apport de matière à la surface du silex. Par conséquent il doit présenter les mêmes composants chimiques que la matière travaillée et la caractérisation élémentaire de l'un doit permettre l'identification de l'autre.

La méthode de caractérisation chimique permet donc des déterminations plus précises que les études tracéologiques classiques, issues d'observations macro et microscopiques empiriques. Elle est aussi plus objective puisque résultant d'analyses chimiques et non plus seulement d'une comparaison visuelle. Ainsi cette méthode nous a fourni des critères de composition chimique distinctifs des différents polis de matières dures animales, condition sine qua non de notre étude. On a pu distinguer notamment le poli de dentine grâce à sa grande concentration de phosphate de magnésium.

La méthode d'analyse par caractérisation élémentaire nous a aussi offert, au-delà des nécessaires précisions de détermination des matières travaillées, une explication des textures de polis observées au microscope optique. Ces polis peuvent être caractéristiques de la matière travaillée parce qu'ils résultent de la structure des microfragments arrachés à celle-ci par l'outil. La tracéologie se trouve ainsi mieux fondée théoriquement.

Dans notre travail actuel, l'application de cette méthode a été effectuée sur la distinction de l'outillage ayant travaillé la dentine —l'ivoire— au Paléolithique.

Notre recherche nous a amenée à tenter un essai systématique d'application de cette méthode sur plusieurs collections archéologiques paléolithiques où le travail des matières dures animales était particulièrement bien attesté. La caractérisation chimique a permis d'affiner les déterminations de ce groupe de matières. L'os et le bois de cervidé restent inséparables par cette méthode (pour l'instant), leurs caractéristiques chimiques étant trop proches. Par contre la dentine a pu être parfaitement identifiée. Dans l'état actuel de notre recherche nous n'avons pas pu distinguer avec certitude les différents types de dentine quoique plusieurs possibilités se fassent jour : notamment il semblerait que l'on puisse reconnaître les craches de cervidé à la présence de sodium.

La caractérisation chimique nous ayant permis d'identifier un certain nombre d'outils archéologiques ayant travaillé la dentine, nous avons alors, par l'observation au microscope optique de leurs tranchants et par comparaison avec des collections expérimentales de référence, tenté de retrouver les traces de la cinématique des outils. C'est-à-dire que nous avons essayé de reconstituer le geste de l'artisan et, au-delà, de recomposer au moins en partie les différentes chaînes opératoires appliquées à ce travail.

En fait nos connaissances actuelles sur le travail de l'ivoire au Paléolithique restent encore lacunaires. On s'est trop longtemps intéressé à l'objet fini sans se préoccuper de sa réalisation, en partie parce que seuls les beaux objets étaient souvent collectés dans les fouilles anciennes. L'amélioration des méthodes et les relevés plus exhaustifs des vestiges (ébauches, fragments de matières brutes, pièces en cours de transformation, objets finis en ivoire, mais aussi outils lithiques...) commencent à permettre de retrouver les traces des actions techniques. Nous avons donc tenté la synthèse de nos données expérimentales, de l'étude du matériel archéologique et des fragments de reconstitution de chaînes opératoires déjà connues. Le résultat a été présenté sous forme de schémas montrant les trois principaux étapes de travail de l'ivoire : acquisition, ébauchage et façonnage.

Les techniques employées lors du travail de l'ivoire et des autres matières dures animales sont à peu près identiques et fonction moins de la matière travaillée que du type d'objet recherché. Les procédés de travail que nous avons repérés ne nous ont pas permis de faire apparaître de différences importantes entre l'industrie sur ivoire et celle qui concernait les autres matières dures animales. Les techniques (percussion, rainurage, raclage...) sont globalement les mêmes, quoique l'ivoire réagisse très différemment des autres matières en raison de sa structure spécifique. Ses particularités (dureté, structure) ont cependant amené quelques adaptations spécifiques, en particulier dans la recherche de tranchants d'outils plus efficaces (plus aigus ou plus renforcés).

L'importance accordée à la percussion chez les Aurignaciens de Geissenklösterle lors de l'ébauchage semble refléter un certain archaïsme lors de la mise en place des techniques propres, adaptées à la matière dure animale. Ces Aurignaciens, qui se trouvent être parmi les premiers à travailler l'ivoire, possèdent la volonté de fabriquer des objets en matière dure animale mais ils n'ont pas encore la maîtrise technique parfaite de ces matériaux. C'est sans doute pourquoi ils se contentèrent, au début de transférer à l'ivoire la technique de percussion, bien connue dans l'industrie lithique (à moins qu'elle n'ait été inspirée de la fracturation des os à des fins de consommation alimentaire). Plus tard, à Yudinovo, le principal type d'extraction de préformes des Épigravettiens deviendra le double rainurage. Cette technique apparue au Gravettien a atteint son apogée au Magdalénien européen. Elle s'est manifestée pour la première fois lors de la découverte en 1905 d'une défense rainurée dans le Vallon de Castel-Merle à Gorge d'Enfer par D. Peyrony ; les sillons creusés formaient une section en V qui, selon l'avis général, avait dû être réalisée au burin (Capitan, 1905). On ne peut écarter l'hypothèse qu'elle ait été inspirée d'un travail du bois dont on ne possède malheureusement pas de traces.

Mais ces observations concernent les deux extrémités chronologiques du Paleolithique supérieur et il sera nécessaire d'élargir cette étude afin de savoir s'il s'agit là d'une particularité culturelle du travail de l'ivoire chez les Aurignaciens ou bien d'un phénomène évolutif général.

C'est globalement la même panoplie d'outils qui était utilisée pour le travail de l'ivoire et des autres matières dures animales. Le choix de la matière première utilisée pour ces outils n'est pas non plus révélateur du travail spécifique de l'ivoire : à Yudinovo existait un silex tricolore d'origine allochtone, d'une qualité exceptionnelle ; ce n'est pas lui qui fut choisi pour travailler l'ivoire mais le silex commun ; à Geissenklösterle existait également un très beau silex "jaspoïde" jaune qui n'a pas non plus été particulièrement choisi pour cette activité.

Les variantes observées semblent être simplement une réponse pratique adaptée à la structure de l'ivoire. Les angles taillants des parties actives des outils sont le reflet d'une contrainte et expriment une adaptation au type d'action recherchée et à la dureté de la matière travaillée. Plus ouverts, ils sont plus résistants, notamment pour le travail d'une matière très dure comme l'ivoire ; plus fermés, ils sont plus précis mais nécessitent des renforcements par retouches. A Geissenklösterle comme à Yudinovo, nous avons observé une nette volonté de renforcer par des retouches les tranchants des lames et des éclats utilisés dans le travail de l'ivoire.

Pour comprendre les réactions propres à l'ivoire, il a été nécessaire de créer une collection de référence des différentes traces que peut provoquer son travail sur les outils et d'effectuer des expérimentations sur ivoires d'éléphant et de mammouth présentant des états différents. La dureté et la solidité de l'ivoire à l'état frais est évidente : les outils deviennent rapidement inefficaces en raison d'un microesquillement du tranchant et on peut s'interroger sur les difficultés rencontrées par les premiers hommes préhistoriques ayant travaillé ce matériau. Par contre, un ivoire sub-fossile légèrement desquamé est plus facile à travailler, en particulier lorsqu'il a été préalablement trempé dans l'eau. Les outils ont une durée de vie beaucoup plus longue, à condition d'enlever de temps en temps l'empâtement de résidus qui se dépose sur le tranchant (nettoyage qui n'empêche pas le développement d'un poli). Nous avons en vain tenté de trouver un moyen efficace d'amollir l'ivoire frais afin de le rendre aussi tendre et facile à travailler que l'ivoire sub-fossile.

Les polis issus d'un travail d'ivoire frais présentent plus de stries que ceux d'un ivoire sub-fossile trempé. Lors de l'analyse des outils archéologiques ayant travaillé l'ivoire à Geissenklösterle et à Yudinovo, nous avons rencontré peu de polis striés, les quelques cas enregistrés s'expliquant souvent par l'application d'un abrasif à base d'hématite (révélé par la présence de fer lors de nos analyses au MEB). Nous avons donc supposé que les hommes préhistoriques de ces gisements ont peut-être travaillé de préférence l'ivoire sub-fossile. Cette idée a été confortée archéologiquement par le fait que seul ce matériau produit des copeaux de grande taille comme ceux que l'on a trouvés sur le site de Geissenklösterle. L'image que nous avons des chasseurs de mammouths du Paléolithique n'est-elle pas embellie romantiquement ? ne peut-on imaginer que les carcasses de mammouths étaient alors fréquentes en Europe, un peu comme aujourd'hui dans le permafrost de Sibérie, et que nos vaillants "chasseurs de mammouths" ne soient que des" ramasseurs de défenses" ? plus ou moins fraîches — ce qui suppose un système d'acquisition de collecteurs (sur les carcasses d'animaux morts) — même si l'on ne peut exclure qu'ils étaient aussi de véritables chasseurs de mammouths, ce qui reste à démontrer.

La place accordée à l'ivoire au sein de la société paléolithique peut, d'après les gisements étudiés, être très variée. Seul le niveau protoaurignacien de Geissenklösterle présente des activités concentrées principalement sur l'ivoire et l'on peut dans ce cas parler d'un atelier. Malgré la présence de quelques outils ayant travaillé l'os ou le bois de cervidé, cet atelier organisé semble à vocation spécialisée sur l'ivoire, avec production d'outils lithiques sur place. A l'Aurignacien moyen, sur ce même site, l'ivoire ne semble pas avoir eu une place aussi importante : il a dans la grotte un rôle équivalent à celui du travail de l'os, du bois de cervidé ou de la peau. A Yudinovo, l'étude du gisement n'est pas encore assez avancée pour que l'on puisse se prononcer sur le rôle véritable du travail de l'ivoire, mais il est intéressant de noter que l'endroit le plus riche en outils ayant participé à cette industrie est la fosse où a été également retrouvé un grand nombre d'autres outils et de résidus de matières premières. On observe donc une évacuation commune de l'ensemble des restes liés à l'ivoire (déchets, outils...), à l'os ou au bois de cervidé.
La notion de valeur accordée à l'ivoire est donc minimale voire absente tant que celui-ci reste à l'état de matière première. Par contre elle est pleinement présente quand la matière a été transformée en objet. A partir de ce moment seulement, l'objet en ivoire prend toute sa valeur. C'est ce matériau particulier qui permet la réalisation d'objets souvent exceptionnels, mais c'est l'objet fini, dans toutes ses particularités, qui donne rétrospectivement sa valeur au matériau.

Notre étude de l'industrie sur ivoire repose essentiellement sur Geissenklösterle, site aurignacien correspondant aux débuts des industries en matière dure animale et Yudinovo, gisement de la fin du Paléolithique supérieur, alors que cette industrie est pleinement éclose.
Nous avons vu plusieurs tendances se dessiner : utilisation d'éclats et de lames de préférence aux burins dans le cas de l'industrie sur ivoire (mais pas de l'os et du bois de cervidé) ; évolution générale des techniques d'ébauchage vers une utilisation progressivement plus intensive du burin ; abandon de la grossière technique de percussion...

Nous avons également constaté que l'ivoire pouvait être l'objet d'une recherche importante et que son travail était plus difficile que celui des autres matériaux en raison de sa dureté et nécessitait la parfaite mise en application de tous les procédés connus sur l'os (et peut-être sur le bois). Il était cependant traité comme n'importe quel autre matériau (abandonné à l'endroit même du travail à Geissenklösterle ou rejeté dans un dépotoir à Yudinovo) tant qu'il n'avait pas acquis sa valeur d'objet fini.

Notre recherche a une vocation essentiellement pionnière. Elle nous a permis de mettre au point une méthode d'approche des outils préhistoriques efficace et relativement objective. Les applications archéologiques sont là pour en témoigner même si les témoignages du travail de l'ivoire dont nous disposons pour le Paléolithique sont encore assez limités. Il nous a fallu observer 1371 outils pour en découvrir 107 porteurs de polis de matières dures animales dont 33 avaient travaillé la dentine. Les effectifs sur lesquels reposent notre étude sont donc limités. Toutefois les caractères dégagés lors de cette recherche présentent une réalité pour les gisements étudiés : les lames et les éclats sont bien préférés aux burins pour travailler l'ivoire à Geissenklösterle, le burin se développe bien dans cette industrie au cours du Paléolithique, etc. Il faudra cependant attendre la découverte et la fouille de nouveaux ateliers d'ivoire pour acquérir la certitude que ces particularités sont bien représentatives de l'ensemble de la culture du Paléolithique supérieur. La reprise des fouilles de l'abri Castanet en Dordogne par R. White et J. Pelegrin offre de nouveaux espoirs. Ce site, fouillé une première fois au début du siècle par D. Peyrony, fait partie des quelques sites français riches en vestiges d'ivoire. Il présente encore des couches en place où l'on peut espérer y découvrir de nouveaux témoignages de cette industrie (comm. pers. R. White). Parallèlement, la fouille d'autres gisements, notamment dans les plaines russes (Yudinovo, Kostenki) se poursuit. La rigueur de l'enregistrement moderne des données, en particulier dans la localisation des outils lithiques et des déchets de travail d'ivoire, pourrait considérablement aider leur étude en nous permettant une sélection plus efficace et en nous offrant la possibilité de comprendre le rôle accordé à l'ivoire. Il serait également intéressant d'élargir ce type d'études à des cultures où le travail de l'ivoire est particulièrement bien attesté, tels les sites paléoesquimaux (comme Ekven sur la côte du Détroit de Béring — Plumet, 1995) ou les sites esquimaux plus récents pour lesquels nous disposons de données ethnographiques. Des comparaisons enrichissantes pourraient être effectuées sur l'usage des outils (fonction et mode d'utilisation) et plus généralement sur l'ensemble des chaînes opératoires de travail de l'ivoire. Au delà, ces comparaisons permettraient peut-être de mieux cerner les implications socio-économiques de ce matériau précieux.

Par ailleurs, cette recherche méthodologique par caractérisation élémentaire des polis est pleine de promesses. Afin d'en mesurer la réelle portée, il sera nécessaire d'élargir son champ d'application à d'autres types de matériaux.
Puisque le poli est additionnel, il doit être possible d'appliquer la méthode de caractérisation chimique à d'autres matières premières lithiques que le silex, comme le grès, le basalte, le quartz, l'obsidienne, matières sur lesquelles les traces d'utilisation sont difficilement observables en tracéologie classique... Il est probable que le transfert de microfragments se fait sur ces matériaux comme sur le silex, mais il est nécessaire de vérifier ce point avant d'appliquer la méthode. Par exemple, on pourrait envisager de déterminer la matière travaillée sur des pierres grenues utilisées (polissoirs, meules...) par une analyse par caractérisation chimique des parties actives. On pourrait également envisager l'analyse d'outils débités dans différentes roches à granulométrie grossière qui présentent parfois un poli peu développé et par conséquent difficile à identifier par simple analyse optique.
Ces analyses pourraient être étendues à d'autres outils que les outils lithiques. Ainsi, les outils en matières organiques comme l'os ou le bois de cervidé ont été rarement l'objet d'analyses tracéologiques. Une des raisons en est la difficulté de lecture d'une surface blanche au microscope optique qui rend nécessaire de procéder à la prise d'empreintes des parties actives. L'analyse au MEB d'outils en os a été tentée à titre pionnier, avec succès, sur des collections néolithiques (Stordeur & Anderson-Gerfaud, 1985) ; on pourrait l'envisager sur des outils paléolithiques en diverses matières dures animales. Nous avons pu non seulement distinguer la dentine des autres matières dures animales mais observer quelques indices de variabilités de composition entre les différents types de dentine. Cette recherche pourrait être élargie vers une caractérisation précise des types de dentine afin d'établir une distinction entre le véritable ivoire de Proboscidiens et les dents d'autres animaux terrestres ou marins. L'art mobilier et pariétal suggère en effet que les hommes préhistoriques connaissaient les mammifères marins, en particulier les phoques (bâton de Montgaudier — cf. Robineau, 1984), les cétacés (la dent de cachalot travaillée du site de Mas d'Azil — cf. Poplin, 1983). Une étude précisant la distinction entre les différents types de dentine marine et terrestre pourrait être particulièrement intéressante dans le cas de collections provenant de chasseurs de mammifères marins comme les Indiens des archipels de Patagonie ou les Esquimaux ou Paléoesquimaux des régions subarctiques.

Lors de nos analyses des outils de Yudinovo, nous avons rencontré quelques problèmes de lecture des surfaces au microscope optique en raison de la blancheur des patines. Certaines pièces patinées semblaient, malgré une observation difficile au microscope, présenter des traces d'usure indéterminables optiquement. Analysées au MEB, leur composition a permis de déterminer la matière travaillée. Les collections lithiques patinées sont nombreuses et elles ont souvent été exclues de l'analyse tracéologique en raison de leurs difficultés de lecture. La caractérisation chimique semble ici pouvoir nous fournir un moyen d'analyse pour étudier ces collections. Le seul problème à résoudre reste la localisation des zones à analyser, susceptible de porter des traces d'utilisation. Actuellement nous tentons les analyses de petits locus "les plus probablement utilisés", l'observation de zones limitées étant la seule possible pour éviter des problèmes de charge au MEB. Des possibilités plus larges pourraient s'ouvrir avec l'utilisation d'un MEB environnemental, qui permettrait d'effectuer des analyses dans une chambre à vide partiel. On pourrait ainsi placer la pièce directement dans la chambre et l'analyser sans couverture métallique. Ainsi il ne serait pas nécessaire de localiser préalablement l'endroit précis du poli puisque nous pourrions observer toute la surface de l'outil.
La recherche de formation du poli a montré que celui-ci est mesurable dans les trois dimensions. Cette notion d'épaisseur et d'étendue implique la possibilité de discuter la durée d'utilisation d'un outil. Nous avons vu que, dans le cas du travail de matières dures animales par un silex apparaît un stade de saturation de la surface de l'outil après 30 minutes de travail. C'est évidemment un facteur très limitant mais de telles recherches demandent à être approfondies sur d'autres types de matières : elles pourraient permettre d'aborder plus précisément la gestion des outils et leur réavivage.
L'utilisation d'un outil dans plusieurs activités et la superposition des polis sont difficiles à observer au microscope optique s'il n'existe pas de zones distinctes pour chaque utilisation. Selon notre modèle de formation du poli, la réutilisation d'un outil se traduit par le comblement de certains interstices de la surface du silex par une matière A, d'autres par une matière B et d'autres encore par une superposition des matières A et B. Une analyse de composition des matières travaillés par microfaisceaux avec l'établissement de cartographies de la surface devrait permettre de les déterminer.

On peut donc envisager d'élargir ce type d'étude non seulement à des outils fabriqués sur diverses matières premières lithiques ou organiques, mais aussi à toutes sortes de matières travaillées : minérales (hématite, ocre, manganèse, stéatite, calcaire...), animales (ivoire, peau, viande, os, corne,...), végétales (plantes, bois, racines....). Créer une collection de référence sur un corpus de matériaux très vaste pourrait permettre d'élargir l'éventail des déterminations. On pourrait ainsi mieux comprendre certaines activités : le traitement et l'emploi des colorants, le type de viande consommée, le traitement des peaux, l'emploi de différentes espèces de bois pour fabriquer certains objets (pieux, manches...), le type de végétaux récoltés et/ou travaillés...

La mise au point de ces applications serait probablement plus facile à réaliser à partir de collections archéologiques provenant de gisements où les matières périssables sont parfois conservées, comme les sites de la période néolithique. Ceci permettrait d'établir des parallèles entre la composition des traces d'utilisation sur les outils et celle des matériaux retrouvés et de vérifier par analogie les observations effectuées à partir du corpus expérimental de base.

BIBLIOGRAPHIE CITÉE

ABRAMOVA Z. A. 1984 Les habitats d'os de mammouth sur la Rive de Sud'ost. *Nature* 5, 52 - 53 (en russe).

ABRAMOVA Z. A. 1987 Nouvelles recherches sur le site de Yudinovo I. *Académie des Sciences d'URSS, Brèves communications,* 189, L'Age de la Pierre, 72 - 75 (en russe).

ABRAMOVA Z. A. 1992 Organisation des habitats dans la Plaine russe et en Sibérie à l'époque magdalénienne, *Le peuplement magdalénien. Paléogéographie physique et humaine.* Actes du colloque de Chancelade, 10-15 octobre 1988, ed. CTHS, Paris, 391-399.

ABRAMOVA Z. A. 1993 Two examples of terminal Paleolithic Adaptations. *In.* O. Soffer & N.D. Praslov (eds), *From Kostenki to Clovis, Upper Palaelithic-Paleo-Indian Adaptations,* 85 - 100.

ABRAMOVA Z. A. & GRIGORIEVA G. 1995 Utilisation de l'ivoire du site d'Yudinovo sur la plaine russe. *In* J. Hahn, M; Menu, Y. Taborin, Ph. Walter & F. Widemann (eds.), *Le travail et l'usage de l'ivoire au Paléolithique supérieur.* Actes de la Table Ronde, Ravello Italie 29 - 31 mai 1992, 221 - 232.

ALBRECHT G. 1977 Testing of Materials as used for Bone Points of the Upper Paleolithic. *Méthodologie appliquée à l'industrie de l'os préhistorique.* Colloque International du CNRS n° 568, Abbaye de Sénanque (Vaucluse), 9-12 juin 1976, ed. CNRS, Paris, 119 - 126.

ANDERSEN H. H. & WHITLOW H. J. 1983 Wear Traces and Patination on Danish Flint Artefacts. *Nuclear Instruments and Methods in Physics Research,* Hollande, 218, 468-474.

ANDERSON P. C. 1980 A Testmony of Prehistoric Tasks : Diagnostic Residues on Stone Tool Working Edges. *World Archaeology,* 122, 181-192.

ANDERSON P. C, 1992 (ed) Experimental cultivation, harvest and threshing of wild cereal and their relevance for interpreting the use of Epipalaeolithic and Neolithic artefacts. *In* Anderson (ed) *Préhistoire de l'agriculture.* Nouvelles approches expérimentales et ethnographiques. Monographie du CRA, 6, 69-81.

ANDERSON-GERFAUD P. C. 1981 *Contributions méthodologiques à l'analyse des microtraces d'utilisation sur les outils préhistoriques.* Thèse de 3e. cycle, Université de Bordeaux 1. 2 vol. 311p.

ANDERSON-GERFAUD P. 1982 Comment préciser l'utilisation agricole des outils préhistoriques. *Cahiers d'Euphrate,* 3, 149 - 184.

ANDERSON-GERFAUD P. 1983 A consideration of the uses of certains backed and "lustred" stone tools from the late Mesolithic and Natoufian levels of Abu Hureyra and Mureybet Syria. *In* M.-C. Cauvin (ed.) *Traces d'utilisation sur les outils néolithiques du Proche-Orient.* Travaux de la Maison de l'Orient, 5, 77-106.

ANDERSON-GERFAUD P. 1986 A Few Comments Concerning Residue Analysis of Stone Plant-processing Tools. *Early Mans News,* 9/10/11, 69-81.

ANDERSON-GERFAUD P. C., MOSS E. H. & PLISSON H. 1987 A quoi ont-ils servi ? L'apport de l'analyse fonctionnelle.*Bulletin de la Société Préhistorique Française,* 84, 8, 226-237.

AUDOUIN F., PLISSON H. 1982 Les ocres et leurs témoins au Paléolithique en France : enquête et expériences sur leur validité archéologique.*Cahiers du Centre de Recherches Préhistoriques, 8,* U.F.R. d'Art et d'Archéologie, Paris, 33-80.

AUDOUZE F., CAHEN D., KEELEY L. H. & SCHMIDER B. 1981 Le site magdalénien du Buisson Campin de Verberie Oise. *Gallia Préhistoire,* 24, 1, 99 - 143.

BAER N. S., INDICATOR N., FRANTZ J. H. & APPELBAUM B. 1971 The Effect of High Temperature on Ivory. *Studies in Conservation,* 16, London, 1 - 8.

BARONE R. 1976 *Anatomie comparée des mammifères domestiques.* T. 1, Ostéologie, eds. Vigot et Frères, Paris.

BEELEY J. G. & LUNT D. A. 1980 The Nature of the Biochemical Changes in Softened Dentine from Archaelogical sites. *Journal of Archaeological Science,* 7, 371 - 377.

BEYRIES S. 1987 *Variabilité de l'industrie lithique au Moustérien, approche fonctionnelle sur quelques gisements français.* BAR International Series n° 328, 204p.

BEYRIES S. & WALTER Ph. sous-presse Racloir et colorant à Combe-Grenal : le problème de la retouche Quina.

BORDES F. 1965 Utilisation possible des côtés des burins. *Fundberichte aus Schawaben,* 17, 3 - 5.

BRADLEY B. A. 1995 Clovis Ivory and Bone Tools. *In* J. Hahn, M. Menu, Y. Taborin, Ph. Walter & F. Widemann (eds.), *Le travail et l'usage de l'ivoire au Paléolithique supérieur.* Actes de la Table Ronde, Ravello Italie 29 - 31 mai 1992, 259 - 276.

BRADLEY R. & CLAYTON C. 1987 The Influence of Flint Microstructure on the Formation of Microwear Polishes. *The Human Use of Flint and Chert.* The Fourth International Flint Symposium, Brighton Polytechnic 10-15 April 1983. Cambridge University Press, 79 - 89.

BRONSHTEIN M. & PLUMET P. 1994 La Préhistoire des Esquimaux. *La Recherche,* 269, 25, octobre, 1004 - 1010.

BRUIER F. L. 1976 New Clues to Stone Tool Function : Plant and animal Residues. *American Antiquity,* 41, 478 - 484.

BUISSON D., MENU M., PINÇON G. & WALTER Ph. 1989 Les objets colorés du Paléolithique supérieur, le cas de la grotte de la Vache Ariège. *Bulletin de la Société Préhistorique Française,* 86, 6, 183-191.

BURACK B., 1984 *Ivory and its uses.* Ed. Charles E. Tuttle Compagny.

CAHEN D., KEELEY L. H. & VAN NOTEN F. 1978 *Les chasseurs de Meer.* Répartition et analyse des traces microscopiques d'usure de quelques ensembles remontés, 86-101.

CAMMAN S. 1954 Carvings in Walrus Ivory. *University*

Museum Bulletin Pensylvania University, 18, 3, 3 - 31.

CAPITAN Dr. 1906 Le débitage de l'os, de la corne et de l'ivoire à l'époque magdalénienne. *Congrès International d'Athropologie préhistorienne*, Monaco, 404 - 405.

CHEYNIER A. 1963 *La caverne de Pair-Non-Pair, Gironde. Fouille F. Daleau.* Documents d'Aquitaine, 11, 215p.

CHIRICA V. & BORZIAC I. 1995 Les ivoires de Sud-Est de l'Europe : Bulgarie, Grèce, Yougoslavie et Roumanie jusqu'au Dniestr. *In* J. Hahn, M. Menu, Y. Taborin, Ph. Walter & F. Widemann (eds.), *Le travail et l'usage de l'ivoire au Paléolithique supérieur.* Actes de la Table Ronde, Ravello Italie 29 - 31 mai 1992,199 - 210.

CHRISTENSEN M. 1991 *Analyse fonctionnelle d'un ensemble d'outils égyptiens coll. Musée des Antiquités Nationales.* Rapport LRMF, n° 01795, 20p.

CHRISTENSEN M. 1994 Analyse fonctionnelle de l'unité S27/Q31. *In* Y. Taborin, M. Olive, N.Pigeot, L. Badalian, M. Christensen, *Les fouilles d'Etiolles 1992-94.* Rapport triennal au Ministère de la Culture.

CHRISTENSEN M. & WALTER Ph. 1992 Physico-chimie en tracéologie. *La Pierre Préhistorique, Actes du séminaire des 13 et 14 décembre 1990,* 149 - 171.

CHRISTENSEN M., WALTER Ph.& MENU M. 1992 Usewear characterisation of prehistoric flints with IBA *Nuclear Instruments and Methods in Physics Research,* B64, Hollande, 488 - 493.

CHRISTENSEN M., GRIME G., WALTER Ph. & MENU M. 1993 Usewear Studies of Flint Tools with micro PIXE and micro RBS. *Nuclear Instruments and Methods in Physics Research,* B77, Hollande, 530 - 536.

CHRISTENSEN M., CALLIGARO T., CONSIGNY S., DRAN J.-C., SALOMON J. ET WALTER PH. (sous-presse) — Insight on the usewear mechanism of archaeological flints by implantation of a marker ion and PIXE analysis of experimental tools. Nuclear Instruments and Methods in Physics Research , B.

CLARK J. D. G. & THOMPSON M. W. 1953 The Groove and Splinter Technique of Working Antler in Upper Palaeolithic and Mesolithic Europe. *Proceedings of the Prehistoric Society,* 19, 148-160.

CLAYTON E. 1986 BATTY 83 : A Computer Program for Thick Target PIXE Analysis. *Nuclear Instruments and Methods in Physics Research,* B218, Hollande, 221-224.

COTTEREL B. & KAMMINGA J. 1979 The Mecanics of Flaking. *In* B. Hayden (ed), *Lithic Use-Wear Analyses.* Proceedings of the conference on lithic usewear analysis, Simon Frazer University, Barneby, British Columbia, March 16-20 1977, Academic press, New York, 97 - 112.

CRABTREE D. E. & DAVIS E. L. 1968 Experimental Manufacture of Wooden Implements with Tools of Flaked Stone. *Science, 59, 426 - 428.*

CUTLER A. 1985 *The Craft of Ivory. Sources, Techniques and Uses in Mediterranean World A.D. 200 - 1400 .* Dumbarton Oaks.

DAUVOIS M., 1977 Travail expérimental de l'ivoire, sculpture d'une statuette féminine *Méthodologie appliquée à l'industrie de l'os préhistorique,* Colloque International du CNRS n° 568, Abbaye de Sénanque (Vaucluse), 9-12 juin 1976, ed CNRS, Paris, 269 - 273.

DAUVOIS M. 1983 Burins usés de la grotte du Crest à Viry Saône et Loire. *Congrès préhistorique de France, XXIè session* . Ed. Socité Préhistorique Française, 2, 97 - 110.

DEL BENE T. A. 1979 Once upon a Striation: Currents Models of Striation and Polish Formation. *In* B. Hayden (ed), *Lithic Use-Wear Analyses.* Proceedings of the conference on lithic usewear analysis, Simon Frazer University, Barneby, British Columbia, March 16-20 1977, Academic press, New York, 167-177.

DEL BENE T. A 1980 An X-Ray Analysis of Depositional Polish. *Lithic Technology,* IX, 2, 36-37.

DELPORTE H. 1995 Statuettes en ivoire du Paléolithique supérieur. *In* J. Hahn, M. Menu, Y. Taborin, Ph. Walter & F. Widemann (eds.), *Le travail et l'usage de l'ivoire au Paléolithique supérieur.* Actes de la Table Ronde, Ravello Italie 29 - 31 mai 1992, 7 - 28.

DESBROSSE R. & KOSLOWSKI J. 1988 *Hommes et climat à l'âge du mammouth, le Paléolithique supérieur d'Eurasie centrale.* ed. Masson, Paris, 144 p.

DIAMOND G. 1979 The Nature of So-Called Polished Surfaces on Stone Artifacts. *In* B. Hayden (ed), *Lithic Use-Wear Analyses.* Proceedings of the conference on lithic usewear analysis, Simon Frazer University, Barneby, British Columbia, March 16-20 1977, Academic press, New York, 159 - 166.

DIRLAM P. B. 1967 Artic ivory and its Working. *Polar Notes,* VII, 29 - 36.

DIXON E. J. 1993 *Quest for the Origins of the First Americans.* Albuquerque, Univ. of New Mexico Press.

DOOLITTLE L. R. 1985 Algorithms for the Rapid Simulation of Rutherford Backscattering Spectra. *Nuclear Instruments and Methods in Physics Research,* B9, Hollande, 344 - 351.

DORLOT J. M., BAIOU J. P. & MASOUNAVE J. 1986 *Des matériaux.* Ed. Ecole Polytechnique de Montréal, Canada.

EL-KAMMER A., HANCOCK R. G. V. & ALLEN R. O. 1989 Human Bones as Archaeological Samples, Changes Due to Contamination and Diagenesis. *Archaeological Chemistry IV,* ed. Allen, Advances in Chemistry Series, 220, 337- 352.

ESPINOZA E. O. & MANN M - J. 1992 *Identification Guide for Ivory and Ivory Substitutes.* World Wildlife Foundation, 35 p.

FAGG W. 1972 *Eskimo Art in the British Museum.* London.

FIEDLER L. 1989 Besprechungen und Anziegen, J. Hahn, Kraft und Agression. *Germania,* 1, 193 -196.

FILIPPOV A. K. 1983 Promeny teknitcheskogo formoobrazovania oroudi trouda v paleolite. Problème de mise en forme technique des outils de travail au Paléolithique. *extrait de "Technologie de la production au Paléolithique"* , ed. Naouka. Traduction : Jacqueline Gaudey CRA, CNRS.

FISCHER F. G., BOHN H. 1955 The Composition of Elephant Ivory. *Hoppe-Seyler's Z. Physiol. Chem.*, 302, 283 - 285.

FRISON G. C. 1993 Northern American High Plains Paleo-Indian Hunting Strategies and Weaponry Assemblages. *In.* O. Soffer & N.D. Praslov (eds), *From Kostenki to Clovis, Upper Palaeolithic-Paleo-Indian Adaptations*, 237 - 250.

GIACOBINI G. & MALERBA G. 1995 Les pendeloques en ivoire de la sépulture paléolithique du "Jeune Prince" Grotte des Arene Candide, Finale Ligure, Italie. *In* J. Hahn, M. Menu, Y. Taborin, Ph. Walter & F. Widemann (eds.), *Le travail et l'usage de l'ivoire au Paléolithique supérieur.* Actes de la Table Ronde, Ravello Italie 29 - 31 mai 1992, 173 - 136.

GLADKIH M., KORNIETZ N. & SOFFER O. 1985 Les huttes en os de mammouth de la plaine russe. *Pour la Science*, janvier, 32-38.

GRACE R., GRAHAM I. D. G. & NEWCOMER M. H. 1985 The Quantification of Microwear Polishes.*World Anthropology*, 17, 112-120.

GRIGORIEV G. P. 1993 The Kostenki-Avdeevo Archaeological Culture and the Willendorf-Pavlov-Kostenki-Avdeevo Cultural Unity. *In.* O. Soffer & N.D. Praslov (eds), *From Kostenki to Clovis, Upper Palaelithic-Paleo-Indian Adaptations*, 51 - 66.

GRIME G. W., WATT F, DUVAL A. R. & MENU M. 1991 Nuclear Microscopy of Inhomogenous Thick Samples. *Nuclear Instruments and Methods in Physics Research*, B 54, Hollande, 353 - 362.

GUSINDE M. 1982 *Los Indios de Tierra del Fuego.* T. 1, Los Selk'nam. Centro Argentino de Etnologia americana, CNICT, Buenos Aires (1er. ed en allemand 1931) 455 p.

GUSINDE M. 1986 *Los Indios de Tierra del Fuego.* T. 2, Los Yamana. Centro Argentino de Etnologia americana, CNICT, Buenos Aires (1er. ed en allemand 1939) 606 p.

HAHN J. 1971 Eine Jungpaläolithische Elfenbeinplastik aus den Hohlenstein Stadel, *Fundberichte aus Schwaben*, Neue Folge 14, 11-23.

HAHN J. 1986 *Kraft und Agression, Die Botschaft der Eiszietkunst im Aurignacien Süddeutchlands.* Verlag Archaeologica Venatoria, 7, Tübingen, 254 p.

HAHN J. 1987 Aurignacian and Gravettian Settlement Patterns in Central Europe. *The Pleistocene Old World, Regional Perspectives*, ed. O. Soffer, 251-262.

HAHN J. 1988 *Das Geissenklösterle-Höhle im Achtal bei Blaubeuren I.* Forschungen und Berichte zur Vor-und Frügeschichte in Baden-Württemberg, 26.

HAHN J. 1989 Zur Funktion einer Aurignacien-feuerstelle aus dem Geissenklösterle bei Blaureuren. *Fundberichte aus Baden-Würtemberg*, 14, 1 - 22.

HAHN J. 1990 Die Untersuchungen des Jahres 1990 im Geissenklösterle bei Blaubeuren, Alb-Donau-Kreis. *Archäologische Ausgrabungen in Baden-Würtemberg*, 17-19.

HAHN J. 1991 Variabilité fonctionnelle dans l'Aurignacien en Europe centrale. *Anthropologie*, XXIX/1-2, 67 - 72.

HAHN J., 1993 Aurignacien Art in Central Europe. *Before Lascaux, the Complexe Record of the Early Upper Palaelithic.* Eds. H. Knecht, A. Pike-Tay & R. White, 229 - 242.

HAHN J. 1995 Les ivoires en Allemagne : débitage, façonnage et utilisation au Paléolithique supérieur. *In* J. Hahn, M. Menu, Y. Taborin, Ph. Walter & F. Widemann (eds.), *Le travail et l'usage de l'ivoire au Paléolithique supérieur.* Actes de la Table Ronde, Ravello Italie 29 - 31 mai 1992, 115 - 136.

HAHN J. inédit. 14C- chronologie de Geissenklösterle.

HAYDEN B. (ed.) 1979 *Lithic Use-Wear Analyses.* Proceedings of the conference on lithic usewear analysis, Simon Frazer University, Barneby, British Columbia, March 16-20 1977, Academic press, New York, 413 p.

HAYNES C. V. 1973 Elephant Hunting in North America *Early Man in America*, Reedings from Scientific American, ed. Freeman & Company, San Francisco, 44 - 52.

HAYNES G. 1991 *Mammoths, Mastodonts and Elephants.Biology. Behavior and the Fossil record.* Cambridge University Press, 413 p.

HODGES H., 1964 *An Introduction to Early Materials and Technology.* Ed. J. Becker.

INIZAN M. L., REDURON M., ROCHE H., TIXIER J. 1995 *Préhistoire de la pierre taillée, technologie de la pierre taillée*, 4, 199p.

JOHNSON D. L., KAWANO P. & EKKER E. 1980 Clovis Strategies of Hunting Mammoth. *Canadian Journal of Anthropology*, 1, Spring, 107 - 114.

JØRGENSEN G. & BOTHFELD K. 1986 Knogler, tak, tænder, skaller og hornmaterialer. Struktur, nedbrydning og konservering. Ed. Konservatorskolen, Det Kongelige Danske Kunstakademi, København, 88 p.

JUEL JENSEN H. 1988 Functional Analyses of Prehistoric Flint Tools by High-Power Microscopy: A Review of West European Research. *Journal of World Prehistory*, 2 1, 53 - 88.

JUEL JENSEN H. 1994 Flint Tools and Plant Working. Hidden Traces of Stone Technology. AArhus University Press, 263p.

KAMMINGA J. 1979 The Nature of Use-polish and Abrasive Smothing on Stone Tools. *In* B. Hayden (ed), *Lithic Use-Wear Analyses.* Proceedings of the conference on lithic usewear analysis, Simon Frazer University, Barneby, British Columbia, March 16-20 1977, Academic press, New York, 143 - 157.

KEELEY L. H. 1980 *Experimental Determination on Stone Tool Uses. A Microwear Analyse.* The University of Chicago Press. 212 p.

KRZYSZKOWSKA O. 1990 *Ivory and Related Matérials - An Illustrated Guide.* Bull. Supp. 59, Institute of Classical Studies.

LAFONTAINE R. H. & WOOD P. A. 1982 The Stabilization of Ivory Against Relative Humidity Fluctuations. *Studies in Conservation,* 27, London, 109 - 117.

LAVALLEE D. 1995 *Promesse d'Amérique, la Préhistoire de l'Amérique du Sud.* Collection "La Mémoire du Temps", Hachette, Paris, 270 p.

LE TENSORER J -M. 1989 Le mammouth d'Europe et son environnement. *Archéologie Suisse,* 12, 2, 35-37.

LEVI-SALA I. 1993 Use-wear Traces : Process of Development and Post-depositional alterations. *In* P. C. Anderson, S. Beyries, M. Otte & H. Plisson (eds), *Traces et fonction : les gestes retrouvés,* Colloque International de Liège, 8 - 10 décembre 1990, Eraul n° 50, vol. II, 401-416.

LEVI-SALA I. 1996 *A Study of Microscopic Polish on Flint Implements.* BAR International Series 629. 178p.

LISTER B. & BAHN P. 1995 *Encyclopédie complète des Mammouths* . Ed. Delachaux et Niestle, 167 p.

LÖVESTAM N. E. G., JOHANSSON E - M., JOHANSSON S. A. E. & PALLON J. 1990 Scanning Proton Microprobe Analysis Applied to Wood and Bark Samples. *Nuclear Instruments and Methods in Physics Research,* B49, Hollande, 490 - 494.

LOY T. H. 1983 Prehistoric Blood Residue : Detection on Tool surfaces and Identification of Species of Origin. *Science,* 220, 1269 - 1271.

LOY T. H. 1993 The Artifact as Site : an Example of Biomolecular Analysis of Organic Residues on Prehistoric Tools. *World Archaelogy,* 25, 1, 44 - 63.

MACGREGOR A. 1985 *Bone, Antler, Ivory and Horn, the Technology of Skeletal Matérials since the Romain Period.* Croom Helm, London & Sydney, 245 p.

MANUELS RORETS 1977 *Nouveau manuel complet du marqueteur, du tabletier et de l'ivoirier.* Vol. 46, réed. Maigne et Roichon, Paris.

MASSON A., COQUEUGNOIT E. & ROY S. 1981 Silice et traces d'usage : le lustré des faucilles. *Nouv. Arch. Mus. Hist. nat. Lyon,* 19, 43-51.

MATIENZO L. J. et SNOW C. E. 1985 The Chemical Effect of Hydrochloric Acid and Organic Solvents on the Surface of Ivory. *Studies in Conservation,* 31, London, 133 - 139.

MACGHEE R. 1977 Ivory for the Sea Woman : the Symbolic Attributes of a Prehistoric Technology. *Canadian Journal of Archaeology,* 1, 141 - 149.

MEEKS N. D., DE G. SIEVEKING G., TITE M. S. & COOK J. 1982 Gloss and Use-wear Traces on Flint Sickles and Similar Phenomena. *Journal of Archaeological Science,* 9, 317 - 340.

MELTZER D. J. 1993 Is there a Clovis Adaptation *In.* O. Soffer & N.D. Praslov (eds), *From Kostenki to Clovis, Upper Palaelithic-Paleo-Indian Adaptations,* 237 - 250.

MENU M. 1990 IBA in the Museum : why AGLAE. *Nuclear Instruments and Methods in Physics Research,* B45, Hollande, 597-603.

MINZONI-DEROCHEA., MENU M. & WALTER Ph., 1995 The Working of Pigments during the Aurignacien Period. Evidence from Üçagizli Cave Turquie. *Antiquity,* 69, 153 - 158.

MITHEN S. 1994 From Domain Specific to Generalized Intelligence : a Cognitive Interpretation of the Upper/Middle Paleolithic Transition. *The Ancient Mind, Elements of Cognitive Archaeology,* 29 - 39.

MOSS E. H. 1983 *The Functional Analysis of Flints Implements: Pincevent et Pont d'Ambon: Two case Studies from the French Paleolithic.* BAR International Series n° 177. Oxford, 249 p.

MOVIUS H. 1968 Note on the History of the Discovery and Recognition of the Function of Burins in Tools. *La Préhistoire, Problèmes et Tendances,* Paris, 311-318.

MÜNZEL S., MOREL Ph. & HAHN J. 1994 Jungpleistozäne Tierreste aus der Geissenklösterle-Höhle bei Blaubeuren. *Fundberichte Aus Baden-Würtemberg,* 19/1, 63-93.

NANTET B. 1990 *Les routes de l'ivoire.* Casterman Images, Paris, 118 p.

NEWCOMER M. 1977 Experiments in Upper Paleolithic Bone Work. *Méthodologie appliquée à l'industrie de l'os préhistorique.* Colloque International du CNRS n° 568, Abbaye de Sénanque (Vaucluse), 9 - 12 juin 1976, ed. CNRS, Paris, 293 - 302.

NEWCOMER M. H., GRACE R. & UNGER-HAMILTON R. 1987 Microwear Polishes, Blind Test, and Texture Analysis. *The Human Use of Flint and Chert. The Fourth International Flint Symposium, Brighton Polytechnic 10-15 April 1983.* Ed. Cambridge University Press, 253-263.

O'CONNOR S. 1987 The Identification of Osseous and Keratinaceous Materials at York *Archaeological Bone, Antler and Ivory,* Occasional Papers, 5, 9 - 21.

O'CONNOR T. P 1987 On the structure, chemistry and decay of bone, antler and ivory *Archaeological Bone, Antler and Ivory. Occasional Papers,* 5, 6 - 8.

ODELL G. 1981 The Mecanics of Use-breakage of Stone Tools : Some Testable Hypotheses. *Journal of Field Archaeology,* 8, 197 - 209.

OTTE M., 1974 Observation sur le débitage et le façonnage de l'ivoire dans l'Aurignacien belge. *Méthodologie appliquée à l'Industrie de l'os préhistorique.* Colloques Internationaux du CNRS, Sénanque, 93 - 96.

OWEN L. R. 1988 *Blade and Microblade Technology. Selected Assemblages from the North American Artic and the Upper Paleolithic of Southwest Germany.* BAR International Series, Oxford, 441 p.

PAWLIK A. 1992 *Mikrogebrauchsspurenanalyse. Methoden-Forschungsstand-Neue Ergebnisse* Urgeschichtliche Materialhefte, 9, Tübingen, 76 p.

PAWLIK A. 1995 Ivory Experimentation in Use-wear

Analysis. *In* J. Hahn, M. Menu, Y. Taborin, Ph. Walter & F. Widemann (eds.), *Le travail et l'usage de l'ivoire au Paléolithique supérieur.* Actes de la Table Ronde, Ravello Italie 29 - 31 mai 1992, 245 - 258.

PEARCE S. M. 1985 *Eskimo Carving.* Ed. Shire Ethnography, 64 p.

PEYRONY D. & PEYRONY E. 1938 Laugerie-Haute. *Archives de l'Institut de Paléontologie Humaine,* Mémoire 19, Paris, 81p.

PIGEOT N. 1991 *Entre Nature et Culture. Valeur heuristique des approches systématiques et cognitives de la technologie lithique.* Thèse d'habilitation, Université de Paris I.

PITULKO V. 1993 Premières migrations préhistoriques dans l'Arctique. *La Recherche,* 256, juillet-août, 898 - 899.

PLISSON H. 1985 *Etude fonctionnelle des outillages lithiques par l'analyse des micro-usures: recherche méthodologique et archéologique.* Thèse de doctorat présentée à l'Université de Paris I, 357 p.

PLISSON H. 1991 Tracéologie et expérimentation : bilan d'une situation. *Archéologie expérimentale,* 2 - La Terre, 152 - 160

PLISSON H. & MAUGER M. 1988 Chemical and Mechanical Alteration of Microwear Polishes : An Experimental Approach. *Helinium,* XXVIII/1, 3 - 16.

POMEROL C. & RENARD M. 1989 *Eléments de géologie.* Armand Collin, 615 p.

POPLIN F. 1976 Les grands vertébrés de Gönnersdorf, fouilles 1968. *Gönnersdorf,* 2, ed. Steiner, Wiesbaden, 212 p.

POPLIN F. 1983 La dent de Cachalot sculptée du Mas-d'Azil, avec remarques sur les autres restes de cétacés de la Préhistoire française. *La Faune et l'Homme préhistorique.* Memoire de la Société Préhistorique Française, 16, 81 - 94.

POPLIN F. 1995 Délitage et débitage dans le travail de l'ivoire vrai sur des exemples du début du Paléolithique supérieur. *In* J. Hahn, M. Menu, Y. Taborin, Ph. Walter & F. Widemann (eds.), *Le travail et l'usage de l'ivoire au Paléolithique supérieur.* Actes de la Table Ronde, Ravello Italie 29 - 31 mai 1992, 17 - 28.

PRASLOV N. D. 1985 L'art du Paléolithique supérieur à l'est de l'Europe. *L'Anthropologie,* 89, 2, 181-192.

RAJARAM J. 1986 Tensile Properties and Fracture of Ivory. *Journal of Materials Science Letters* , 5, 1077 - 1080.

RIEK G. 1934 *Die Eiszeitjägerstation am Vogelherd im Lonetal.* Band I : die Kulturen, 388p.

RIGAUD A. 1972 La technologie du burin appliquée au matériel osseux de la Garenne (Indre). *Bulletin de la Société Préhistorique Française,* 69, 104-108.

RITCHIE C. I. A. 1969 *Ivory Carving.* Arthur Baker Limited, London.

ROBINEAU D. 1984 Sur les mammifères marin du bâton gravé préhistorique de Montgaudier. *L'Anthropologie,* 88, 4, 661-664.

SAINT AUBYN F. 1987 *Ivory - A History and Collector's Guide.* Ed. Thames and Hudson, London, 350 p.

SAUNDERS J. J. 1980 A Closer Look at Ivory. *The Living Museum,* 41, 4, 56 - 59.

SAUNDERS J. J., HAYNES C. V., STANFORD D. & AGOGINO G. A. 1990 A Mammoth-Ivory Semifabricate from Blackwater Locality n° 1, New Mexico. *American Antiquity,* 55, 1, 112 - 119.

SCHEER A. 1995 Pendeloques en ivoire durant le Gravettien en Allemagne du Sud, un indice chronologique et social ? *In* J. Hahn, M. Menu, Y. Taborin, Ph. Walter & F. Widemann (eds.), *Le travail et l'usage de l'ivoire au Paléolithique supérieur.* Actes de la Table Ronde, Ravello Italie 29 - 31 mai 1992, 137 - 172.

SCHMID E. 1989 Die Altsteinzeitliche Elfenbienstatuette aus der Höhle-Stadel im Hohlenstein bei Asselfingen Alb-Donau-Kreis. *Fundberichte aus Baden-Württemberg,* 14, 33 - 118.

SEMENOV S. A. 1964 *Prehistoric Technology.* Bath, Adams & Dart, London, 211 p.

SOFFER O. 1985 The Upper Paleolithic of the Central Russian Plain. Academic Press.

SOFFER O. 1993 Upper Paleolithic Adaptations in Central and Eastern Europe and Man-Mammouth Interactions *In.* O. Soffer & N.D. Praslov (eds), *From Kostenki to Clovis, Upper Palaelithic-Paleo-Indian Adaptations,* 31 - 50.

SOROKINA G. 1993 L'ornement rhomboïdal dans l'art Paléolithique de la régions de Desna. Les nouvelles fouilles de Ioudinovo. *L'Anthropologie,* 97, 2/3, 337 - 354.

SREEKUMAR K. P. & NIRMALAN G. 1989 Mineral Composition of Elephants Tusk. *Indian Journal of Animal Science,* 59 12, 1561-1562.

STORDEUR D. 1977 La fabrication des aiguilles à chas. Observation et expérimentation. *Méthodologie appliquée à l'industrie de l'os préhistorique.* Colloque International du CNRS n° 568, Abbaye de Sénanque (Vaucluse), 9-12 juin 1976, ed. CNRS, Paris, 251 - 256.

STORDEUR D. & ANDERSON-GERFAUD P. 1985 Les omoplates encochées de Ganj Dareh : étude morphologique et fonctionnelle. *Cahier d'Euphrate,* 4, 289 - 313.

SUMERLY F. 1994 *Le mammouth, géant de la Préhistoire.* Solar, Paris,128 p.

SVEZHENTSEV Y.S. 1993 Radiocarbon Chronology fot the Upper Paleolithic Sites on the East European Plain, *In.* O. Soffer & N.D. Praslov (eds), *From Kostenki to Clovis, Upper Palaelithic-Paleo-Indian Adaptations,* 23 - 30.

SYMENS N. 1986 A Functional Analysis of Selected Artifacts from the Magdalenian Site of Verberie. *Journal of Archaeological Science,* vol. 13 n° 1, 213-222

SYMENS N. 1988 Gebrauchsspuren des Steinartefakte,In J. Hahn *Das Geissenklösterle-Höhle im Achtal bei*

Blaubeuren I. Forschungen und Berichte zur Vor-und Frügeschichte in Baden-Württemberg, 26, 177-201.

TABORIN Y., 1977 Quelques objets de parure. Etude technologique : les percements des incisives de bovinés et des canines de renards. *Méthodologie appliquée à l'Industrie de l'os préhistorique.* Colloques Internationaux du CNRS n° 568, Sénanque, 303 - 310.

TABORIN Y. 1995 Formes et décors des éléments de parure en ivoire du Paléolithique français. *In* J. Hahn, M. Menu, Y. Taborin, Ph. Walter & F. Widemann (eds.), *Le travail et l'usage de l'ivoire au Paléolithique supérieur.* Actes de la Table Ronde, Ravello Italie 29 - 31 mai 1992, 63 - 84.

TRINGHAM R., COOPER G., ODELL G., VOYTEK B., WHITMAN A., 1974 Experimentation in the Formation of Edge Damage : A New Approach to Lithic Analysis. *Journal of Field Archaeology,* 11/2, 171-196.

UNGER-HAMILTON R, 1988 *Methods in Microwear Analysis. Prehistoric Sickles and other Stone Tools from Arjoune, Syria.* BAR International Series, Oxford, n°435.

UNRATH G., OWEN L., VAN GIJN A. L., MOSS E. H., PLISSON H., VAUGHAN P., 1986 An Evaluation of Microwear Studies : A Multi-Analyst Approach. *Early Man News,* 9/10/11, part 1, 117 - 176.

VAN GIJN A. L., 1989 *The Wear and Tear of Flint. Principles of Functional Analysis Applied to Dutch Neolithic Assemblage.* Analecta Praehistorica Leidensia, 22, Leiden, 181p.

VARTANYAN S. L., GARUTT V.E., SHER A. V., 1993 Holocen Dwarf Mammouths from Wrangel Island in the Siberian Artic. *Nature,* vol. 362, 337 - 340.

VAUGHAN P.., 1985 *Use-wear Analysis of Flakes Stone Tools.* University of Arizona Press, Tucson.

VAUGHAN P., PLISSON H., 1986 Comment présenter les données tracéologiques ? *Early Man News,* 9/10/11, 177-182.

VEIL S. , LASS G. , NARR K. J., 1988 Was man mit dem faustkiel machte : mikroskopiche gebrauchsspuren untersuchning an steinwerzugen in Niedersachen. Die Kunde N. F , 39, 255 - 264.

VERESHCHAGIN N. K. & BARYSSHNIKOV G. F., 1982 Paleoecology of the Mammouth Fauna in the Eurasian Artic; *Paleoecology of Beringia.*Ed. Hopkins *et al.,* 267- 279.

WALTER Ph., sous presse La peinture des statuettes féminines au Paléolithique. *Colloque de Brassempouy,* juillet 1995.

WALTER Ph., MENU M., VICKRIDGE I. C., 1990 Fluorine Depth Profiles as a Relative Dating Method of Chipped Flints. *Nuclear Instruments and Methods in Physics Rersearch,* B45, Hollande, 119-122.

WATERS N, 1990 Some Mechanical and Physical Properties of Teeth. *The Mechanical Properties of Biological Materials,* Symposia of the Society of Experimental Biology, XXXIV, Cambridge University Press, 99 - 136.

WEBSTER R., 1983 *Gems, theirs Sources , Descriptions and Identifications.* ed. Butterworks.

WHITE R., 1988 Objets magdaléniens provenant de l'abri du Soucy Dordogne : la collection de M. H. Ami au Royal Onatario Museum, Toronto, Canada. *L'Anthropologie,* t. 92, n° 1, 29 - 40.

WHITE R., 1989 Les premiers bijoux dessinés et sculptures. Pour la Science, n° 143, 62 - 69.

WHITE R., 1993 Technological and Social Dimensions of "Aurignacien-Age" Body Ornements across Europe. *Before Lascaux, the Complexe Record of the Early Upper Paleolithic.* Eds. H. Knecht, A. Pike-Tay & R. White, 277-300.

WHITE R., 1995 Ivory personal ornaments of Aurignacian age : technological, social and symbolic perspectives. *In* J. Hahn, M. Menu, Y. Taborin, Ph. Walter & F. Widemann (eds.), *Le travail et l'usage de l'ivoire au Paléolithique supérieur.* Actes de la Table Ronde, Ravello Italie 29 - 31 mai 1992, 29 - 62.

WISSLER C., 1918 Archaeology of Polar Eskimo. *Anthropological Papers of the American Museum of Natural History,* vol. XXII, part III, 107 - 166.

WITTHOFT J., 1967 Glazed polish on flint tools. *American Antiquity ,* vol. 32, 383-388.

YAMADA S., 1993 The Formation Process of "Use-wear Polishes". *Traces et fonction : Les gestes retrouvés.* Colloque International de Liège, Eraul n° 50, vol. II, 433 - 444.

ANNEXES

ANNEXE 1 - ENREGISTREMENT DES DONNÉES

Un code d'enregistrement a été élaboré à partir des observations macroscopiques et des stigmates d'utilisation sur les outils. Il a été inspiré de deux codes déjà existants (Vaughan et Plisson, 1986 ; Van Gijn, 1989). Son propos est de fournir des informations sur l'outil même (d'ordre général) et son utilisation (analyse fonctionnelle). Les caractères de base enregistrés sont : **identification** (nom du site et n° de pièce), analyse des caractères **morphométriques**, détermination **typologique**, détermination de **matière**, analyse des caractères **macroscopiques** (morphologie, ébréchures, réavivage...) et **microscopiques** qui concernent plus précisément les polis ; enfin, **analyse chimique** précisant la composition chimique du poli et des résidus (Fig. 1). Le détail des caractères analysés est expliqué ci-dessous :

IDENTIFICATION	MORPHOMÉTRIE
Site n° de pièce	longueur largeur épaisseur
DÉTERMINATION TYPOLOGIQUE	**DÉTERMINATION DE LA MATIÈRE**
designation	matière première grain cotex
CARACTÈRES MACROSCOPIQUES	**CARACTÈRES MICROSCOPIQUES**
fragment	état de surface
nombre de ZUP	localisation des ZU
morphologie du bord	retouche d'utilisation
observations	émoussé
état du bord	distribution du poli
cassure	coalescenceet trame du poli
localisation des ZUP	matière travaillée
retouche	état de fraîcheur
angle	localisation stries
réavivage	
CARACTÈRES CHIMIQUES	direction stries
composition	action
matière travaillée 2	relation ZU et ZTT

Annexe, Figure 1 - Modèle de fiche d'analyse.

Morphométrie :

Les dimensions sont données en millimètres. La **longueur** est mesurée de la partie proximale à la partie distale ; si aucun stigmate ne permet d'orienter la pièce, c'est la dimension maximale qui est mesurée. Ce sont les valeurs maximales de la **largeur** et de **l'épaisseur** qui sont enregistrés (à 1 mm près).

Détermination typologique :

L'outil est **désigné** par son attribution typologique.

Détermination de la matière :

A l'**identification de la matière première** (silex, basalte, chert, obsidienne, quartz ...) sont ajouté sa qualité (finesse du grain), ainsi que l'éventuelle présence du **cortex** et sa localisation sur la pièce.

Caractères macroscopiques :

Ces observations résultent de l'étude à faible grossissement (à l'œil nu et à la loupe binoculaire). C'est la première étape de l'analyse fonctionnelle.

- l'outil étudié peut être façonné sur **fragment** proximal, mésial ou distal ;
- les **ZUP** sont des "zones d'utilisation potentielle". Elles correspondent soit à des traces de façonnage (retouches, enlèvements de chutes de burin...), soit à des émoussés ou des ébréchures, des portions de tranchant rectiligne, des lustrés visibles à l'œil nu ;
- la **morphologie du bord** peut être droite, denticulée, cochée, concave, convexe, sinueuse ou pointue. Elle peut fournir des indications sur la partie fonctionnelle de l'outil ou sur le type d'action effectuée ;
- l'observation de l'**état du bord** permet de noter l'existence d'ébréchures, de retouches, d'esquillement (celles-ci seront prises en compte lorsqu'elles excèdent 5 mm) ou d'ébréchures d'impact. Ces observations peuvent également concerner des parties technologiques comme un flan de burin, un front de grattoir, une encoche, un biseau... ;
- la **cassure** peut être volontaire ou accidentelle. Il convient donc d'analyser ses caractères. Ainsi, par exemple, la présence d'étoilures sur le bord indique qu'elle est faite par percussion. Une cassure en "S" peut laisser supposer un réaffûtage de burin. Par contre, une cassure en languette ou rectiligne peut apparaître lors de l'utilisation (la languette est aussi fréquente lors du débitage) ;
- la **localisation des ZUP** s'effectue à l'aide d'un code permettant leur repérage sur le bord de l'outil. Cette indication a pour but de faciliter ensuite la recherche des polis au microscope (Fig. 2) ;

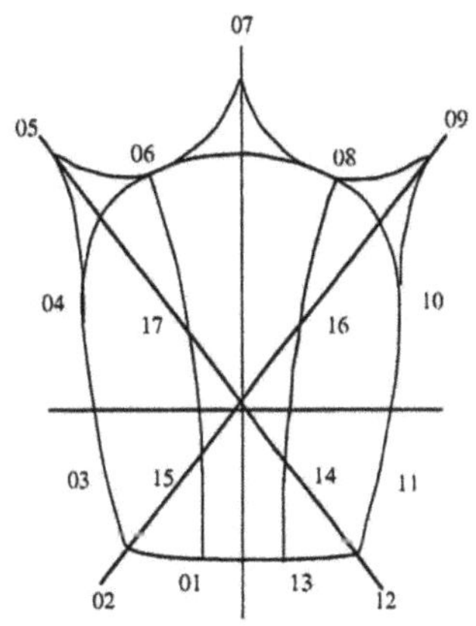

Annexe, Figure 2 - Localisation des zones utilisées et des zones d'utilisation potentielles (d'après Van Gijn, fig. 7, p. 16, 1989).

- la **retouche** est la description morphologique des enlèvements (scalariformes, écailleuses, en demi-lune...). Leur forme et leur profondeur peuvent, lorsqu'il s'agit d'une ébréchure d'utilisation, exprimer la dureté de la matière travaillée ;
- l'**angle** taillant est mesuré sur la partie active (Fig. 3) ;
- le **ravivage** précise le type et le nombre de réaffûtage de l'outil.

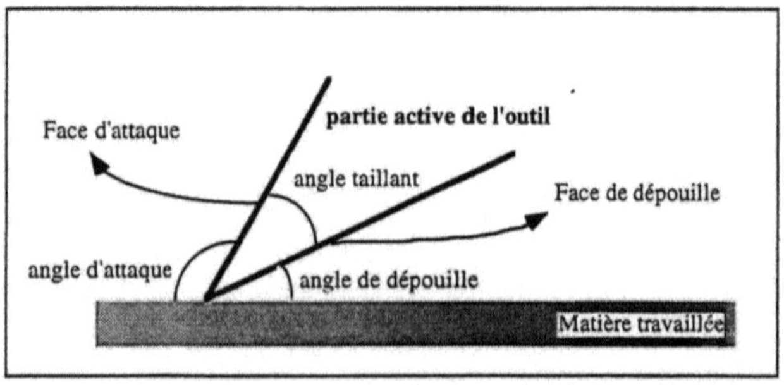

Annexe, Figure 3 - Les différents angles et faces d'un outil.

Caractères microscopiques :
Ces remarques concernent uniquement des observations faites au microscope optique à un grossissement compris entre 100x et 400x : c'est le deuxième niveau d'analyse.

- L'**état de surface** exprime l'apparence de celle-ci sous microscope optique (200x). La surface peut apparaître vierge, sans éléments de bruits parasites (patine, lustre d'origine non anthropiques...), présenter un léger, moyen ou fort "bruit de fond" de traces naturelles ; ou bien être pollué par le vernis utilisé lors du marquage des pièces. Lorsque la surface d'outil est parfaitement conservée (vierge de bruits parasites), elle apparaît sombre et irrégulière avec des reliefs plus ou moins élevés selon sa topographie. Si elle présente des "bruits de fonds", la surface apparaît voilée à cause de la quantité de lumière qui est reflétée. Ces artefacts peuvent être plus ou moins prononcés jusqu'à laisser comme un voile blanchâtre qui empêche toute recherche de traces d'usures sur l'objet, tout au moins au microscope optique ;
- la **ZU** est une **zone réellement utilisée**, à la différence de la ZUP. Un tiers de ZUP doit être marquée (d'un véritable poli) pour être pris en compte comme une véritable zone d'utilisation (ZU). Sa position est indiquée par des chiffres, selon le même code de localisation que les ZUP. La localisation de la ZU peut fournir des renseignements sur la position de l'outil et, dans une certaine mesure, sur le mouvement qui l'a créée (*cf.* Fig.2) ;
- les **ébréchures d'utilisation** permettent, à ce niveau de l'analyse, de préciser si leur présence sur le tranchant de l'outil est issue d'une utilisation ou d'un accident ;
- le **degré d'émoussé** du fil (léger micro-émoussé, fort micro-émoussé, léger macro-émoussé, fort macro-émoussé) fournit principalement des indications sur la matière travaillée, la durée et l'intensité du contact ;
- la **distribution du poli** sur la surface de l'outil : on note plus particulièrement l'étendue et la forme générale de la zone polie (discontinue, continue, spot, loin du bord, près du bord, perpendiculaire, parallèle). Ces facteurs, lorsqu'ils sont visibles, peuvent fournir des indications sur la manière dont l'outil a été utilisé et la direction du geste. Dans une certaine mesure, elle permet aussi de connaître la dureté de la matière travaillée ;
- la **trame** du poli montre la manière dont le poli affecte la topographie du silex. Elle varie selon la matière travaillée, la durée du travail et aussi l'intensité du contact entre la surface et l'outil. Elle peut être lâche, serrée ou unie ;
- la **coalescence** du poli permet une description de sa topographie. Elle dépend de la nature de la matière travaillée, elle est limitée dans cette étude à quatre types : fluide, doux, ondulé et dur (Fig. 4) ;

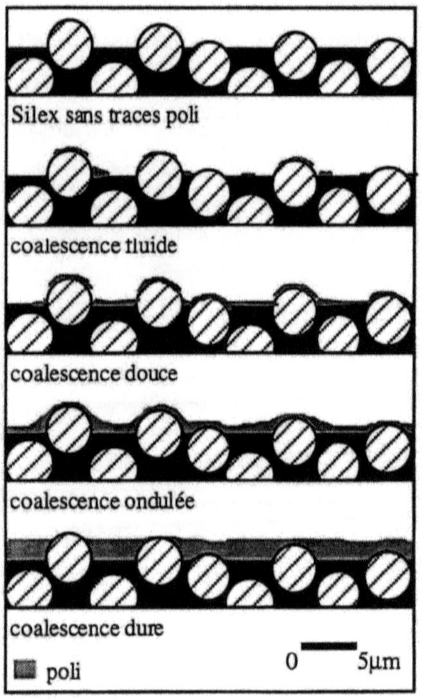

Annexe, Figure 4 - Schéma montrant les différents types de coalescence de poli.

- la détermination de la **matière travaillée** correspond à l'interprétation de l'ensemble des stigmates observés sur l'outil. Elle peut être précise, et l'on peut identifier par exemple le bois de renne ou la viande. Parfois les traces ne permettent pas un diagnostic clair et on ne peut alors indiquer qu'un groupe de matières, (par exemple, le tissu carné qui comprend la viande, la peau, les tendons...). Le tableau 1 montre les différents groupes de matières possibles ainsi que leurs composants. Il est parfois possible de se prononcer sur **l'état de fraî-**

Groupe	Composants
MATIERES MINERALES	matière tendre, matière dure, colorant
MATIERES VEGETALES	bois, plante non ligneuse tendre, non ligneuse dure
TISSUS CARNES	viande, peau, tendons, ligaments (tissus résistants)
MATIERES DURES ANIMALES	os, bois de cervidé, dentine
MATIERES COMPOSITES ANIMALES	poisson (viande + arrêtes), carcasse (viande, os, peau)
MATIERES NON SPECIFIQUES	matière tendre, dure
SUBSTANCES D'EMMANCHEMENT ET TRACES DE PREHENSION	mastic, bitume, traces de doigts (préhension)
MATIERES NON IDENTIFIEES	poli non diagnostique, inconnu, trop érodé, trop altéré

Annexe,Tableau 1 - Les groupes de matières travaillées.

cheur de la matière travaillée, qui peut être fraîche, sèche, humide, grasse, ou rester indéterminée.
- les **stries** sont des indicateurs de mouvement. Leur **localisation** sur la surface est notée selon un code (*cf.* Fig. 2). Leur **orientation** par rapport au tranchant permet de déduire la direction de l'outil lors du travail (parallèles, diagonales, perpendiculaires, circulaires et inorganisées). Leur présence sur le poli est souvent due à la présence de matières abrasives (abrasifs, poussières, micro-esquilles,...) ;
- les traces de l'**action** résultent de la cinématique de l'outil. La reconstruction des actions est faite à partir de l'orientation des stries et de la distribution du poli par rapport au tranchant de l'outil. Les actions liées à l'utilisation peuvent être :
- transversales : le raclage, le rabotage, le grattage et le fendage ;
- longitudinales : la découpe, le sciage, le rainurage et la percussion lancée (dans le cas des projectiles) ;
- circulaires/transversales : la perforation.

D'autres actions ne sont pas liées au fonctionnement de l'outil sur une matière mais elles sont issues d'opérations techniques effectuées lors du débitage ou du façonnage (abrasion intentionnelle, par exemple).

- la **relation** entre les **ZU** (zones utilisées) et les **ZTT**, zones de traces technologiques (réavivages, retouches) donne un aperçu de la gestion de l'outil : utilisation antérieure ou postérieure à une cassure, aux retouches, au coup du burin ou bien à l'esquillage ...

Caractères chimiques :

Ces observations sont issues des analyses au MEB. Elles concernent la composition chimique du poli et des résidus, lorsque ces derniers sont présents sur l'échantillon. C'est la dernière étape de l'analyse.

- la **composition** permet de rendre compte de la présence de minéraux provenant la matière travaillée ; dans notre cas d'analyse, les éventuels éléments organiques dans le poli ne seront pas identifiés précisément, mais la détection de carbone met en évidence leur existence ;
- la **matière travaillée** peut dans certains cas être déduite de ces éléments minéraux.

L'examen au MEB peut parfois aider à déterminer la matière travaillée lorsque le poli est peu diagnostique et qu'il est difficile de se prononcer à partir de l'étude au microscope optique. C'est également le cas lorsque la pièce est patinée mais qu'un poli semble quand même exister : le MEB peut alors montrer plus facilement son étendue et aider à le déterminer.

Les matières minérales peuvent être précisément déterminées par cette méthode. Par exemple dans le cas des colorants, il est possible de préciser s'il s'agit d'hématite pure, d'ocre, de manganèse...

Références documentaires :

On indique ici les références d'illustrations qui viennent compléter les différents niveaux d'analyse : prises de vue à différents grossissements, cartographies et spectres au MEB.

Cette "grille" d'analyse a été appliquée aux pièces expérimentales et archéologiques.

Annexe tableau 2 : les pièces expérimentales : synthèse des caractères physico-chimiques des traces d'utilisation analysées

	Détermination typologique	Détermination de la matière				Caractères macroscopiques				Caractères microscopiques					
n° de pièce	designation	matière première	grain	cortex	réavivage	fragment	morph. bord	état du bord	angle	état de surface	loca. ZU	ébrech. d'util.	émoussé	distrib. poli	coal/trame du poli
1	lame	silex	moyen			entier	droit			léger bruit de	10/11	scalariforme	faible	spot	dure unie
2	lame	silex	fin			entier	droit			vierge de	04		faible	continu	ondulée, sérrée, rugueuse
3	burin	silex	fin			entier	droit	flanc de burin		vierge de	04	écailleuse	léger micro	continu	dur plate, sérrée à unie, troue
4	perçoir	silex	moyen			entier	pointu	soie		moy. bruit de	07		léger micro	près du bord, spot	dure lâche
4	perçoir	silex	· moyen			entier	pointu	soie		moy. bruit de	11		fort micro	près du bord	ondulée sérré
5	lame	silex	fin	plage		proximal	droit			vierge de	10/11			spot perpendiculaire	dure plate unie
6	lame	silex	fin	1/2		mésial	droit			vierge de	10/11	scal., 1/2 lune		spot perpendiculaire	dure plate unie
7	lame	silex	fin	1/2		mésial	droit			vierge de	06/08	scal. 1/2 lune		spots perpendiculaire	ondulée dure unie
8	lame	silex	fin	1/2		distal	droit			vierge de	01/13	écail., 1/2lune		spots perpendiculaire	ondulée unie
9	burin dièdre	silex	fin		1	entier	± convexe	flanc de burin		vierge de	06/07/0		faible	perpend. (f), long: (b)	ondul. dure, unie (b)- douce
10	cdb	silex	fin			entier	droit	flanc de burin		vierge de	10		faible	perpend.(f)	ondulée dure, sérré
11	burin dièdre	silex	fin			entier	droit·	flanc de burin		vierge de	04/07		faible	loin- perpend. (f)+(b)	ondulée dure, sérré
12	lame	silex	fin			entier	droit			vierge de	10/11	écail.1/2-lune	fort macro	continu	dure, lâche unie, rugueuse
13	lame	silex	fin	1/2		entier	± concave			vierge de	10			près du bord	fluide
14	éclat	silex	moyen	spot		entier	droit			léger bruit de	10		faible	près du bord	fluise, sérrée, parfois
15	éclat	silex	fin			entier	pointu	soie		vierge de	07		faible	spot	ondulée unie
15	éclat	silex	fin			entier	droit			vierge de	03/04		faible	continu	ondulée dur, lâche (rugeuse)
16	burin	silex	fin		1	entier	droit	flanc de burin		vierge de	10		fort micro	près-perpendiculaire	ondulée, unie
17	burin s/	silex	fin			entier	droit	flanc de burin		vierge de	10/09			près du bord	ondulée, unie parfois lâche
18	burin dièdre	silex	fin			entier	± convexe	flanc de burin		vierge de	10			près du bord	ondulée, unie
16	burin	silex	fin		1	entier	droit	biseau de burin		vierge de	09		faible	parallèle	dure, unie
19	burin	silex	fin			entier	droit	flanc de burin		vierge de	10		faible	près du bord, perpen.	ondulée unie parfois fluide
20	burin	silex	fin			entier	droit	flanc de burin		vierge de	04		faible	près du bord, perpen.	ondulée sérrée
21	perçoir	silex	moyen			entier	pointu	soie		léger bruit de	07		faible	spot	dure unie
22	lame	silex	moyen			distal	trièdre			léger bruit de	05		faible	spot	ondulée, troue
22	lame	silex	moyen			distal	droit			léger bruit de	03		faible	près du bord	ondulée, unie troue
23	lame	silex	moyen	talon		proximal	droit			léger bruit de	10	démi-lune	léger micro	parallèle	fluide, sérrée
24	burin	silex	fin			distal	droit	flanc de burin		vierge de	10/09			près du bord	ondulée, unie (fluide, sérrée)
24	burin	silex	fin			distal	tièdre		80°	vierge de	12			près du bord	ondulée, unie sérrée
24	burin	silex	fin			distal	droit	flanc de burin	45°	vierge de	03/02			près du bord	fluide sérrée, ondulée unie
25	éclat	silex	fin			entier	convexe			vierge de	02	écailleuse		près du bord	fluide sérrée
26	éclat	silex	fin			entier	convexe			vierge de	09	écailleuse	fort micro	perpendiculaire, loin du bord	fluide ondulée, unie sérrée
26	éclat	silex	fin			entier	droit			vierge de	01/13	écailleuse	fort micro	perpendiculaire, loin du bord	fluide ondulée, unie sérrée
27	éclat	silex	fin			entier	± convexe		45°	vierge de	01/13	écailleuse	fort micro	perpendiculaire	fluide ondulée, plages unies
28	éclat	silex	fin	plage		entier	pointu		75°	vierge de	07	écailleuse	fort micro	perpendiculaire	ondulée unie
29	éclat	silex	fin	plage		entier	pointu		50°	vierge de	07	écailleuse		perpendiculaire	ondulée unie
29	éclat	silex	fin	plage		entier	droit		100°	vierge de	17			perpendiculaire	ondulée unie
29	éclat	silex	fin	plage		entier	droit		60°	vierge de	01/13			près du bord	ondulée unie (fluide sérrée)
29	éclat	silex	fin	plage		entier	droit		80°	vierge de	11			près du bord	ondulée dure unie (troué)
30	éclat	silex	fin	talon		entier	droit		45°	vierge de	10/11			près du bord, perpen.	ondulée unie
30	éclat	silex	fin	talon		entier	droit		45°	vierge de	08			près du bord, perpen.	ondulée unie
30	éclat	silex	fin	talon		entier	trièdre		50°	vierge de	12			spot, perpen.	ondulée dure, unie
31	éclat	silex	fin			latéral	concave		70°	vierge de	08			près du bord, perpen.	fluide, sérrée unie (T)
31	éclat	silex	fin			latéral	concave		70°	vierge de	04			près du bord, paral.	fluide, sérrée
32	éclat	silex	fin			entier	droit			vierge de	11			spot loin du bord, paral.	dure unie
33	éclat	silex	fin			entier	droit			vierge de	6/8 - 3/4			spot loin du bord, paral.	dure unie
34	éclat	silex	fin			entier	droit		45°	vierge de	11		léger micro	loin du bord, paral.	ondulée unie (plate) sérrée
34	éclat	silex	fin			entier	trièdre		60°	vierge de	03		léger micro	près du bord	dure unie (rugeuse)
34	éclat	silex	fin			entier	trièdre		70°	vierge de	12		léger micro	près du bord	dure unie (rugueuse)
35	éclat	silex	fin			entier	trièdre		110°	vierge de	05			près du bord, perpen	dur unie
35	éclat	silex	fin			entier	trièdre		50°	vierge de	12			près du bord, perpen	ondulée unie
35	éclat	silex	fin			entier	trièdre		75°	vierge de	02			diagonale	ondulée unie
36	lame	silex	fin			entier	droit		85°	vierge de	07			près du bord, perpen	fluide sérrée (spot unie)
36	lame	silex	fin			entier	droit		85°	vierge de	01			près du bord	ondulée unie
37	éclat	silex	fin			entier	droit		85°	vierge de	11			près du bord	ondulée unie
37	éclat	silex	fin			entier	droit		85°	vierge de	03			parallèle	dure unie (troue)
37	éclat	silex	fin			entier	droit		45°	vierge de	05			parallèle	dure unie (troue)
38	éclat	silex	fin			entier	trièdre,		85°	vierge de	12	écailleuse		près du bord	ondulée dure, unie
38	éclat	silex	fin			entier	trièdre		80°	vierge de	02			près du bord	ondulée dure, unie
39	éclat	silex	fin	latéral		entier	trièdre		90°	vierge de	11/12/1	scalariforme		près du bord	ondulée dure, unie
40	éclat	silex	fin	surface		entier	trièdre		40°	vierge de	02		léger micro	près du bord	ondulée, lâche unie
41	pt. nucléus	silex	fin	base		entier	pointu		85°	vierge de	07/06		léger micro	près du bord	ondulée dur, unie
42	éclat	silex	fin			entier	concave		95°	vierge de	06		léger micro	près du bord, perpen.	ondulée, unie
43	éclat	silex	fin			entier	talon		90°	vierge de	01/13		léger micro	près du bord	fluide, lâche
44	éclat	silex	fin			entier	trièdre		50°	vierge de	04	démi-lune	léger micro	près du bord	ondulée, unie
45	éclat	silex	fin			entier	± convexe		65°	vierge de	04	écailleuse		près du bord	ondulée, unie (troué)
46	cdb	silex	fin			entier	pointu			vierge de	07	écailleuse,scal		spot	dure, unie (troué)
46	cdb	silex	fin			entier	trièdre			vierge de	02			spot	dure, unie (troué)
47	cdb	silex	fin			entier	pointu			vierge de	07			spot	dure, unie (troué)
47	cdb	silex	fin			entier	pointu			vierge de	07			spot	dure, unie (troué)
48	cdb	silex	fin			entier	pointu			vierge de	02	scalariforme	fort macro	spot	dure, unie
49	cdb	silex	fin			entier	pointu			vierge de	07			spot	dure, unie

						Caractères chimiques	
matière travaillée	état fraîch.	loca. stries	direc. stries	action	relation ZU et ZTT	composition	matière travaillée 2
ivoire de mammouth	trempé			trans. - percussion indirecte		Ca P Mg	
ivoire de mammouth	humide			trans. - racl., long. - sciage		Ca P Mg	
ivoire d'éléphant	sec	04	perpendiculaire	trans. - raclage		Ca P Mg	
ivoire d'éléphant	sec	07	perpendiculaire	rainurage		Ca P Mg	
ivoire d'éléphant	sec	11	parallèle	rainurage dans le sillon		Ca P Mg	
ivoire d'éléphant	sec	10/11	perpendiculaire	trans. fendage		Ca P Mg	
ivoire d'éléphant	sec	10/11	perpendiculaire	trans. - fendage		Ca P Mg	
ivoire d'éléphant	sec	06/08	perpendiculaire	trans. - fendage		Ca P Mg	
ivoire d'éléphant	sec	01/13	perpendiculaire	trans. - fendage		Ca P Mg	
ivoire d'éléphant	sec + salive			rainurage		Ca P Mg	
ivoire d'éléphant	sec + salive			rainurage	coup de burin post.	Ca P Mg	
ivoire d'éléphant	sec + salive			rainurage		Ca P Mg	
ivoire d'éléphant	sec	10	parallèle	long. - sciage		Ca P Mg	
ivoire d'éléphant	sec			transversale - raclage (diffic. à		Ca P Mg	
ivoire d'éléphant	sec	10	parallèle	trans; - raclage, long. - sciage		Ca P Mg	
ivoire d'éléphant	sec	07	perpendiculaire	circulaire - perforation		Ca P Mg	
ivoire d'éléphant	sec	03/04	parallèle	long. - sciage		Ca P Mg	
ivoire d'éléphant	sec	07	parallèle	trans. - raclage	coup de burin post. poli	Ca P Mg	
ivoire d'éléphant	sec	10/09	paral. (09), perpen	rainurage		Ca P Mg	
ivoire d'éléphant	sec	10	diagonale	trans. raclage		Ca P Mg	
ivoire d'éléphant	sec	09	parallèle	long. - incision	coup de burin ant	Ca P Mg	
ivoire d'éléphant	sec			trans. - raclage		Ca P Mg	
ivoire d'éléphant	sec			trans. - raclage		Ca P Mg	
ivoire d'éléphant	sec			longitudinale - incision		Ca P Mg	
ivoire d'éléphant	sec			long. - incision		Ca P Mg	
ivoire d'éléphant	sec			trans. - raclage		Ca P Mg	
ivoire d'éléphant	sec	10	parallèle	long. - sciage		Ca P Mg	
ivoire d'éléphant	sec. + salive			rainurage		Ca P Mg	
ivoire d'éléphant	sec + salive	12	diagonale	incision		Ca P Mg	
ivoire d'éléphant	sec + salive	03	perpendiculaire	rainurage		Ca P Mg	
ivoire d'éléphant	sec + salive	02	perpendiculaire	long. - incision		Ca P Mg	
ivoire d'éléphant	sec + salive	09	perpendiculaire	rainurage		Ca P Mg	
ivoire d'éléphant	sec + salive	13	perpendiculaire	trans. - raclage		Ca P Mg	
ivoire d'éléphant	sec + salive	01/13	perpendiculaire	rainurage		Ca P Mg	
ivoire de mammouth	sec + salive			rainurage (dans le sillon)		Ca P Mg	
ivoire de mammouth	sec + salive			rainurage		Ca P Mg	
ivoire de mammouth	sec + salive			trans. - raclage		Ca P Mg	
ivoire de mammouth	sec + salive			long. - sciage		Ca P Mg	
ivoire de mammouth	sec + salive	11	parallèle	long. - sciage		Ca P Mg	
ivoire de mammouth	sec + salive			trans. - raclage		Ca P Mg	
ivoire de mammouth	sec + salive			trans. - raclage		Ca P Mg	
ivoire de mammouth	sec + salive			long. - incision		Ca P Mg	
ivoire de mammouth	sec + salive			trans. - percussion indirecte		Ca P Mg	
ivoire de mammouth	sec + salive			long. - sciage		Ca P Mg	
ivoire d'éléphant	sec			trans. - fendage.		Ca P Mg	
ivoire d'éléphant	sec	03/04	parallèle	trans. - fendage.		Ca P Mg	
ivoire d'éléphant	sec			long. - sciage		Ca P Mg	
ivoire d'éléphant	sec	03	perpendiculaire	rainurage		Ca P Mg	
ivoire d'éléphant	sec	12	parallèle	rainurage		Ca P Mg	
ivoire d'éléphant	sec			rainurage		Ca P Mg	
ivoire d'éléphant	sec			rainurage		Ca P Mg	
ivoire d'éléphant	sec	02	diagonale	rainurage		Ca P Mg	
ivoire d'éléphant	sec	07	diagonale	rainurage		Ca P Mg	
ivoire d'éléphant	sec	01	parallèle, diagonale	rainurage		Ca P Mg	
ivoire d'éléphant	sec	11	parallèle	long. - sciage		Ca P Mg	
ivoire d'éléphant	sec	03	parallèle	long. - incision		Ca P Mg	
ivoire d'éléphant	sec	05	parallèle	long. - incision		Ca P Mg	
ivoire d'éléphant	sec +salive			rainurage		Ca P Mg	
ivoire d'éléphant	sec +salive			rainurage		Ca P Mg	
ivoire d'éléphant	sec	13/11	perpen. (13) paral.	rainurage		Ca P Mg	
ivoire d'éléphant	sec	02	parallèle	rainurage		Ca P Mg	
ivoire d'éléphant	sec	06	perpendiculaire	rainurage		Ca P Mg	
ivoire d'éléphant	sec + salive			trans. - raclage		Ca P Mg	
ivoire d'éléphant	sec + salive			long. - incision		Ca P Mg	
ivoire d'éléphant	sec + salive			rainurage		Ca P Mg	
ivoire d'éléphant	sec	04	perpendiculaire	trans. - raclage		Ca P Mg	
crache	trempé	04	perpendiculaire	perforation par creusement		Ca P Mg Na	
crache	trempé	02	perpendiculaire	perforation par creusement		Ca P Mg Na	
crache	trempé	07	perpendiculaire	perforation par creusement		Ca P Mg Na	
crache	trempé	07	perpendiculaire	perforation par creusement		Ca P Mg	
crache	sec	02	perpendiculaire	perforation par creusement		Ca P Mg	
crache	trempé	07	perpendiculaire	perforation par creusement		Ca P Mg	

Annexe tableau 2 : les pièces expérimentales : synthèse des caractères physico-chimiques des traces d'utilisation analysées

	Détermination typologique	Détermination de la matière				Caractères macroscopiques				Caractères microscopiques					
n° de pièce	designation	matière première	grain	cortex	réavivage	fragment	morph. bord	état du bord	angle	état de surface	loca. ZU	ébrech. d'util.	émoussé	distrib. poli	coal/trame du poli
67	grattoir/per	silex	moyen			entier	pointu		90°	vierge de	07	scalariforme	faible	spot	ondulée, unie
50	perçoir	silex	moyen			entier	pointu		90°	moy. bruit de	07	scalariforme	faible	spot	ondulée, unie
51	lame	silex	fin			entier	droit		45°	léger bruit de	04	scalariforme,	fort macro	continue	ondulée, unie /fluide sérrée
52	burin dièdre	silex	fin			entier	droit	flanc de burin		léger bruit de	04			près du bord	ondulé unie
52	burin dièdre	silex	fin			entier	droit	flanc de burin		léger bruit de	10		léger micro	continue près du bord	dure, unie (plate)
52	burin dièdre	silex	fin			entier	± convexe			léger bruit de	11	démi-lune	léger micro	parallèle, loin du bord	ondulé, sérrée unie
53	double burin	silex	fin	lat.droit		entier	droit	flanc de burin	90°	léger bruit de	04	scalariforme	faible	perpendiculaire	ondulé unie
53	double burin	silex	fin	lat.droit		entier	droit	flanc de burin	90°	léger bruit de	10	scalariforme	faible	perpendiculaire	ondulé unie
53	double burin	silex	fin	lat.droit		entier	droit	flanc de burin	90°	léger bruit de	11	scalariforme	faible	perpendiculaire	ondulé unie
54	double	silex	fin			entier	convexe	front de		léger bruit de	06/08		léger micro	perpendiculaire	ondulé unie
55	éclat	silex	moyen	talon		entier	± convexe			moy. bruit de	06/08		léger micro	parallèles, loin	dure, unie (troué)
56	lame	silex	moyen			proximal	droit·			moy. bruit de	10/11	démi-lune	léger micro		il ne reste pas de poli
68	burin s/	silex	fin			distal	droit	flanc de burin		vierge de	04		léger micro	perpendiculaire	ondulée unie
68	burin s/	silex	fin			distal	droit			vierge de	04	démi-lune	léger micro	parallèle	ondulée dure, unie (rugueuse)
57	bec	silex	fin			entier	concave	cran		vierge de	04			perpendiculaire	ondulée lâche
57	bec	silex	fin			entier	pointu	soie		vierge de	05			spots, perpen.	ondulée unie
57	bec	silex	fin			entier	droit			vierge de	11	démi-lune	faible	près du bord	dure sérrée (plate)
58	lame	silex	moyen			mésial	droit			moy. bruit de	10/11	démi-lune	faible	près du bord	pas de poli
59	perçoir	silex	fin			entier	concave			vierge de	10	écailleuse		près du bord, perpen.	ondulée unie
60	perçoir	silex	fin			entier	pointu	soie		vierge de	07	écailleuse		perpendiculaire	ondulée unie
61	perçoir	silex	fin			entier	concave			vierge de	04		faible	spot	ondulée unie
62	burin	silex	fin			entier	droit			vierge de	10			près du bord, perpen. (b), paral.	dure unie
63	burin	silex	fin			entier	droit			vierge de	10		fort micro	près du bord, perpen.	dure unie (plate)
63	burin	silex	fin			entier	droit			vierge de	10		fort micro	près du bord, paral.	dure unie (plate)
64	burin	silex	fin			entier	droit	flanc de burin		vierge de	04		fort micro	près du bord	dure unie (plate)
64	burin	silex	fin		I	entier	droit	flanc de burin		vierge de	04		fort micro	près du bord	dure unie (plate)
69	perçoir	silex	moyen			entier	pointu			léger bruit de	07	écailleuse	fort micro	près du bord	dure unie (plate)
64	perçoir	silex	moyen			entier	droit			léger bruit de	10	démi-lune		près du bord	dure unie (plate)
65	perçoir	silex	fin			entier	pointu			léger bruit de	07			près du bord, perpen.	douce ondulée, unie
66	burin	silex	fin			entier	droit	flanc de burin		léger bruit de	10			près du bord, perpen. (f), paral.	ondulée, unie (troué)
66	burin	silex	fin			entier	droit	flanc de burin		léger bruit de	10			près du bord, perpen.	ondulée, lâche unie (troué)
55	éclat	silex	moyen	talon		entier	± convexe			moy. bruit de	06/08		léger micro	parallèles, loin	dure, unie (troué)

matière travaillée	état fraîch.	locu. stries	direc. stries	action	relation ZU et ZTT	Caractères chimiques compo-sition	matière travaillée 2
crache	trempé	07	perpendiculaire	circ. - perforation bidirectionnelle		Ca P Mg	
crache	sec	ligne	perpendiculaire	circ. - perf. bidirectionnelle		Ca P Mg	
iv. de mammouth +	sec	04	parallèle	long. - sciage		Ca P Mg Fe	
iv. de mammouth +	sec	04	perpendiculaire	trans. - raclage		Ca P Mg Fe	
iv. de mammouth +	sec	04	perpendiculaire	long. - sciage		Ca P Mg Fe	
iv. de mammouth +	sec	11	parallèle	long. - sciage		Ca P Mg Fe	
iv. de mammouth +	sec	04	perpendiculaire	trans. - raclage		Ca P Mg Fe	
iv. de mammouth +	sec	10	perpendiculaire	trans. - raclage		Ca P Mg Fe	
iv. de mammouth +	sec	11	perpendiculaire	long. - sciage		Ca P Mg Fe	
iv. de mammouth +	sec	06/08	perpendiculaire	trans. - raclage		Ca P Mg Fe	
ivoire de mammouth	trempé			long. - sciage		Ca P Mg	
ivoire de mammouth	trempé			long. - sciage		Ca P Mg	
ivoire de mammouth	trempé			trans. - raclage		Ca P Mg	
ivoire de mammouth	trempé			long. - sciage	poli coupé par enlèvemt.	Ca P Mg	
ivoire de mammouth	trempé	04	perpendiculaire	trans. - raclage		Ca P Mg	
ivoire de mammouth	trempé			trans. - raclage		Ca P Mg	
ivoire de mammouth	trempé			long. - sciage		Ca P Mg	
ivoire de mammouth	trempé			long. - sciage		Ca P Mg	
ivoire de mammouth	trempé			trans. - raclage		Ca P Mg	
ivoire de mammouth	trempé			incision, gravure		Ca P Mg	
ivoire de mammouth	trempé			trans. - raclage		Ca P Mg	
ivoire de mammouth	trempé			long. - incision		Ca P Mg	
ivoire de mammouth	sec	10	perpendiculaire	trans. - raclage		Ca P Mg	
ivoire de mammouth	sec	10	parallèle	long. - sciage		Ca P Mg	
ivoire d'éléphant	trempé	04	perpen. (f), paral.	rainurage	poli coupé	Ca P Mg	
ivoire d'éléphant	trempé	04	perpen. (f), paral.	rainurage		Ca P Mg	
ivoire d'éléphant	trempé	04	perpen.	rainurage	pointe cassée plusieurs fois	Ca P Mg	
ivoire d'éléphant	trempé	10	parallèle	long. - sciage		Ca P Mg	
ivoire de mammouth	trempé			long. - incision		Ca P Mg	
ivoire de mammouth	trempé			rainurage		Ca P Mg	
ivoire de mammouth	trempé			trans. - raclage		Ca P Mg	
ivoire de mammouth	trempé			long. - sciage		Ca P Mg	

Annexe tableau 3 : les pièces archéologiques de Yudinovo : synthèse des caractères physico-chimiques des traces d'utilisation analysées

n° de pièce	long.	larg.	épais.	designation	mat. première	grain	cortex	réavivage	frag.	nbr. ZUP	morph. bord	état du bord	cassure	loca. ZUP	retouche	angle	état de surface
	morphometrie			Détermination typologique	Détermination de la matière				Caractères macroscopiques								Caractères microscopiques
E54-58 476	45	24	12	burin double sur éclat	silex	fin	une grande	non premier	entier	2	droit	flanc de burin,		10-09/11		90°	vierge de parasites
E54/58 476 b.	31	21	4	éclat	silex	fin	une grande	non	latéral	2	droit	encoche	indet.	09/10	concoïdale	45°	vierge de parasites
E54 487/680	32	13	4	pointe d'armature ?	silex noir	fin			distal	1	droit		en "S"	07/10	écailleuse	45°	moy. bruit de fond
D57 31-31 300	41	33	11	double burin sur éclat	silex	fin		2 coup de burin	entier	3	droit	flanc de burin		10/04/07		90°	moy. bruit de fond
D57-27 296	43	16	5	burin sur troncature	silex, noir	fin	point central	2ème chute	indet.	2	droit	flanc de burin	languette	04/05	scalariform	<90°	vierge de parasite
K56 5 586	21	14	2.5	burin sur troncature	silex, noir	fin		2 chutes	distale ?	2	droit	flanc de burin	chauffe ?	10/09		90°	vierge de parasite
D56 16-255	19	13	1	burin sur troncature	silex, blond	fin			entier	2	droit	flanc de burin		04/05		90	vierge de parasite
D58 N1822	31	15	7	grattoir sur lame	silex, noir	fin		front très reculé	entier	1	convexe	front de		08-06	écailleuse	90	vierge de parasite
D54 231 761	42	19	5	grattoir sur lame,	silex, noir	fin	petite plage		indet.	1	convexe	front de	indet.	06/08	écailleuse	?	léger bruit de fond
D54 294 486	38	10	5	cdb	silex, marbré	fin			entier	1	droit			10-11	scalariform	80°	vierge de parasites
D58 43 1718	34	13	5	burin sur troncature	silex, noir	fin		oui	distal ?	2	droit	flanc de burin	en "S"	04/05	scalariform	90°	léger bruit de fond
D58 48 1723	31	18	5	fragmt. burin	silex, noir	fin	1/2 plage lat.	oui	distal	2	droit	flanc de burin	en "S"	04/11		90°	vierge de parasites
D58 N1805	33	14	4	burin sur troncature,	silex, gris	fin			distal	1	droit	flanc de burin	flexion ?	04	scalariform	90°	vierge de parasites
E53 N465	29	12	5	burin sur cassure	silex, noir	fin		oui	mésial	2	droit	flanc de burin	en "S",	11/04	scalariform	90°	moy. bruit de fond
D57 93 1565	62	21	7	lame sous crête ?	silex, noir	fin	deux petites		proximal	1	droit			10/11	écailleuse	45°	vierge de parasites
Z55 66 1302	20	22	3	grattoir	silex gris	fin		oui ?	distal	1	convexe	front de		06/08		45°	moy. bruit de fond
KK54 9 1169	37	13	6	burin sur cassure	silex,	fin			distal	2	droit	flanc de burin	rectiligne	10/09	écailleuse	90°	moy. bruit de fond
N51 27 1687	42	18	5	burin double sur	silex, gris	fin	petite plage		entier	4	droit	flanc de burin		11/12/04/0	scalariform	90°	moy. bruit de fond
E58 11 1034	43	21	7	outil, grattoir	silex, gris			non	entier	1	convexe	front de		06/08	scalariform	90°	moy. bruit de fond
E52 554	35	12	5	burin sur lame à crête	silex	fin		oui = cassure	distal ?	1	droit	flanc de burin	en "S"	04		90°	fort bruit de fond
M57 1598	33	13	5	burin sur troncature	silex	fin	1/2 plage	oui	proximal	2	droit	flanc de burin	en "S"	11/05	scalariform	90°	moy. bruit de fond
A58 1496	40	15	5	burin double sur tronca.	silex, gris	fin			distal ?	2	droit	flanc de burin	en "S"	04-05/11	écailleuse	90°	moy. bruit de fond
M52 1931	52	19	4	lame	silex	moy			proximal	2	convexe	encoche sur		10-11/04	démi-lune,	30°	moy. bruit de fond
Z59 31 2185	35	14	4	burin sur troncature	silex, noir	fin			distal	2	droit	flanc de burin	languette	04/05		90°	vierge de parasites
E53 259	28	12	2	éclat lamminaire	silex, noir	fin			distal	2	droit		flexion	10-11/03-0	écailleuse	30°	pollué de vernis
T40 1872	22	11	3	lamelle	silex	fin			proximal	1	droit		flexion	03/11		30°	vierge de parasites
D48 243	22	34	7	grattoir	silex, gris	fin		front peu reculé	entier	1	convexe			06/08	écailleuse	80°	moy. bruit de fond
N56 1661	20	14	5	lame	silex, noir	fin	1/2 pl. lat. D		mésial	1	droit		en "S",	04/03	écailleuse	90°	moy. bruit de fond
K54 960	38	12	6	burin sur trocature	silex noir	fin			entier	1	droit	flanc de burin		04		70°	vierge de parasites
KK53 175	80	15	7	lame	silex	fin	surf. lat. nat.		entier	2	± conc.			03-04/11-1	démi-lune,	60°	fort bruit de fond
E53 72	?	?	5	lame	silex	fin			distal	2	droit		languette	03-04/11	scalariform	60°	moy. bruit de fond
Z51 520	19	15	4	lame	silex	fin			proximal	1	droit		feu	10	démi-lune	30°	vierge de parasites
N46 826	31	11	4	lamelle	silex brun	fin			proximal	2	droit		flexion	10-11/3-4	écailleuse,	45°	moy. bruit de fond
A40 124	15	14	5	lame	silex, noir	fin	plage lat. D.		proximal	2	droit		languette	03/11	scalariform	≤45	moy. bruit de fond
KK39 75	31	26	17	casson	silex, noir	fin	qq. parties		proximal	1	droit		indet.	10/11	scalariform	75°	moy. bruit de fond
M52 1090	22	7	3	microburin sur tron.	silex, gris	fin			proximal	1	droit	flanc de burin	flexion ?	10/09		90°	fort bruit de fond
M56 1776	41	12	6	éclat	silex, noir	fin			latéral	1	convexe			10/11	scalariform	90°	fort bruit de fond
E55 1193	32	28	7	éclat	silex,noir	fin	1/2 pl. lat. D.		proximal	1	droit		rectiligne	03/04	écailleuse	40°	moy. bruit de fond
N55 1338	41	21	4	lame sous corticale	silex japoïde	fin	corticale		mésial	1	pointu		indet.	05	démi-lune,	30°	moy. bruit de fond
N55 1660	37	5	4	cdb	silex, gris	fin		2ème chute	entier	1	droit	flanc de burin	indet.	10		90°	moy. bruit de fond
KK55 1013	23	11	5	cdb	silex, gris	fin		1ère chute	entier	1	droit			10-11		45°	léger bruit de fond
H58 2017	11	12	3	burin sur troncature	silex, noir	fin		6 petites	distal	2	droit	flanc de burin	rectiligne	04/05		90°	vierge de parasites
Z58 1131	39	13	4	lame	silex, noir	fin			proximal	2	droit,		en "S"	03-04/10-1	scalariform	45°	moy. bruit de fond
Z55 1034	40	28	9	burin sur troncature	silex, gris	moy		oui	proximal	2	droit	flanc de burin	flexion	04/10		90°/	fort bruit de fond
D53 161	31	17	5	lame	silex	moy	1/2 plage		proximal	1	droit		débitage	11	scalariform	45°	moy. bruit de fond
K51 3- 41	41	13	5	lame	silex jaspoïde	fin			mésial	2	droit		languette,	10/11	écailleuse	45°	moy. bruit de fond
DE57 N1614	27	29	11	éclat	silex,noir	fin	talon		entier	3	± conv.			10-11/4/14-			vierge de parasites
DE57 N1659	21	6	5	cdb + enlèv. burinante	silex, noir	fin			mésial	2	droit	flanc de burin		03/10-11	écailleuse	90°(	vierge de parasites
DE57 N1662	29	16	5	burin sur cassure	silex, noir	fin		oui	proximal	3	droit	flanc de burin	en "S"	04/10/07	écailleuse	90°	vierge de parasites
DE57 N1666	21	6	5	cdb	silex, noir	fin	latéral droit	2ème chute	proximal	1	droit	flanc de burin		04		90°	vierge de parasites
D57 103-1595	42	17	4	lame	silex, noir	fin	pt. pl. lat. G.		distal	1	sinuex		rectiligne	03-04	écailleuse	30°	vierge de parasites
D58 N1794	31	18	4	éclat outrepassé	silex, noir	fin	pt. plage dist.		distal	1	droit		indet.	11	inverse	30°	vierge de parasites
D58 N1786	21	6	2	cdb, ret. 2 extrém.	silex, noir	fin		2ème chute	mésial	2	convexe	front		06/10		45° /	vierge de parasites
Z60 2372	23	11	6	lame (neo-crête)	silex	fin			mésial	2	convexe		diaclase	04/10	en escalier,	40°	vierge de parasites
D57 319	18	11	6	burin sur troncature	silex, noire	fin	pt. plage le		indet.	2	droit	flanc de burin	indet	11/12	en escalier	90°	vierge de parasites
D57 335	21	3	2	cdb	silex, gris	fin		1ère chute	distal	1	sinuex			10-11	écailleuse	<90°	vierge de parasites
D57 340	24	3	2	cdb	silex, noir	fin		2ème chute	proximal	2	droit	flanc de burin		15/01		90°	léger bruit de fond
D51 16 285	30	34	9	éclat	silex, noir	fin	talon et dist		entier	2	droit			10-11/3-04	écailleuse	50°	vierge de parasites
D57 339	24	3	4	cdb	silex, noir	fin		2ème chute	proximal	1	droit	flanc de burin		03-04		90°	vierge de parasites
D57 11 280	29	18	5	éclat	silex, noir	fin	latéral gauche		entier	1	droit			10	écailleuse,	30°	vierge de parasites
D57 23-292	30	12	4	lame	silex, noir	fin			mésial	2	droit		languette,	10/03	écailleuse	30°/	vierge de parasites
E53 404	19	10	5	lame, fragmt. de burin ?	silex, noir	fin		plusieurs	indet.	2	convexe	flanc de burin	percussio	07/04	scalariform	90°	vierge de parasites
KK54 90 1254	33	15	7	lame	silex	fin			proximal	2	droit		percussio	03/11	écailleuse	90°	moy. bruit de fond
KK54 35 1195	24	9	2	lame	silex	fin	1 dos naturel		mésial	1	sinuex	surf. naturelle	flexion	10/11		90°	moy. bruit de fond
KK54 19 1210	?	?	3	lame	silex	fin			latéral	1	sinuex	dos	languette	10-11		90°	vierge de parasites

Caractères chimiques

loca. ZU	ébrech. d'util.	émoussé	distrib. poli	coal/trame du poli	mat. travaillée	état fraîch.	loca. stries	direc. stries	action	rel. ZU et ZTT	composition	mat. travaillée 2
10/12	scalariforme	faible	près du bord	dure ondulée	tissu osseux		10	perpendiculaire	longit. - incision, trans. - raclage		Ca P Mg	dentine
08-09-10		faible	continu	douce	tissu osseux				trans. paral. - entame rainure	cassure ant.	Ca P (+Fe)	os/bois de cervi.
07/10			spot	plate dure (10),			07	perpendiculaire	projectile		Ca P (10)	os/bois de cervi.
10 (04)		faible	près du bord	douce ondulée	tissu osseux				rainurage		Ca P	os/bois de cervi.
04/05	scalariforme	léger micro	près bord, spot	dure ondulée	tissu osseux				rainurage		Ca P	os/bois de cervi.
10	esquillement	faible	près - perpen.	douce ondulée	tissu osseux				transversale - raclage		pb. de charge.	MDA
04/05		fort macro	près du bord	dure ondulée	tissu osseux				transversale - raclage et rainurage		Ca P	os/bois de cervi.
08/06		léger macro	près du bord	fluide, spots	tissu osseux	sec ?		perpendiculaire	transversale		Ca P Mg	dentine
10		léger macro	discontinu	dure plate	non spécifique				transversale ?		Ca Fe Mg K	minérale ?
10	scalariforme	fort micro	loin du bord	douce ondulée	bois	frais ?		diagonales	transversale		non analysé	
04	scalariforme	faible	près - perpen.	ondulée	tissu osseux				transversale - lissage	cassure post.	Ca P Mg	Dentine
11	esquillage		près du bord	dure ondulée	tissu osseux				rainurage	cassure post.	Ca P (Mn, Fe)	os/bois de cervi.
04/02	scalariforme	faible	près du bord	douce ondulée	tissu osseux				rainurage		Ca P	os/bois de cervi.
11	démi-lune	faible	près du bord	dure bombe,	tissu osseux			diagonales,	rainurage	cassure post.	Ca P	os/bois de cervi.
10			continue	douce ondulée	bois tendre	frais	10	perpendiculaire	transversale - raclage coupe pos.		non analysé	
06/08	démi-lune ?	fort micro	continu	fluide	peau	sec ???	06/08	perpendiculaire	transversale - raclage		non analysé	
10/11	écailleuse	faible	près - spot	dure ondul., unie	tissu osseux				transversale - raclage ?		pb. angle faisc.	MDA
04/11-12			près du bord	dure ondulée	tissu osseux				trans.- raclage, longitu. - incision		Ca P	os/bois de cervi.
06/08		fort micro	près ± envahis.	fluide serré	peau	sec	06/08	perpendiculaire	transversale - raclage		non analysé	
04	scalariforme		près - spot	dure	tissu osseux		04	perpendiculaire	transversale - raclage	cassure post.,	Ca P, un peu de	os/bois de cer.
11/05	pt. ébrechures	léger macro	près du bord	ondulée	tissu osseux				rainurage	cassure post.	Ca P (Fe, K)	os/bois de cer.
04/05	écailleuse	léger micro		dure ondulée	tissu osseux		04	parallèles	longitudinale - incision	reprise du troncature	Ca P Mg	dentine
10	écailleuse,	fort micro	près - parallèle	dure plate	non spécifique		10	perpendiculaire	trans. - raclage; longitu. - sciage		Ca P Mg	dentine
04		faible	perpendiculaire	ondulée	tissu osseux				transversale - lissage ?	cassure par flexion	Ca P Mg (Mn	dentine (Mn)
03-04	écailleuse	fort macro	près du bord	fluide	peau				indéterminée		Mn Fe (Ca), C	prés. de Mn
03		fort micro	parallèles	fluide serré	tissu carné				longitudinale - découpe	cassure ant. ?????	S Cl K Ca P C	tissu carné
06/08		fort micro	près - perpend.	fluide, serrée	peau	gras ?			transversale - raclage		non analysé	
03		fort micro	près du bord	fluide	non spécifique		03	parallèles	longitudinale - ?		Ca K	?
10	scalariforme		parallèle	dure ondulée	tissu osseux				longitudinale - sciage		Ca P (Mn, Fe)	os/bois de cer.
11	écailleuse	fort macro	continu	fluide	peau		11	parallèles	longitudinale - découpe		non analysé	
11	scalariforme	léger macro	près du bord	dure ondulée	tissu osseux		11	parallèles	longitudinale, sciage	cassure en laguette	Ca P	os/bois de cer.
10	démi-lune	fort micro	près - perpend.	dure ondulée	tissu osseux			parallèles	trans.- lissage ?, longitu. - sciage		Ca P Mg (Mn	dentine
10	démi-lune	fort macro	près - parallèle	fluide	tissu carné				longitudinale		Ca P + Cl S P	boucherie (os/TC)
	scalariforme,	fort micro	près- perpend.	fluide	peau ?	frais ?			transversale		non analysé	
10/11	?	faible	continu - près	douce, unie	plante non		11	parallèles	longitudinale - découpe		Ca Si	
09			spot		tissu osseux ?				longitudinale - incision ???	cassure en cours	pb. d'angle	MDA
11	scalariforme			douce ondulé	tissus osseux				indeterminé		pb. de charge	MDA
03/04	écailleuse		loin - parallèle	douce	végétal				longitudinale - découpe		non analysé	
05/04		faible	spot - près		tissu osseux		04	perpendiculaire	longitu.- entam .rainure, trans-		Ca P Mg	dentine
10			près du bord	dure ondulée	tissu osseux				rainurage	coup de burin post,	Ca P	os/bois de cervi.
10		fort macro	continu	fluide	peau	sec ?	10	parallèles	longitudinale - découpe	coup de burin post.	non analysé	
04/05			près du bord,	douce ondulée	tissu osseux				longitudinale - incision	cassure post.	pb. de charge.	MDA
11-12		faible	discontinu		tissu osseux				rainurage		Ca P Mg (Fe,	dentine
04/05		faible	spot (5, près (4	ondulé	tissu osseux				longitu. - incision, trans.- raclage		Ca P Mg	dentine
11	scalariforme	faible	près du bord	dure ondulée	tissu osseux				transversale, raclage	cassure ant.	Ca P	os/bois de cervi
09		faible	spot	dure ondulée	tissu osseux				longitu., incision/entame rainure		Ca P	os/bois de cervi.
10-11/14-1	esquillage	faible	discontinu	dure ondulée	tissu osseux				transversale - raclage		Ca P	os/bois de cervi.
03/10-11/1	écailleuse inverse	faible	continu	dure ondulée	tissu osseux		ligne 07	diagonales	transversale - raclage et rainurage	utilisat° en burin	Ca P	os/bois de cervi.
04	écailleuse	fort micro	loin du bord	douce, parfois	tissu osseux		04	diagonales	transversale - raclage	cas. lors du réaviv.	Ca P entre autre	spot d'os
04/05			près du bord	dure ondulée	tissu osseux				indet., long.- insicion (ent. rain)	coup de burin post.	Ca P Mg	dentine
04	écailleuse		continu.	douce	plante non	frais			transversale - raclage	cassure post.,	non analysé	
11			près - perpend.	ondulée	tissu osseux				transversale - lissage		Ca P Mg	dentine
06/10	écailleuse	faible	près du bord	dure ondulée	tissu osseux				transversales - grattage, raclage	coup de burin post.	Ca P	os/bois de cervi.
04	en escalier,	léger micro	loin du bord	dure	tissu osseux		04	parall., diago.	long/trans - sciage, raclage		Ca P Mg	os/bois de cervi.
11/13		léger micro	près du bord	ondulée	tissu osseux				rainurage	cassure post. (en S,	Ca P	os/bois de cervi.
10-11	scalariforme	faible	près du bord	ondulée, dure	tissu osseux		11	diagonales	transversale - raclage	cassure rectiligne.	Ca P Mg (Fe)	dentine + abrasif
15		faible	près du bord	dure ondulée	tissu osseux				transversale - lissage		Ca P	os/bois de cervi.
10	écailleuse		près- perpend.	dure ondulée	tissu osseux				transversale - raclage		pb. d'angle	MDA
03		léger micro	près - spot	dure ondulé	tissu osseux		03	paral. perpen.	longitu. - sciage, trans - raclage		Ca P Mg	dentine
10	scalariforme		près du bord	ondulée	tissu osseux		10	perpendiculaire	transversale - raclage		pb. charge	MDA
03/10-11		faible	près - parallèle	ondulée	tissu osseux				longitudinale sciage		Ca P Mg	dentine
04	scalariforme		près du bord	dure ondul. plate	tissu osseux			perpendiculaire	transversale - raclage	cassure post.	Ca P Mg	dentine
11		fort macro	continu	fluide	peau			perpendiculaire	transversale - raclage		S Cl K Ca Fe P	peau
04/03		faible	spot	dure ondulée	tissu osseux			tous les sens	emmanchement		Ca P Mg (Fe)	dentine (hématite)
10-11		léger micro	près - spot	dure ondulée	tissu osseux				emmanchement ?		Ca P (+ Fe)	os/bois de cervi.

Annexe tableau 4 : les pièces archéologiques de Geissenklösterle : synthèse des caractères physico-chimiques des traces d'utilisation analysées

	morphometrie			Détermination typologique	Détermination de la matière				Caractères macroscopiques								Caractères microscopiques
n° de pièce	long.	larg.	épais.	designation	mat. première	grain	cortex	réavivage	fragmt.	ZUP	morph. bord	état du bord	cassure	loca. ZUP	retouche	angle	état de surface
G38 IIa 122	25	19	8	grattoir	silex	fin	surface naturelle		entier	1	convexe	front de grattoir		06/08	lamellaire	50°	vierge de parasites
G36 IIb 325	68	28	10	double grattoir	silex	moyen		front assez	entier	2	convexe	front de grattoir		06-08/01-1	lamellaire	50°/	moy. bruit de fond
G46 IIb 498	31	14	6	cdb outrepassé	silex	fin			entier	2	convexe	flanc de burin		04/11		90°	moy. bruit de fond
G76 IIa 489	58	21	7	lame	silex	fin	démi plage (lat.)		entier	2	concave	denticulé		10/11	écailleuse	80°	léger bruit de fond
G67 IIb	63	27	8	lame		moyen			proximal	2	droit		rectiligne	10/11	scalariforme	?	moy. bruit de fond
G37 IIb 177	65	30	8	grattoir	silex	fin			distal	3	droit		en languette	10-11/06-0	scalariforme	70°	léger bruit de fond
G77 IIa 486	120	26	7	lame	silex	fin	talon		entier	2	legèrement			10/11	écailleuse	25°-	léger bruit de fond
G69 IIa 521	50	38	10	lame enlèv. de cdb.	silex	fin			distal	3	droit		rectiligne	11/03/04			moy. bruit de fond
G68 IIb 361	35	25	7	lame	silex	fin			mésial	2	droit			04/03		?	fort bruit de fond
G7815 IIIa	56	13	5	lame	silex	fin	surf. naturelle		entier	1	concave	encoche		03-04	scalariforme	30°	moy. bruit de fond
G56 IIn	38	13	6	lame	silex	moyen			mésial	2	droit			3/11	scalariforme	60°	moy. bruit de fond
G68 IIa 333	25	19	4	lame retouchée	silex	fin			mésial	2	droit		en languette	03-04/10-1	écailleuse	60°	vierge de parasites
G56 IId 630	32	15	6	burin s/troncature	silex	fin		2 chutes	latéral	3	concave	flanc de burin	débitage	03/11/12		80°	vierge de parasites
G68 IIIa	33	25	7	lame	silex gris	fin	Pt plage lat. dist		proximal	1	sinuex		en languette	11	écailleuse	40°	vierge de parasites
G79 IIb/III	38	19	5	burin sur éclat	silex,	fin			entier	2	droit	flanc de burin		04/05	écailleuse	110°	vierge de parasites
G46 147	50	20	4	cdb	silex, gris	moyen	plage latérale	2ème chute	mésial	1	droit	flanc de burin	en languette	ligne 07		120°	moy. bruit de fond
G76 III 528	86	22	9	burin sur lame	silex	fin			entier	3	droit	flanc de burin		03/04/10	démi-lune,	90°	fort bruit de fond
G66c IIIa	37	14	4	lame	silex	fin			proximal	1	droit			03	écailleuse	60°	moy. bruit de fond
G77 IIIa	44	27	12	grattoir à museau	silex gris	fin		front reculé	entier	1	convexe	front de grattoir		06-08	lamellaire	70°	moy. bruit de fond
G58 III 603	27	25	4	lame	silex	fin			distal	1	convexe	front de grattoir	percussion	06/08	écailleuse	75°	moy. bruit de fond
G67 IIIa	47	36	20	grattoir à museau	silex,	fin	prox pt plage		entier	1	convexe			06-08		50°	vierge de parasites
G45 IIa 37	25	57	14	grattoir	silex	fin	demi plage		entier	1	convexe	front de grattoir		06/08	lamellaire	80°	vierge de parasites
G38 IIa 84	67	29	7	perçoir	silex, gris	moyen			entier	1	pointu			07	écailleuse		moy. bruit de fond
G38 IIa 79	42	22	3	éclat	silex	fin			latéral	2	convexe		indet.	09/10	écailleuse	50°	vierge de parasites
G56 IIb 570	36	31	8	grattoir	silex	moyen			indet.	1	convexe	front de grattoir	indet.	10/08	écailleuse	70°	
G67 IIb 921	21	12	4	lame apointée	silex	moyen			distal	2	pointu		en languette	03/04	écailleuse	35°	vierge de parasites
G67 IIb	35	20	5	lame	silex	moyen			distal	2	droit/ convexe		en languette	10/08-06	écailleuse	60°	vierge de parasites
G36 IId 416	54	20	5	éclat enlèvemt.	silex	fin			entier	3	concave, convexe			3-4/7/10-11	écailleuse	140°	moy. bruit de fond
G67 IIb	82	21	5	éclat laminaire	silex	fin			entier	2	droit / cran			3-04/10-11	écailleuse	50°	vierge de parasites
G45 IIb 188	44	40	14	grattoir s/ éclat	silex	fin			entier	1	convexe	front de grattoir		06-08	lamellaire	60°	vierge de parasites
G68 IIb 393	81	32	15	burin s/ troncature	silex	fin	surface naturelle		entier	1	droit	flanc de burin		03		>90°	moy. bruit de fond
G66 II	69	30	4	burin	silex	moyen	1/4 plage		entier	2	droit	flanc de burin		11/12	scalariforme	95°	léger bruit de fond
G46 IIb	58	39	8	perçoir sur éclat	silex	fin		usé evt	entier	1	pointu	soie		07	écailleuse	?	moy. bruit de fond
G87 IIIa	59	32	12	grattoir à museau	silex, gris	moyen											
G67 IIIa	64	27	7	lame	silex	moyen			entier	2	droit			04 /10-11		?	
G67a IIIa	37	15	4,5	burin sur	gris	fin			mésial	3	droit	flanc de burin		03/04/10		?	léger bruit de fond
G79 IIb/III	40	21	6	burin double	silex gris	fin		traces 2eme	mésial	3	droit	flanc de burin		02/03/07		90°,	vierge de parasites
G68 IIIb	52	24	7	burin sur cassure	silex gris	fin	1/2 plage lat.		proximal	2	droit	flanc de burin	indet.	03/04-05	en escalier	T60°F90	moy. bruit de fond
G33 IIa 91	49	27	10	grattoir	silex gris	moyen			distal	2	convexe	front grattoir trièdre	indet.	06-08/09	lamellaire	80°,	moy. bruit de fond
G76 IIIa	46	23	9	lame	silex gris	fin			proximal	2	concave	encoche	rectiligne	04/05	écailleuse	45°	vierge de parasites
G58 IIIb	47	24	11	compo.	silex gris	fin			entier	2	convexe	front de grattoir		06-08/07	lamellaire	70°	moy. bruit de fond
G57 III 992	45	19	4	burin plan	silex gris	fin			distal	2	droit	flanc de burin		10/09		80°	moy. bruit de fond
G67 IIIa	48	25	14	burin sur éclat	silex gris	fin			entier	3	droit	flanc de burin		10/09/11			fort bruit de fond
G67 IIIa	28	21	7	burin sur cassure	silex gris	fin		2 chutes	distal	1	droit	flanc de burin	en languette	04-05			moy. bruit de fond
G68 IIIb	37	25	6	lame	silex gris	fin	lat. gauche		mésial	2	droit et pointu		en languette	11/05		80°	léger bruit de fond
G56 III	49	42	?	éclat	silex gris	fin			entier	2	convexe /concave			08/ +10/11		70°	moy. bruit de fond
G58 IIb 445	19	21	5	lame	silex gris	fin			mésial	2	droit		en languette	3-04/10-11	scalariforme	45°	moy. bruit de fond
G66 IIb 677	27	24	6	lame	silex, gris	fin			distal	3	convexe	front de grattoir	en "S"	06/08/10	lamellaire	?	vierge de parasites
G16 IIa 82	51	22	7	perçoir ?	silex, gris	moyen	plage lat. droite		dist.+pro	1	pointu			05		?	moy. bruit de fond

Caractères chimiques

ZU	ébrech. d'util.	émoussé	distrib. poli	coal./trame poli	mat. travaillée	fraîch.	loc. stries	direc. stries	action	relation ZU et ZTT	composition	matière travaillée 2
06/08		léger macro	près du bord	fluide, serrée, + qq	peau				transversale		P S Cl K Ca	matières carnées
06/08	non	fort macro	perpendiculaire	fluide, serrée	peau				transversale - raclage		poli non retrouvé	
11	scalariforme	léger macro	perpendiculaire	dure bombée	tissu osseux				transversale - raclage		Ca P	os/bois de cervidé
06/08	scalariforme	fort macro	discontinue	dure ondulée	tissu osseux		01	perpendiculaires	transversale - raclage		Ca P	os/bois de cervidé
01/13		fort micro	spot	plate, unie	non spéc. dur		01	perpendiculaires	abrasion intentionnelle	lien abrasion et	SiO2	pierre ? abrasion
10-11	scalariforme	léger macro	continue	dure	non spéc. dur			parall. - diago.	long. - sciage, trans. -		Ca P	os/bois de cervidé
10	écailleuse	léger micro	parallèle	fluide	peau	sec ?		parallèles	longitudinale - découpe		P S Cl K Ca	matières carnées
04		léger micro	interrompue		tissu osseux		04	perpendiculaires	transversale - raclage	coup de burin ant	Ca P	os/bois de cervidé
03/04 -		faible	spot	fluide	non identifié				longitudinale ?		P S Cl K Ca	matières carnées
04/05	écailleuse	faible	près du bord	ondul. (pt. plage dure)	tissu osseux		04	perpendiculaires	transversale - grattage		Ca P Mg	dentine
01		léger micro	loin du bord	dure ondulé	tissu osseux			perpendiculaires	éclatement (fendage)	pas de traces de	Ca P	os/bois de cervidé
01/15		faible	près du bord	dure	tissu osseux		rev. 01	perpendiculaires	long.- eclatement	evt. pièces esquilléé	Ca P Mg (Fe)	dentine (Fe = mat.prem.)
03/11	scalariforme		contin., 03 per.	dure, unie	tissu osseux		11	perpendiculaires	trans.- raclage	coup de b.post., poli	Ca P Mg	dentine
11			discontinue	troué ondulée	tissu osseux		11	perpendiculaires	trans.- lissage		Ca P Mg	dentine
04	écailleuse	fort micro	continue	dure plate	tissu osseux		04	perpendiculaires	trans.-raclage		Ca P	os/bois de cervidé
07 ligne		faible	margi., perpen.	ondulé	tissu osseux				trans.-raclage	coup de burin ant	Ca P Mg	dentine
03/04	démi-lune	faible	discon.paral. 04	ondulée	tissu osseux				tran.- raclage, long. - sciage		Ca P Mg	dentine
03		faible	perpendiculaire	dure ondulé	tissu osseux				trans.- raclage		Ca P Mg	dentine
06		fort micro	perpen. ?	fluide	non				trans.- raclage ?		P S Cl K Ca	matières carnées/peau
06/08		fort micro	conti., perpen.	fluide	peau	sec			trans. - raclage, grattage		poli non retrouvé	
06/08		fort micro	spot	fluide + zone ondul.	peau				trans.		Ca P (10)	os/bois de cervidé
06/08		fort micro	près du bord	fluide	peau	gras					S Cl K Ca Fe	Peau , mat. carnée
11			spot	dure ondulée	tissu osseux				?????		pb. d'angle	MDA
10		léger micro	discon., perpen.	ondulée dure	tissu osseux				trans.- raclage		non retrouvé	MDA
06		fort macro	perpendiculaire	fluide à douce	peau	gras			trans.- raclage		poli non retrouvé,	
03/04	scalariforme	fort micro	près du bord	fluide, serré	peau	sec	04	parallèles	long.- découpe	esquillage post.	non analysé	
08		léger micro	spot.	douce / dure ondulé	non spéc. dur				trans. - raclage		Ca P Mg	dentine
11-12		faible	discontinue	plate ondulé	non identifié		02/03	parall./ diago.	rainurage ou incision		Ca P	os/bois de cervidé
03/04	scalariforme	léger micro	conti. 04-perpen	dure ondulée	tissu osseux		03	parallèles	trans. - raclage, long.-		Ca P Mg (04),	dentine - os/bois de
06-08		faible	continue	douce	bois	± sec	06	perpendiculaires	trans.		non analysé	
03/04		léger macro	perpen.	dure ondulée	tissu osseux				trans. - raclage		poli non retrouvé	MDA
11	scalariforme	faible	spot	dure bombé	tissu osseux		11	perpendiculaires	trans. - raclage		pb. d'angle	MDA
7		léger micro	spot	fluide	peau ?		7	perpendiculaires	circulaire	cassure post. ?	P S Cl K Ca	matières carnées
											Mn Fe Ca P Ti C	Tache noire : Mn + Fe
11			spot	dure plate troué	non spéc. dur		11	diagonales,	trans.- raclage ?		Fe	présence hématite sur
											Mn	pas de poli mais
07-03/04		léger micro	spot (2)	ondulé				diagonales	trans. - racl., incis. - rain. ?	coup de burin post.	poli non retrouvé,	MDA
03/04			près du bord	dure ondulée	tissu osseux			perpen.- parall.	trans.- racl., long.- sciage,	coup de burin post.	Ca P	os/bois de cervidé
09			spots	dure et plate	tissu osseux		09	parallèles	long. - incision		Ca P	os/bois de cervidé
04/05			spot, perpen.	douce ondulée	tissu osseux				trans. - grattage		Ca P Mg	dentine
06/08		léger micro	près du bord	ondulé	tissu osseux		06	perpendiculaires	trans. - raclage		Ca P Mg	dentine
10		léger micro	continue	ondulée rugueuse	bois de		10	parallèles	long.- incision, rainurage ?		Ca P Mg	dentine
09-10	scalariforme	léger micro	spot	dure ondulé	tissu osseux		10	perpendiculaires	incision ou rainurage ?		Ca P	os/bois de cervidé
04			perpendiculaire	ondulée					trans. - raclage		Ca P	os/bois de cervidé
11		faible	perpendiculaire	douce et dure ondulé	tissu osseux				trans.- raclage		Ca P	os/bois de cervidé
08	écailleuse		spot assez	dure	non spéc. dur			diago. - perpen.	trans. - raclage		Ca P Mg	dentine
11	écailleuse	faible	près du bord	dure	non spéc. dur			perpendiculaires	trans.- lissage		Ca P Mg	dentine
06/08		fort macro									Mn Fe	manganèse sur la face
											Fe	spot d'hématite

www.ingramcontent.com/pod-product-compliance
Lightning Source LLC
La Vergne TN
LVHW072253300926
849160LV00018B/1658